Geotechnical Engineering Journey
My Six Decades of Memories

# 岩土工程六十年琐忆

高大钊 著

人民交通出版社股份有限公司

北京

## 内容提要

高大钊教授自1960年到同济大学地基基础教研室任教以来，已与我国岩土工程事业相伴60余年。本书以高大钊教授的经历和感悟为主要内容，前九章讲述了我国岩土学科的创建和发展、前辈师长的贡献和风范、岩土体制改革的问题和进展、人才培养的探索和改进、技术标准的编制和修订、注册考试的准备和推行、学术活动的参与和组织、工程问题的研究和总结、学界友人的合作和交往等，第十章讲述了高大钊教授个人的成长经历和兴趣爱好。本书既是一本介绍我国岩土工程发展历程的纪实性著作，也是一本内容广博、充满真知灼见和人文情怀的专业普及读物，希望能为高等院校相关专业师生和工程技术人员提供有益的参考。

### 图书在版编目（CIP）数据

岩土工程六十年琐忆／高大钊著．— 北京：人民交通出版社股份有限公司，2022.11
 ISBN 978-7-114-17799-6

Ⅰ.①岩…　Ⅱ.①高…　Ⅲ.①岩土工程—文集②诗词—作品集—中国—当代③散文集—中国—当代　Ⅳ.①TU4-53②I217.2

中国版本图书馆 CIP 数据核字（2022）第187026号

Yantu Gongcheng Liushinian Suoyi

| | |
|---|---|
| 书　　名： | 岩土工程六十年琐忆 |
| 著 作 者： | 高大钊 |
| 责任编辑： | 李　坤 |
| 责任校对： | 席少楠　卢　弦 |
| 责任印制： | 刘高彤 |
| 出版发行： | 人民交通出版社股份有限公司 |
| 地　　址： | （100011）北京市朝阳区安定门外外馆斜街3号 |
| 网　　址： | http://www.ccpcl.com.cn |
| 销售电话： | （010）59757973 |
| 总 经 销： | 人民交通出版社股份有限公司发行部 |
| 经　　销： | 各地新华书店 |
| 印　　刷： | 北京建宏印刷有限公司 |
| 开　　本： | 720×960　1/16 |
| 印　　张： | 30.75 |
| 字　　数： | 585千 |
| 版　　次： | 2022年11月　第1版 |
| 印　　次： | 2024年4月　第3次印刷 |
| 书　　号： | ISBN 978-7-114-17799-6 |
| 定　　价： | 99.00元 |

（有印刷、装订质量问题的图书，由本公司负责调换）

# 序 一

高大钊教授撰写的《岩土工程六十年琐忆》即将由人民交通出版社股份有限公司出版。他是同济大学的资深教授，参加过多项技术标准的编制工作及多年的注册岩土工程师考试的考务工作。本书不仅讲述了他在同济大学学习与工作的六十年经历，还介绍了他参加我国岩土工程人才培养、岩土工程技术标准体系建设、注册岩土工程师考试命题、网络答疑以及工程项目研究等社会服务方面的许多往事，体现了他与我国岩土工程界许多同行之间的深厚友谊，留下了诸多珍贵的历史片段。

本书中，他深情地回忆了俞调梅教授、张问清教授与郑大同教授对他的指导与教诲；回忆了与同济大学地下工程系、地基基础教研室同仁共事的岁月；回忆了在学校机关工作期间的一些往事。这些回忆从不同侧面展示了 20 世纪 60 年代到 90 年代同济大学发展的一些情况。

回顾我们两人半个多世纪的交往，感触良多。从 20 世纪 60 年代初同济大学地下工程系成立之时，我们就一起在系里工作。20 世纪 80 年代，在李国豪校长主持学校工作、拨乱反正、实现学校新发展期间，我们两人又分别担任过学校教务处和科研处的负责人。虽然此后我们没有机会再在一起工作，但仍常有联系，我们还合作完成了一些工程研究项目。这些项目，在本书中也有多处述及。

这本五十余万字的回忆录，是一本纪实性的著作，从个人经历的角度还原同济大学数十年的发展历史；也为我国岩土工程的发展，提供了翔实的、可供参考的资料。这是一件很有意义的事。

挚友　孙钧<br>
2021 年 12 月 6 日

# 序 二

近几年,或许是在更早些时候,高大钊教授和我在不止一次的叙谈中,设想过在自己的学术著述封笔之后,回顾一下自己从事岩土工作的六十年经历。基于他(虽只年长我一岁)和我六十年的亦师亦友情,我觉得这事十分自然。时光流转,岁至耄耋,纵观同济大学岩土工程学科或者我们地基基础教研室(现地基基础工程研究所)的代际变换,风采各异,我一直认为,高老师是我们教研室里最有资格撰写岩土工程六十年回忆录的人。论及阅历之丰富,际遇之跌宕,造诣之深厚,著作之丰盈,声望之显赫,我们群体中,无出其右者。我们教研室的杜坚老师在一次聚谈中,曾表示"老高是我们这一代中最有成就的一位"(不是原话),我们是"所见略同"矣! 近日,获悉高老师回顾之作已为出版社所认可,列入选题,进入出版环节,我欣喜之余,也有一份激动,一份期待,更有一份祝福。

高老师1958年从同济大学毕业后不久即被调配至本校地基基础教研室任教,自那时起,直至退休,他从未离开过土力学与地基基础(现在的称谓是岩土工程)领域。即便是他双肩挑兼任系的基层和学校的中层党政领导干部的几十年里,在业务方面仍然坚守在土力学与地基基础专业的岗位上。所以,他是同济大学岩土工程学科一甲子风雨征程和发展变化的主要亲历者和见证者。作为高校教师,他在长期双肩挑的情况下,凭借教师的责任感和使命感,在教书育人和学术专攻两方面,不断进取,获得累累硕果,为业界同仁所敬重,为同济大学岩土工程学科教师群体所钦服。在我的意识中,在我们教研室俞(调梅)、郑(大同)、张(问清)三位前辈师长和朱(百里)、叶(书麟)、赵(锡宏)等几位二代师长之后,我们成为承前启后的一代,高老师则是我们这一代中的杰出代表,他在各方面都作出了表率。

20世纪70年代初,建工部(现住房和城乡建设部)启动编制我国自己的《地基基础设计规范》工作,建工部等有关部门发函通知我们学校选派代表到北京参加这项任务。当时,高大钊老师受命前往北京。此后的近半个世纪里,他依托岩土工程领域多种技术标准编制和研究的广阔平台,辛勤耕耘,刻苦钻研,是我国岩土工程领域相关技术标准编制的首批践行者中的一员,也是迄今为止仍在为这些技术标准的推广和正确应用精诚奉献的少数坚守者之一。高老师不仅是我国岩土工程领域相关技术标准制定、改革和创新方面的知名(甚至是权威)专家,也是我国最早从事岩土工程可靠性问题理论研究和技术实施的专家之一。进入21世纪后,他又致力于注册岩土工程师考试制度的创建和完善,并通过信息化手段构建网络远程教学平台,从而进一步推动了惠及业界同行和后进学子的土力学与地基基础理论的普及和发展、相关技术标准的普及和正确应用,以及岩土工程实践经验的交流互动。特别是作为我国岩土界理论与实践并重的知名专家,高老师所承接且进一步开拓以致圈粉无数、声名远播的网络答疑活动,必将继续发挥促进岩土工程师技术交流的重要作用。高老师基于网络答疑积累的资料所撰写的《岩土工程疑难问题答疑笔记整理》系列图书也必能继续为业界和在校专业学子提供难得的、有益的参考。

寒门子弟沐春风,挑灯夜读觅新途。高大钊老师早年家境贫寒,16岁时,即到上海当学徒谋生。后凭借职工业余学校的补习苦读,考取了同济大学公路与城市道路专业。机缘总是眷顾有准备的人,他的勤奋和学力使他一出课堂就备受青睐,被委以重任,很早就走上双肩挑的岗位。此后的五十余年光阴,他砥砺前行,不负众望。在双肩挑的岗位上,高老师凭借着出色的学术业绩和工作能力为校内同仁所认可,进而由校内延伸到校外,让他得以在多个专业学会(协会)里担任要职,在更大的平台上奉献才智。长期的、校内外的、多方面的业务活动和学术研修,特别是参加最能体现学科理论与实践水平的岩土工程相关技术标准的制定和研究工作,让高老师的学术研究成果丰硕而全面;他长期笔耕不辍,源源不断地贡献出高质量的作品,虽未等身亦足以及胸,环视业界,比肩者寥矣。

临近千禧年,高老师卸下行政职务,专心致志地教书育人。他和校内教研室的老师们共同致力于大岩土体制框架内的岩土工程学科的基本建设,包括带研究生,编写新专业教材,开展多方面的工程项目实践等。与此同时,高老师依然没有忘记对岩土人才培养模式(包括此前同济大学岩土工程专业立与废的探索、是与非的争论等)进行思考与总结,也特别关注对先师俞调梅教授当年教育思想的回顾与总结。2007年,同济大学建校百年之际,学校启动《百年同济文史书系》编写活动伊始,由高老师牵头和主持,我们原土力学与地基基础学科的老师们,怀着对本学科的深厚情感,先后为我们学科的前辈师长张问清、俞调梅和郑大同三位教授编撰和出版了百年诞辰纪念文集,为我们学科留下一份珍贵的历史资料。在俞调梅教授的纪念文集中,专辟篇幅对俞教授关于岩土人才培养的合理模式和教育思想进行了总结和阐述。现如今,已是"岩土春秋六十载,南俞有幸后来人"。时光流转,转眼来到21世纪20年代,同济大学岩土工程学科承前启后中坚一代的杰出代表——高大钊老师的倾心力作《岩土工程六十年琐忆》也将问世。这是一件好事,为学科建设和历史传承,留下了难得的珍贵资料。

  本书取名《岩土工程六十年琐忆》,反映了作者谦和、低调的做事风格。六十年光阴,一路走来,往事历历。本书以感念师恩开篇,讲述了对同济大学岩土工程学科的创建和发展厥功至伟的四位前辈师长(俞调梅、张问清、郑大同和孙钧)对他的教诲和影响。继而,他以细腻的笔触诉说同济大学岩土工程学科的过往与现今:学科基本建设中师资队伍的组建、培育与提高,土工试验室的创建与发展,专业教材的统筹与编著,地基基础专业的创建与暂停,人才培养模式的探索与实践,"五代同堂"的繁华与奋进……桩桩件件,显示了事业开创过程中几代人殚精竭虑、筚路蓝缕的艰辛。回忆录以超过四章的篇幅忆述了作者走出校门参加国家和地方岩土工程相关技术标准制定的实践活动,以及和业界同仁一起参与推行国家注册岩土工程师制度、试行网络远程教学等实践活动。作者在更大的活动平台,以更广阔的视野,观察着、感受着、思考着,书写下国内外岩土专业体制构建的历史和自己的体验建言。"六旬风雨,蓦然回首"——本书的最后一章,也是篇幅最大的一章,记述了高老师多姿多彩的业余生活和兴趣爱好。该章包含日记、诗词、散文、随笔、游记……形式多样,内容广泛;涉及故乡、客地、异域、边城、童年、亲人、师友、同好……点滴心路历程,浓浓人文情怀跃然纸上。通过该章,读者可以了解作者是怎样地热爱生活,关爱他人,笔耕不辍。"江南萍水非素昧,天涯何处不成家",寄情深深,挚友情怀。是啊! 一甲子沧桑,尽收眼底,精彩纷呈,尘埃落定。"六秩风雨蓦回首,留得枯荷听雨声",天年颐养,淡定闲适。

  六十载光阴,机缘际遇,风雨兼程,高大钊老师在校内校外岩土工程领域的两个平台,深耕细作,亲力亲为。他是同济大学岩土工程学科创建和发展的亲历者,也是我国岩土工程体制构建、完善,理论、技术创新、提高,专业人才培育、扩充等方面的践行者。流淌于笔端的时光记录,丰富、沧桑、真挚、平和,娓娓道出一位真实的、丰厚的、勤奋的学者的人生历程和感悟。

魏道垛

2021 年 11 月 5 日

# 前言

1958年，我从同济大学公路与城市道路专业毕业，到同济大学地下工程系的前身——水工系从事系和地基基础教研室的管理工作和技术工作。之后的六十多年，我经历了历史的变迁和人事的更迭，留下许多珍贵的回忆。难忘已经远去的青春岁月，难忘老师对我的教诲，难忘朋友对我的帮助。

我国的岩土工程事业起步于20世纪50年代。在事业初创期，我们这一代人，从老师身上学到了思考和做事的方法，对岩土工程有了直接且深刻的理解。后续的几十年，我们通过工程实践、教学工作和学术活动，一点一滴积累，逐步建立了土木工程的重要分支学科——岩土工程学科。我们这一代人，也在宏大的工程实践中得到充分的锻炼，逐步成长起来。当我停下脚步，回首往事时，发现我们这一代人已经年迈，我们的经历也不为年轻人所知了，如果不赶快写下点东西，会觉得对不起时代，对不起老师和朋友，也对不起后人。于是，我在过去写作资料的基础上，整理出这本稍具系统性的小册子，作为后人了解我国岩土工程事业发展历程的参考书。

本书共十章，主要包含以下内容：故乡与童年、学徒生涯、大学生活、系与教研室党政工作、社会学习、人才培养、学校机关工作、注册考试出题、境外之行、规范编制、游学天下、岩土工程界的往事、岩土工程界的人物等。

六十年来，我在老师的教导下，在朋友的帮助下，在工程项目的锻炼中，逐渐成长起来。对老师的教诲，我始终铭记于心。在本书中，首先介绍了俞调梅、张问清、郑大同和孙钧四位老师对我国岩土工程学科创建所做的贡献，对同济大学地下工程系的发展所付出的努力。对岩土工程界前辈和朋友、同济大学同事的指导和帮助，我始终心怀感激。在本书中，讲述了王锺琦、孙更生、黄熙龄、许溶烈和封光炳等前辈对我的关心与指导，回顾了与顾宝和、张苏民、李广信、黄绍铭等岩土工程界的朋友一起工作的时光，记录了和同济大学地基基础教研室的同事们艰难探索的几十年岁月。

作为教师，始终与学生为伴，与他们相处与合作，是我职业生涯中朝气蓬勃的经历。在本书中，读者会看到我在不同时期教过的学生，有本科生，有研究生，有脱产学习的学生，也有在职学习的学生。我们一起研究岩土工程的技术问题、一起在试验室和工程现场值班监测的日子，深深地印在我的脑海中。他们是我们事业的继承者，也是岩土工程发展的希望。每每看到我的学生在工作中取得成绩，或者能够挑起重大项目攻坚克难的担子时，我都感到无比欣慰。

人的成长无法脱离所处的时代，时代给了我十分难得的机会，让我与岩土工程界多个领域的专家相识、相处、相知，让我参与了岩土工程发展过程中的许多重大事件。因此，我才能在本书中为读者讲述岩土工程领域中的一些往事，读者也可以从一个侧面了解我国岩土工程事业在什么样的条件下起步，又经历过哪些值得回忆和思考的故事。

那些过往的岁月，无论艰难曲折，还是昂扬向上，或许用诗歌才能更好地描述，但我不是诗人，只是一个在诸多方面有浓厚兴趣、曾经对岩土工程诸多领域投入过时间和精力的作者，算是一个杂家。我没有诗人的浪漫和细腻，只能将满腔情感用较为平实的语言表达出来，去记录岁月，去怀念故人，去感受美好的生活。

请读者和我一起回顾我国岩土工程在这六十多年中的发展历程，一起学习前辈师长和技术专家的治学态度，一起感受通力合作、取得成果的快乐，一起满怀期待拥抱生活中的美好。

在本书撰写过程中，得到了出版界朋友的支持和帮助。他们默默无闻地工作，为科技知识和历史文化的传播做出了贡献，丰富了人们的精神生活，感谢他们的努力和付出。

本书是基于我的经历对我国岩土工程发展历史的一孔之见，希望读者能够喜欢，也希望各方面的朋友不吝指教。

高大钊

2021 年 10 月 4 日

# 目 录

## 第一章　难忘师恩，永记教诲 ………………………………… 001
一、培养岩土工程专业人才的探索——忆俞调梅教授 ………… 002
二、百年沧桑人未老，岁月易逝情更深——忆张问清教授……… 009
三、郑大同教授科研活动回顾 …………………………………… 017
四、与孙钧院士交往的一些回忆 ………………………………… 025

## 第二章　岩土工程人才培养的六十个春秋 …………………… 029
一、地基基础教研室办学的历史 ………………………………… 031
二、地基基础教研室的发展历程 ………………………………… 035
三、在医院偶遇老同事 …………………………………………… 048
四、点滴回忆同济园 ……………………………………………… 049
五、从事学校行政工作的十多年 ………………………………… 054
六、岩土工程师的继续教育 ……………………………………… 060
七、岩土工程体制改革的讨论与实践 …………………………… 065
八、工程建设发展给岩土工程技术带来的挑战 ………………… 066

## 第三章　参加技术标准编制的往事 …………………………… 071
一、岩土工程领域两本国家标准诞生侧记 ……………………… 072
二、几位一起编制规范的老朋友 ………………………………… 077
三、岩土工程的安全性与标准化 ………………………………… 083
四、地铁勘察规范中基床系数的测定方法溯源、分析和建议…… 099

## 第四章　考题沉浮十余年 …… 113
一、对考试专家组的回忆 …… 114
二、题海议论话当年 …… 120
三、对注册考试的思考 …… 127

## 第五章　参加社会活动和工程项目研究的经历 …… 151
一、1966 年的一次全国性的学术会议 …… 152
二、在同济大学地下工程系党总支工作的八年(1958—1966 年) …… 153
三、在井冈山的半年(1970 年 2～9 月) …… 156
四、我的业务成长之路 …… 158
五、与学界友人的交往 …… 160
六、参加全国性学会的工作经历 …… 171
七、参加上海市学会的工作经历 …… 172
八、大理工程考察的经历 …… 173
九、以笔会友——为朋友的著作写序 …… 177
十、工程项目研究的经历 …… 187

## 第六章　关于研究生培养工作的回忆 …… 201
一、教研室早期培养研究生的情况 …… 202
二、博士点和博士生导师 …… 203
三、我培养的研究生 …… 205

## 第七章　关于岩土工程体制改革的思考和展望 …… 215
一、对岩土工程体制改革的思考 …… 216
二、展望我国岩土工程回归世界技术体系之路 …… 224

## 第八章　网络答疑十五年 …… 233
一、大型工程项目的咨询 …… 235
二、对技术难题的讨论 …… 239
三、对注册考试的一些疑难试题的探讨 …… 241

- 四、对一些规范条文的理解和质疑 ········ 241
- 五、对某些规范个别错误条文的指正 ········ 243
- 六、关于工程中普遍性问题的讨论 ········ 244
- 七、如何适应国外工程的要求 ········ 248
- 八、对业界一些不良现象的分析与批评 ········ 249
- 九、改进管理制度的建议 ········ 249
- 十、对人才培养的讨论 ········ 251

## 第九章 对我国土力学研究状况的一次社会调查 ········ 253
- 一、考察的单位 ········ 255
- 二、拜访的岩土工程界人士 ········ 255
- 三、请教的问题和参观的设备 ········ 256

## 第十章 六旬风雨,蓦然回首 ········ 277
- 一、诗词 ········ 278
- 二、散文 ········ 289
- 三、各地风情 ········ 310
- 四、师生情、同学情 ········ 343
- 五、境外小憩 ········ 356
- 六、日记残稿 ········ 385
- 七、人生感悟 ········ 420
- 八、故乡、童年与少年 ········ 436
- 九、怀念故旧 ········ 458

## 附录 经历简表 ········ 473

第一章

# 难忘师恩,永记教诲

人的成长离不开老师的教诲。在人生的关键时刻,老师的教诲会影响之后的人生道路,成为一生难忘的记忆。

本章从不同的角度回忆我的几位老师,他们是俞调梅教授、张问清教授、郑大同教授和孙钧院士。他们教我怎样做事、怎样做人。他们的言传身教,深深地影响着我这一辈子。

# 一、培养岩土工程专业人才的探索——忆俞调梅教授

业内人士通常认为"岩土工程"这个名词是在改革开放初期提出来的。其实不然,在六十多年前,同济大学已经开始了岩土工程学科的建设,创建了地基基础专业、工程地质专业和地下建筑专业,开始了岩土工程专业人才培养的探索。

1958年,一个新的学科群的建设悄然拉开了大幕。

那年,我大学毕业留校工作,被分配在新成立的水工系担任团总支书记。一年半后,土力学及地基基础教研室(以下简称地基基础教研室)的党支部书记徐伯梁被调到地下建筑教研室,党支部书记岗位出缺,学校就把我调到地基基础教研室工作,同时担任俞调梅教授(图1-1)的助手。自此,我们开始了长达几十年的师生合作,建立了深厚的师生情谊。

图1-1 俞调梅教授晚年在家中留影

俞调梅教授是全国知名的专家,民盟盟员,担任过全国政协委员,是党的重要统战对象。我除了在行政工作上担任他的助手外,还需要经常听取他对党的

政策方针的意见,了解他对国内外大事的看法。俞调梅教授是一位非常开朗豁达的长者,他也知道我是党总支负责统一战线工作的,知道我需要听取他对一些国内外大事的看法,但他毫不隐瞒自己的观点,直率地提出他对党的一些工作的意见。我们之间的这种关系一直延续到 1966 年 6 月。此后,我不再担任基层党组织的领导职务,与俞调梅教授的关系就是简单的师生关系,直到 1999 年他离开我们。

那时,我们创办的专业名称是"地基基础"。听说,苏联办过"土力学"专业,而当时普遍认为,我们创办的专业应该偏重工程实际而不是理论,因此认为这个专业的名称应该是"地基基础"而不是"土力学"。实际上,在学科的设置上还是非常重视土力学的,有关土力学的课程有两门,分别是"黏性土地基"和"岩砂性地基",前者侧重于杰尼索夫的黏性土理论,后者侧重于索可洛夫斯基的松散介质力学。当时,教"黏性土地基"的是郑大同、余绍襄和我,教"岩砂性地基"的是俞调梅和赵锡宏,教"基础工程"的是张问清、叶书麟、朱百里和洪毓康,教"机器基础"的是张守华、胡文尧和潘浩民。此外,还有"量测技术"和"土工试验"等一系列专业课程。当时,从其他系在读的毕业班中,还抽调一批"半工半读"的同学补充到教研室来,并从第一届地基基础专业的毕业生中留了一些同学。这样,地基基础教研室的师资队伍得到了进一步扩大。就在那几年,国际上也出现了一些变化,岩石力学学会在 1959 年成立,岩石力学成为工程界非常关注的问题。我国由于大量建设工程位于西南山区,岩石的工程问题非常突出。大约是在 1961 年,俞调梅教授就为地基基础专业和地下建筑专业的学生开设了"岩石力学"课程,该课程在国内是第一次开设。中国建筑科学研究院的许溶烈(20 世纪 90 年代前后担任建设部总工程师)到我们学校进修了两年,就是向俞调梅教授学习岩石力学。

从 20 世纪 50 年代中期到 1965 年,地基基础教研室每年都接受许多兄弟学校的教师来进修,确切的人数和名单已经无法查考,有据可查的进修教师中,后来成为知名岩土工程专家的有许溶烈(后任建设部总工程师)、漆锡基(后任重庆交通学院教授)、姚代禄(后任南京工学院教授)、凌治平(后任西安公路学院教授)、刘惠珊(后任哈尔滨建筑工程学院教授)、裘以惠(后任太原工学院教授)等[1]。

地基基础专业在 1958 年设置并招收学生,但为了尽快地培养出毕业生,还从工业与民用建筑专业中调了一个 1957 年入学的小班到这个专业来。这样,在

---

[1] 本书提到的机构或部门仍采用当时的名称,不再注明其现在的名称。

1962年就有了第一届毕业生。

地基基础专业一共招收了九届(包括1957年调来的那个小班),毕业生共292名。他们中间有许多位在改革开放后成为我国岩土工程界知名的学者、工程师,是各个领域的领军人物。例如,在上海工作的乔宗昭(上海隧道设计院)是1962年毕业的,黄绍铭(上海建筑设计研究院)是1963年毕业的,张耀廷(华东建筑设计研究院)是1967年毕业的;在北京工作的楼志刚(中科院力学所)、丁玉琴(中国建筑科学研究院)、周国钧(冶金部建筑研究总院)是1963年毕业的;在西安工作的费鸿庆(陕西省建筑科学研究院)、胡静娟(西安冶金建筑学院)是1965年毕业的;在成都工作的陈梦德是1964年毕业的;在深圳工作的冯遗兴是1966年毕业的;在厦门工作的马时冬是1963年毕业的;在新加坡工作的陆岳屏是1965年毕业的。

从1958年到1966年,教学受到政治运动的影响,这个新办的专业在艰难地探索着。第四届学生毕业之后,"文革"就开始了,余下的那五届学生没有按照原来的教学计划完成学业。后面的五届毕业生中,虽然也有不少人后来成为很有成就的专家,但他们其实并没有上过什么专业课,他们的成就都是后来他们自己个人努力的结果。

到1965年,已经有了几届毕业生,俞调梅教授特别注意地基基础专业学生毕业以后在工作单位的适应情况。他发函调查用人单位对学校地基基础专业教育的意见,这个调查后因"文革"而一度中断。到1971年,俞调梅教授刚恢复工作,就亲自到各地听取用人单位对地基基础专业毕业生工作情况的意见和对如何办这个专业的意见。全国调查情况表明,地基基础专业的毕业生在学校和研究单位能比较好地适应工作的要求,但分配到工程单位工作的毕业生,就显示出一些问题:毕业生的上部结构的专业知识面过窄,与工程建设对技术人员知识面的要求存在一定差距,更难适应基础工程施工单位的工作。这些调查结果引起了俞调梅教授的思考,为了对学生毕业后的工作负责,在1972年学校招收工农兵学员时,提出了地基基础专业暂不招生的建议,这个建议得到了领导部门的批准。但对于如何培养地基基础人才,一直是先生放不下的事情。他亲自到北京,与建工总局相关负责人商量培养地基基础专业人才的问题。在决定地基基础专业不招生的同时,他提出了为建工总局办研究生班和进修班的想法,这个从在职技术干部中招收学员的方案获得了批准并很快付诸实施。在这些研究生班和进修班教学试验中,俞先生带领大家编写了一套提高班的教材,也积累了工程师继续教育的经验。这些教学试验在当时是冒了很大风险的。那时的主要观点是要求培养工农兵学员,我们却在技术人员中招收学生,还希望培养研究生,与当时的大环境并不协调。

俞先生通过九届学生培养的实践和专业调查所得到的意见,以及研究生班和进修班的实践,对地基基础人才培养的途径有了深刻的认识。在拨乱反正以后,他对人才的培养又有了进一步的认识和思考。那时,国内开始了关于岩土工程体制改革的讨论,俞先生在各种场合对什么是岩土工程和如何培养岩土工程人才发表了系统的看法,形成了他特有的思想体系。他在1982年发表了《关于岩土工程及其专业人才培养的几个问题》这篇系统阐述他的学术观点和教育思想的论文。这篇论文系统地总结了开办地基基础专业的经验与教训,提出了培养岩土工程人才的途径和方法。在准备这篇论文的过程中,俞调梅教授查阅了大量的国内外文献资料,写出初稿后又广泛征求同行的意见。做事严谨是俞先生一贯的风格,为我们留下了宝贵的范例。

在俞先生思想的指导下,20世纪80年代,学校接受国家建工总局和长江水利委员会的委托,由地基基础教研室和地质教研室交替举办了十二期岩土工程师进修班,学员来自工程单位,学习期限半年至一年,课程为近代土力学、高等基础工程学、土动力学、地基处理、试验量测技术、数值计算以及各个专题讲座。为"文革"前毕业的技术人员补充新的知识,为地质学科毕业的工程师补充结构和基础工程的知识,也为刚毕业的学生提供进修的渠道。通过进修班学习的工程师,很多人后来成为他们单位的技术领导和骨干人才,成为我国岩土工程事业的中坚力量。近年来,我在各地讲学时,经常遇到当年进修班的学员,他们都很自豪地对我说:我198×年在同济大学进修过,那时学习了某某课程。有的人还带来了当年结业的照片。俞先生培养在职技术人员的思想之花,已经结出了丰硕的果实。历史证明,这十二期进修班对提高我国岩土工程师的理论水平起了重要作用。进修班的学员包括"文革"以前毕业的工程技术人员,"文革"中在校"复课闹革命"的几届毕业生以及后来的工农兵学员毕业生。他们在参加工作以后,不同程度地感到需要学习新的知识以适应工作的需要,因此在进修班学习的时候特别认真和努力。那个阶段,到同济大学学习过的人大约有600名。

恢复研究生培养制度以后,进一步实现了俞先生从土木工程各个专业中招收培养岩土工程专门人才的设想。从土木工程各个专业毕业的本科生中招收的学生,由于已经具备了有关行业的上部结构知识,再通过硕士生和博士生阶段的培养,在地基基础的不同领域有了深入的学习和专门的训练之后,就能比较好地适应勘察、设计、施工、检测、教学和科学研究等单位的有关岩土工程的工作要求。后来,教育部颁布了改革后的专业目录,扩大了专业的知识面,将岩土工程作为土木工程专业的一部分。这个专业改革目录进一步证明,俞先生早在20世纪 70 年代从地基基础专业的教学实践中总结出来的"应当拓宽专业知识面、不宜办知识面过窄专业"的见解是正确的、符合教学规律的。

《关于岩土工程及其专业人才培养的几个问题》是俞先生在 1982 年发表的一篇论文,系统地阐述了他的学术观点和教育思想。著名教授发表关于工程教育方面的专论文章,在我国工程教育领域中还是很少见的。

下面列出这篇论文的目录,可能有助于读者理解俞调梅教授这篇文章的意义和重要性。

---

### 关于岩土工程及其专业人才培养的几个问题

前言

一、岩土工程的意义

 (一)岩土工程是什么?

 (二)关于岩土工程这一名词的问题

二、岩土工程的发展及存在的问题

 (一)土力学的发展

 (二)土力学发展过程中的问题

 (三)关于工程地质学

 (四)关于观察法

 (五)关于岩土工程顾问工作中的业务与责任问题

三、关于我国岩土工程业务及人员培养的设想

 (一)关于我国岩土工程组织机构的设想

 (二)国外培养岩土工程工作者的一些情况介绍

 (三)我国的教学经验和认识

结束语

致谢

附录

参考文献

---

俞调梅教授在这篇论文的前言中写道:"《工程勘察》杂志上发表了几篇关于工程地质、工程勘察和岩土工程的文章,引起了对岩土工程、岩土工程体制的重视。为此,我们查阅了多年来国际上具有代表性、权威性的文章,并向国内外专家请教。根据我们的体会写出了一些初步的认识,请关心这一问题的同志们

批评指教。"

在讨论岩土工程意义的这一节里,俞调梅教授提出了这样的观点:"岩土工程还没有公认的定义。但通常可认为这是把土力学和岩石力学应用于广义的土木工程,并与工程地质密切结合的学科。"

俞调梅教授认为:"岩土工程这个名词,至今仍然可以认为是广义的土力学(或土力学与基础工程)的同义词。例如,美国土木工程师协会的《土力学基础工程杂志》在1974年改名为《岩土工程杂志》,但在内容上没有多少改变。"

俞调梅教授概括地总结了国内外的发展情况,他说:"关于土力学的发展,按照太沙基[1]的说法,可以把18世纪到19世纪的古典土力学(以法国的库仑[2]为代表)及工程地质学(以英国的史密斯[3]为代表)作为准备时期。在20世纪的第二个十年,亦即第一次世界大战前夕,有一些重大的工程事故,如德国的桩基码头大滑坡、瑞典的铁路塌方、美国的地基承载力问题等,对地基问题提出了新的要求。这就是说,作为岩土工程的主要组成部分的土力学这门学科,主要是由于生产实践中的需要而发展起来的。后来,太沙基的第一部经典著作《土力学》在1925年出版了,这被认为是近代土力学的开始。在这以后的30多年中,主要的发展是在钻探采取不扰动土样及室内试验方法,以及有效应力及孔隙水压力等方面;同时,在弹塑性力学的应用,在现场测试技术方面也有了发展。从1960年前后开始,对土的应力应变关系重视了,也注意到了真三轴试验($\sigma_1>\sigma_2>\sigma_3$),计算技术的应用以及试验仪器的自动化等。岩石力学也作为一门独立的学科有了很大的发展。""我国在20世纪三四十年代,就注意到了土力学的重要性,并且已经有了一些简陋的仪器设备。到了20世纪50年代,由于工程建设的需要,有了较大的进展。那时,我国在黏土的徐变及砂土的振动液化等方面的研究得到国际上的重视。在勘探及设计工作中,在教学工作中,主要是'全盘苏化',往往是分工过细,规定过死。从20世纪50年代后期起,现场测试技术与原型观测被重视了,岩石力学的研究也建立起来了。从20世纪70年代初期起,曾经在总结新中国成立以来建设经验的基础上制定勘察、设计规范,初步改变了过去借用或照抄苏联规范的情况。近年来,地震受到了重视。"

俞调梅教授从哲学的高度总结了土力学发展过程中人们认识的变化与提高,提出:"土力学(以及岩土工程的其他分支)领域内的所有理论,只能认为

---

[1] 卡尔·太沙基(Karl Terzaghi,1883—1963),美籍奥地利土力学家,现代土力学创始人。
[2] 查利·奥古斯丁·库仑(Charlse-Augustin de Coulomb,1736—1806),法国工程师、物理学家。
[3] 威廉·史密斯(William Smith,1769—1839),英国地质学家,生物地层学的奠基人。

是一种假设,是从客观事物和现象中抽象出来的,便于分析问题和总结经验的简化假设(working hypothesis);最后还是要回到生产实践中接受检验。非但是理论或者假设,室内试验和现场量测也是这样。这一切,都要求在满足工程实践提出要求的前提下,力求简单,要有经济效果。"

针对岩土工程的特点,俞调梅教授认为:"由于地层的复杂性、不均匀性,岩土工程总是在不能预先百分之百地掌握所需资料的条件下进行的,总是凭经验作出判断(也就是猜测)的,但是岩土工程中的安全系数要比结构工程的低得多,这就说明了为什么要重视地区性经验、地质条件,以及工程事故的经验教训;这也说明了为什么要重视观察法。"

关于"观察法",俞调梅教授专门作了论述:"由于土力学(以及岩土工程的其他分支)具有科学性和艺术性的两重性,由于地层的复杂性,这就说明了为什么多年来很重视观察法和边干边学的方法,亦即在工程进展的过程中,进行仪器监测,在需要时采取补救措施。"

接着,俞调梅教授介绍了裴克(R. B. Peck)总结出来的观察法的具体内容:

(1)要有足够的勘察工作,至少要求能够确定沉积物的大概情况、类型及性质,但不一定要求很详细。

(2)在这基础上,对沉积物的最可能情况作出评价,并且要求估计在最不利情况下,实际条件对于以上评价可能偏离多少。这时,地质学常常会起主要的作用。

(3)根据以上第2项估计的最可能情况下的地层性能,提出实用的简化假设(working hypothesis)并作出设计。

(4)选择那些在施工进行中要进行观察的量(例如沉降、孔隙水压力等),并且按第3项的简化假设预先估计这些量的数值可能是多少。

(5)根据已掌握的关于地质条件的数据,在可能的最不利的情况下,预估以上这些量的相应的数值。

(6)要预先估计到,施工时观测到的数值可能会偏离于预期数值;为此,要考虑在最不利情况下,如何选择补救措施或改变设计。

(7)在工地观测那些量,并对现场的实际情况作出评价。

(8)修改设计,以适应于现场的实际情况。

在文章结束时,俞调梅教授提出:"根据我们20多年来的实践,对于如何更有效地培养岩土工程师的途径,我们设想:①可办多样化的业余教学,包括短训班、函授、电化教学等,这是主要的。②可以为大学本科的土木工程、工程地质专业试办岩土工程专门化(其中以土木工程为主);不主张办岩土工程专业,因为30年来的经验证明了,专业分工太细是不好的。③还可以培养一些研究生。"

这篇论文系统地总结了同济大学在 20 世纪 60 年代试办地基基础专业的经验与教训,提出了培养岩土工程人才的途径和方法。

后来,教育部修订了专业目录,为拓宽学生的专业面,提供了制度保证。30 年来,通过多种方式培养了大量岩土工程师,实现了俞先生"建议"的目标。在纪念俞调梅教授诞辰 100 周年的时候,我们回顾了 60 年来的风风雨雨,我们走过了一条曲折的道路。可以告慰俞调梅教授的是,他所开创的培养岩土工程人才之路,已趋成熟。到 2010 年(即俞先生诞辰 100 周年),同济大学培养的岩土工程毕业总人数已经达到了 1765 人,分类统计见表 1-1。

**同济大学从 20 世纪 50 年代至 2010 年培养岩土工程人才情况**　　表 1-1

| 专业类别 | 地基基础专业本科生 | 土木工程专业岩土工程专门化 | 岩土工程专业博士生 | 岩土工程专业硕士生 |
| --- | --- | --- | --- | --- |
| 年代 | 20 世纪 50~60 年代 | 1973~2007 | 1984~2010 | 1978~2009 |
| 毕业人数 | 292 | 394① | 365 | 714② |

注:①包括"文革"后期研究生班和一年期进修班的学生。
　　②包括"文革"前招收的研究生。

## 二、百年沧桑人未老,岁月易逝情更深——忆张问清教授

我第一次见到张问清教授是在我大学毕业那一年(1958 年)的夏天。刚做完毕业设计,路桥系党总支副书记徐元立同志就通知我不参加毕业鉴定学习,要我马上到新成立的水工系报到,担任水工系脱产的团总支书记,参加新系的筹建,准备迎接新生的工作。当我来到水工系报到时,接待我的就是系主任张问清教授。

那年,张先生是接近 50 岁的中年人,长我 25 岁。张先生身体修长,常穿灰色的中山装,戴金丝边的眼镜,说一口吴语味很重的普通话,说话轻轻慢慢,总是带着微笑,给我的第一印象是一位慈祥的长者。他对我说:"欢迎你到我们水工系来工作,这是一个新系,还在筹建中,存在不少困难。你目前的任务是迎新的准备工作,筹建团总支和系的学生会。"这次见面是我认识张先生的开始,是我从事教育工作的开始,也是我参加学校行政工作的开始。几十年来,在张先生的帮助和影响下,我学习怎样做教师,学习怎样做学校的干部,学习怎样处理各种关系,学习如何关心人。在人生道路的分岔点,我遇到了一位好老师,相处了半个世纪,在许多方面都受到很大的教益。但我这个学生并没有真正把张先生处世为人的精华学到手,对张先生人格的理解和认识还是比较肤浅的。在祝贺张

先生百年华诞的时候(图1-2),回忆半个世纪的风风雨雨,相处的点点滴滴,对自己是一次总结和升华,对后人也是一种启示。

图1-2　教研室同事为张问清教授祝寿

**1. 张先生是地下工程系的创始人**

1958年张先生领衔组建水工系,1959年水工系改组为勘测系,1963年勘测系更名为地下工程系,不管专业设置如何变化,不管系的干部组成如何变动,始终都是张先生主政,直到1966年张先生被迫离开系主任的岗位。这八年也是我在张先生领导下,参与地下工程系学生工作和教师工作的八年,亲身经历了地下工程系的建设和变化过程,现在回忆起来还历历在目。整整八年,他勤勤恳恳、不辱使命,克服了三年严重困难和政治运动带来的各种困扰,将一批又一批毕业生送上工作岗位。张先生为地下工程系带出了一支过硬的教师队伍,奠定了后来地下工程系的教育工作与科学研究工作的坚实基础。没有这八年的艰难创业,就没有20世纪80年代地下工程系的重建与最近20多年来地下工程系的蓬勃发展。

1958年刚建系时,党总支书记是郭维宏。他为人忠厚,工作上敢于放手,很尊重系主任,使张先生能很好地行使职权,处理建系初期的许多复杂事务。那时,师资力量不足,专业需要调整,人事又不断变化,有些学生由于不了解专业而不安心学习。初建时,水工系设有工程地质、地基基础、水工结构和陆地水文四个专业(五年制),其中地基基础是试办专业。1958年招了四个小班的新生,每个专业一个小班。当时教师缺员很多,而且教师对于办这些专业也都缺乏经验,办学确实存在许多困难。因此在1959年初进行专业调整时,学校及时撤销了水工结构和陆地水文两个专业,将这两个专业的学生和教师分别并入工程地质和地基基础两个专业中,同时将工程测量专业从路桥系调入水工系,水工系更名为勘测系。

1960年初,担任系党总支副书记兼地基基础教研室党支部书记的徐伯梁同志奉调回路桥系筹建地下建筑专业,我接替了他的工作,进入系的领导层,有更多的机会向张先生学习,也有更多机会了解张先生。此时的党总支书记是孙辛三同志,系副主任是蒋开清同志和王时炎同志。当时正贯彻广州会议精神和高教六十条,强调党总支对系行政工作的监督保障作用。那时,孙辛三同志对三位系主任都很尊重,强调发挥老教授的作用,发挥系行政人员的作用,地基基础教研室也因有张问清、俞调梅、郑大同三位老教授而备受他的关注和尊重。张先生则是一贯地尊重党总支书记。我记得,很多时候是张先生笑眯眯地走进党总支办公室,向孙辛三同志汇报他对工作的设想和建议,总是不慌不忙,侃侃而谈,非常虚心地征求党总支书记的意见。孙辛三同志则是先提一点建议,然后就说同意张先生的意见,要大家按张先生的意见去办。在党总支会议上对于系工作的一些讨论意见,张先生总是很认真地听取,也发表自己的见解。当时,系的领导核心是团结的,在这样的条件下,张先生也确实能发挥系主任的作用。那几年,是地下工程系领导层相处融洽的时期。

1963年,机构又有了变动,测量专业调出,地下建筑专业调入,系的名称改为地下建筑与工程系(即地下工程系或地下系)。徐伯梁同志任系党总支副书记兼系办公室主任,孙钧同志任地下建筑教研室主任,兼任党总支宣传委员。当时没有再增加系副主任,特别在系副主任蒋开清同志过早地去世以后,系的行政领导就是张先生一位系主任。他每天一早就来到系主任办公室,处理各种繁杂的行政事务。

建系初期,最大的困难是师资力量不足,张先生将师资队伍的建设放在十分重要的位置,采取了多项措施解决师资力量的配备。当时,仅从本校有关教研室调教师已远不能解决各个专业的需要,怎么办呢?虽然从其他学校调入了几位教学骨干,但还不够。张先生为此而焦急,与系的其他领导商量,通过建工部先后从北京地质学院和长春地质学院要来大批工程地质和水文地质专业的毕业生,补充工程地质专业的师资队伍。对地基基础专业,因为没有既有的专业毕业生可调,就在1959年从本校有关专业的1960届毕业班调了很多半工半读生,补充到教师队伍中,让他们边学边干,在参加教学实践的过程中学习提高。又从工业与民用建筑专业调了一个小班改学地基基础专业,并提前半年毕业,从这个班中又留了一部分教师。通过各种办法补充进来的青年教师在几年后就成了地下工程系的师资骨干力量,这是张先生为地下工程系的建设所做的奠基性的工作,也是影响极其深远的贡献。

那时，国家制定了科学技术发展远景规划，我校承担了许多全国的和上海市的研究项目。张先生是从结构专业转到地基基础专业的教授，他担任上部结构与地基基础共同作用课题的负责人，可以充分发挥他在结构方面的技术优势，应该是最好的选择。对于安排他承担这个科研项目负责人的决定，张先生欣然接受，开始了在这个领域中长达二十余年的研究与探索。是他提出了对建筑物的基底反力和变形进行原型实测的要求，并组织力量实施，使地基基础教研室，乃至地下工程系率先成为全国进行现场工程实测的学术单位之一；是他提出了用逐步扩大子结构的方法解决上部结构和地基基础共同作用数值计算工作量过大的难题，将逐步扩大子结构法应用于上部结构与地基基础共同作用的研究。虽然张先生事事低调，从不张扬，但人们都看到了他的贡献，都公认张先生是我国上部结构与地基基础共同作用领域学术研究的奠基人之一。20世纪80年代，北京和上海两地在这个领域中的学术带头人，除张先生外，还有北京勘察院的张国霞总工和北京工业大学的叶于政教授。他们两位也都毕业于圣约翰大学，都是张先生早年的学生。张先生他们师生三人在同一个研究领域攻坚，在岩土工程界也是非常少有的。

张先生不仅孜孜不倦地研究自己负责的课题，也非常关心其他课题的研究。有一次，张先生到我家来，送给我厚厚一叠用文稿纸写的材料，他对沉井问题的研究提出了许多设想与建议，材料写得非常详细。我赶忙将张先生的建议材料交给有关课题组。当年，在张先生的领导和亲自参与下，地下工程系的科学研究蓬勃开展。在科学研究的实践中，教师联系实际，接触工程，锻炼了教师队伍，提高了学术水平，地下工程系人才辈出，盛况空前。几十年后，人们不禁惊叹地下工程系拥有如此雄厚的师资力量，活跃在岩土工程如此众多的领域中，其基础都是张先生主政地下工程系时期所奠定的。

张先生非常关爱学生，为了帮助学生通过体育测试，亲自到操场上陪学生锻炼；困难时期为保证学生的伙食，带领系里的干部到食堂为学生打饭；对家境贫寒的学生，会叮嘱系里及时安排补助。此类事情，不胜枚举。

1962年，国家经济困难，毕业生的就业也很困难，分配工作很难做。当时系办公室在胜利楼，张先生和系的其他领导分别直接找学生谈话，做思想工作。学生们站在走廊里，坐在楼梯上等待领导谈话，情绪很不安定。经过张先生和其他系领导耐心地做工作，都愉快地走上了工作岗位，许多毕业生在多年以后还感慨地谈起那段难忘的经历。地基基础专业有个学生得了血友病，无法继续读书。张先生非常关心，派专人护送他回福建老家，等护送人员回校后还专门听取了他的汇报，这样才放心。

1966年初,建工部决定将同济大学地下工程系迁至重庆,并入重庆建筑工程学院。上半年,张先生陪同李国豪校长到重庆建筑工程学院会商迁系事宜。回来后,张先生领导了迁系的准备工作,除了为其他专业所开的工程地质、土力学与地基基础等技术基础课所必需的教师和仪器设备外,其他师生均要内迁,设备也随人内迁。迁系的困难是可想而知的,但在张先生的具体领导下,已经完成了迁系的一切内部准备工作,就等学期结束后,在假期内就可以大张旗鼓地开始迁系的动员和搬迁工作。可是,随着"文革"的到来,迁系的事也就不再有人提起了,张先生也离开了地下工程系系主任的岗位,这件事就成为张先生在系主任岗位上所做的最后一件工作。

**2. 张先生在吴泾电厂工地的半年**

1965年下半年,学校组织学生参加城市社会主义教育运动,地下工程系组织地基基础专业1966届毕业班到吴泾电厂30万kW机组建设工地参加运动,由张问清先生、叶书麟同志和我三人带队。我们三人朝夕相处了半年,一起生活,一起学习,我对张先生有了更多的了解,对他的为人有了更多的感受。

张先生写字,一笔一画,字字方整,一丝不苟,无论是写技术资料、学习资料还是写私人信件,都是如此。在吴泾电厂的半年中,天天要读《毛泽东选集》,写学习心得,张先生都是工工整整地写,从不潦草。由于张先生具有深厚的国学功底,写出来的字,端正整齐,每一张几乎都可以作为练字帖来临摹。

张先生在年纪比较大的时候毅然戒掉了多年抽烟的习惯,但在地下工程系工作的八年中,张先生的烟瘾还是不小的。在吴泾电厂的半年中,受张先生的影响,我和叶书麟同志都以烟解烦,从"伸手牌"到"金钱牌",都养成了抽烟的习惯。"文革"期间,我也一天抽一包烟了。张先生抽烟也有他独特的习惯,他随身带着一个装相片胶卷的小铝盒(是那种装135胶卷的铝盒),抽烟时,不论在什么地方,必先取出铝盒,可以随时将烟灰弹入铝盒,抽完烟,将烟蒂放入铝盒,盖上盖,往口袋里一放,干干净净,一尘不染。从这个细节可以看出张先生严于自律,注意影响的一贯作风。与张先生相比,我们是自叹不如的。

吴泾电厂30万kW机组建设工程在当时是一个很大的项目,对我们确实是一个很好的联系实际学习工程知识的地方。作为教育家的张先生当然不会放弃这个绝好的机会,就带领我们利用工地的条件,有计划地结合电厂的工程建设项目内容,给学生讲解电厂建设的一些业务知识,受到学生的欢迎。

那个时期的张先生,充分利用与学生同住在一个工地的机会,接触学生,了解学生,和学生促膝谈心,做了大量的学生思想工作。那个班的学生和张先生建立了非常深厚的感情,2007年,在同济大学百年校庆的时候,那个班的学生宋德祥在校园里巧遇张先生,高兴地和张先生谈了很久。他回去后很快寄来了庆贺张先生百年华诞的文章,体现了深厚的师生情谊。

**3. 诚挚的友情和师生情**

张先生创建地下工程系以后,他也在地基基础教研室从事教学工作,是地基基础教研室的一员,和教研室主任俞调梅教授和睦相处几十年。按照一般的说法是一山不容二虎,在一个单位里很难容纳两位著名的教授。张先生和俞先生,他们的经历非常相似,到同济大学以前,都是知名大学的知名教授,而且也都担任过系主任。但到同济大学以后,在系和教研室的关系上是张先生领导俞先生,在教研室内则是俞先生领导张先生。张先生不担任系主任之后,在教研室内乐意居第二位,非常尊重俞先生,支持俞先生的工作。几十年间,从未听到过他们两人之间有任何嫌隙。这主要是两位老先生都非常识大体、顾大局,都是豁达大度、不计名利的智者,他们之间的诚挚友情为后人树立了榜样。

张先生在圣约翰大学的学生大多长我十岁以上,故熟悉的不多。但因缘际会,我与张先生早年的两位弟子成为忘年交,一位是北京的张国霞总工,一位是上海的许惟阳总工。在与他们的接触中,我深深地感受到他们与张先生之间诚挚的师生之情。

张国霞总工毕业于20世纪40年代初期,曾任北京勘察院的总工程师。1962年,余绍襄同志和我到北京出差,到北京勘察院调研时第一次见到张总。后来我夫人范凤英到北京勘察院工作了整整十年,在张总的领导下工作,在张总的指导下成长,我家与张总因而结下了不解之缘。20世纪70年代初,我在北京编全国地基规范,张总指导我们的规范编制工作,我有更多的机会与张总接触。当他对我们说"我是你们学校张问清教授的学生"时,我才知道张总原来是张先生在圣约翰大学执教时的弟子,感到我们之间的距离更近了。

张国霞总工长期在上部结构与地基基础共同作用研究领域中开展工作,他的老师张问清教授是这个领域的学术带头人,师生两人在同一个领域中探索研究,都成为这个研究领域的奠基人。张总在一些学术会议的总报告中,特别关注同济大学在这个领域的研究成果,非常关注老师的学术进展。

在讨论《百龄问清》一书的编写计划时,我想到了张国霞总工,很想请他写一篇回忆文章,但他已经去美国定居多年,很久没有与他联系了,不知道能否找到他。怀着试试的心情,通过北京勘察院的沈小克院长给张总发了一封电子邮件,告诉他为张先生百岁寿诞编书的信息,邀请他撰稿。信中还附了一张照片,是我当年春节到张先生家拜年时与张先生的合影。张总很快就发来回信,他在信中说:"得知张问清老师已是 98 岁高龄而仍身体健康,思维敏捷,谈笑风生。特别是看到你们去拜年的合影而惊喜万分,我想这也是和张老师一贯的清廉淡泊为人分不开的。你们对我的惦念和邀请我写文章使我十分感动并感到荣幸,我一定全力以赴。"张总对老师的健康长寿,感到无比的欣慰,他还在旧金山的圣约翰大学校友会上向校友报道了张先生的近况和准备出文集的信息。几个月后,张总便寄来了稿件。张总在回忆文章中深情地描述了张先生当年给他们讲课的情景,以及他对张先生所取得的学术成就的敬仰,看了确实令人感动。

许惟阳总工毕业于 20 世纪 40 年代后期,曾任上海华东建筑设计院的总工程师,在地基基础领域,特别是桩基工程领域有很深的学术造诣和丰富的工程经验。我在一些会议上经常能遇到他,我也经常向他请教技术问题,或者请他主持一些技术会议。在我的记忆里,许总遇到同济大学地下工程系的老师时,经常会很自豪地说:"我是张问清先生的学生。"有时候,他会满怀深情地向我们谈起当年他在圣约翰大学读书时张先生给他留下的一些难忘的记忆,流露出对张先生十分崇敬的神情。可惜许总在前几年去世了,不然他肯定能写出非常有价值的回忆文章。

张先生执教早期的这两位学生,与张先生的相处时间也仅是几十年前的那短短几年,但短短几年的相处使他们终生难忘。浓浓的师生之情,折射出张先生的人格魅力,体现了张先生为人师表的深远影响。

### 4. 张先生与我的忘年交

张先生长我 25 岁,是我的领导与老师,但我们之间的感情不仅于此,而是跨越年龄的忘年之交。

张先生一贯严以律己,宽以待人,但他绝不是一个不讲原则的人。在原则问题上,他是不讲情面的。有一件事使我终生难以忘怀。

1963 年春节后,张先生安排我去北京出差。到北京后的第三天,系里给我发来电报,告知我母亲去世。我随即返沪回乡奔丧。在报销北京出差的费用时,张先生对我说:"你没有完成这次出差任务,因此不能报销差旅费。"有的同志认为差旅费应该可以报销,理由是如果我在北京工作,也应享有探亲假而可以报销回家的车费。当时我并没有申辩,我理解张先生这样处理的目的。可是,这件事在我心头也压了好几年,随着岁月的流逝,自己慢慢成熟了,便从心底佩服张先生处事的原则性。

在半个世纪的时间里,张先生不仅关心我的工作,对我家的生活也非常关心。1976 年我的女儿出生,张先生知道后非常高兴。那年,我家住在新一楼一间 $7m^2$

的斗室中,张先生和张师母都特地到我家来看望我们,关心我们的生活。在那人际关系被严重扭曲的年代,先生和师母对我们的关心,让我们刻骨铭心,终生难忘。为我女儿取名时,我也请教于张先生。女儿取名为高崧,用"崧"字,也是听取了张先生的意见。他认为,高山之松,有非常好的寓意。

有一年的大年初二上午,我听见敲门的声音,开门一看,是张先生来了。那年,我住在"博导楼"的五楼,而张先生已经85岁高龄了。他步行登上五楼,把我吓了一跳,赶忙把他扶到客厅里,请他坐下休息。我以为他有重要的事情,就说:"张先生,有什么事打个电话就可以了,我家住得太高,上楼不方便。"张先生却笑嘻嘻地说:"昨天你们到我家拜年,今天我是来回拜的。"闻此言,一股暖流涌上我的心头。那时那刻,既感动又惶恐,生怕老师上下楼时出现闪失。

张先生的外表严肃刚毅,话语不多,具有自然静穆的庄严。但他也有一颗金灿灿的童心,与他熟悉了,他会向你敞开心扉,无话不谈。近十多年来,我住在外面,回同济新村的机会比较少,有两次在新村里巧遇散步后在路旁的椅子上休息的张先生,向先生问安以后就坐在他的旁边聊天。张先生非常开心,向我讲述了很多往事。还有一次,我到张先生家去看望他,巧遇下雨天留客。张先生和我聊了3个多小时的家常,还留我一起用晚餐。他告诉我,每天上、下午各散步一次,每次40分钟,除了下雨从不间断。他在散步时希望能够遇到熟人聊聊天,但很多同事已很久没有见到了。他提到很久没看到洪老师了。我告诉他,新年里我去洪老师家拜过年,年后洪老师就去澳大利亚了。我还告诉他教研室其他老师近几年迁居的情况。他心里始终惦记着以前的同事和朋友。

那几次叙谈把我带入了历史的画卷中。张先生生长在一个盐商的家庭,自幼接受了中国传统文化的教育。他的母亲,对他的为人处世有重要的影响。他的哥哥继承家业经商,而他则学习西方的工程技术。圣约翰大学(著名的私立教会学校)毕业后,他在1936年8月乘皇后号轮船赴美深造(当年,冰心先生也乘那条船赴美留学,并与吴文藻先生在船上相识而相恋)。张先生在美读书期间,家庭因战争而中断对他的经济支持,他就半工半读继续学业。清华大学的黄万里教授是张先生当年在美国读书时的同学,在黄万里先生的影响下,他也选读了水利方面的一些课程,如果不是战争爆发,也许就在水利工程方面继续深造而成为一位水利专家。张先生告诉我,这个经历就是学校调他担任水工系主任的原因。张先生是在1938年搭乘一条货轮绕道香港回到祖国内地的,原因是这条船的票价比较便宜,而且不停靠日本的港口,比较安全。当然,船上的生活条件是比较差的,但当时也顾不了那么多了。

张先生回国后受聘于母校圣约翰大学,他的中学也是在教会学校读的。长期在教会学校里读书和工作,但他没有忘记父亲"千万不能信教"的告诫,始终没有信教。他说:"我的老师、同学和学生中很多是信教的,有的还就读于神学院,后来成了大主教。我和他们都相处得很好,教会也是一个教人为善的组织,但我既然答应了父亲的要求,我就不信教。"抗日战争胜利以后,圣约翰大学同意他停薪留职到津浦铁路实习。他接触到社会,看到了许多腐败的现象,不满意国民党的统治。这也使他从心底接受中国共产党的领导,并且在1956年入了党。

百年沧桑人未老,岁月易逝情更深。张先生经历了我国百年的沧桑巨变而坚守知识分子的操守与良知。在他的身上,体现了中国传统文化和西方科学技术的完美结合。光阴似箭,年华易逝,转瞬间,我们这些学生也都已经成为白发苍苍的老人,但我们对老师的敬仰之情绵延不断,与日俱增。

## 三、郑大同教授科研活动回顾[1]

编者按:郑大同教授(图1-3)离开我们已经30多年了,在编撰本书时我请魏道垛教授写了这篇回忆文章。魏道垛教授是郑大同先生的第一个研究生,在20世纪60年代初受教于郑先生,至1986年郑先生去世,在26年的时间里,实际上是郑先生的主要助手。郑先生去世以后,魏道垛教授又受命处理郑先生的后事,整理郑先生的遗物,于郑先生诞辰100周年时,组织出版了《岩土良师 文理双璧——纪念郑大同教授诞辰100周年》一书。作为学生、同事和助手,魏道垛教授对郑大同教授的生平了解至深。

### 1. 担任同济大学新建校舍委员会顾问,从事地基基础工程实践

1952年,郑大同先生服从国家高等学校院系调整安排,从上海圣约翰大学调到同济大学地质土壤基础教研室(地基基础教研室和地质教研室的前身)任教。不久,即受聘担任同济大学新建校舍委员会顾问,负责指导叶书麟、范家骥等青年教师设计校内南北楼的地基基础方案,进行箱形基础的方案制订和计算,从事沉降观测和控制建筑物变形等工程实践。他们制订的基础方案、设计方法,绘制的施工图纸,当时被作为上海市同类校舍建筑物设计的范本而加以推广。

---

[1] 本文为郑大同先生的第一个研究生魏道垛撰写。

图 1-3　郑大同教授在千岛湖留影

### 2. 担任土工试验室主任，构建地基基础学科重要的支持平台

1953 年，郑大同先生组建我校地基基础教研室土工试验室，并担任试验室主任，为我校地基基础学科的发展提供了重要的支持平台。

### 3. 发表《地基土快速固结试验的理论研究》❶

新中国成立初期，地基基础工程领域采用苏联流行的 НиТУ 127—55 规范设计计算地基的沉降。其中，压缩系数采用苏联传入的由维谢罗夫斯基提出的快速固结试验方法获取。但是，由于没有获得作者的原始论文，无法对该试验方法的许多细节（包括其修正方法）进行深入的了解。国内不少使用单位，对于不同土样的试验结果采用的修正方法也不尽相同，对试验结果的准确性评价各异。使用中争论频起，莫衷一是。这一情况，引起俞调梅、郑大同两位先生的注意，俞先生为此写过文章《土壤快速固结试验的校正问题》，参加交流（未公开发表）。郑先生则认为应从土力学的固结理论基本原理出发，推导设计了土壤快速固结试验的计算方法以及考虑了"次固结"影响的修正方法，以期使快速固结试验有理论依据。

《地基土快速固结试验的理论研究》论文完成后，郑先生（与当时的上海市政局土工试验室合作）做了初步试验验证，限于当时的条件，只能手工操作，边试验边绘图（制作时间平方根曲线），找到主固结结束点，运用推导的公式计算固结度，进而推算有效应力、土样孔隙比，估计次固结影响等。今天回过头看，郑先生的理论研究成果是超前了。由于当时国内土工测试水平滞后，计算机（及

---

❶　文章发表于《同济大学学报》，1956 年第 4 期。

其软件)技术和自动化技术存在欠缺,郑先生的理论指导未能转化为生产力。

论文在当年校庆讨论会上宣讲并发表在《同济大学学报》创刊年(1956年)的第4期。这应该看作是郑先生在同济地基基础教研室任教后首次基于土力学基本理论的科学研究活动。可能是为晋升高级教职的需要吧,论文请清华大学陈梁生教授评阅。陈先生认为:"……最后应当指出,这篇论文有较好的科学水平,表现了作者的创见。虽然在目前,对生产工作帮助还有限(计算工作还比较多,可靠性也还有问题),但是,进一步的工作有可能促进快速固结试验在生产实践中广泛采用,那时候就很有国民经济意义了。"❶

**4. 参与上海地基规范编制前的准备工作,提供沉降计算方法**

20世纪60年代初,上海有关部门开始进行上海市《地基基础设计规范》的前期准备工作。我们教研室的俞调梅、郑大同两位先生也分别接受邀请参加了这项工作。在全面学习苏联的大环境下,按照苏联HиТУ 127—55规范的模式,上海市一开始就按变形极限状态理念开展地基设计标准的探索。其中,在地基土的沉降计算方法的选择上,也进行了较长时间的研发工作。除了引用苏联规范中的分层总和法作为基本选项外,还使用了叶戈洛夫法和崔托维奇等值层法两种在苏联常用的方法,进行计算结果的比较。为满足比较计算的需要,郑大同先生参照苏联崔托维奇等值层法的思路,运用当年他留美时学习到的韦斯特加德(H. M. Westergaard)弹性力学中有别于传统土力学常用的布辛奈斯克应力解的相关应力解答❷,设计了另一类型的等值层法。就目前能寻找到的信息知,当年,郑先生在北京土木工程学会的活动中曾作过这种等值层法的介绍(北京土木工程学会讲座资料:《冲积土层上建筑物下沉量估算》)。当年,具体实施比较

---

❶ 20世纪80年代初,杨熙章和我开展试验室固结仪自动化研发课题时,我曾在天津大港油田试验室实地考察观看了中科院土力学研究室驻外小分队在那里进行的固结试验自动化装置,其中包括快速固结试验自动化操作。随着试验的进行,数据采集装置自动绘制时间平方根曲线以及自动标注出固结度90%和推算的100%的点位,即时施加下一级荷载(砂粒)操作。只是,为了不干扰他们的试验,故未曾与他们交流操作软件的基本理论框架内容。但是,当时我就想到了郑先生这篇论文的原理,在自动化装置和计算机软件协助下是完全可以从试验操作直至完成制作$e$-$p$曲线和计算压缩系数全过程的。

❷ 据我的记忆,当年,郑先生曾说起,美国哈佛大学弹性力学教授韦斯特加德根据土力学教授卡萨格兰德(A. Casagrande)的建议,针对具有众多粉砂薄夹层的冲积土层地基,推导了此类弹性半无限体空间表面作用有一个集中力的情况的应力解答。由于软土层中有了粉砂薄层的约束,它的应力解答将与视地基土为均质弹性体的布氏解答绝不相同。以竖向应力解答为例,在计算公式中,出现了反映土体侧向应变的参数泊松比,亦即应力分布式与介质性质相关,而不像布氏解答,竖向应力只是荷载及其尺度坐标的函数,与材料性质无关。

计算的陈惠康同志曾说起,郑先生提供过地基沉降计算方法供大家计算研究。

我随郑先生读研时,这项比较计算工作已经结束多时。虽然郑先生也让我结合上海市《地基基础设计规范》准备工作进行实践,但主要是跟随地质二大队参加沉降观测和沉降资料的分析。后来读研选题,郑先生还是同意了在探讨上海软土的沉降计算方法时采用他曾经用过的韦氏应力解,即研究论文选题为"上海地区天然地基沉降计算方法探讨",使这项研发工作得以延续,获得相对完整全面的结果❶。

### 5. 组建黏性土地基小组,组织编写《黏性土地基学》

1958年至20世纪60年代初期掀起的教育革命浪潮中,地基基础教研室也进行了教学改革。为适应教学科研的需要,教研室组建了四个教学小组:黏性土地基小组、岩砂性地基小组、基础工程小组和机器基础(动力基础)小组。郑先生受命负责黏性土地基小组的组建。为专攻黏性土,他组织组内教师以苏联学者杰尼索夫的专著《黏性土的工程性质》为主要参考书,再收集其他资料,编写了《黏性土地基学》教材(油印本)。组内成员人手一册(新来的研究生也概莫能外),作为必读本精读。这一举措,对于年青一代教师的专业素养的培育,对于师资素质的提升是很有帮助的。至少,当年黏性土地基小组的师生在专攻黏性土业务方面还是十分上心的,一种积极向上、抢占学科前沿的气氛十分浓厚。小组还组织教师旁听了建筑材料系黄蕴元教授开设的物理化学专题讲座,以扩充知识面。

### 6. 结合易经武的培养,开展土的流变性质研究

易经武入学后,郑先生根据当时国内的热点研究问题——土的流变性,确定我们也开始参与其中。为做前期准备,他主要参考当时在国内流行的苏联弗洛林的专著《土力学原理》(第二卷)和新出版的袁龙蔚编著的《流变学原理》,编写讲课提纲,每周定时为易经武讲授土的流变学(朱美珍和我均参加旁听)。讲课可能中断于"文革"前,我们学生却获得了很大的提高,基本上打下了此后从事这方面研究的理论基础。

同时,为易经武确定的选题为"饱和软黏土流变性质的研究"。以此为切入

---

❶ 在郑先生指导下,研究内容主要是将集中力作用下的韦氏应力和位移解答,推广至有限面积下、不同形状的基础板作用荷载在地基中产生的应力与变形解答。同时,为间接获得土的侧膨胀系数泊松比,开展了土的侧向压力系数的试验研究(试验仪器研发和土性试验)。

点,推动土工试验室在土的流变性试验研究方面做出了初步的成果。在"文革"前,因陋就简地试制了拖板试验设备,并据此开展了一批试验研究,帮助易经武完成论文课题任务,也为教研室增添了一种土性测试设备(只可惜未能保存下来)。

**7. 推导土力学各种应力分布的计算公式**

郑先生在课余,运用自己擅长数学力学知识的优势,潜心进行土力学中各种荷载条件下,土中应力计算公式的数学推导,并详细地记录在自己的读书笔记中。在当时没有打印机协助的情况下,完全手工写成,包括"布辛奈斯克课题""弗拉曼课题""洗露蒂课题"在内总共 11 个大课题 24 种荷载条件下的应力和位移计算公式的数学推导过程。这些笔记对于从事岩土工程事业的科技工作者和教学工作者,应该是很有益的参考资料。这本读书笔记所记载的理论工作,不知为何,先生始终未曾对外披露过,生前也未整理校对并付诸出版。现经家属同意,只能作为"绝唱"留存于同济大学土木工程学院院史馆。

**8. 结合研究生班的教学,编写地基极限承载力计算专著**

20 世纪 70 年代中期,地基基础专业停办后,教研室着力探索地基基础人才培养模式。在学校支持下,试办地基基础研究生班,首期招收了六名学员。教师们都为办好这个班尽心尽力,组织多个小组编写相关课程教材,包括编译基于当时能够收集到的外文资料形成的多辑桩基参考资料选本。郑先生根据教学需要,编写了《地基极限承载力》教材。他从土的塑性力学基本原理入手,对当时国内外土力学界流行的几种地基极限承载力理论方法(包括苏联的别列赞采夫的计算公式),从原理到计算公式,做了详细的推导和梳理,为学生提供了系统的地基极限承载力理论基础知识,也为教研室积累了难得的教学参考书。20 世纪 70 年代末,这本教材作为地基基础学术专著正式出版(即《地基极限承载力的计算》)。如果说这本专著有所遗憾的话,则是受当时环境所限,没有来得及将国外已经发表的韦塞克圆孔扩张理论收入其中。

**9. 结合上海焦化厂技术改造工程,开展天然地基上的薄壳基础设计计算方法研究**

20 世纪 70 年代初,郑先生恢复工作后,和教研室部分教师组队到上海焦化厂技术改造项目工地参加现场设计。当时,国内岩土工程界流行在建筑物下天然地基上采用不埋板式基础,进而,推广采用各种类型的薄壳基础。在此背景下,焦化厂的85m高(当年上海最高)焦炉烟囱的基础,也要作为设计创新而采用M形薄壳基础。教研室则借势将其列为一项科研项目执行。薄壳基础交由郑先生具体设计计算,同时安排进行施工现场的基础沉降和结构应力跟踪量测。郑先生积极参与了这项研究,不仅完成了现场设计,后又随时关心现场观测的进行;随后的一段时间,郑先生组队就近考察了镇江、南京两地设计单位开展薄壳基础研发工作的情况;主动参与了教研室其他小组在上海其他工地上进行的倒圆台基础设计和现场观测工作。之后,进一步收集M形薄壳基础的技术资料,运用自己熟悉的数学力学知识,进行了薄壳基础内力设计计算公式的数学推导和分析。限于当时的环境,理论研究成果暂未发表(只作为内部交流资料由校情报站油印)。改革开放后,才正式发表于《岩土工程学报》。

**10. 开展土动力学研究**(创建土动力学研究室及土动力学试验室)

20世纪70年代后期,我国华北地区先后发生了多次地震,土木工程抗震问题被提上议事日程。1978年底,党的十一届三中全会召开,为打开工程抗震领域科研工作的新局面提供了条件。我校李国豪校长抓住机遇对此进行了战略部署,挑选一批力学、结构学科的精兵强将组建了结构理论研究所,点名由郑先生领衔组建土动力学与地基抗震研究室。

1978年以后的五六年时间里,在李校长的关怀和各级领导的支持下,郑先生义无反顾,发挥了自己最大的潜能,整合和带领地基基础教研室原有的从事土动力学教学科研的师资力量,踏实苦干,从无到有,从弱到强,将同济大学的土动力学学科办得风生水起,声名远播。

为尽快建立一支高素质的教学科研队伍,郑先生一方面及时引进新毕业的工程力学专业人才,招收研究生专攻土动力学课题;另一方面也着力提高原有师资的专业素养,像当年开小灶着力培养研究生易经武从事土的流变学研究那样,为中青年教师开小灶补习工程数学(如随机过程、积分变换等)和机械动力学等专业知识以及土动力学基本原理。

郑先生十分重视土动力学的仪器设备及试验室的建设,从组织大家动手研制简易的电磁式动力三轴仪,到努力争取学校支持,利用多种渠道获得经费,购置引进当时国际上先进的土动力学试验仪器设备,使初创的同济大学土动力学试验室一跃成为当时国内为数不多的比较完整的土动力学试验室之一,为同济大学土动力学学科的教学科研工作的全面开展创造了良好的物质基础。

为扩大同济大学土动力学学科的影响,郑先生鼓励督促和组织团队成员积极参加国内外有关的土动力学和地基抗震的学术会议和活动,还通过派出成员参与学术会议筹备、邀请国内土动力学专家参加研究生论文答辩会、邀请国际上的知名土动力学学者来华访问等形式,与国内外同行建立广泛的联系。

郑先生积极组织团队成员参与土动力学和地基抗震相关学术资料的收集,安排团队成员参与相关著作章节的撰写,并为形成本学科的研究生教材以及同济版土动力学专著进行了准备。

**11. 结合谢婵娟的培养,进行土的内时本构关系研究**

内时理论是一门非弹性本构理论,是塑性力学发展中的一个组成部分。它不以人为的屈服面为其先验性假设,而是通过满足热动力学限制条件和符合土性基本规律的内变量设计来寻求土体本构关系的新型表达式。

内时理论由美国学者 R. A. Schapery 和 K. C. Valanis 分别于 1968 年和 1971 年先后提出概念和证明。重要的是,Valanis 在研究过程中,最先注意到该理论在模拟材料的卸载、周期加载及非比例加载方面表现出极大的灵活性和有效性,并将其成功地用于分析金属的周期响应行为,从而引起力学界和工程界的重视。

也许是这一原因(只是猜测,因为我们当时都来不及请教郑先生),使郑先生在录取谢婵娟(大连工学院工程力学硕士)后,决定由她应用内时理论,先建立软土本构关系,再扩展到模拟海洋土的本构模型(根据当年谢婵娟的回忆,郑先生同她见面时曾提到,她的研究课题的终极目标是用内时理论模拟建立海洋土本构关系)。

1976 年,内时理论被美国学者 Z. P. Bazant 等首次用来模拟砂土液化问题,而且取得成功。此后几年间,在其他美国学者和在美中国留学生的努力下,先后发表了关于砂土、正常固结黏土和横观各向同性黏土等的内时本构模型的成果。

谢婵娟确定选题后,在文献收集、阅读中发现,此前的研究成果中,有相当多的内容过于粗糙和简单,但终归是被抢了先机。作为博士论文选题,谢婵娟的研究自然不便再重复,所以,主要立足于考虑应力历史影响的超固结黏土。她构建的超固结土的内时本构关系,预测了超固结黏土的下列行为:①应变硬化—软化;②剪缩—剪胀;③有效固结应力对土体性状变化的影响;④超固结比 $OCR$ 对土体性状变化的影响。

注:郑先生的意外辞世,使谢婵娟的研究陷入困境,静力本构完成后,她本人已无继续研究的意愿,遂东渡日本就职。1991 年我访问日本,在横滨见到谢婵娟时,曾听她说起,日本京都大学的阿达奇教授在她之后也发表了超固结黏土的内时本构模型,比她的成果更完善一些,试验验证及孔隙压力反应曲线更佳。

## 12. 开展海洋土力学研究

20 世纪 80 年代初，海洋石油开采被提上议事日程，为适应国家发展战略，教育部与国家海洋石油总公司合作，在国家计委的支持下，决定依托教育部部属高校中的海洋工程专业人才的优势，开展海洋石油开采平台的研究工作。教育部组织大连工学院、清华大学、天津大学、同济大学和华南工学院五个院校的相关专业师资组建了海洋平台设计组，集中到大连工学院进行工作。大连工学院为组长单位，其余四校为副组长单位。同济大学遂任命俞载道教授为副组长，郑大同教授和胡瑞华教授为设计组顾问。

由此，郑先生的工作任务中，除正在进行的土动力学与地基抗震学科建设之外，还增加了海洋土力学开发与建设的内容。面对这一全新领域的挑战，郑先生也是义无反顾，全力投入。在安排好土动力学研究室的工作之后，他自己则是亲力亲为，边学边干。除了全部出席在上海召开的设计组各项任务有关的会议外，在设计组去广州和湛江进行现场调研、在大连工学院进行设计组集中工作等活动中，郑先生也是身体力行，未曾缺席。在平台设计方案预定的海域地点（南海北部湾涠 11-1）确立后，设计组就将平台现场的海洋地质勘察任务中的土工试验任务交托给同济大学。对此任务，郑先生高度重视。我们组织土静力、土动力两个试验室的全体同志，前往湛江接送海洋土样的往返过程中，郑先生也是全程跟随，克服身体疾病带来的不便，和大家同吃同住同进退。

在近两年的时间里，郑先生除了亲自参加海洋平台设计组的各项活动外，还组织土动力学和地基抗震研究室部分教师参加与平台设计工作同步进行的海洋土地基咨询项目的研究，其成果验收与海洋平台设计的成果验收同步完成。

在上述海洋工程任务完成回到学校后不久，学校正式组建了海洋工程研究所（设在工程力学系，与建工系的海洋工程教研室无关），任命毕家驹担任所长，地下工程系则决定由陈竹昌参加海洋工程研究所的工作，所以，在行政编制上，郑先生（还有俞载道和胡瑞华）不在此列，郑先生的海洋土力学开发与研究工作基本上就暂停了。1985 年，他招收谢婵娟为他的博士生，让她用内时理论进行土体本构关系研究，也是进行海洋土研究的继续。

在我们教研室中，此前分别由陈竹昌、宰金璋和我承接的国家科委的与海洋工程相关的重大研究项目的三级子项，则由承担人在各自的工作岗位上继续进行到 1991 年通过国家科委组织的验收，至此，我们教研室的海洋土力学工作也就结束了。

## 四、与孙钧院士交往的一些回忆

认识孙钧先生是在六十年前,由勘测系改组为地下工程系的时候。那时候我在系党总支担任副书记,成立不久的地下建筑专业的师生从路桥系调来,与已经成立的工程地质专业、地基基础专业一起组成地下工程系。孙先生当时担任地下建筑教研室主任,地下工程系党总支委员,负责宣传工作。当年,我国的国防建设迫切需要建造大跨度的地下工事与设施,孙先生承担了非常重要的国防工程的咨询项目,因此经常出差。那段时间我与孙先生的个人交往并不很多。

"文革"结束后,拨乱反正,恢复了地下工程系的建制,孙先生出任了地下工程系的系主任。那时,我在地基基础教研室工作。在孙先生的领导下,进行恢复时期的教学和科研的组织工作。后来,孙先生担任土木工程学院院长,地下工程系与地基基础教研室都随孙先生并入土木工程学院,这个体制一直保持到现在。

20世纪80年代中期,孙先生和我先后都调到学校的职能部门工作,他最初担任教务处处长。不久,我担任学校的科技咨询服务部主任,后来担任科研处处长。在孙先生当选为中科院院士之后,他就不再担任学校的行政领导职务了。

与孙先生比较密切的往来是从20世纪90年代开始的,那时候,孙先生已经评为院士了,我也离开了行政岗位,从事硕士生和博士生的培养。在一些学术会议的筹备和学术研究上,与孙先生的交往多了起来,一起参加学术会议的次数就比较多了。

2004年,我在南昌航空工业学院工作的时候,请孙先生来南昌指导工作。孙先生作了题为"创新与未来"的报告,并对我们申报岩土工程硕士点的准备工作提出了建议。之后的几天,我陪同孙先生访问了华东交通大学,并游览了庐山(图1-4)。

在那个年代,与孙先生来往比较多的还有史佩栋总工。他的年纪和孙先生相仿,而且还有在交通大学和圣约翰大学同学的经历。在他们两位长者的提携下,我也参与了一些活动。例如,组织出版《岩土工程丛书》的工作就是在那个年代开始的,孙先生给予了很大的支持。第一本书是在2005年出版的,到2019年,这套丛书出版了13本,基本上每年一本。在出版科技图书比较困难的情况下,有这个数量也可以告慰史总了。

孙先生也会把一些工作交给我去做,但并不是很多。孙先生一直不承认我是他的学生,说他没有给我上过课,也没有担任过我的导师之类的职务,这倒是事实。与孙先生相处了一个甲子,特别在后期,我们之间的关系实际上是师生的关系,虽然不是授业的师生关系,但孙先生对我的提携和指点也是不少的。

图 1-4　孙钧院士在庐山留影

回忆起来,由孙先生交办和指导的工作,有三件比较重大和深刻:
(1)组织、编写和出版《岩土工程的回顾与前瞻》一书。
(2)组织润扬大桥地基土性状的试验研究。
(3)对云南岩溶与膨胀岩(土)地区的公路岩土工程问题进行考察和研究。

20世纪末,孙先生将《岩土工程的回顾与前瞻》一书的主编工作交给了我。这原来是世纪之交出版界计划组织编写、出版的一套丛书,在土木工程学科中计划写一本有关岩土工程的书。孙先生指定由我来负责这本书的组织工作。当时我发了很多信,邀请业内许多老先生参加这本书的编写,得到许多同行的积极响应。正在这个时候,却传来了不出这套丛书的通知。孙先生说,他们不出这套丛书,我们就自己出。于是,我们继续做好文章的收集和编写工作,成书以后于2001年6月由人民交通出版社出版了。书名是《岩土工程的回顾与前瞻》,由我主编,孙先生主审,共80余万字。这本书的组织和编写,实际上是对我国岩土工程发展历史的研究,是一种修史性质的工作,我获益良多,且与业内许多专家建立了良好的关系。

对于润扬大桥工程,孙先生组织了一个很大的研究课题,作为这项大工程的技术支撑。课题的名称是:润扬长江公路大桥南汊悬索桥北锚碇基础工程若干关键技术研究。先生将其中一个分支项目交给我组织人员来完成。我组织四个研究生参加这个试验研究项目,并请我们学校土工试验室的杨熙章同志在试验技术上指导他们。

当时我所负责的分支项目的题目是"岩土介质材料的若干非常规力学试验

(含岩土流变)研究,及其与常规的勘察、设计采用值的比较",安排了四个方面的试验研究课题:

(1)土体天然强度的测定及其与常规试验结果的对比分析研究。

(2)开挖卸荷后软基土在多种条件下的不排水强度试验研究。

(3)土样扰动对软土室内试验结果的质量鉴别研究。

(4)黏、砂性土体与风化基岩流变试验。

这份研究报告收录在2019年出版的《岩土工程试验、检测和监测——岩土工程实录及疑难问题答疑笔记整理之四》一书中。

2017年,孙先生应云南省人民政府的邀请,考察了岩溶与膨胀岩(土)地区的公路建设。孙先生邀我一起对这条正在施工的线路进行了工程考察,研究了沿线的地质条件及岩溶与膨胀岩的岩土工程问题。在省交通部门的一次技术干部会上,由我作了题为"岩溶与膨胀岩(土)地区的公路岩土工程问题研究"的报告。报告由下面五个部分组成:

(1)岩溶发育条件与工程地质问题。

(2)岩溶评价与治理工程实例。

(3)膨胀岩的工程特性。

(4)膨胀岩隧道工程治理实例。

(5)膨胀土的工程特性。

虽然,我读大学时的专业是"公路与城市道路",但毕业以后,直接从事有关道路工程的技术工作不是很多,但这次是一个例外。可能孙先生也知道我是读公路专业的,所以在组织这个课题的时候,就想到了我,给了我一个参与公路工程实践的机会。

第二章

# 岩土工程人才培养的六十个春秋

1958年，我大学毕业，到同济大学新成立的水工系工作。一年半后，我到同济大学地基基础教研室，到俞调梅教授的身边，开始了岩土工程领域的教学和科学研究工作，到2018年已经六十个春秋了。六十年里，我亲历了我国岩土工程的发端和同济大学岩土专业的机构调整与人事变化。从我个人的经历，可以窥见我国岩土工程领域六十年变化之一斑。

1950—1960年，上海几所大学从事土力学与地基基础课程教学的老师聚集到了同济大学，之后，从工程结构教研室调来几位老师，从历年工业与民用建筑、公路与城市道路、铁路工程、桥梁工程等专业的毕业生中遴选一些，从地基基础专业的毕业生中留下一些，就这样，同济大学地基基础教研室组建并壮大起来。又经过几年的发展，教研室的教师人数达到了30多人，成为当时我国高校中教师人数最多的一个地基基础教研室。

从1958年到1966年的八年时间里，我们进行了学科建设的初探，主要开设了土木建筑类各个主要专业（包括全日制和函授）的土力学与地基基础课程，试办了地基基础专业，同时还为兄弟院校培养地基基础课程的教师，并尝试招收硕士生。此阶段是我的学习阶段，学习如何教学，学习如何做科学研究工作。在这样一个集体里，我能得到很多学习和锻炼的机会。

20世纪70年代后期，俞调梅教授带领我们通过专业调查，总结了这个阶段试办地基基础专业的经验和存在的问题，提出了多种途径培养岩土工程师的设想，并在实践中不断深化。在这个阶段，曾经为国家建工总局和长江水利委员会举办在职工程师的脱产进修班和研究生班，一共办了十二期。"文革"结束后，开始招收硕士生和博士生，并在结构工程专业中设置岩土工程专门化，作为对办学方式多年讨论的总结，开始了较大规模、稳定的岩土工程办学的教育实践。

在俞调梅教授提出通过多种途径培养岩土工程师的同时，我国工程勘察业内部也在讨论行业的发展问题，提出了进行岩土工程改革的设想，形成了产业部门和教育部门同时推进、南北呼应的局面。我同时参与了这两个方面的改革的讨论和实践，主要包括岩土工程技术标准化工作、岩土工程师注册考试工作、网络答疑工作、岩土工程师在职培训工作等。

20世纪70年代初期，我国启动了工程技术标准化的工作，大大推动了岩土工程技术的发展。我从一开始就参与了这项工作，几十年来，参与了岩土工程领域的几本主要规范（国家标准《建筑地基基础设计规范》《岩土工程勘察规范》和上海市的《地基基础设计规范》）前后几个版本的编制、评审及规范改革的工作。

我和岩土工程界的同行一起,对岩土工程技术标准的引进、改革和发展等方面的问题进行了多年的探索和研究,获得了许多宝贵的经验。

世纪之交,我国开始了岩土工程师注册考试的工作,我也从一开始就参与了关于注册执业制度的讨论和若干制度的制订工作,并连续十年参与注册考试的试题设计和考务工作,积累了开展岩土工程师在职教育和组织注册考试的经验。考试专家组聚集了来自全国各地的20多位岩土工程专家,每年都要召开几次讨论会。因此,我与国内岩土工程界的许多著名工程师有了近距离的接触,与他们一起探讨专业技术问题和行业发展问题,还了解到岩土工程界的许多往事。通过这个阶段的工作,加强了我与岩土工程界同行的联系。

新世纪初,正当我超龄服役之后在68岁退休时,中国建筑学会工程勘察分会领导为组织"网络答疑"专栏征求我的意见,我欣然同意,由此开始了十多年的"网络答疑"工作。"网络答疑"专栏是一片可以深耕细作的新天地,在更广阔的范围内与我国岩土工程界的工程师建立了业务上的联系。十多年来,记不清答疑了多少次,反正每当我坐到计算机前就会习惯性地打开这个专栏,查看工程师发来的还没有回复的问题,或者大家正在讨论的问题。在人民交通出版社出版的四本《岩土工程疑难问题答疑笔记整理》中,留下了在这个园地里耕耘、播种的成果。

回顾往事,缅怀故人,让后人了解历史,继承前人的事业,进一步推进我国岩土工程事业的发展。本章从八个方面分别进行叙述。

## 一、地基基础教研室办学的历史

岩土工程人才的专业教育主要是指学校如何培养岩土工程人才,包括学校的专业如何设置、教学工作如何适应社会的需要。我们在这方面走过一条非常艰难的探索之路。

人才培养工作最初是以开办地基基础专业的方式开始的。地基基础专业于1958年开始招生,学制是5年,应该在1963年有毕业生。但当时为了尽早培养出毕业生,就从工业与民用建筑专业中调了一个小班改学地基基础专业,并让学生提前半年毕业。

1958—1966年,我们主要是考虑如何办好这个带有试验性质的地基基础专业,包括教育计划的编制,专业课程的设置,教材的编写,各年级实践性教学环节的要求、内容与实施方案,课程设计和毕业设计的设置与实施方案。八年间,我们教研室的教师队伍也得到了很大的发展,补充了大量青年教师,形成了在土静力学、土动力学、岩石力学、天然地基上的浅基础、桩基础和深基础、机器基础、量测技术等方面都有人专攻的布局。

那时,开办的专业名称是"地基基础",偏重工程实际,但在学科的设置上,我们还是非常重视土力学的,土力学相关的课程有两门,分别是"黏性土地基"和"岩砂性地基"。此外,还有基础工程、机器基础、量测技术和土工试验等一系列实践性的专业课程。就在那几年,国际岩石力学学会成立了(1959年),岩石力学成为工程界非常关注的问题。我国由于大量建设工程位于西南山区,岩石工程问题非常突出。大约在1961年,俞调梅教授就为地基基础专业和地下建筑专业的学生开设了"岩石力学"课程。当时,"岩石力学"这门课在国内还是第一次开设,很多兄弟单位的教师都过来听课。

开办一个新的专业,专业课程的设置和教材的编写是需要解决的核心问题,但国内外都没有这方面的先例可以参考,只能根据我们对地基基础这个学科的理解,并参阅国外的一些最新著作所反映的学术动向来制定课程大纲,编写教材。当然,教材都是油印的,大多是用手工刻蜡纸后油印的,连打印蜡纸都没有普遍使用,条件非常艰苦。但是,教材的内容是非常前沿的,大多是当时最新的研究成果和正在研究的课题。

地基基础专业的实践性非常强,一方面是对地质条件和土的工程性质的勘探试验;另一方面是在参与地基基础工程实践的基础上学习基础工程的设计和施工,需要安排学生参与实习,实习分为认识实习、教学实习和毕业实习,正在建设的一些工程项目的工地就成为我们实习的好去处。当时,闵行和吴泾是上海的机械和化工行业的集中地,许多工厂正在建设,因此成为我们组织学生实习的首选。那时上海没有大桥建设的项目,我们就到南京长江大桥、南昌赣江大桥去实习。这样,我们的学生能够学习建筑和桥梁两大类工程项目的基础工程的设计和施工技术。

在土工试验方面,除了土建专业必须学习的一些试验项目外,根据我们土工试验室的设备条件开设一些特殊的试验项目,组织学生参加一些科学研究的试验项目,以提高学生的试验能力。

办学的条件虽然艰苦,但我们竭尽所能,学生学习的积极性也很高。那段时期,培养了一大批地基基础专业的人才,其中很多人后来成为著名的岩土工程专家,为我国的工程建设发挥了非常重要的作用,让我们引以为傲。但是,能够充分发挥毕业生特长的机会也不是特别多,有些学生毕业以后的工作不对口,学非所用,理想与现实的矛盾,培养人才与使用人才的不协调时有发生,这些问题一直困扰着我们。

在几十年的办学过程中,专业面的宽窄、教学与社会需求的协调、学生毕业后的去向、学生工作后的适应能力以及用人单位的评价等一系列问题都摆在我们教研室的面前,必须作答,但又很难得到满意的答案。这些问题困惑了我们几十年,我们也探索了几十年,学生毕业了一届又一届,但似乎还没有得到非常满意的解答,我们也就退休了。

1958年到1966年这八年中,教学工作受到政治运动影响,我们这个新办的专业也在艰难地探索着。在四届学生毕业了之后,"文革"就开始了,之后的那五届学生就没有办法按照原来的教学计划完成学业了。

1965年,我们已经有了几届毕业生。为了了解地基基础专业毕业生在工作单位的适应情况,以便改进我们的教学工作,就开始发函调查用人单位对学校地基基础专业教育的意见,这个调查后来一度中断。

1971年,对专业设置又进行过一次调查研究。当时,俞调梅教授带领我们到全国各地去听取用人单位对地基基础专业毕业生工作情况的意见和毕业生对学校教学工作的意见。经过慎重思考,俞先生建议地基基础专业暂不招收工农兵学员,并提出了为建工总局办研究生班和进修班的想法,获得了批准并很快付诸实施。在这些研究生班和进修班教学试验中,俞先生带领大家编写了一套教材,也积累了工程师继续教育的经验。这些教学实践在当时是冒了很大风险的,也成为后来地基基础教研室被撤销的若干理由中主要的一条。

在俞先生办学思想的指导下,从1980年开始,学校接受国家建工总局、长江水利委员会的委托,由地基基础教研室和地质教研室交替举办了十二期的岩土工程师进修班,学员来自工程单位,学习期限半年至一年。参加进修班学习的工程师中很多人后来成为他们单位的技术领导和骨干人才,成为我国岩土工程事业的中坚力量。历史证明,这十二期进修班对提高我国岩土工程师的土力学水平起了重要作用。

图2-1是1985年第七期进修班结业时的师生合影。那个班大概有70个学员。坐在俞先生(前排左七)两旁的是系主任孙钧先生(前排左八)和党总支书记徐伯梁先生(前排左六),坐在徐伯梁先生右侧的是叶书麟和朱小林两位先生。当年,每一期进修班都有这样一张师生合影,为那些办班的岁月留下了不可磨灭的印记。

图2-2是我与魏道垛教授、河南省建筑设计院李振明总工程师的一张合影。李总是我们办的早期进修班的学员,结业后,与我一直保持着密切的联系。我们相互支持,合作完成了一些项目的研究工作。这张照片是20多年前,我们共同

完成南阳剧院的修复工程后,在工程验收会议期间拍摄的。

图2-1　1985年第七期进修班结业时师生合影

图2-2　与魏道垛教授(左)、李振明总工程师(中)的合影

2019年6月,我到郑州讲课,李总到宾馆看望我。我们已经多年不见了,非常高兴地回忆起当年他到同济大学学习以及后来我们进行技术合作的情景,并交谈了近年来的一些情况。他身体仍很硬朗,变化不是很大,只是耳朵有些背了。他是江苏无锡人,为河南的工程建设奉献了一辈子,他讲话时总还带有那么一点无锡的口音,但也很多年没有回无锡老家了。

恢复研究生培养制度后,进一步实现了俞先生从土木工程各个专业中招收培养岩土工程专门人才的设想。后来,教育部颁布了改革后的专业目录,扩大了专业的知识面,岩土工程成为土木工程的一部分。那个专业目录进一步证明了,俞先生早在20世纪70年代从地基基础专业的教学实践中总结出来的,应当拓宽专业知识面、不宜办知识面过窄专业的见解是正确的、符合教学规律的。1982年，俞先生发表了《关于岩土工程及其专业人才培养的几个问题》这篇系统阐述他的学术观点和教育思想的论文，论文也系统地总结了我们开办地基基础专业的经验与教训，提出了培养岩土工程人才的途径和方法。

教育部专业目录的修订，为拓宽学生的专业面提供了制度保证。30多年来，通过多种方式培养岩土工程师，使岩土工程人才不断涌现，实现了我们当初的目标。至2010年，同济大学培养的岩土工程人才总数已经达到了1765人（分类统计见表1-1）。

## 二、地基基础教研室的发展历程

### 1. 我成长的地方

我在1958年大学毕业时来到新成立的同济大学水工系（后几经变迁成为地下工程系），任团总支书记。1960年，我来到地基基础教研室，成为一个双肩挑的干部。后来，我几度离开这个组织，又回到这个组织，这里始终是我的家，是我成长的地方。这里有我的老师，有我的同事，也有我的学生。对这个单位，我充满眷恋，也充满期待。

1958年，同济大学新办了水工系以及相关的工程地质、水工结构、地基基础和陆地水文四个专业。其中，地基基础专业在我国高等院校中是首次试办，并从工业和民用建筑专业中抽调了一个班转入地基基础专业作为首届地基基础专业本科生，由此开始了几十年的探索与实践。

地基基础专业试办的初期，最大的困难是专业教师严重短缺，当时新成立的独立建制的地基基础教研室，全部教师只有8个人。除了创办新专业急需教师外，作为校内土建各专业（如工民建、铁路、公路、桥梁、建材、给排水、建筑等）主课之一的土力学与基础工程课程也急需一线任课教师。当时，在校系两级领导的关心和支持下，俞先生和地基基础教研室党支部采取了多项措施解决师资力量的配备问题。到1966年，教研室的总人数已经达到36人，这在当时国内高等院校的同类学科组织机构中是绝无仅有的。原有的中年教师在专业教学和科研活动中日益成熟，形成一支在土力学与地基基础学科的各个技术领域足可独立领军的专业队伍；通过各种办法补充进来的青年教师在几年以后也都成长为岩土工程不同技术领域的骨干。我们教研室也成为全国同类学科中人数最多、从事研究领域最为宽广的教研室之一;形成了一支能适应多种专业教学要求和满足各门专业课程教学需求的师资队伍,造就了一支涵盖面广、学有专攻的教学与科研团队。

地基基础教研室及其专业学科,因参与社会技术服务和承担科研项目而得到很大的发展。其发展经历了两个重要时期,一是在1966年以前,二是在1977年以后。

1966年以前,上海地基基础领域的许多工程项目和研究项目中,都可以看见同济人的身影。例如,1960年前后启动的上海市《地基基础设计规范》编制的前期准备工作(包括"按变形极限状态设计地基"项目的确定、房屋沉降的长期观测的实施等),上海重型机器厂万吨水压机桩基础论证,砂桩加固地基的试验研究,上海软基的电渗加固试验研究,上海衡山路地铁车站沉箱基础试点工程项目研究,以及国家"1956—1967年科学技术发展远景规划"中由张问清教授主持的"上部结构与地基基础共同作用研究"项目等。改革开放后,参与的项目有上海市《地基基础设计规范》重大修订的研究工作和上海的几个重大工程项目建设的咨询工作,包括宝山钢铁总厂的建设、金山石油化工总厂的建设、大型储油罐地基的充水预压加固、地面卫星接收站地基弹性模量的测定方法研究等。地基基础教研室的教师通过参与这些工程项目相关的科学研究工作,得到了锻炼和提升。

中国建筑科学研究院地基基础研究所于1958—1960年在上海开展了新中国成立后首次较大规模的软土地基建筑物事故调查活动,同济大学地基基础教研室积极配合、协助,并参与咨询讨论。同济岩土人积极参与社会实践,解决工程问题,产生了双赢的效果:一方面,上海的工程建设因同济岩土人的参与而获得充足的技术支撑;另一方面,在工程实践中,同济大学地基基础学科进一步获得社会各界的认可,其社会知名度持续提高。同时,教师和学生也在工程实践中实现了理论与实际的密切结合,体现了同济大学岩土工程学科带头人俞调梅教授所倡导的治学育人的理念。

几十年来,在编制《建筑地基基础设计规范》《岩土工程勘察规范》《建筑桩基技术规范》《建筑地基处理技术规范》前后多个版本的过程中,同济岩土人积极参与,为这些规范的编制提供了大量的研究成果与丰富的技术资料,成为规范编制的重要技术力量。当然,编制技术规范也是一种难得的锻炼,培养了一支既熟悉技术规范又精通理论的师资力量。

当年,地基基础教研室的学术空气非常浓厚,学术思想极为活跃;规范治教、严谨治学(如严格执行备课、试讲、评议的环节,每周二的教研业务例会几近"雷打不动"等);年轻教师常能感受到"扑面而来"压力,因而积极进取,直面竞争,在教学、科研和工程实践中成长,形成一支具有较强的"单兵作战"能力的师资队伍,面对全校性的教学任务也能游刃有余。

地基基础教研室高歌猛进的势头在1966年戛然而止。接着是十年的内乱,我被调到路桥系。1975年,地基基础教研室被撤销。

1976年10月,粉碎"四人帮"后,以黄耕夫同志为首的工作组进驻同济大学。我立即给黄耕夫同志写信,报告了发生在几个月前的拆散地基基础教研室的事情,请工作组复查处理。工作组很快就复查了事情的整个过程。随后,工作组作出了恢复地基基础教研室建制的决定,恢复了地基基础教研室的原有干部的任命,把我从路桥系调回了地下工程系。

回顾那段历史,心中还是会掀起阵阵波澜。正因为我们走过曲折的路,更应该珍惜现在这个和谐、奋进的年代。

(1)回顾地基基础教研室几十年的发展历程,可简要总结如下:

①20世纪50年代,为土木建筑类专业开设土力学与地基基础课程准备了师资力量和教材资料。根据同济大学专业齐全的特点,教研室适应了房屋建筑和公路铁路两大类专业的教学要求,积累了土质学与土力学、地基基础课程的教学经验和技术资料,为后来的发展打下了基础。

②从1958年到世纪之交,地基基础教研室经历了两个不同的发展阶段。

1958—1966年是第一个发展阶段,以开办地基基础专业为中心任务,执行了"在为上海市工程建设服务的过程中建设师资队伍"的方针,经过八年的努力,实现了教学和科研的双丰收。

1977—2000年是第二个发展阶段,也是"文革"前聚集的师资力量充分发挥作用的时期。打开了与国际岩土工程学界深度交流的大门,探索和确立了岩土工程学科人才培养的道路,在为全国岩土工程事业发展服务的过程中,形成了一支在21世纪第三个发展阶段中担当重任的师资队伍,完成了世纪之交的新老交替。

(2)地基基础教研室的历史影响,可简要总结如下:

编写两本教材;参与编制两套技术标准;培养两支队伍;探索体制改革。

①为交通与土建两大类专业编写了《土质学与土力学》《土力学与基础工程》两本教科书。其中,《土质学与土力学》被交通系统选为专业教材,用了几十年。2005年8月,当这本书第26次印刷时,据人民交通出版社的统计,总印数已经达到185400余册。

②为两套岩土工程技术标准体系(国家标准体系和上海市标准体系)的建

立和发展,提供了技术力量和方案,开展有关课题的科学研究,向社会提供几十年来教研室所积累的丰硕科研成果。

③开办地基基础专业,为国家培养了大批地基基础人才(如黄绍铭、乔宗昭、周国钧、胡静娟等);开办进修班,为国内许多兄弟单位培养了大量技术骨干(如许溶烈、刘惠珊、裘以惠、姚代禄、漆锡基等)。

④在我国岩土工程体制的形成和发展过程中,发挥了参与和引领的作用。即使在特殊历史时期,还进行了多次社会调查,通过办进修班和研究生班等方式,探索培养方案,积累教学经验,为主管部门提供了岩土工程专业的办学思路与决策依据。

(3)回顾地基基础教研室几十年的发展历史,我们形成一些基本共识:

①作为教师的基本组织——教研室,其首要任务是师资队伍的建设。应当始终把培养人才放在第一位,应当把教学的担当和教学的水平作为评价教师的首要指标。

②要不要让教师面对竞争和压力?历史上有过争议,有过反复。但几十年正、反两方面的例子证明,没有压力的地方是培养不出优秀人才的。

③社会实践是培养工科教师的重要方式,但不是终极目标。社会实践有助于教师不断更新知识,但应该服务于人才培养的根本目的。

④为什么我们地基基础教研室能够延续几十年?这就是文化的力量。有的单位从表面上看非常繁荣,但听说连发展的历史也整理不出来,没有根基,没有文化传承。随着老教师的退休或调离,教研室很容易陷入一盘散沙的局面,也就是所谓的"富不过三代"。

⑤我们地基基础教研室,在俞调梅教授的领导下,走过了几十年不平凡的历程,为很多教师提供了一个可以依靠的家园。在新的历史条件下,希望年轻一代教师保持这个家园的优良传统,继续开创新的局面。

**2. 地基基础教研室的同事**

在近六十年的时间里,我数度离开又数度返回地基基础教研室。地基基础教研室始终是我的家,是我耕耘的地方,留下了许多珍贵的回忆。

在地基基础教研室,有"五世同堂"之说。这从一个侧面说明教研室具有深厚的历史底蕴,它凝聚了几代人的耕耘与汗水,是文化集体的一个样本。作为对比,我在本书中提及另一个完全不同的知识分子集体,一个在相同年龄段出现三位院士与三位局级干部的集体。对比这两个集体的形成与发展也是一件很有意义的事。

（1）教过我的几位老师

按时间顺序,先介绍我上学时地基基础教研室里教过我们班的几位老师。

在我读书的时候,学过工程地质学这门课。授课老师是贾成和先生,是一位老教授,他后来调到浙江大学了,还有一位沈君敏教授也一同调去了。这样,同济大学的工程地质学科就没有教授了。当时,工程地质学科和地基基础学科的老师在同一个教研室里,俞调梅先生任教研室主任,蒋开清先生任教研室副主任。

1956—1957年间,给我们班讲土质学与土力学课的是余绍襄先生,讲地基基础课的是俞调梅先生。俞先生住院开刀以后,由王引生先生继续讲完该课程。王引生先生是20世纪40年代毕业的,身体不是很好,到秋冬季节常发气喘病,不能上课,所以后来就调到市政研究所工作了,但仍一直住在同济新村里,直到他离开人世。

1957年初夏,我们在南京进行土壤调查实习和筑路机械实习时,住在南京工学院鸡鸣寺的学生宿舍里。那时南京工学院里的形势也非常紧张,但我们是客人,又天天跑野外,只是回来休息时去看看热闹,连议论的时间也没有,因此没有遇到什么麻烦。那次,我们的土壤调查实习是由余绍襄先生和汪炳鉴先生两位带队。

汪炳鉴先生于1956年从同济大学道路专业毕业,分配到地基基础教研室工作。1958年,上海市筹建地下铁道工程时,汪炳鉴先生被借调到市里参与筹建工作。等到他回学校时,学校已经办了地下建筑专业,因此,他就到地下建筑教研室工作了,担任教研室党支部副书记。20世纪80年代,他担任过学校的人事处处长,我们两人在学校机关共事过。后来听说他和他夫人的身体都不太好,比较早地离开了人世。

余绍襄先生在20世纪50年代初毕业于华南工学院,他是一位用功读书、有很高学术造诣的老师,但由于他说话带有非常浓厚的广东口音,学生不容易听懂,一定程度上影响了教学的效果,无法充分展示他在专业技术领域中所取得的成就。他在课堂上经常采用反问的方法,问"是不是啊?"可是听起来就像是"西不西啊?"所以,我们班调皮的同学就给他取了个外号"西不西啊"。当年读书时,我也不会想到,以后会有缘和这位老师成为一个教学小组里的同事。余先生是一位不修边幅、生活要求很低的人,几乎把全部的精力都放在读书和工作上。余先生的不拘小节,也引起一些麻烦。有一次,他在书店里找书,竟引起了店员的怀疑,他们打电话到学校要核实他的身份。我在电话里告诉他们,余先生是我们学校一位非常有学问的老师,你们不能从衣着打扮来判断人。此外,当学校把同济新村里住的单身教职工都搬到学校里面的解放楼时,有些人不愿意和他住同一个房间。因此,我就和他住在了同一个房间,有更多机会深入了解他。他也给我很多指点和帮助。

(2) 1955年及以前毕业的教师

我毕业后不久,有幸来到地基基础教研室,和读书时的老师,和几十位同事度过了几十年难忘的时光。

地基基础教研室有三位老先生,俞调梅、张问清和郑大同先生。他们是20世纪三四十年代留学美国、英国的老一辈知识分子,是我非常尊敬的老师。他们给予我很多帮助和教导,我的成长、我的为人处世方式和后来取得的所有成就都是他们教育的结果。

对俞调梅、张问清和郑大同三位先生的回忆,我单独撰写过相应的文章。在《培养岩土工程专业人才的探索》一文中,主要追忆俞调梅先生的教育思想和教学改革的实践。在《对地下工程系建系初期一些情况的回忆》一文中,主要阐述张问清先生的办学思想和实践。在《土力学科学研究的先行者》一文中,主要回顾郑大同先生对我国土力学科学研究起到的引领作用。

除了以上三位先生,还有七位是在1955年及以前毕业的老师,当时他们都是讲师,是教研室的骨干力量,他们是叶书麟、赵锡宏、胡文尧、朱百里、张守华、余绍襄和洪毓康。他们承担了教研室主要的教学与科研任务,对我们这些后辈也非常关心,发挥了传、帮、带的作用。但是,由于他们是旧社会成长起来的知识分子,有些人对他们的过往历史带有偏见,使他们遭受了不公平的对待。

胡文尧、朱百里、张守华、余绍襄和洪毓康五位先生,是较早在地基基础教研室工作的老讲师。

胡文尧先生是他们中间年纪最大的一位,可能是在读书时患过肺结核而耽误了一些时间的缘故。专业方面,他主攻动力地基和机器基础。我记得,当年力学专业的土力学课程是他主讲的,从中可以看出教研室对他的学术的认可。

朱百里先生是新中国成立初期与叶书麟先生同一届毕业的,参加过淮河的治理,他们班当年称为"治淮班"。专业方面,他主攻基础工程,在数值计算、上下部结构共同作用方面有深入的研究,造诣很高,曾与沈珠江院士合著《计算土力学》一书。

张守华先生也是主攻动力地基和机器基础的,早期他曾兼任过学校研究科的工作。

余绍襄先生前面已经介绍,不再赘述。

洪毓康先生是1955年从同济大学桥梁专业毕业的。在我们教研室,他是道路工程和桥梁工程专业的土力学与基础工程课程的主讲教师，是教研室基础工程（桩基）小组的组长，后来担任教研室副主任。他对桩基础的研究很深，承担了全国桩基规范和上海市桩基规范的编写任务，为两本规范提供了许多重要研究成果。在教研室几位中年教师中，他的年龄是最小的。他中年时，身体还是不错的，但后来，身体变差且多病，很早就离开了人世。记得有一次我去澳大利亚开会，抵澳那天，我们安排好住宿后，出去看看街景，刚走出旅馆的大门，就看见洪先生夫妇和他们的儿子从马路对面走过来。在异国他乡的马路上，与同事不期而遇的概率真是太小了，但是我们竟然遇到了，真是有缘分。

在那一代同事中，叶书麟和赵锡宏两位先生，很早就参加了党组织，也经受了历次运动的考验，成为三位老先生与我们青年教师之间联系的桥梁，是支撑起地基基础教研室这座大厦的巨柱。他们在各自主攻的业务领域中都是全国知名的领军人物。现在他们都超过九十岁，在生命的长度和广度方面也为教研室的同事树立了标杆。

叶书麟和赵锡宏两位先生在水工系成立后就被调到刚刚成立的水工教研室，筹备水工结构专业的建设。1959年，学校停办水工结构专业后，他们来到地基基础教研室。

叶书麟先生原来是在钢筋混凝土结构教研室工作的，他曾和张问清先生一起主持了学校中心大楼的设计和建设，也是同济大学设计院最早的结构设计人员，为学校里许多大楼的建设做出了贡献。他到地基基础教研室以后，担任教研室副主任，协助俞先生做教研室的行政工作和教学管理工作。专业方面，他主攻基础工程和地基处理。

2018年9月10日，叶书麟先生迎来九十华诞。

记得1958年12月底，叶先生带我去北京，参观教育展览会。那时，我刚毕业留校，在地下工程系的前身——水工系的团总支工作。

那时，火车需要花两个小时在南京摆渡过长江。我们从上海北站出发，经过20多个小时的旅程，在蒙蒙晨雾中，到达北京前门火车站。旅程中，叶先生给我讲了很多关于北京的故事，他的热情关怀，开启了我们之间长达一个甲子的交往。

一年多后，我来到地基基础教研室，叶先生时任教研室副主任。在他的指导下，我开始了土力学与地基基础的教学工作。我们一起开办地基基础专业，编写专业教材，开设专业课，组织学生去工地实习。我最难忘的是在吴泾电厂30万kW机组建设工地上，我们一起度过的那半年的时光。

吴泾电厂30万kW机组建设工程在当时是一个很大的项目，对我们确实是一个很好的联系实际学习工程知识的机会。叶先生非常重视，他带领我们利用工地的条件，有计划地结合电厂的工程建设项目内容，给学生讲解结构设计和施工的知识，受到学生的欢迎。

图 2-3 是叶先生和实习班级的学生干部的合影。

图 2-3　叶书麟先生(左一)与学生在一起(拍摄于 1966 年初)

"文革"期间，我多次离开教研室，四处"漂泊"，和叶先生虽然时有见面，但在一起工作的机会却很少。教研室建制恢复以后，我们又在一起探讨如何为社会培养地基基础专业人才，进行过社会专业调查，办过研究生班、施工干部班，以各种不同的方式办过多期岩土工程师进修班。

20 世纪 80 年代中后期，我们两人先后都从教研室出来，担任学校有关行政职能部门的领导工作，叶先生先到系里工作，后来到函授学院任职；我先到科技咨询服务部工作，后来到科研处任职。但我们都没有放弃学术研究，依然坚持双肩挑，在自己的专业领域中努力向前。

最近的 30 年间，我们两人都在地基基础学科的相邻却又不相同的分支领域内耕耘，但无缘一起工作，只是隔岸相望、遥相致意、相互支持。叶先生主要在地基处理相关领域内发挥才能，而我主要在岩土力学和岩土工程勘察相关领域内工作。因此，无论是组织学术会议还是领导学会的工作，无论是编写手册还是出版专著，我们两人很少有机会再像当年那样一起工作了。

2019 年 8 月 10 日，赵锡宏先生迎来九十华诞。

我大学刚毕业时就认识了赵锡宏先生，当时我在水工系的团总支工作，赵老师似乎正担任教工的团支部书记，我们有了工作上的第一次交往。我到地基基础教研室工作以后，我们就在一个屋檐下共事了，也同在一个支部中工作，相处了几十年,成为莫逆之交。

赵先生毕业于同济大学桥梁专业,又有研究生阶段的训练,外语和基础学科的底子都比较好,再加上他的努力,适应能力就比较强。他承担了一些其他人无法承担的特殊任务,例如去越南任教。当年教育主管部门将这个任务下达到我们学校,学校就通知我们教研室选派老师去越南上课。对派出老师的能力、水平和职务都是比较讲究的,当时研究下来,认为赵先生去比较合适。但是,这对他也是一个相当大的考验,他需要克服许多常人无法克服的困难。最终,赵先生非常出色地完成了这项国外教学任务。

开办地基基础专业初期,赵先生在开设松散介质力学课程方面发挥了很大的作用;后来,他在损伤土力学、上部结构和地基基础共同作用、超深基坑的设计与施工等领域都有很多建树,而且桃李满天下,弟子非常多。他还把当时上海市几个建筑工程公司的总工程师都招揽到门下攻读博士学位,成为上海市建筑工程界的一件盛事。他们师生一起,研究高层建筑地基基础设计与施工中的疑难问题,大大提高了上海市建筑工程界处理地基基础工程问题的能力,培养了一支素质过硬的总工程师队伍,影响深远。

改革开放后,他多次与国外的学校建立合作研究的关系,达成派遣专家的协议。去国外学习与合作在当年是十分宝贵和稀有的机会,还曾发生过某位校领导顶替的事。对于他多次外出合作研究或访问,也有人担心他出去后就不会回来了。尽管他的三个女儿都在国外工作,他也有许多海外亲友,但是,他不仅回来了,而且留在国内安度晚年。他用自己的行动表明他对祖国的热爱。

赵先生出版了许多专著,显示他的研究兴趣和研究领域非常广泛,从土的基本性质的试验研究到工程设计与数值计算方法的研究,涉及许多全新的研究课题,如损伤土力学,在国内尚未看到更多深入的研究;又如土的剪切带试验,涉及土的本构模型的试验研究。那本《上海高层建筑桩筏与桩箱基础设计理论》,反映了他和他的弟子们多年科学研究的成果。虽然因为一些人为因素他未能评上院士,但是他的研究领域之新、着力范围之广、对工程建设影响之深,在地基基础领域很少有人能够媲美。

我与赵先生认识几十年,但合影很少,几经寻找,只找到一张(图2-4),是2002年赵先生在一次博士生答辩会上发言的照片,展现了我们一起工作的场景。

六十年来,我与叶书麟、赵锡宏两位老师一直保持着深厚的情谊。我们从充满朝气、满怀憧憬的年轻教师,成为白发苍苍的老人,一路坎坷,一路风雨,相互支持,相互帮助。值得欣慰的是,我们都没有虚度年华,没有辜负我们的时代。两位老师给我的关心和帮助,我永远不会忘记。

图 2-4　赵锡宏先生(前排左一)在博士生答辩会上发言

(3) 1955—1960 年毕业的教师

在地基基础教研室,比较年轻的是潘浩民、杨伟方和我。我们三人分别在 1956 年、1957 年和 1958 年毕业,都是在院系调整以后进入学校读书的。潘浩民读桥梁专业,杨伟方读铁路专业,我读道路专业。这也可以看出地基基础学科与这些专业之间的密切关系。

潘浩民是浙江嘉兴人,在我们教研室里,他的专业主攻方向是动力地基和机器基础,同时负责桥梁专业的土力学与地基基础课程的教学工作。他还担任过地基基础教研室的党支部书记,在我们教研室里起到承上启下的作用。但是,他遭遇了一些生活上的波折和不幸,也离开了我们教研室,晚年时身体非常不好。

杨伟方是一位性格开朗的女同志,她先生在华东电力设计院工作。她先生申请入党时,设计院派人来了解杨伟方的情况,我如实地介绍了她的为人和对她家庭出身的看法。后来,杨伟方对我的立场和客观介绍表示感谢。我想,家庭出身是不可选择的,但不能成为一个人一辈子的束缚,我们党更看重个人的实际表现。

(4) 1960 年之后毕业的教师

在我们的后面,是 20 世纪 60 年代初期毕业的一批人。他们中的许多人,是在 1959 年以"半工半读"的身份提前参与了教研室的各项工作。

在 1958 年大发展的年代,学校办了很多新专业,师资力量严重不足,于是就从学校现有专业的高年级学生中抽调一些以"半工半读"的形式分配到各个专业教研室,直接参加教学工作。对于原来的专业课已经不可能通过"半工半读"再来修读了,他们是以助教的身份,参与新专业、新课程的教学工作,实际上是"边学边教"。

当年,调到我们教研室的老师主要来自道路专业、铁路专业和工民建专业,这些老师后来都成为我们教研室的主力教师，承担了教研室主要的教学和科研任务。其中，殷永安来自工民建专业，徐和来自铁路专业，杜坚、陈竹昌、陈强华、曹名葆来自道路专业。

杜坚原名为杜子兴，在改名字的年代里改为杜坚了，所以一些早期毕业的学生可能只知道杜子兴老师。当年他接替我担任系的团总支书记，做学生工作的早期毕业生对他应该非常熟悉。在备战的年代，他和侯学渊被抽调，去西南参加"三线建设"的设计工作。他后来担任过系副主任，协助侯学渊工作，可能也源于那段时间里的合作关系。"文革"后，教研室再次确定每人的业务方向时，他选择了土动力学与地基抗震，在郑大同先生的指导下，从事地基抗震的研究和量测设备的研制。

魏道垛虽然也来自铁路专业，但他是通过攻读郑大同先生的研究生留在教研室的，他是郑大同先生的正宗传人和主要助手。在郑先生突然去世以后，他受命处理郑先生的后事，清理郑先生遗留的手稿和资料。在郑先生诞辰100周年的时候，组织出版了纪念文集《岩土良师　文理双璧——纪念郑大同教授诞辰100周年》。"文革"期间，教研室内外矛盾突出，各种干扰不断，他受命于艰难之时，长期负责教研室党支部的工作，艰难地维系着教研室的团结与发展。他的业务方向是土力学，主攻软土变形性质的研究，包括海洋土的工程性质的研究。

殷永安毕业于工民建专业，因此他主要为这个专业讲授土力学与基础工程课程。在科学研究方面，他参与了上部结构与地基基础共同作用的课题研究工作，并对高层建筑开展了现场原型观测研究。

陈竹昌原来的研究方向是桩基础，参与了基础工程（桩基）小组的许多研究工作。他较早地于1979—1981年去加拿大英属哥伦比亚大学做访问学者，回国后进一步扩展了专业研究方向，参加了郑大同先生领导的学科团队，在海洋工程方面开展科学研究。

陈强华长期从事桩基础的科学研究，积累了丰富的工程经验，他是基础工程（桩基）小组的重要成员，在桩的静载荷试验及静力触探预估单桩承载力方法的研究方面积累了大量现场工程资料，提出了预估的方法，奠定了这类方法工程应用的基础。该方法先被纳入上海市《地基基础设计规范》，经过更多地方的试桩资料验证、修改以后被纳入全国桩基技术规范。

曹名葆擅长数值计算，研究方向是上部结构与地基基础的共同作用。他多次出国开展合作研究：1983—1984年，去澳大利亚新南威尔士大学开展合作研究；1990年和1991年，两次去德国鲁尔大学开展合作研究；1993年去日本宫崎大学开展合作研究。他曾任地基研究室主任、岩土工程研究所副所长。

徐和的研究领域是桩基础,曾多次在现场负责桩的试验。其中,最大规模的一次是由南京工学院唐念慈先生主持的、在南通工地实施的冲吸式钻孔灌注桩的试验研究,一共做了16根桩的试验,包括抗拔试验、抗压试验、单桩试验和双桩试验,还有横向荷载的试验。在现场试验过程中,他积累了非常丰富的经验。

在1960年之后毕业的那一代教师中,还有一位是通过毕业分配来到我们教研室的,他是陈士衡。当年,在党总支,我提出我们教研室需要地质专业毕业的教师,以利于教研室学术的发展。党总支同意了我的要求。正好,从地质学院分配来一批毕业生,组织就安排陈士衡来我们教研室。后来的实践证明,这种不同专业人才的交叉融合,对教学和科研都有好处。当然,不同专业的搭配仅仅是一个客观的因素,能否充分发挥每一个教师的作用,还取决于其他因素。

还有一位教师是为了解决两地分居问题而调到我们教研室来的,他是陈冠发。由于他调来的时间比较晚,而且又居住在市区,因此我和他接触的机会比较少,交往不是很多,只记得他胖胖的,总是乐呵呵的。

接下来就是从地基基础专业毕业留校的教师了。第一届毕业生中留下了四位,分别是胡中雄、祝龙根、陈忠汉和宰金璋,后来分配到天津大学的蔡伟铭也调回同济大学,这样一共是五位。第二届毕业生中留下了钱宇平。1964年,在桥梁专业的毕业生中留下了王天龙。1965年,在地基基础专业第四届毕业生中留下了钱春新。此后不久,"文革"就开始了,教研室无法再从毕业生中挑选合适的人才。因此,他们七位是我们教研室的年轻一代,按照"五世同堂"的说法,他们应该是第五代了。他们都有自己的研究方向,几十年后,他们中间出现了十分著名的学者,出版了他们自己的专著。他们应该是我们教研室教学和科研在世纪之交的主要传承者。

胡中雄的研究方向是土力学,出版过专著《土力学与环境土工学》。他在比较长的时间里,协助俞调梅先生处理工程研究中的一些事务,也得到俞先生的许多指点。

祝龙根的研究方向是土动力学和测试技术。我在为机械工业出版社组织出版《地基基础设计与施工丛书》时,请他写了《地基基础测试新技术》一书。我在学校科研处工作时,曾经请他到研究科担任过几年的科长。郑大同先生去世后,他又回到了土动力学教研室。

陈忠汉的研究方向是深基坑工程的设计与施工检测,他的工程经验很丰富,我在为机械工业出版社组织出版《地基基础设计与施工丛书》时,请他写了《深基坑工程》一书。

宰金璋的研究方向是桩基础的设计与检测,也积累了丰富的工程经验,与他的弟弟宰金珉合作出版了专著《高层建筑基础分析与设计》一书。

蔡伟铭毕业时分配去了天津大学工作，多年后调回同济大学。但那时，我已到学校机关工作，故在学术上与他联系不多，只知道他做了很多基坑工程设计。

钱宇平毕业于1963年，是黄绍铭的同班同学。他们班为我国岩土工程界输送了很多人才，丁玉琴、周国钧、马时冬、楼志刚等都是岩土工程界的知名人物。周国钧现在还活跃在工程技术的舞台上，我有时还会见到他。

1964年，在桥梁专业毕业生中留下了王天龙。他是开办地基基础专业后，唯一从其他专业的毕业生中留下来的教师。他的业务方向是土动力学与地基抗震。

1965年，形势已经开始变化，选教师的标准已经不再考虑学校实际工作的需要，那年在毕业生中留下的是钱春新。他的专业基础和表达能力比较弱，尽管他自己也尽了主观上的最大努力，但终究无法胜任教师上课的工作，"文革"结束后调他到图书馆工作了。

(5) 土工试验室的技术力量

在地基基础教研室中，还有一支非常重要的土工试验室的技术力量。

老一代的试验人员是李连荣师傅。他是从交通大学来到同济大学的，他对土工试验非常熟悉，对试验仪器非常爱护，为人正直，热爱试验室的工作。

杨熙章和徐礼至是试验室的技术骨干。他们两位的特点是聪明好学、动手能力强，在试验室的岗位上做出了不平凡的成绩，都是自学成才的高级工程师。

杨熙章是初中毕业进入试验室工作的，但他学习非常努力，不仅在工作中学习，还通过业余学习和函授学习，完成了大学的学业。他的动手能力非常强，逐步掌握了制图技术和仪器的设计、研制能力，对土工试验室的仪器设备进行了革新，同时还研究、开发了很多新型土工试验仪器。

徐礼至也是一位自学成才、动手能力极强的高级工程师，他的专长是在电子技术方面，对现场量测技术的发展和量测仪器的研制做出了很大的贡献。当年，准备把他从物理系调到地下系的时候，有的教研室还不敢要他。在党总支讨论人事安排时，我就说我们教研室要，于是就把他调过来了。

土工试验室还有傅荣根、许品荷、陈文华和朱荭，他们也都有不同的经历。傅荣根是20世纪50年代前期进我们学校的，也是老试验人员，论年资稍晚于李师傅。许品荷是结构系钟鼎骢先生的夫人。20世纪60年代初期，西藏建设需要人才支援，学校就调他们夫妇过去。原来说是短期的支援，两年后就回来。但一去就是十多年，"文革"后才回来。陈文华原来是建筑工程部的排球运动员，排球队解散以后就留在了我们学校，安排在土工试验室工作。她是到我们教研室后才学习土工试验技术的，很久之后才把她的先生从北京调到上海。朱荭是1965年高中毕业后进土工试验室工作的。后来,还有几位同志到来土工试验室,主要是做土动力学试验的,我和他们相处的时间不多,就没有前面几位那么熟悉了。

学校的试验室是学生动手实践的地方,也是教师做科学研究试验的地方。试验室的设备和条件直接影响教学和科学研究的质量。我们土工试验室的常规设备大多是在院系调整时从交通大学调过来的,李连荣师傅也是从交通大学调过来的。为本科生上试验课,土工试验室的设备是充足的,当时可以为工民建专业 200 多人的大班安排试验课。但如果要做科学研究试验,那些仪器设备就有点捉襟见肘了,当时大型仪器只有一台仿波兰的三轴试验仪。我了解到这些情况后,就想增加科学研究用的试验设备,并对国内土工试验力量比较强的天津、北京和南京的相关单位进行了系统的调查研究,了解他们的科学研究计划与试验装备情况,准备编制我们试验室的发展计划。但是,由于政治运动的影响,试验室的发展计划一直无法落地。直到改革开放后,国家进行了很多投入,试验室的设备才有了很大的改善。

## 三、在医院偶遇老同事

2018 年 4 月下旬,偶感风寒,咳嗽较多。26 日去新华医院就诊,因需要验血、胸透,在医院里停留了半天时间,偶遇了几位老同事。

吴家龙教授曾住在我家隔壁,我们是老邻居了。那几年,我们几乎天天见面,他家有两个孩子,也是一男一女,比我家的孩子稍大几岁。我们的老伴也是非常热络的。那时,孩子都很小,经济条件和居住条件都不太好,但日子还是过得挺愉快的,邻里关系也很和睦。吴家龙是教弹性力学的,他毕业于北京大学(大概是1957 年),著有《弹性力学》一书。搬家后,我们见面的机会就少了,但有时也会在校园或者同济新村里见到。我搬出同济新村后的 20 多年间,见面的机会就更少了。前几年,早上在公园锻炼时还见过面,但次数不多。多年前,我们都曾是中国力学学会和上海市力学学会的委员,但是分属不同的专业委员会。

那天在医院的门诊大厅里,他先看见我,就叫住了我,告诉我,他的夫人在去年秋天已经去世了。我说了些安慰的话,请他多保重身体。他的女儿陪他来医院,姑娘很有礼貌地和我打招呼。她长得很高,不是当年做邻居时的模样了,如果在路上相遇,肯定认不出来。

在候诊的走廊上,我还遇见了侯学渊教授,由他的夫人陪着。我们打了招呼。他的外套里面是医院的病号服,可见是在住院。我没有问他为何住院,因为他的身体状况一直不好,患老年痴呆(一般指阿尔茨海默病)有些时日了。前几年,系里吃年夜饭的时候,他夫人送他来,安排他坐在我的旁边,并请我照顾他。饭后,我一直陪着他,直到他夫人过来把他接走,我才离开。

20世纪60年代初,在勘测系改为地下工程系的时候,他随地下建筑专业来到我们系,当时他担任地下建筑教研室副主任(主任是孙钧先生)。他曾经去欧洲留学,但因为身体不好而中途回来了。疾病也许对他后续几十年的人生有比较大的影响。从那之后的五十多年中,我们之间的直接交往并不太多。他担任系主任的时候,我已经到学校行政部门工作了。

## 四、点滴回忆同济园

### 1. 陈从周先生往事

同济大学的东大门是学校的主大门,1954年我进校的时候,它是学校唯一的一座大门。后来,陆续开辟了南、西和北三个方向的通道和大门,但东大门依旧是同济大学最有历史意义的大门。新中国成立前,在这个大门前,上演了国民党的市长为阻止同济大学的学生上街游行而发生推搡拉扯的一幕。

东大门面朝四平路,四平路在新中国成立前叫其美路,是以国民党的已故要人陈其美的名字命名的。由于同济大学所处的位置在上海的东北角,也就是杨浦区一带,所以这里的道路大多是以我国东北地区的城市命名的。

当年,四平路是从全家庵路(现为临平北路)到江湾五角场的郊区道路,两车道宽,两边有人行道。平时过往的车辆不多,主要的交通工具是从外滩到五角场的55路公共汽车。

正对着东大门的是一条不太长的彰武路,路的北边是同济新村,南边是华东建筑机械厂。在彰武路的南侧,也就是机械厂的外墙边,有一排自建的平房,住了几户人家,开了几家小店,有修自行车的,有卖杂货的,还有一家小饭店,招牌上写"彰武食堂",主要卖小云吞、阳春面之类的小吃,一毛多钱一碗。同济新村的居民、学校的学生是这家小饭店的主要顾客。

大概在20世纪80年代的一天,陈从周先生在《新民晚报》的副刊上写了一篇杂文,批评这家彰武食堂的卫生条件太差,将"彰武食堂"戏称为"脏污食堂",一时在学生和周围居民之中引起"轰动"。

我与陈从周先生的交往不多,但知道他是一位敢于直言的专家。20世纪90

年代,我担任科研处处长期间,多次组织学校教师出访若干城市,商谈我校与那些城市的技术合作事宜。我曾邀请陈先生同行,请他指点那些城市的城市园林设计。陈先生会当着市长的面,把那些城市原来的园林设计批评得一塌糊涂。很多人都说陈先生对人对事都比较严格,但他对我还比较宽容,可能他知道我是俞调梅先生的学生,给予了特别待遇。陈先生与俞先生是至交,两位先生都有非常深厚的国学功底,经常切磋诗词,互赠字画。

陈先生的儿子在美国意外离世(大约是1987年),我们到陈先生家进行慰问,但在那样的情况下,怎样劝慰老人,也非常困难。我们看到以前非常乐观、豁达的陈先生,变得沉默寡言了。此后,陈先生衰老得很快,2000年离开了人世。

后来,我在孙钧先生家看到陈先生的儿媳妇在帮孙先生打字。由于孙先生有许多文字资料需要处理,就聘请陈先生的儿媳妇负责打字工作。她的打字速度非常快,是一位很称职的秘书。

2018年11月,在学校的网站上,看到纪念陈从周先生诞辰100周年的文章,有陈先生的简介,摘录如下。

陈从周先生(1918—2000年),名郁文,字从周,是我国著名的古建筑和园林专家。他早年毕业于之江大学,获文学学士学位。曾任苏州美术专科学校副教授、之江大学建筑系副教授、圣约翰大学建筑系教员。1952年开始执教于我校建筑系,成为我校建筑系建筑历史学科和教研室创立人之一。1956年,陈从周先生在我校完成了《苏州园林》的著述,具有划时代的开创性意义,为他后来成为古建筑古园林专家奠定了基础。改革开放初期,他集数十年研究成果之大成,发表了《说园》系列文章,引起学界空前反响,成为重要的园林理论文献,被翻译成十多种文字在全球发行。

陈从周先生不仅是著名的古园林专家,而且在中国传统文化各方面都有深厚造诣,文史、书画、戏曲皆师出名门、各有建树。他的博学多艺也形成了独特的治学风格。他给我校建筑系研究生指定的阅读书目涵盖四书五经到明清笔记,因为他认为园林讲究气韵,与文化艺术密不可分。他在培养学生方面耗费了大量心血,彰显了师者风范。每年的暑期实践他都亲自带学生到苏州、扬州、泰州、如皋一带,把他认为有价值的古建筑和园林都做了测绘,保存园林建筑的布局、用料、图案、诗文等珍贵信息。在同济执教的近半个世纪里,他为国家培养了大量优秀建筑学人才,也带出了一批致力于文化遗产保护的专家学者。

陈从周先生在古建筑、古园林、文学、书画等领域均有颇多建树,极为难得。

**2. 听黄蕴元先生讲课**

黄蕴元先生是我的老师辈,比我年长19岁,20世纪60年代到90年代担任建筑材料系(简称建材系)的系主任。照理说,我们既不同系,又不同辈,不可能有什么交往。但在20世纪80年代初期,同济大学的学术空气非常浓厚,青年教师都主动参加学习,提升自己的业务水平,老先生们也都非常热情地为我们创造学习的条件。黄先生为建材系的青年教师开设了理化力学这门课,每周上一个晚上的课。听课的基本都是建材系的青年教师,我和魏道垛也是听课者,因为我们在研究土的基本性质的过程中,需要从微观结构的角度进行研究,就得弄清亚微观的一些问题,研究粒子之间的相互作用力。

这样,我就与黄先生结下了忘年之交。他对我们非常热情,对于提出的问题,总是耐心地回答。要知道,涉及微观结构力学的问题是非常复杂的。黄先生说话时,出现一点口吃,可能是他在飞速思考我们的问题,说话的速度跟不上思考的速度的缘故。

黄蕴元先生1939年毕业于复旦大学,1949年留学美国,获硕士学位,1956—1958年留学苏联,在学术上他兼有两个国家在物质微观结构领域前沿研究的特点。但回国后,各类运动不断,他也静不下心来研究这些理论问题。改革开放后,迎来百花齐放、好学上进的局面,大家都努力把耽误的岁月补回来,所以才出现了我们听黄先生讲物质粒子之间相互作用力的一幕。

**3. 与陈志源教授的友谊**

陈志源教授长我3岁,他21岁就大学毕业了。当我到学校机关工作的时候,他已接替黄蕴元先生担任了建材系的系主任。对于我们学校的技术开发而言,建材系是一个非常重要的机构。我们学校一些实力比较强的系,如建筑系、结构系和地下系都没有产品类的科研成果;可以有产品类科研成果的机械系和电气系,当时刚成立不久,科研成果的积淀比较少。但建材系兼有两方面的优点,成立比较早,又有产品类科研成果。所以,我负责学校科技开发部门的工作后,就特别关注建材系,与陈志源教授的交往就多了起来。学校历次组织的出访团,他几乎都名列其中。无论是访问福建、海南,还是到山东、江苏进行考察,他都积极参与。图2-5是他出访青海时拍摄的一张照片。在与一些城市的科技合作中,建材方面的研究与合作都是重要组成部分。他时常会提醒我注意一些重要的事情,我深表感谢,我们两人也建立了非常深厚的友谊。

当年,即使是材料科学,其科研成果转化为生产力也是非常困难的。那时,有一位从德国回来的博士,带来了一个锌铝合金的项目,在上海郊区办了一个联营厂。大家都很看好这个厂,但陈志源教授对此非常冷静。后来的事实证明,他是对的。那位博士并没有待太久,就去了加拿大,一去不复返了。

我们搬到博导楼居住以后,他住在我家前面的一排楼里,但见面的机会不多。后来,我搬离了同济新村,就很少再见到他了。我知道,他的夫人是一位医术高明的医生,但较早地离开了人世。后来,有人告诉我,陈志源教授离世了。对于老友的离开,我深感悲伤。

### 4. 与王肇民教授的合作

图 2-5　出访青海时的陈志源教授

与王肇民教授的合作可能要追溯到 20 世纪七八十年代,那时我国一些城市(如上海、天津)已经开始建造电视塔,但都不是很高,所以大多采用钢结构。我们学校的王肇民教授就为这些城市设计了钢结构的电视塔,由于这些城市是软土地基,需要打桩,检测桩的承载能力,设计桩基础。于是,我与他一起多次到天津,参与天津电视塔桩基础工程的试验、研究和讨论。

后来,他承担了全国许多城市的电视塔的设计和建设任务,需要有一个机构来组织这些工程技术活动。正好,那时我已经到学校机关工作了,而且还办了学校的科技开发公司。他就利用开发公司的营业执照开展设计、施工一条龙的服务,进行产业化。为此,还从市建筑工程公司调来了搞钢结构施工的蒋演德。但在学校成立了上市公司以后,这种机构就完全改变了学校成立公司是为学校的科学研究提供服务的宗旨,成为单一的营利机构,失去了在学校存在的意义。我也因此离开了这个公司,返回教学机构去了,不知道电视塔方面的研究工作是如何推进的。

几年后,听说他在一次出差时,由于没有带治疗高血压的药,以致发生了脑梗。我为这位老朋友的病感到担心,他是一个很要强的人,怎么能够承受因病离开工作岗位的极端事故呢!

## 5. 与蒋志贤总工程师的友谊

蒋志贤总工程师与我同一年进入同济大学,他读工业与民用建筑专业,毕业后进入同济大学建筑设计院,长期从事结构设计工作。在我担任科研处处长的时候,他出任同济大学建筑设计院总工程师。当时,我们两人都分别担任上海市有关学会的专业委员会的负责人,无论是行政方面还是技术、业务方面都有不少交集,我们两人的私交也不错,有什么事,我就直接到他的办公室去找他。他是坐班的,比较好找。

我遇到工程结构方面的重要技术问题就向他请教,请他参加一些重要工程的技术咨询工作;他在处理地基基础工程的疑难技术问题时也会和我商量。那段时间里,我们两人也经常在上海的一些工程咨询会议上不期而遇,一起处理那些工程的结构和地基基础方面的疑难问题。

在钟海中总工程师主持大华公司技术工作的那段时间内,我们经常受邀一起处理大华公司建设项目的结构和地基基础方面的技术问题,我们两人几乎成为大华公司处理工程技术问题的固定搭配的专家。

在上海市力学学会工作的那段时间里,我们两人也共同组织了一些结构或地基基础方面的学术活动。由于我们两人在技术上的互补性比较强,再加上他的一些中学同学是我读大学时的同班同学,因此我们在大学读书时就已经认识。在我们的学术活动比较旺盛的那段时间里,我们两人在工程技术方面有深度合作就非常自然了。

后来,我们都从同济新村搬了出来,他住在赤峰路,我住在鞍山路,虽然相距不远,但终究很少见面了。前些年,我还能看到他们夫妇拉着小车到超市购物。但近几年,我没有看到这位老朋友了。

## 6. 外语补课的日子

"文革"结束后,百废待兴,有些事是可以补救的,但有些事就很难补救了,例如我们这一代人的"夹生"外语就很难补救。拿我来说,新中国成立前在老家的平湖中学读初中,开设有英文课。高中是在上海当学徒的时候读的职工业余中学,在两年中,利用晚上时间读完了高中三年的课程,当然是不学外语的。我以初中外语的程度,考上了大学。我读大学的年代,必修的外语是俄语,刚读了两年,还没有完全入门,中苏关系就变坏了,又回过头来学英语。"文革"结束时,我们这些人的年纪都已经超过40岁了,可外语还是半吊子。那时候学校与德国合作,有留学的机会,但需要学德语,而且可以从字母学起。这下子,为了留德,有的人又开始突击德语。可我不会赶浪头,转得没有那么快。当时,学校办了个英语提高班,上课的是一位年纪比较大的从外面请来的女老师,教口语的效果还是比较好的,我们参加学习的人都感到收获很大。但不久,学校又将那个班改成了只为已经在办理出国手续的人提供教学的班,其他人只好退了出来。

其实,除了外语,还有很多其他的课需要补。那时候刚打开国门,也有外籍专家来华访问,在他们的报告中讲到了电子计算机、数值分析方法、概率方法的应用等。为了帮助青年教师尽快掌握这些方法,许多老师开设了基础性的课程。例如,王福保先生开设了概率论和数理统计的课程,孙钧先生开设了有限元的课程,黄蕴元先生开设了理化力学的课程。一时间,同济园里出现了热火朝天的学习场面。

# 五、从事学校行政工作的十多年

几十年来,我一直是双肩挑的干部。但在教研室工作与在学校机关工作终究是不同的,即使是在系党总支工作过,但也不算是在正规的机关工作。20 世纪八九十年代,我到学校机关工作了十多年,白天需要坐 8 个小时的班,业务只能在晚上搞。说是双肩挑,实际上是专职的行政干部。

从 20 世纪 80 年代初期到 90 年代中期,前后大约有 13 年的时间,我负责了学校的几项行政工作;先后经历了学校的四任校长,即李国豪校长(后期)、江景波校长、高廷耀校长以及吴启迪校长(初期);接触到学校以及多个院、系、部、处的老师和干部,也接触到许多兄弟院校的有关人员,建立了合作的关系和个人的友谊;经历了几次比较大的活动与变化;有许多值得回忆的人和事。

当初我到学校机关工作的时候,根据李国豪校长对我的嘱托,组建学校的科技咨询服务部,管理日益活跃的面向社会的技术服务工作。在"文革"后期,学校里有些系的老师已经开展了不少社会服务工作,例如承接一些设计工作或者现场试验、测试工作。当时,大多是无偿的服务,主要还是教师联系工程实际,锻炼教师解决实际问题的能力。但到了 80 年代,工程建设对学校技术支持的需求更为迫切,学校的一些科研成果也需要面向社会推广应用。这些工作的组织管理需要有专门的部门来做,包括承接任务的洽谈,合同的谈判、签订与管理。当时,上海市高教局成立了一个管理机构,称为上海市高校科技服务中心,作为各个学校科技服务部的上级管理部门。大多数学校都成立了科技服务部,但我们学校成立的是科技咨询服务部,那是根据李校长的要求,特别强调了"咨询"特色的缘故。刚开始,学校任命我为科技咨询服务部主任,是李校长签发的任命,贴在学校的布告栏里,但是没有明确是一个处的配置还是一个科的配置。如果是科的配置,也没有明确是否归科研处领导。一开始,科技咨询服务部配了两位副主任,即谢燕菊和谈德宏。后来,我兼任了科研处的处长,科技咨询服务部的级别似乎就是处级了。不管怎样,在我担任科技咨询服务部主任的初期,是由徐植信副校长直接管的,我也直接找他汇报工作,都不通过科研处。一直到任命我担任科研处处长以后,隶属关系才明朗起来。后来,谈德宏借调到上海市高教局担任高校科技服务中心主任,也是作为处级干部平调的。

我的十多年的行政工作大致可以分为几个不同的方面,这里称"方面"而不称"阶段",是因为在很长的时间里,我同时兼着几个工作,按时间来划分就比较困难。大体来说,十余年的行政工作,可以分为这样几个方面:第一个方面是学校的科技咨询管理工作,具体的部门是科技咨询服务部。在成立科技咨询服务部之前,教师与外单位进行科技咨询合作,需要签订合同时,由科研处管理。第二个方面是科学研究的管理工作,具体的部门是科研处。科研处是原来就存在的职能部门,后来我接了我的老师朱照宏先生的班,在科研处担任了几年处长。第三个方面是校办公司,当时我们办了学校的第一个公司,即同济大学科学技术开发公司,我担任副董事长兼总经理。后来还成立了一个与马来西亚的洪礼璧先生合作的岩土工程咨询公司。在江景波校长主政的一段时间里,我同时担任了科研处处长、咨询部主任和开发公司总经理的职务,以便协调这三个机构的工作。当时,各方面工作都比较顺畅,主要都是按照江校长的施政思路运转的。

我初到机关工作的时候,李国豪校长还没有退下来,徐植信和江景波两位都是副校长,我的许多工作是由徐植信副校长直接布置的,许多事都没有通过科研处,好在科研处的处长是我的老师朱照宏先生,他并不在意这些事,也没有造成什么矛盾。后来,我兼任了科研处的副处长,就能把科技咨询方面的一些重大问题带到处长的会上讨论,领导的体系就更顺畅了一些。在徐植信副校长主管科技咨询工作的时候,签订了与云南省的合作协议,后来还开展了与杭州市的全面合作。在杭州,我们学校有许多校友,有几位是在改革开放初期从西北地区调回沿海地区工作的。当时,正是从知识分子中提拔干部的年代,他们中间许多人被提拔到杭州市的建委或一些主管局担任领导职务,他们组团访问了母校,商谈杭州市与同济大学开展科学技术合作的事宜。然后,由我们学校的主管校长带队,组织有关院、系的专家和领导干部到杭州进行回访,签订了同济大学与杭州市全面合作的协议。在这个协议的框架内,同济大学的建筑系、环境工程系为杭州的城市规划、市政建设和园林绿化方面的许多项目提供了技术服务。

江景波先生担任校长期间,采取了一些措施来改变我校高级职称的比例仅与全市平均水平接近的状况，迅速为一些教师提升了高级职称，这一举措对同济大学的发展十分重要。江校长对各个系、处的干部的要求都非常严格。那时，"文革"刚结束不久，学校机关干部的纪律比较松弛，上班迟到、下班早走的情况也很普遍。为了改变这种松松垮垮的作风，每天早上8点前，他不仅带头按时上班，而且有时会在学校行政办公楼前面走动，使上班迟到的干部感到无地自容，迅速改变了机关的作风。他在抓纪律的同时，对干部的工作也提出非常严格的要求，不是停留在口头上，而是严格要求干部尽心尽职。例如，他十分关注我校对外技术合作的开展情况，经常会来一个电话，要我到他的办公室去一次，有时会通过校办主任通知我到他办公室去。问我最近签订了多少合同，合同的金额是多少，到款情况如何，合同完成的情况如何。江校长对这些指标性的数据特别关心，也记得特别牢。他是工业经济管理的教授，对经济数字特别敏感，他需要通过我的汇报来估计学校可能的经济收入以及需要加强的方面。在他手下当处长，必须清楚地掌握这些经济数字，必须能随口报出来。

江校长主政同济大学期间，积极推动学校与许多城市的合作。例如，他邀请山东省谭庆琏副省长带领山东各地、市的领导访问我校，接着组织我校各院、系的领导回访山东，落实我校各院、系与山东各地、市之间的科学技术合作事宜。他亲自带队访问福建省，与时任福建省委书记的项南会晤，建立校省之间的技术经济合作关系。他又率领我校代表团访苏北沿江地区许多城市的工厂，开展校市合作，校厂合作，组织联合体。江校长还成立了同济大学科学技术开发公司，并任命我兼任科研处处长，形成了科研处、开发公司和咨询部三位一体的机构设置，以便协调这三个部门，统一开展学校的科学技术工作。

除了江校长对山东、福建和江苏的访问之外，几位副校长也先后组团访问了一些省份。当时，海南刚刚建省，黄鼎业副校长就率团访问了海南省人民政府，之后沿中线南下访问了三亚，然后从东线返回海口，走了大半个海南岛。受青海省省长的邀请，金正基副校长率团访问了青海省省会西宁。作为职能部门，学校领导的出访工作都由我们咨询部人员具体操办。

那时，在副校长的分工方面，沈祖炎负责科学研究，黄鼎业负责科技开发。江校长关照我，科学研究方面的工作向沈校长汇报，科技开发方面的工作向黄校长汇报，实际上就要求我协调几个执行部门之间的工作。在总结学校当时的体制特点时，我将其说成一个X形的体制，我就处在X的中点，上面是两位副校长，下面是几个执行部门，这种工作体系一直延续到江校长卸任。江校长卸任以后，他所构建的工作体系便无法再正常运行了，接任的校长要按照自己的思路构建新的工作班子，我也到了该回自己教研室的时候了。江校长任期满了，离开校长的岗位后,担任了一届全国政协委员。2008年,我们为祝贺张问清先生百岁大寿、组织出版《百龄问清》时,还特请江校长写了序。

现在回过头看,当年由两位副校长分管科学研究和科技开发,而职能部门只有一个的体制,运转起来也并不是很顺畅。一旦两位副校长有不同的看法,那么处在X中点的我就非常难办。实际上,许多事都只能直接向江校长汇报,江校长决定以后再向两位副校长通报,即使哪位副校长不高兴,也无可奈何了。

在学校机关工作的十余年间,工作环境和在教研室工作时有很大的差别,我接触到了更多的人和事,让我得到了更多社会活动的历练,也扩大了视野。

学校面向社会,为社会服务,有两种情况:一种情况是将科研成果转化为工厂的产品,成果转让或组织联合生产;另一种情况是利用掌握的技术为社会服务,如承接规划、设计等任务。我们学校比较强势的专业是城市规划、土木建筑等,所以城市规划、工程设计、咨询等方面的项目比较多,而成果转让、建设联合体开发产品方面的业绩则比较少,涉及的专业大多不是学校的强势专业。那时,我特别关注建筑材料系,因为建筑材料系的科研成果可以转化为产品,而且它还是与土建专业有关的强势专业。但总体来说,同济大学的科技开发工作是以技术服务为主,在科研成果转化方面成功的案例并不是很多。

组建科技咨询服务部的时候,学校陆续调来了一些干部,建立了最初的工作班子。谈德宏和谢燕菊是我的副手;负责办公室工作的是丁明娣,她是从电气系调来的;徐淑文(暖气通风专业)、马怡红(建筑学专业)两位负责对外谈判、签订合同,她们两人可以处理我们学校机电类和土建类专业的技术服务的相关工作;赵春年也调到咨询部工作了几年。科技咨询服务部后来经历了几次比较大的调整,成为科研处的开发科。

建筑系是为社会提供服务比较多的一个单位。我刚调到学校机关工作时,由于还没有确定办公室放在哪里,就到科研处的会议室办公。那时,建筑系的卢济威经常来科研处,他是我认识的第一位建筑系的老师。组建科技咨询服务部后,第一次出差是去云南西双版纳,由徐植信副校长带队,与云南方面商谈承接设计周恩来总理与缅甸吴努总理会谈纪念碑的任务。那时,云南的设计单位已经设计了一个方案,但中央不满意,因此就委托同济大学设计,由余鸣飞老师负责。同时,环境工程系接受大理市的委托,开展环境治理方面的研究。正因为这两个重要的项目,学校就组团前往云南的西双版纳和大理考察与洽谈。

还有一个比较大的项目,就是山东省东营市的整体规划与大批建筑物的设计,项目持续了比较长的时间。那是在咨询部成立初期,徐植信副校长签订的第一个合同。当时建筑系负责这个项目的是邓述平老师。第一次分配咨询费的时候,他还特意给我留了一份,但被我婉言谢绝了。我感谢他的好意,可是如果因为我处在这个岗位上,每个项目都拿一点,那还怎么做工作,还怎么秉公办事呢!

后来,建设部加强了对建筑设计资质的统一管理,这类工作就划归到学校的建筑设计院了,我们咨询部也就不再管理设计方面的工作了。

当时,国家开始强调科研成果转化为生产力的问题,学校的研究成果如何转化也成为热点和难点,这对学校的科研工作提出了更高的要求。我们学校为社会提供的主要是技术服务,产品型的成果不是很多。搞得比较成功的是暖气通风专业的空气幕,就是利用压缩空气形成一个可以阻止外面空气进入室内的柔性幕,其不会影响人员的进出,能够保持室内取暖或制冷的效果。当时,针对这个产品,成立了一个联合体,应该是比较成功的,但后来也产生了一些矛盾,厂方要求学校不断开发新产品,而学校十分为难。没有后续成果的不断提供,不能为工厂的产品研发提供源源不断的支持,也就无法持续从工厂的利润中获得一定的经济收入。

那时,与乡镇企业谈合同的时候,利润分配是一个核心问题,讨价还价非常激烈。有一次,我家门铃响了,我开门一看,是一位正在与我们谈合作项目的老板,提着一包东西。我把他拦在门外,客气地对他说:有什么事情,随后我们在办公室里谈,我家的地方很小,无法接待工作上的客人。就这样,硬是把他劝走了,没让他进门。在我从事科技开发、技术转让工作的十多年中,我一直告诫自己,始终保持廉洁自律。

在科研处工作期间,我们开展了科技管理方面的研究,写了许多论文,在一些会议上进行了交流,也有一些发表在管理学科的期刊《研究与发展管理》上。科研处的一位副处长刘勤明,长期在机关工作,是一位笔杆子,能写文章,如果他当年读了大学,应该会有很大的成就。但他一直在机关工作,谁也不能得罪,要看上级领导的眼色行事,并不容易。我能理解他的处境。另一位副处长是陈德俭,从电气系调来的,我不清楚他的业务底子如何。后来他离开了科研处,一直待在抗震研究所,没有回电气系,不知道是业务上的问题还是人事上的问题。总之,他跟在沈祖炎的后面,帮着张罗一些抗震研究所的事情,似乎并不得志。我与他们两位副处长的关系处理得都比较好,原则就是不能太计较,只要工作上能够相互支持就可以了。至于个人之间,也不能走得太近,在机关里形成团伙绝对是不好的。图2-6是我担任科研处处长时与两位副处长的合影。

江景波校长卸任后,高廷耀先生出任校长,他对我非常客气,也很支持我的工作。但是,他需要建立他的一套办事机构,实现他的治校理念。对此,我非常理解。那时,学校的开发工作机构也发生了很大的变化,学校将10个技术开发性的机构合并为一个总公司,准备上市,同时宣布这 10 个公司的员工不再是学校的事业编制,统一改为企业编制,而且不能再回到教学机构了。因此,我必须马上回到系里,从事专业工作。恰好那个时候,我被批准为博士生导师,也需要在专业上多投入精力。在合并后的公司里,我的情况比较特殊,他们处理起来可能有些困难。于是我就找到了党委副书记方如华同志。我说,如果总公司处理起来有困难,那我就申请调到上海交通大学。方如华说,你可不能走,让我来处理。最终,还是学校党委出面,解决了我这个特殊的问题,我也完完全全地回到了教研室,结束了几十年双肩挑的经历。

图 2-6 与刘勤明(中)、陈德俭(右)两位副处长的合影

图 2-7 是我告别学校行政工作时的留影纪念。照片中前排自左向右分别是赵振寰、方如华和我。那是很难得的一次出游。

图 2-7 在机关工作时的一次出游

方如华当时担任同济大学党委副书记,她是从力学教研室出来的,也是上海市力学学会的副理事长。我们曾一起做学会的工作,比较熟悉。其实,我与赵振寰应该更加熟悉,但我们之间的交往确实不多。我们三个人在一张照片里大概也就这么一次。

照片中后排有我的两位助手,靠近方如华的是胡肄勤,靠近赵振寰的是朱敏之。胡肄勤是20世纪60年代初期地质专业毕业的,因为他父母年迈,他从外地调回了上海,在我那里做对外联络、争取科研经费的工作。朱敏之原来是校办工厂的钳工,调到开发公司做新产品的开发工作。

## 六、岩土工程师的继续教育

最近二十年来,有两项社会活动给了我接触和了解我国岩土工程师这个群体技术状况的机会,一项工作是为注册考试命题,另一项工作是网络答疑。作为一个从事工程学科教学的教师,这是接触社会、了解社会、反思学校教育工作的极好机会。在注册考试命题工作中需要了解和考虑我国岩土工程师队伍的技术状况;在十五年的网络答疑中,积累了极为丰富的资料,这些资料从一个侧面反映了我国岩土工程师在从事岩土工程实践过程中,知识的积累、水平的提高以及产生的一些困惑与彷徨。这些包括技术方面和社会方面的许多问题,都集中反映在《岩土工程疑难问题答疑笔记整理》四本书中。

这里,就与岩土工程师培养、继续教育有关的四个问题谈谈我的看法。这四个问题是:

岩土工程师职责的承上启下(岩土工程师的职责);
岩土工程师技术的内外兼顾(面向世界的岩土工程师);
岩土工程师知识的填平补齐(两种教育背景相向而行);
岩土工程师经验的先行后知(岩土工程中的实践出真知)。

### 1. 岩土工程师职责的承上启下

岩土工程师职责的承上启下,包括社会和技术两个方面。

社会方面的承上启下是指历史与传承,我国岩土工程的现状与其历史发展直接相关。我国岩土工程的发展,有两个阶段的问题,即60年与30年的问题。

60多年前(20世纪50年代),在学习苏联的基础上形成的我国工程地质学科,直到现在,仍然存在并极大地影响着我国的工程建设。

30多年前(20世纪80年代),开始了岩土工程体制改革,引进了太沙基岩土工程体制,对我国的工程建设和标准化工作都产生了重大的影响。经过30多年的演变,我国现在实行的工程勘察设计体制既不是完整的苏联体制的延续,也不是真正的太沙基岩土工程体制。这种情况也反映在学校教育方面和技术人才培养方面,因而我国工程技术人员队伍的组成也呈现出"既不是完整的苏联体制的延续,也不是真正的太沙基岩土工程体制",而是两者并存与杂交的局面。各个单位的总工程师所面临的共同问题,是怎样带好队伍,怎样培养岩土工程师,怎样发挥岩土工程师的作用。

要讨论这个问题,需要回顾30多年前的一些认识。

从1980年下半年到1981年初,《工程勘察》期刊上发表了一系列讨论文章和工程勘察体制讨论意见的综述,揭开了工程勘察体制改革的大幕。撰文或参加讨论的有何祥、李明清等工程界的前辈。国家建筑工程总局于1980年7月印发了总局设计局岩土工程研究班《关于改革现行工程地质勘察体制为岩土工程体制的建议》,使这项改革从一开始就带有政府推动的色彩。

那份建议提出的岩土工程体制,体现在几年内希望实现下列6个目标:

(1)建立一支能从事岩土工程工作的技术队伍。

(2)按岩土工程的要求,岩土技术人员不再是单纯的资料提供者,而要进行工程分析,提出可行方案。

(3)岩土工程师提出基础工程方案和有关基准,但不代替结构工程师作基础结构计算和设计。

(4)岩土工程师要参加基础工程的施工和地基改良的设计工作,但不代替具体的施工人员。

(5)岩土工程单位要把监测作为自己的业务内容之一。

(6)从现有的勘察队伍改革过来的岩土工程单位,经过实践锻炼和逐步补充力量,最后应该发展成为岩土工程咨询公司,至于承揽的项目服务,不一定局限于建筑工程,条件允许时也应积极地承担其他土木工程工作。

经过30多年的改革实践,重温这个文件,对于如何深化改革无疑是很有意义的。

第1个目标:建立一支能从事岩土工程工作的技术队伍。这方面的进展是非常大的,但还不能说实现了这个目标。因为现在这支队伍的技术覆盖面还不是很完整,遇到哪怕是最基本的结构问题,就卡壳了。这类问题在网络答疑中反映得非常明显,很多岩土工程师缺乏基本的结构构件的受力分析和设计计算的能力,其原因是有些学校的岩土工程师教育体系基本上还是地质工程师的教育体系而不是设计或施工工程师的教育体系。在有些课程体系中,结构的知识基本没有或者很少,而在解决岩土工程问题时,结构的方法是最基本的。我认为,岩土工程师的培养计划,应该要求学生能进行基本结构的设计和力学分析。这是岩土工程师必备的基本能力,如果缺乏这方面的能力,就不是一个知识全面的岩土工程师。在课程设置上,结构力学和工程结构是两门必不可少的基础课程,而且需要设置工程结构的课程设计,让学生具备结构计算和设计能力。

第2个目标:按岩土工程的要求,岩土技术人员不再是单纯的资料提供者,而要进行工程分析,提出可行方案。这个目标可以说已经做到了,但可能由于当时条件所限,设置了第3个和第4个目标的限制(不代替结构工程师作基础结构计算和设计,不代替具体的施工人员),使这次改革并不彻底,最后一个目标(应该发展成为岩土工程咨询公司,至于承揽的项目服务,不一定局限于建筑工程,条件允许时也应积极地承担其他土木工程工作)就难以实现了。这里,承认和强化了分析和设计的界线,如果岩土工程师只会分析,只能提供可行方案而不能给出可以施工的设计结果,那就不可能推行真正意义上的岩土工程体制。我们国家所进行的岩土工程体制改革的主要问题也就在这里。

在岩土工程师中能否培养出一支在技术方面能"承上启下"的工程师队伍,是岩土工程体制改革是否成功的标志。这里的"承上启下"是指岩土工程师需要具备从上部结构到地基基础的知识体系和处理工程问题的能力。只有具备了"承上启下"的知识和能力才能处理好岩土工程问题,而现状却是岩土工程师很难深入地关注岩土对结构的影响,更无法处理可能由于岩土的原因产生的结构问题。岩土工程师仍然缺乏结构工程的系统知识和解决结构工程问题的实际训练。

网络答疑过程中岩土工程师提出的一些问题,真实反映了实际设计工作中的情况。例如,有些地方实现了岩土工程师参与设计工作的分工合作模式,结构工程师在设计时,如果不能采用天然地基,就委托岩土工程师做地基处理方面的设计。在满足结构工程师提出的地基承载力要求和沉降要求的前提下,由岩土工程师选择合适的地基处理方案,选择持力层,布置加固体。其实,这种接龙式的分工合作模式可能只适用于非常简单的建筑物,对于稍微复杂一点的项目(如加固体的布置需要考虑建筑物不同高度部分的地下室之间的连接,电梯井位置的加固体的加密等),由于岩土工程师缺乏对整个结构体系特性的掌控,也可能无从下手。我也不知道,如果要比较地基处理和桩基两种方案,该由谁来做。岩土工程师在这种分工体系中,由于对建筑物的整体特性可以说是"一无所知",根本无法发挥其"承上启下"的主动性和创造性,只能完成一些非常简单的地基处理的计算工作而已。

**2. 岩土工程师技术的内外兼顾**

虽然岩土工程师的主场在国内，但对于我国一些大型勘察设计单位来说，走出国门或许会成为常态。在网络答疑过程中，有网友提出了他们在参与国外工程建设时遇到的一些岩土工程问题。由于国外工程地质条件的差异和规范体系的不同，解决工程问题的思路与方法也不同于国内，这就需要培养和造就一支能面向世界的岩土工程师队伍。

近年来，我国在国际上的影响力日益增强，加上"一带一路"倡议的提出和实施，我国工程师参与国外工程的机会大大增加。在国外建造高铁、桥梁和建筑工程，都会涉及工程地质和地基基础的问题。很多国外工程的情况比国内要复杂得多，首先是我们的工程师对国外的一些地质条件并不熟悉，会遇到许多在国内没有处理过的工程地质条件和工程技术问题；其次是我们的工程师并不熟悉国外的规范；再次，国外的工程体制也和国内不同，建设方通常是委托咨询公司代理。鉴于此，工程师就需要处理许多不熟悉的技术问题和工作关系问题。作为一个岩土工程师，特别是注册岩土工程师，需要熟悉国外的技术标准，了解国际上的通行规则，以适应国内外的明显差异，所以我提出了"内外兼顾"这个要求。

对于一些有可能向国外发展的企业，就需要关注与加强对涉外岩土工程师的培养，关注国外常用的岩土工程规范，关注国外承包工程的有关法律与合同。这样，才能培养一支内外兼顾的岩土工程师队伍。这些年，已经有一些单位跨出了国门，积累了经验。今后，这方面的需求会更大，要有更多的单位做好这方面的准备工作。

**3. 岩土工程师知识的填平补齐**

由于岩土工程学科本身是一门综合性的学科，跨地质与工程两大学科门类，岩土工程师既需要地质学的知识，也需要工程学的知识。目前在职的岩土工程师主要来自地质学科和工程学科，具有不同的专业背景，无论毕业于哪类学科，工程师都有一个适应工程需要、将知识填平补齐的问题。

最近 20 多年来，学校进行教育改革时也注意到了这个问题，地质类专业比较注意向工程靠拢，增加工程方面的课程。但是，一个传统专业的转身不是一蹴而就的。地质学科与工程学科的体系和教学方法都存在一定的差异，从这两类学科毕业的岩土工程师的知识体系和工作技能就存在比较明显的差异。不同背景的岩土工程师相向而行、取长补短是非常必要的。

举一个抗浮设计的例子进行说明。抗浮的安全性包括水文地质条件的考虑、力学平衡的计算和结构工程的设计等。抗浮设计中的作用是浮力,取决于水位的高低,而地下水位既与地质条件有关,又与水文条件有关。基础抗浮设计的抗力是基础的自重和作用在基础上的荷载,其与验算时刻的施工条件、施工进度密切相关,与停止降水的时间也有关系。一些抗浮失效的工程都不同程度地出现了基础底板开裂的情况,说明地下室底板不能承受浮力的作用。这里既有工程地质的问题,也有工程结构的问题。有一个抗浮失效的特殊案例,由于塔楼的平面形心没有与基础的形心重合,抗浮失效的表现,不仅是上浮,而且还发生了整体倾斜。就是说,抗浮验算不能仅仅满足于竖向的平衡,还应满足力矩的平衡。由此可以看到,工程地质的问题和工程结构的问题同时存在,并且相互作用。

结构专业毕业的工程师,应当补充地质学的知识;地质专业毕业的工程师,应当补充工程学的知识。两者都需要根据自身的情况,通过自学和工程实践进行知识的填平补齐。为这两类来自不同专业的工程师提供再学习的条件也是十分重要的。事实上,岩土工程界的许多老工程师,在新中国成立初期,有的是土木工程学科毕业的,有的是地质学科毕业的,他们几十年来投身在工程建设实践中,既发展了我国的岩土工程事业,自己也成为非常著名的岩土工程师。

改革开放后,国家建工总局委托同济大学办了十二期岩土工程师进修班。不同单位、不同年龄、不同专业背景的工程师来到学校参加了脱产学习(半年到一年),回去以后成为岩土工程体制改革的中坚力量。

当下,各单位的领导也要重视工程师的业务学习,给予指导和帮助,采取措施帮助工程师将知识填平补齐,努力培养出一支能处理各种工程问题的岩土工程师队伍。

### 4. 岩土工程师经验的先行后知

岩土工程师的经验来自工程实践,实践出真知。这并不是贬低理论的作用。既然已经是岩土工程师了,应当具有一定的学历和理论基础,现在的问题是具备学历和理论基础的岩土工程师怎样才能积累工程经验。这当然要依靠工程实践,没有工程实践,就谈不到工程经验。

什么是工程经验?我认为工程经验是经过工程实践检验,证明是正确的、可行的或不可行的甚至是错误的判断和处理方法等,它包括成功的经验和失败的教训。

成功的经验往往经过长时间反复的工程实践的检验,证明是符合土力学原理的,是合理的、科学的。失败的教训常有工程事故的背景,也可以从土力学的基本理论去分析,解释事故发生的原因。

成功的工程经验值得我们总结,因为它可以告诉我们应该怎么做。工程事故的教训同样值得我们总结,教训是反面的经验,它可以告诉我们什么事不能做。例如,深基坑工程的事故比较多,总结事故的教训,可以得到一些规律性的认识,形成规范中的一些"不得""不应"等限制性规定(如限制在基坑边堆放弃土或建筑材料,挖土时必须按设计验算的工况开挖,不得超挖等)。

是不是只要进行了工程实践就一定会得到工程经验?那倒并不一定。经验需要我们去总结和深化,不总结就得不到规律性的认识。但是,常常有一些因素会影响人们去总结经验。例如,怎样面对工程事故,处在不同位置的人,其感受和态度可能相差很大。当一个工程发生事故时,直接负责的工程师、工程单位的领导、事故发生地的领导,他们的感受是一种情况;而那些与工程事故没有牵连的单位和个人,他们的感受可能是另外一种情况。人们的感受往往决定了他们的态度和对策。

我们需要一个可以自由讨论和分析技术问题的宽松氛围,但实际情况往往并不乐观。发生事故的工程的当事人,一般不愿回顾那段令人心碎的往事,当事单位也希望抹去那段历史。于是,事故慢慢淡出人们的记忆,一段历史也就此隐去。许多工程事故的相关资料就这样散失了,没有发挥其应有的作用,确实非常可惜。

我们应当对工程事故涉及的技术问题持客观公正的态度,各抒己见,不一定非要得到一致的结论,但每个人都能从中获益。我们需要一个直面问题、理性分析、平等讨论的环境,从工程事故中吸取教训,总结经验,把工程做得更好,同时促进学科的发展和人才的成长。

一个有水平的岩土工程师,并不是不会犯错误,而是善于总结,在工程实践中不断积累经验,提高水平。如果一个工程师不善于先行而后知,那就不会进步。同样,一个单位也只有在不断总结经验和教训的过程中,才能提高单位的整体技术水平。

## 七、岩土工程体制改革的讨论与实践

岩土工程人才培养与岩土工程体制改革密不可分,关于岩土工程体制改革的讨论详见本书第七章。

## 八、工程建设发展给岩土工程技术带来的挑战

这里针对我国当前工程建设发展的特点及其对岩土工程技术的要求,分析岩土工程面临的一些技术难题。这些问题大多没有现成的解决办法,技术标准也跟不上工程建设发展的需要,讨论是为了引起业内人士的重视,开展必要的研发工作,以期逐步加以解决。

### 1. 我国工程建设发展的特点

回顾我国 60 年来岩土工程发展的历程,可以发现,前后两个 30 年的发展阶段,具有非常明显的差异。最近 30 年,我国工程建设的发展出现了建设规模大、建设速度快、建筑物高且重、地下工程向超深发展、建设场地地质条件非常复杂、施工极度困难等完全不同于前 30 年的特点,超出了过去的工程经验以及现行技术标准所覆盖的范围,给岩土工程师提出了许多过去从未遇到过的技术难题。如何运用已有的土力学理论和勘察设计方法来正确地解决当下出现的技术问题,是摆在岩土工程师面前的一项重要任务。

我们可以通过一些案例的对比来感受工程建设的发展情况。例如,1934 年上海建成了远东第一高楼国际饭店,其高度只有 24 层;半个世纪后,在 1983 年,上海才建成了高度接近国际饭店的上海宾馆,但此后的 30 多年时间里,上海建成了几千幢高层建筑和超高层建筑。又如,1952 年,上海建造中苏友好大厦(现上海展览馆)时的勘探孔深度只有 10m,而现在超高层建筑的勘探孔深度已经超过了 100m,几十米深度的勘探孔比比皆是。现在的岩土工程师所面临的技术问题的难度和深度与 30 年前不可同日而语。

基础的埋置深度增加了,桩变长了,勘探深度增加了,土试样的原生应力水平变高了。这些变化都给岩土工程勘察和设计带来重大挑战。

### 2. 当前岩土工程技术面临的挑战

在我国现行的岩土工程技术标准中,有关勘察、设计和施工的一些标准化方法大多是对前 30 年工程经验的总结。用于处理当下所面临的工程技术问题时,有些方法的前提已经发生了变化,有些方法的使用条件也发生了变化,有些新出现的问题还缺乏成熟的处理方法,因而应用现行规范处理工程问题时,就显得力不从心,或者难以应付。

下面讨论几个值得重视的技术问题,这些问题仅是作者与业内人士技术交流活动的一部分,实际工程中的技术问题远比想象的要多。

(1)在勘察报告中如何评价深层土的地基承载力

在勘察报告中分层提供深层土的地基承载力是我国的特有做法。国外由于采用太沙基岩土工程咨询体制,不可能做这种既缺乏针对性,又没有任何用处的工作。

所谓分层提供地基承载力,是指勘察报告中对勘探深度范围内的土层,除了提供通过室内试验或原位测试得到的指标外,不论是否有可能作为浅基础的天然地基,都需要提供这些土层的地基承载力。按照现行《建筑地基基础设计规范》(GB 50007—2011)的符号与术语系统,给出天然地基上浅基础的地基土承载力特征值$f_{ak}$,不管这些土层的实际埋深是多少。

如何给出深层土的地基承载力呢?有的是根据浅层土得到的载荷试验的经验,按照物理指标或原位测试指标相近的原则估计;有的是用抗剪强度指标,按假定的浅基础条件,用规范的承载力公式计算得到。问题之一是这种深层土有没有可能作为浅基础的地基,如果没有可能,那提供这种承载力有什么用处。问题之二是用这种估计浅基础地基承载力的方法能否得到深层土的承载力。

这种做法的依据是什么?找遍了现行的技术规范,没有哪一本规范规定应该这么做。但不这么做可能又不行,过不了审图这一关。这种做法实际上是我国岩土工程界的一种潜规则,可能已经流传了相当长的时间。

为什么会形成这种潜规则?可能是我国的勘察设计体制使然。由于我国现行的勘察设计体制是勘察在前、设计在后,勘察时对上部结构设计的结果还不太清楚,不得不多提供一些土层的地基承载力,让设计人员选用。在前30年那种建设规模和勘探深度的情况下,这种方法还有一定的道理。但最近30年的工程条件已经发生了巨大的变化,对深孔与超深孔的勘探孔所揭露的土层(几十米埋深的土层),还按浅基础的条件来提供地基承载力,可能就是南辕北辙了。

(2)特殊条件下的地基承载力取值方法

40多年前,编制国标《工业与民用建筑地基基础设计规范》(TJ 7—1974)时,给出了地基承载力深宽修正的方法。深宽修正系数,特别是砂土的系数,主要根据假定的内摩擦角由$p_{1/4}$公式的承载力系数得到,修正的模式是左右对称的平均基底压力。这些假定与当年的工程规模和基础埋深是比较符合的。

但是,将这样的简化计算模式用于现在的一些超高层建筑的复杂工程条件(如基础的埋深非常大,设置了多层地下室,塔楼与裙房非对称布置,裙房的荷载小于埋深范围内土体的自重等),是否能满足设计要求?是否过于简单化了?

对于复杂的设计工况是否需要采用多种方法综合评价地基承载力？是否应对地基设计安全度进行分析与控制？是否需要用规范的$p_{1/4}$公式进行计算地基容许承载力？是否需要用地基极限承载力公式进行计算以控制地基设计的安全系数[1]？是否需要采用以极限平衡理论为基础的各种解法计算荷载非对称、非均布条件下的地基极限承载力以控制地基设计的安全系数[2]？

(3) 长桩和超长桩基础下软弱下卧层的强度验算

在长桩和超长桩条件下，如何考虑桩端持力层以下软弱下卧层的影响。《建筑桩基技术规范》(JGJ 94)采用了浅基础下软弱下卧层强度验算的模式，对于短桩，这种方法还是可以的，但对于长桩或超长桩，继续采用浅基础的模式来确定埋深很大的土层的地基承载力，可能就不一定合适了。

20世纪80年代，上海市《地基基础设计规范》曾将桩基承台、桩群与桩间土作为实体基础验算整体强度，但后来就不再要求进行这种验算了。对于桩基持力层下有软弱下卧层的情况，也曾按照实体基础验算下卧层强度，但后来也不要求进行软弱下卧层强度验算了。研究认为在桩端下持力层的厚度不小于3倍桩径的条件下，如果桩基的沉降验算满足容许变形的要求，就不需要进行软弱下卧层的验算了[3]。

对于桩基软弱下卧层的强度验算，是否可以给出明确的必须验算的条件？对于必须验算的情况，是否可以作为层状土的地基承载力问题，按照《土工原理与计算》提供的方法，以持力层受冲切承载力的要求进行验算[4]？

(4) 长桩和超长桩桩端阻力的发挥条件

在桩基设计的早期，曾经采用过由桩侧容许摩阻力和桩端容许阻力计算单桩容许承载力的方法。后来由单桩的荷载传递机理的理论研究和试验研究表明，桩侧摩阻力和桩端阻力并不是同步发挥的，桩越长，这种现象越明显。因此，过去的桩基设计大多采用由桩侧极限摩阻力和桩端极限阻力计算单桩极限承载力后除以总安全系数的方法估算单桩容许承载力。

有些地方规范过去提供的是桩侧摩阻力和桩端阻力的极限值，但为了符合全国规范的规定，将极限值除以2作为桩侧摩阻力和桩端阻力的容许值提供给设计人员。这种做法在技术上可能是一种倒退，并不符合30年来研究桩的荷载传递机理所得到的成果。

如果需要分别考虑桩侧摩阻力和桩端阻力的安全系数，早在20世纪80年代，同济大学洪毓康教授就进行了研究，得到的结果是钻孔灌注桩的桩端阻力安全系数为5.8，而桩侧摩阻力的安全系数为1.7[5]。

陕西信息大厦采用桩径1m、桩长82m的钻孔灌注桩，荷载传递试验的结果表明,在最初几级荷载作用下,深度大于 40m 处,轴力就几乎等于零了;随着桩顶荷载的增大,轴力逐渐向下传递,即使达到最大的桩顶试验荷载,发现 60m 以下的轴力也非常小或几乎为零[6,7]。哈大线工程采用桩径 1m、桩长 43m 的钻孔灌注桩,荷载传递试验的结果表明,实测桩端极限阻力为 2400kN,而工作状态的实测桩端阻力仅为 400kN,即实测桩端阻力的安全系数为 6.0,与洪毓康教授的研究结果非常接近[8]。

桩身荷载传递机理的实测资料说明,桩端阻力和桩侧摩阻力并不是同步发挥的。根据软土地区的经验,桩的长径比超过 100 以后,桩端土层就不能发挥承载的作用了;而黄土地区的桩,这个长径比减小为 60~70。这些信息值得岩土工程师关注和研究。

(5)深层土的抗剪强度试验的加载要求

常规的抗剪强度试验的加载要求,在《土工试验方法标准》(GB/T 50123—1999)中,只说"周围压力宜根据工程实际荷重确定",语焉不详。常规的试验,不论是三轴试验还是直剪试验,通常第一级荷载取 100kPa。但是,如果不论土样的原生应力状态如何,一概取这样的荷载,是否合适?

魏汝龙教授在 20 多年前就指出:在土的常规试验工作中,对于土的应力历史的影响,却往往得不到应有的重视[9]。遗憾的是,他的话并没有引起人们的关注。最近 30 年来,由于工程规模的发展,我国岩土工程勘察的勘探深度与试样的应力水平达到了新的高度。在取深层土做直剪试验时,如果取土深度是 30m,有效上覆压力已经达到 240kPa 左右。但做试验时不考虑其应力历史,仍分别取 100kPa、200kPa、300kPa 和 400kPa 这四级荷载进行四个试样的试验,则在前面两级荷载下试样处于超压密状态,而在后面两级荷载下试样处于正常压密状态。这两种不同压密状态下的试验结果怎么能画一条强度包络线呢?

因此,要求第一级荷载必须大于原生应力状态的有效上覆压力,使四个试样都处于正常压密状态,再进行试验。希望有关的技术标准对抗剪强度试验能明确这一技术要求。

(6)为深基坑设计提供的抗剪强度试验的应力路径

抗剪强度试验如何模拟实际工程条件是一个值得关注的问题。常规三轴试验的应力路径是否与基坑开挖时土体中的应力路径一致?常规三轴试验是在周围压力不变的条件下,增大轴向应力直至试样破坏[图 2-8a)],而基坑开挖时却是在竖向应力不变的条件下,减小周围压力直至破坏[图 2-8b)]。显然,两者是不一致的,这个差异对抗剪强度指标会造成什么样的影响呢?

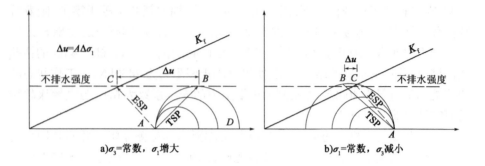

图 2-8 加载与卸载工程条件不同时的应力路径

## 本章参考文献

[1] 郑大同.地基极限承载力的计算[M].北京:中国建筑工业出版社,1979.

[2] 沈珠江.理论土力学[M].北京:中国水利水电出版社,2000:187-220.

[3] 黄绍铭,高大钊.软土地基与地下工程[M].2版.北京:中国建筑工业出版社,2005:305-306.

[4] 钱家欢,殷宗泽.土工原理与计算[M].2版.北京:中国水利水电出版社,1996:374-378.

[5] 洪毓康,陈士衡,宰金璋.单桩承载力的安全度分析[J].岩土工程学报,1984,6(1):52-66.

[6] 费鸿庆,王燕.黄土地基中超长钻孔灌注桩工程性状研究[J].岩土工程学报,2000,22(5):576-580.

[7] 任澎华,王润昌.黄土地区超长混凝土灌注桩首次试验与应用[M]//史佩栋.21世纪高层建筑基础工程.北京:中国建筑工业出版社,2000:482-488.

[8] 高大钊.岩土工程勘察与设计——岩土工程疑难问题答疑笔记整理之二[M].北京:人民交通出版社,2010:462-470.

[9] 魏汝龙.软黏土的强度和变形[M].北京:人民交通出版社,1987:25.

第三章

# 参加技术标准编制的往事

参加技术标准(规范)编制是我技术工作经历的一项重要内容,我参加过两本国家标准(即《建筑地基基础设计规范》和《岩土工程勘察规范》)最初两个版本的编制工作,以及上海市《地基基础设计规范》前后两个版本的编制工作。几十年的规范编制经历,让我深深地体会到:大学教师参与规范的编制,既有助于提高规范编制质量,也有助于提升教师自身的业务能力,合理且必要。

当然,对于参加规范编制工作的人员来说,自身能力能否得到提升,还取决于自己的努力程度。如果只是将规范编制工作当成一个任务去完成,而不是有意识地学习和积累,那么这项工作对参与者自身能力的提升也许不太明显。如果是抱着学习的态度去做这项工作,就能明显感觉到,自己的能力在参与规范编制的过程中有很大的提升。我很幸运,参与了几本规范最初几个版本的编制工作,那些工作带有很强的科学研究性质,我所得到的锻炼和提升就特别显著。

本章收录了与规范编制有关的四篇文章:

《岩土工程领域两本国家标准诞生侧记》,讲述了我参与《建筑地基基础设计规范》和《岩土工程勘察规范》两本国家标准最初两个版本的编制和修改工作的一些情况。

《几位一起编制规范的老朋友》,记录了近年来我与几位一起编制规范的老朋友会面的情景。

《岩土工程的安全性与标准化》,写于2001年,是我根据自己的规范编制经历,对标准化体系问题的思考。

《地铁勘察规范中基床系数的测定方法溯源、分析和建议》,是一篇没有发表过的文章,介绍了地铁工程中针对测定和应用基床系数的一些观点和争论,并提出了我的看法。

# 一、岩土工程领域两本国家标准诞生侧记

岩土工程领域有两本重要的国家标准,即《建筑地基基础设计规范》(简称《地基规范》)和《岩土工程勘察规范》(简称《勘察规范》),它们诞生于20世纪七八十年代。那时候我还年轻,有幸参加了这两本规范第一版的编制工作与后来的修订工作。如今我还保存着当年的一些工作笔记与资料,成为我撰写这篇文章的重要参考资料。希望这篇文章能有助于人们更好地了解我国岩土工程的

发展历史。写作过程中,我常常想起当年编制规范时对我提供帮助的那些老朋友:黄熙龄、王锺琦、顾宝和、赵华章、傅世法和范颂华等。

1970年上半年,学校抽调我参加护送上海市知识青年去江西省插队的工作,当年9月完成。我刚回到学校,就接到了国庆节后去北京参加《建筑地基基础设计规范》编制工作会议的通知。当年,我们地基基础教研室参加这本规范编制工作的同事比较多,分别参与了不同章节的编写工作。规范编制工作前后持续了好几年的时间,学校的工宣队还专门安排了一位赵师傅来管这件事。

国庆节后,我们去北京报到。这本规范的编制工作由中国建筑科学研究院地基基础研究所(简称建研院地基所)负责,当时他们研究所的研究人员大部分都被下放到了干校。我们报到的地点是在百万庄,见到了他们所的几位工作人员:黄强所长(不是后来地基所那位同名同姓的黄强副所长)、黄熙龄副所长、张永钧、丁玉琴。黄熙龄先生曾在20世纪50年后期去苏联留学,他在黄强先生去世(1975年)后担任了所长,主持了《地基规范》的编制工作和后来的修订工作。张永钧是1956年从同济大学结构专业毕业的,丁玉琴是1963年从同济大学地基基础专业毕业的,他们俩是幸福的一对。

那次集中了全国各地许多勘察单位、设计单位和高等院校的技术人员,开始了第一本岩土工程领域国家标准的编制工作。刚开始参加的人员非常多,广泛调查研究,收集资料,之后集中进行资料分析研究工作(持续了两年多时间),分章整理出规范的原始版本。1973年,向全国各地的勘察、设计和施工单位广泛地征求意见。1974年,编制出报批稿。当年,该规范即获得批准,颁布实施。规范编制的四年时间里,参与人员的数量逐步减少,最终形成了一个规模不大的编写组(即出现在规范中的那个编写组)。值得一提的是,在《地基规范》最初两个版本的编制过程中,我和黄熙龄先生进行了深度的技术合作,也结下了深厚的友谊。

根据主持单位对规范编制工作的总体计划,来自各个单位的参与人员要分别加入各个编写组。当时的规范有七章,除了总则之外还有六章,对应六个组。我参加的是土的分类和地基承载力那个组,负责起草第二章的条文。该组的牵头单位是北京市地质地形勘察处(即后来的北京市勘察设计研究院),他们派了一位中层干部赵华章担任组长,还派了一位工宣队的师傅管理具体事务。我们组的成员大多是勘察单位派出的工程地质方面的技术人员,都具有丰富的工程经验,只有我是来自高校的教师,而且是教土力学的教师。这也许就是一种缘分,使我有机会向有实践经验的地质工程师学习,将土力学与工程地质密切结合起来。从那时,我就开始关注工程地质领域中的土力学问题,并为后来参加《勘察规范》的编制工作打下了基础。至今,我仍保存着一张我们那个组的集体照(图3-1),匆匆数十年过去,但一起合作的情景仍历历在目。

图 3-1　1972 年编制《地基规范》时小组成员的合影

我们组的成员在集中以后,就分成几个小组,分别到全国各地进行调查研究。我和西安有色冶金勘察院的傅世法工程师一起负责调查华东几个省的资料。傅世法是宁波人,说的普通话带有宁波口音,他有丰富的工程实践经验,待人非常诚恳。那段时间我们一起工作,很快熟悉起来,成了好朋友。后来他调回了老家宁波,近年来少有他的消息了。当年,我们两人拿着建筑工程部的介绍信到华东各省市的勘察院去收集资料。接待单位听说要编写我国自己的《地基规范》,都非常支持我们的工作。他们把资料室的柜子打开,让我们找有用的资料,我们需要的资料都可以拿走(那时没有复印的条件,只能带走原件)。因此我们收集了大量的工程原始资料,为规范的编制创造了良好的条件。

我们不仅收集资料,还尽可能地访问各地工程勘察界的领军人物,和他们进行座谈,了解各地的工程地质条件和工程问题、成功的经验和失败的教训,听取他们对编制我国《地基规范》的意见和建议。在此过程中,我们拜访了不少业界的前辈,如浙江省建筑科学研究所的封光炳先生。他对规范的编制提供了许多宝贵的建议,我们也一直保持着业务上的联系。

关于土的分类,在制定我国自己的技术标准之前,一直采用苏联技术标准中的方法。但是,苏联技术标准中的有些规定并不适用于我国复杂的工程地质条件。由于苏联处于北方高纬度地区,天气寒冷,岩石的风化程度特别是化学风化的程度非常弱,与我国的环境有很大的不同。例如,我国南方广泛存在的红色土,苏联就没有;我国东南沿海在温湿条件下形成的软土,与苏联的大孔隙土也不完全相同。因此,首要的任务是制订出符合我国自然条件的土的分类系统。采用的方法是对收集到的大量数据进行统计分析,寻找指标之间相互关系的突变点。分析发现,当塑性指数达到 10 左右,土的各种力学指标都出现明显的突变。在那之前,将塑性指数大于 7 的土统称为黏性土,塑性指数小于 7 的土统称为亚砂土。那次通过资料分析发现,塑性指数 10 是一个重要的指标。塑性指数大于 10 的土具有黏性土的明显特征,塑性指数小于 10 的土并不完全具有黏性土的特征,实际上那是一种粉质土,是介于黏性土与砂土之间的一种过渡性的土。这个发现,将塑性指数 10 的作用提升到了土类划分界限的高度,而不是一个亚类的划分界限了。这对我国土的分类体系的完善产生了比较重要的影响。

对于这个土的分类界限,岩土工程界一开始有不完全相同的观点,但随着《岩土工程勘察规范》编制前所组织的研究工作的推进,得到更加丰富的成果,证明了这个客观现象的存在,从此得到了岩土工程界的广泛认同。

在《岩土工程勘察规范》编制前,存在一本《工程地质勘察规范》,我没有参加那本规范的编制工作。1974 年,中国建筑科学研究院负责的《建筑地基基础设计规范》编制完成后不久,建筑工程部综合勘察院(即后来的建设综合勘察研究设计院)就开展了编制《岩土工程勘察规范》的准备工作。准备工作持续了相当长时间,组织了许多勘察单位和高等院校的技术人员开展了多个科学研究项目,提出了一系列研究报告,为规范编制奠定了坚实的基础。

《勘察规范》编制项目的负责人是范颂华,他托人带口信给我,问我能否参加为编制规范而开展的科学研究项目。我那时刚参加完《地基规范》的编制工作,对工程问题的调查研究、资料的收集与分析以及土性指标的统计规律都比较感兴趣,就表示愿意参加前期研究工作。

与编制《地基规范》时的情况相比较,参加《勘察规范》前期研究的勘察单位、研究单位和高等院校的数量更多,集中了建工系统在勘察领域的主要技术力量。在规范编制前,开展了广泛的调查研究,收集了丰富的资料,提出了各个课题的研究报告。在土的分类问题上,也出现了比较大的意见分歧,主要的分歧是要不要采用塑性图分类方法。塑性图分类方法是欧美国家通用的土的分类方法,而苏联并未采用此方法。因为 1949 年之后我国工程建设领域全面引入苏联的技术标准体系,在土的分类方面也按照苏联规范的规定执行。要编制我国自己的《勘察规范》,对于土的分类这个基础性的问题就必须有一个技术决策,因而需要对我国的土的分类现状和分类方法有一个全面的研究。

为此，综合勘察院在研究项目中设立了一个土分类的专题研究项目，集中了全国重点勘察单位、研究单位和高等院校的技术力量，组建了一个庞大的研究队伍。在研究过程中，出现很多争论，也产生很多成果。在充分讨论的基础上，最终形成了《勘察规范》中的一套土的分类方法。

在前期科学研究成果的基础上，正式开始了《勘察规范》的编制工作。至今我还保存着当年编制这本规范所用的一些文件。

《勘察规范》经历了非常漫长的编制过程。从我保存的文件和信件来看，征求意见稿的定稿会是1987年12月22日至1988年1月1日在同济大学召开的，共有27位代表出席。会后，又经历了长时间的修改，报批稿于1992年下半年才正式上报。可见编制一本国家标准是多么不容易。

在《地基规范》和《勘察规范》最初两个版本的编制和修订过程中，我和建研院地基所的熊兴邦工程师一起参加了土的分类和地基承载力的课题研究。我们分析了大量的数据，提出了土的分类界限和土的类别的建议，将塑性指数10作为黏性土和粉土的划分界限，并得到了业内同行的认可。其间，也留下了很多珍贵的回忆。

回顾我国技术标准的产生和发展历程，无法回避的一个问题就是技术标准体系的问题。不少技术标准已经形成了庞大的体系，是不是无法改变了呢？当然不是。只是改变时，会涉及方方面面的问题。新中国成立初期，我们国家就面临着选择哪种技术标准体系的问题。当时世界上存在着两大阵营，我们选择了社会主义阵营，只能引入苏联的技术标准体系。在全国范围内，使用苏联的技术标准体系，并按照那个体系积累工程资料和经验。直到20世纪70年代，准备编制我国自己的规范时，我们已经按照苏联规范积累了20来年的资料和经验。虽然当年已经尽了最大努力去反映我国的自然条件和地质条件，以符合我国工程建设的需要，但还是无法摆脱苏联规范的影响。所以，在我国的技术标准体系中，苏联技术标准体系的影子随处可见。

改革开放后，我们接触到了欧美国家的技术标准体系，对于是否改变我国的技术标准体系曾进行过激烈的争论。但我国的技术标准体系已经按照苏联的模式建立起来，各个工业部门又按照自己的理解去独立发展，形成了更加复杂多样的土的分类体系。原本是想通过技术讨论的方式实现各部门规范中土分类方法的统一，但几十年的实践结果表明，在部门划分泾渭分明的情况下，即使是小小的土分类方法也无法实现统一。

## 二、几位一起编制规范的老朋友

参加规范编制时,许多朋友给我提供了巨大的帮助。首先要提到的是我们教研室的魏道垛老师。1970年,他担任教研室的党支部书记,委派我参加《地基规范》的编制工作。这是一个重要的开端,如果没有这个开端,就没有后来的一切。在参加规范编制的过程中,我开阔了视野,拓展了自己的业务范围,认识了许多工程界的朋友,学习了他们的工程经验,增加了我的知识储备。

在编制1974版和1989版《地基规范》的过程中,我从黄熙龄先生那里学到很多知识。黄先生是我从事规范编制工作的引路人。后来,黄先生成了中国工程院院士,但我感觉还是用当年的称呼更为亲切。

我最早认识黄先生是在20世纪50年代末期。那时,俞调梅教授请刚从苏联留学回来的黄先生为我们学校地基基础专业的学生做学术报告,那是我们第一次见面。20世纪60年代初,余绍襄先生和我到北京进行调查研究,专门拜访了黄先生。他详细地介绍了他所做的试验研究工作,陪同我们参观了他设计制作的试验设备,包括量测土试样体积变化和孔隙水压力的装置。

20世纪60年代,黄先生组织了沿海软土地区地基基础工程事故的调查研究工作,在上海也有几个非常典型的工程案例。这些调查研究工作所积累的资料和经验,为之后《地基规范》的编制打下了非常坚实的基础,是黄先生为我国建筑地基基础工程标准化所做的重大贡献。

1970年,《地基规范》编制工作启动。当年10月我们在北京集中,开始了长达数年的编制工作,直到1974年规范被批准执行。20世纪80年代后期,启动《地基规范》的修订工作。1989年夏天,我们在北京黑山扈(北京郊区的一个地名)的一个宾馆里集中工作了一段时间。在两次规范编制的过程中,我与黄先生进行了频繁且深入的交流,对他的学术观点和工作方法有了进一步的了解。

在北京黑山扈集中编制1989版《地基规范》时,我们全体编制人员拍了一张集体照(图3-2),难得地留下了黄先生当年的样子(黄先生平时拍照并不多)。

20世纪90年代,有一次我专程到建研院地基所拜访黄先生。他亲自陪我参观了他们地基所新建的试验室,特别是模型试验室,规模非常大,设备也非常齐全。他还特地安排,请我做了一个关于概率方法的学术报告。后来,毛尚之给我说了一件事,有一年她去广州(具体地点可能不准确)开会,见到了黄先生,黄先生特地对她说,由于规范不采用概率方法了,所以没有请高教授来参会。我听了很感动。多年后,刘金砺先生担任地基所的所长,也请我去他们所讲了一次概率方法。两任所长都关注我的这个研究方向,我也感到很欣慰。

图 3-2　1989 版《地基规范》编制人员合影
(前排右三为黄熙龄先生)

平日里,黄先生给大家的感觉是比较严肃的。但和他熟悉之后,就会发现他有风趣的一面。在黑山扈修订规范的时候,正值暑假,我的孩子小,放在家里不放心,只好带在身边。我的孩子和熊兴邦工程师的孩子差不多大,两个小孩就在一起玩耍。我们住的招待所还是比较高级的,厅堂里摆了许多盆栽花卉,有的还结了一些非常好看的小果子,当然都是观赏性的果子。但小孩子不知道,就去摘了一些。招待所的领导发现了,就到黄所长那里告状。黄所长听了,不以为然地说,小孩子还不懂事,你们应该把花摆在合适的位置,让小孩子够不到。就这样把人家顶了回去,完全没有责怪孩子的意思。

2019 年春天,我到北京参加建研院举办的一个技术交流活动,住在该院旁边的一家宾馆中,因为住得近,就到黄熙龄先生家去看望他。他特地起来坐在沙发上接待我。他瘦得很厉害,让人心疼。据说是因为肾脏的毛病,蛋白质都流失了。他的儿子在照顾他,2018 年年底在医院住了一段时间,春节前出的院。腹水已经消了,但医生似乎也没有什么好的治疗方案,只给他服用一种黄芪制的中成药。按照黄先生的病情和他的院士身份,治疗和护理似乎很不够。如果在上海,像他这样的院士,这样的身体状况,早就住在专门的医院里长期治疗了,而且还会预备好突发状况的抢救,绝对不会长期住在没有任何医疗条件的家里。后来我想,也许是因为北京的院士比上海更多,如果都要进行专门照料,可能根本顾不过来。

探望黄先生之后的第二天上午,刘金砺先生来宾馆看我。有好几年不见了,见面感到格外高兴。他也老了许多,耳朵有些背,说话声音要大一点才能听得清楚,但他的精神还不错。他曾就读于清华大学工业与民用建筑专业,比我早一年毕业。他早期担任地基所的副所长,黄熙龄先生卸任之后,他就接班当了所长。

刘金砺先生是研究桩基础的,他对我国桩基工程的发展做出了很大的贡献。20世纪80年代,他曾经在山东济南黄河边上组织了一次规模非常大的现场桩基试验,包括单桩和群桩,竖向承载桩和横向承载桩,获得一系列宝贵的资料和成果。由于那个场地土质均匀,适合做比较试验。研究过桩基的人都知道,做桩基的现场试验非常不容易,特别是研究沿桩身的轴力和桩土相互作用的变化,需要测定大量的数据。后来,在他的领导下,组织编制了我国的《建筑桩基技术规范》,而那次现场试验就为该规范的编制提供了非常重要的资料与数据。当年,我们教研室的基础工程(桩基)小组专程到济南参观了那个现场大型试验的工地,也是刘金砺所长接待的。我们两个单位在桩基研究方面的合作比较多,我们教研室参加了《建筑桩基技术规范》的编写,提供了我们收集的全国各地的试桩资料。《建筑桩基技术规范》也吸收了上海岩土工程界的不少研究成果与经验。在黄熙龄所长卸任后,刘金砺所长继续保持他们研究所与我们学校的合作关系,尤其是与我们教研室的洪毓康、陈强华、陈竹昌等老师一直保持着非常密切的技术合作。后来,我们都在注册岩土工程师考试专家组负责出题,一起共事了好几年,彼此就更熟悉了。

当天下午,张永钧和丁玉琴两位到宾馆看我,我们也是十多年未见面了。张永钧是1956年我们学校工业与民用建筑专业毕业的,在很长一段时间里,他的主要研究方向是地基处理技术,组织了许多原型观测和现场试验,主编了行业标准《建筑地基处理技术规范》,在地基处理领域取得了突出的成就。丁玉琴是我们学校地基基础专业第二届毕业生,毕业后一直在建研院地基所工作,长期从事岩土工程方面的技术标准的管理工作。

应当说,我国的地基处理技术是在20世纪的最后二三十年发展起来的,建研院地基所在地基处理技术的发展过程中起了十分重要的作用,而张永钧先生在其中发挥了非常关键的作用。对他,我一直怀有深深的敬意。

当年余绍裹先生和我访问地基所的时候,丁玉琴刚到地基所工作不久。那次访问中,她向我们介绍了不少情况,为我们的参观调查提供了很多方便。后来,在编制《地基规范》时,我们也有不少合作。

那天在宾馆,我们谈了很多。他们的两个孩子,一个出国了,一个就住在二环路的对面,与他们的住所只隔一条马路。人老了,孩子不在身边,就有很多不便。他们这样的情况还是很理想的,既有各自生活的空间,又有相互照顾的条件。他们所住的多层建筑对老年人不是很方便。建研院和我们学校一样,在20世纪80年代以前建造的家属楼都是多层建筑。当年分配住房的时候,大家都希望住在3楼或4楼,但现在年纪大了,走楼梯就很不方便了,而要加装电梯也并不是一件很容易的事。

在和地基所的几位老朋友会面之后,去火车站之前,我利用半天的时间专程到位于北京东郊的顾宝和总工家里拜访。

顾总是我参加《勘察规范》编制工作时结识的朋友。《勘察规范》的编制工作最初由建设综合勘察研究设计院的王锺琦总工主持,王总南下以后,就由顾总接手主持。在编制规范的日子里,我们在工作上的联系比较多,因此建立了深厚的友谊。后来在注册岩土工程师考试出题工作中,我们也有过合作(图3-3)。虽然近几年我们见面的机会少了,但我和顾总的联系还是非常密切的,我们经常通过电话、邮件联系,讨论问题,传递信息,他还给我的书写了序。隔了多年,再次见面,分外高兴。他的精神非常好,身体也没有太大的变化。以前,他出差时都有他的夫人陪伴在身旁。因为顾总患有糖尿病,如果身体出现低血糖而旁边没有人照顾,就非常危险。后来,顾总的夫人做了手术,他也就不远行了,在家陪着她。那天,我们聊了很长时间,还觉得意犹未尽,我掐着点离开,去赶火车。

此次拜访顾总,又让我想起了那些一起编制《勘察规范》的朋友。

图3-3 多年前与顾宝和总工的合影

我参加了《勘察规范》的前期研究工作、编制工作和修订工作,以及2009年版的审查工作,时间跨度很大,先后得到王锺琦总工和顾宝和总工的支持和帮助,我向他们两位学习了不少知识。

王锺琦总工后来到辉固公司(Fugro N.V)工作,曾在上海和香港工作了几年,我们有几次比较深入的交流。他在上海工作时,我正在办学校的科技开发公司,我们一起做了上海和浙江乍浦的一些工程项目的研究工作。他到香港工作时,我的女儿正在香港大学读博士学位,我也在香港住了一段时间,和王总有过几次会面。

顾宝和总工退出建设综合勘察研究设计院领导岗位后,我们之间仍保持着密切的联系,经常探讨一些技术政策和学术问题,使我获益良多。也是在顾总的支持下,从2004年到2019年,我进行了十几年的网络答疑工作,接触到更多的工程问题。我出版的4本关于网络答疑的书,都由顾总作序。

图3-4所示的照片,大概拍摄于《勘察规范》编制之前的科学研究阶段,可能是某次工作会议的合影。当时还有不少女士参加,而且王锺琦总工还在北京工作。当年参加为编制规范所开展的科学研究项目的同行,基本都在照片里了。特别要说的是,照片里没有南京大学的老师,他们参加了早期关于土分类的科学研究工作,提出了他们的方案。虽然他们的方案没有被采用,但不应该忘记他们所做的努力。

图3-4　参加《勘察规范》编制前期研究工作的成员合影

图3-5所示的照片,是当年《勘察规范》编制组的一次合影,拍摄地应该在海边,具体年份已经记不清楚了。照片中,编制规范的几位主将基本都在,但没有王锺琦总工。由此推测照片拍摄年代应该在规范编制的后期,即王总南下之后。

在规范编制阶段的照片中,都没有看到张苏民总工。由此可知,我与张苏民总工的合作,不是开始于规范编制工作阶段,而是开始于注册考试工作阶段,也就是最近二十来年的事。

在上海,我参与了上海市《地基基础设计规范》前后几个版本的编制、修订工作,得到上海市建委沈恭主任、孙更生总工和黄绍铭总工的支持和帮助。

图3-6所示的照片,拍摄于一场关于工程结构裂缝的专题讨论会上。正在发言的是黄绍铭总工,坐在他和我中间的就是上海市建委沈恭主任。沈主任原

来是华东建筑设计院的结构工程师,在从知识分子中选拔干部的年代,被选拔到这个岗位上,但他仍然保持着技术人员的本色。从他参与专业技术讨论会就可以看出他的从政特点,即与技术人员保持着密切的联系,能够把握住技术上的关键问题,组织研究课题,推动技术发展。

图 3-5 《勘察规范》编制组的一次合影

图 3-6 与沈恭主任(右二)、黄绍铭总工(右三)一起开会时的留影

黄绍铭总工毕业于同济大学地基基础专业,后追随俞调梅教授攻读硕士学位。他长期担任上海建筑设计研究院地基基础方面的总工程师。在很长一段时间里,他是继孙更生先生之后的上海地区地基基础领域的领军人物。他对上海市《地基基础设计规范》的修订和发展,对上海地区地基基础技术的总结与提高,都起了关键的作用。我和他有很多深度合作,无论是学会的组织工作还是工程技术的推广应用,无论是全国规范的编制还是上海市地方规范的修订,我们两人都能很默契地相互配合、相互支持。

上海市《地基基础设计规范》的编制可以追溯到更早的年代,它诞生于国家标准《建筑地基基础设计规范》之前。由于上海地区是软土地基,地基基础的工程问题比较多,为了解决软土地基的设计和施工问题,上海地区比较早地开展了土力学和地基基础问题的研究,特别重视原型观测和现场试验,积累了极为丰富的实测资料和处理工程问题的地方经验。那些经验集中反映在上海市《地基基础设计规范》中。

# 三、岩土工程的安全性与标准化

编者按:本文写于2001年11月,是对岩土工程标准化体系进行的思考。

**摘要**:本文通过对岩土工程事故实例的分析,提出了岩土工程安全性控制的4种基本类型。实际工程往往是一种或多种基本类型的组合。不同的基本类型应当采取不同的工程措施来解决,解决途径的成熟程度存在很大的差异,有些安全控制问题还没有成熟到可以标准化的程度。由于岩土工程安全问题的严重性,目前对标准的管理要求可能操之过急。我国的岩土工程标准中,强制性条文过多且不当,常使岩土工程师或结构工程师处在十分尴尬的境地。注册岩土工程师制度的建立将推动岩土工程标准化的改革,应当鼓励和强化地方标准化工作,国家标准的规定不宜太具体。

**1. 历史的经验**

20世纪80年代初,黄文熙教授说过:"总的说来,岩土工程学犹如医学,并不是一门严谨的科学。针对每一个具体问题,只有充分运用这门学科的理论知识和实践经验,综合地、辩证地加以分析研究,才有可能找到一个合适的解决问题的方案。"[1]

纵观历史的发展,岩土工程就是在不断地研究与处理工程建设问题和工程事故的过程中发展起来的。瑞典的布罗姆斯(B. B. Broms)认为,早期土力学发展的一个转折点发生在1913年左右。当时,瑞典、巴拿马、美国、德国等国家相继发生了重大滑坡坍方事故,表明已有的一些分析方法不能满足处理事故的要求,于是纷纷成立了专门委员会或委托专家进行调查研究。例如,瑞典为处理铁路沿线不断出现的坍方问题,在国家铁路委员会内设立岩土委员会;巴拿马为处理容易堵塞运河的一段河道的边坡事故,成立了专门委员会;美国土木工程师协会设立了研究滑坡的特别委员会;德国为处理基尔运河施工中的滑坡事故设立了调查委员会;德国的克莱(K. Krey)开始对挡土墙和堤坝所受的土压力进行广泛的调查研究。此外,瑞典由于斯蒂格贝里(Stigberg)码头的破坏,成立了港口特别委员会,对该码头滑动原因的分析,促使了著名的瑞典圆弧滑动法的诞生。瑞典国家铁路委员会的岩土委员会于1920年成立了一个岩土试验室,它可能是世界上第一个岩土试验室[2]。

黄文熙教授于1981年在《土的工程性质》一书中提出:"人类在土基上或土体中建造房屋和挡土建筑物,以及用土作为工程材料建造堤和坝,已经有很悠久的历史。然而,土力学成为一门技术科学,却只有五十多年的历史。在太沙基于1925年出版著名的《土力学》一书的前后,也曾有不少学者对土工问题的研究做出过重大的贡献。许多经典的土力学理论一直沿用至今,并且仍然是现今土力学中的重要内容。但是,人们却认为太沙基是土力学的奠基人,因为他是第一个重视土的工程性质和试验的人。他所创立的确定土的力学性质的有效应力原理,更是对土力学的重要贡献。"[3]

太沙基一生处理过许多重大工程事故,研究和发现土的许多基本规律,形成和提出了控制工程安全的设计概念和设计理论。例如,1928年太沙基受联合果品公司的委托,研究并解决了哥斯达黎加、巴拿马、洪都拉斯、危地马拉等国家(地区)的道路滑坡和水文地质等工程问题;1929年,为设计美国康涅狄格河土坝的挡土墙,太沙基做了模型试验并提出土压力与墙面位移的研究报告,该报告至今仍有指导作用;1938年,他受英国公司的邀请赴伦敦处理土坝的坍滑事故以及多佛至福克斯顿之间铁路坍滑事故;1942年,他受墨西哥的邀请调查研究内卡哈河水坝的安全问题和墨西哥城下沉问题。在处理工程事故的基础上,他提出了许多新的见解。例如,他研究了导致土坝破坏的砂土管涌现象,发现了土的强度会因周围环境和地下水的季节性变化而变化,研究了建在软黏土地基上的建筑物会长期缓慢下沉的固结现象,提出了固结理论等。卢肇钧教授认为:"太沙基的功绩并不限于他对土力学理论的贡献,在他将土力学理论广泛地应用于大量实际工程的过程中,深刻地洞察到自然界土的力学性质不可避免地受许多复杂因素的影响,因而在运用土力学理论的同时,还必须注意全面调查实际的工程地质情况并加以综合判断。"[4]

岩土工程就是在认识和处理事故和灾害的过程中发展的,太沙基曾经说过:"与其说土力学是一门技术,还不如说是一门艺术。"[4]处理岩土工程问题不仅需要数学和力学知识,还需要地质知识,需要积累工程经验。在太沙基时代是这样,今天仍然是这样。

20世纪80年代初,俞调梅教授曾经说过:"由于地层的复杂性、不均匀性,岩土工程总是在不能预先百分之百地掌握所需资料的条件下进行的，总是要凭经验作出判断（也就是猜测）的；但是岩土工程的安全系数要比结构工程的低得多。这就说明了为什么要重视地区性经验、地质条件以及工程事故的经验教训；这也说明了为什么要重视观察法。几十前，在基础工程专业书上总是有很多工程事例的报道，但是后来就少了，似乎有了土力学理论就可以解决一切问题了。而且杂志及刊物上报道的多数是成功的事例。在我国，由于种种社会历史原因，教科书上讲的失败事例总是外国的，例如瑞典哥德堡的码头、加拿大的特朗斯康（Transcona）谷仓等。这一切，会使人们盲目相信理论，而这正是导致失去信心的原因。"

历史经验告诉我们，讨论岩土工程的安全度与标准化问题，要从岩土工程的实际情况出发，岩土工程的事故实录是岩土工程极限状态真实情况的记录，是难能可贵的"原型试验"，从中可以得到许多有益的知识。下面从国内外的一些典型事故与灾害来分析岩土工程安全性问题的特点与规律。

根据历史记载，1920年海原8.5级大地震所形成的黄土滑坡严重而密集的区域达4000km²以上，其中李俊堡的蒿内大滑坡长达1200m，宽400~800m，滑距达1000m左右；滑体宛如急泻的"黄土流"或"黄土瀑布"，黄土滑坡像瀑布一样，迅速吞没了下游的房子和骆驼队。其中有很多现象与特征长期以来为人们难以理解。地震诱发的高速、集群的黄土滑坡给人类带来了巨大的灾害[5]。

1925年7月17日，记录了降雨量为126mm的连续三天大雨引发香港半山区宝兴坊滑坡，一座高大石砌挡墙倒向多排房屋，完全摧毁5座楼房，导致75人死亡。1972年6月16日至18日三天内记录到650mm的雨量，暴雨导致多处滑坡，仅18日这一天因滑坡而死亡的人数就高达250多人。其中，宝珊道滑坡发生在陡峭的坡洪积层形成的天然山坡上，该滑坡摧毁了一座4层楼房和一幢13层大厦，导致67人死亡；另一个滑坡发生在九龙秀茂坪公共屋邨，高约40m的填土在大雨中滑动，淹没了坡脚下的许多木屋，导致71人死亡。1976年8月25日，在一场降雨量为416mm的暴雨后，全港又发生了上百起滑坡破坏，死伤57人。这些事故提醒人们必须研究滑坡规律，采取防治措施。港英政府在总结了历次滑坡事故的教训后，成立了香港土力工程处，颁布了一系列有关斜坡整治与维护的技术手册，作为现场调查和工程建设的指南[6]。

1959年12月2日，法国67m高的马尔巴塞（Malpasset）薄拱坝因坝基失稳而毁于一旦，导致380人死亡，100余人失踪。1963年10月9日，意大利265m高的维昂特（Vajont）拱坝上游的托克（Toc）山发生大规模的滑坡，滑坡体从大坝附近向上游扩展长达1800m，并跨越峡谷滑移300~400m，估计有（2~3）亿m³的岩块滑入水库，冲到对岸形成100~150m高的岩堆，致使库水漫过坝顶，冲毁了下游的朗格罗尼（Longarone）镇，导致约2500人死亡[7]。这两起震惊世界的特大事故，给人们敲起了警钟，在世界范围内促使了岩石力学学科的形成与发展。

20世纪80年代中后期，山东枣庄地区发生一批民房严重开裂的事故。在近万栋民房中，有10%的民房裂缝宽度超过10cm或倒塌，裂缝宽度超过5cm的占45%，给人民生命财产造成极大的威胁。从当地的水文资料可以看出，1986年8月至1989年6月连续35个月的月蒸发量大于月降雨量。这是一起由长期干旱使胀缩土严重收缩所导致的事故。

1995年12月，武汉市整体爆破一幢18层高的建筑。建筑高度为65.5m，采用336根锤击沉管扩底灌注桩，桩长17.5m，桩端进入中密粉细砂持力层1~4m。爆破拆除的原因是，该高层建筑结构到顶后3个月内产生很大的倾斜，顶部水平位移达2884mm，倾斜超过5%，且发展速度很快。如不及时拆除，有整体倾覆的危险[8]。这一桩基失稳的事故告诉人们采用桩基础并不是万无一失的，应当重视桩基础整体稳定性的研究。

1996年9月，海口市经受12级飓风袭击，伴有400mm以上的大暴雨，在滨海大道旁某商住小区内，一座停工中的占地面积达3000m²的2层地下室突然窜出地面5~6m，整体倾斜，犹如平地出现一艘水泥船停泊在两幢高楼的中间。虽然经过降水、牵引、归位等工程措施处理，但因地下室两端高差仍有90cm无法扶正，且顶板和外墙均已开裂，不能继续利用而报废[9]。这一典型的抗浮失稳事故告诫人们，黏性土中的巨大浮力不容忽视。

1997年1月16日，上海发生一起9m深的倒虹吸引水渠道基坑塌方事故。基坑开挖采用高压水冲法施工，已开挖至设计标高，正在绑扎底板钢筋时，基坑北侧边坡突然整体失稳。将位于边坡顶部的第1级井点管推移达13m，滑坡长度达50m，约5000m³的土方迅速涌入坑中，淹没了整个基坑，涌高6m多，将9名工人埋入土中。原设计边坡是坡度为1:1.5、1:2.0和1:3.0的复合坡，变化的坡度之间设1m宽的马道。边坡比较平缓，但仍未能避免事故。此后，在上海又发生两起类似的事故，且深度更大，所幸没有人员死亡；后来又发生了一起死亡4人的同类型事故。这些事故值得人们反思。

1998年长江流域发生特大洪水，长江堤防经受了严峻的考验。一些地方的大堤垮塌，大堤地基发生严重管涌，洪水淹没了大片土地，人民生命财产遭受巨大的威胁。仅湖北省沿江段就查出4974处险情，重点险情有540处，其中的320处属于地基险情；溃口性险情有34处，除3处是涵闸险情外，其余都是地基和堤身的险情。可见，长江防洪工程的重点在岩土工程。

1998年5月7日的《文汇报》报道:5月6日下午,珠海拱北海关旁,祖国广场深基坑发生坍塌,致使邻近5栋居民楼倒塌。

2000年8月31日的《南方周末》报道:8月27日,我国台湾地区高雄至屏东大桥因台风造成河水暴涨,桥基被冲垮,导致大桥下陷而断裂;16辆汽车坠入河中,22人受伤,交通中断。

2000年7月12日的《新民晚报》报道:7月10日,菲律宾马尼拉奎松城的帕亚塔斯(Payatas)垃圾填埋场,高达15m的垃圾山突然发生垮塌,将附近约100个棚户淹没,死亡100余人。

2001年5月,重庆市武隆县城发生山体滑坡。滑坡瞬间,一幢建筑面积为4700$m^2$的9层楼房顷刻被砸得粉碎,死亡79人。事故发生前,坡顶已经出现了滑坡裂缝,但没有引起人们的警觉和防范,终于酿成惨剧。其实在重庆市,历史上曾多次发生大滑坡。1946年和1948年,中山二路和洪崖洞地区分别发生了滑坡和危岩崩塌,破坏房屋数十间,导致324人伤亡。1981年7月,特大洪水后镇江寺老滑坡出现蠕动变形,1984年滑坡再次活动,造成地面开裂、沉陷,影响范围达20000$m^2$,大量民房开裂变形,危及300余户居民的安全[6]。

上述事故实例说明,岩土工程方面的事故具有突发性、灾害性和全局性的特点,不仅使工程全军覆没,而且常殃及四邻,危害环境。

如何避免这类事故是大家关心的事。一个事故的发生,总有它的机理和原因,人们总可以发现其出现的规律,寻找避免的方法。但这需要进行专门的研究,需要工程师的经验与智慧,在现行规范中很少能找到解决上述事故的现成办法。现行的规范,即使是所谓强制性的规范,在解决岩土工程安全性的问题上,其作用也是非常有限的,只能解决一些机理比较清楚、条件比较简单、经验积累比较丰富的问题,即量大面广的问题。但是,现实中的很多事故,连发生的原因都不清楚,更无法依据强制性规范的条文来判定技术责任。

从上述事故可以看出事故的原因和破坏机理是多种多样的:有自然岩土体的破坏,也有结构物自身的破坏;有自然营力的作用(如地震作用、水的作用),也有人类工程活动造成的力系失衡(如施工机械的作用);有人类尚未完全认识那些不可抗拒的自然因素,有设计与施工没有遵循客观规律。与结构工程事故相比,岩土工程事故与自然条件的关系非常大,特别容易受到水的影响。人们尚未清晰、深入地认识这些原因和规律,更谈不上轻松自如地运用。

为了防止发生工程事故,应重视岩土工程的勘察、设计、施工和监测。在工程建设的不同阶段,岩土工程对主体工程的作用与影响是不同的。在工程可行性研究阶段,岩土工程问题常常决定了工程的可行性,当工程地质、水文地质条件不允许建设项目时,只能放弃这一场地。在施工图设计阶段,当岩土的性状不符合工程要求而需采取相应的工程措施时,将使造价上升,事故发生的可能性也急剧增加。在施工阶段,岩土工程的施工技术、质量、工期和造价会对整个工程产生巨大的影响。一些重大工程,如三峡工程和南水北调工程,与岩土工程的关系更为密切,岩土工程的工程量和造价都占相当大的比例,这些工程的决策和设计、施工在很大程度上都依赖于岩土工程勘察和试验研究的成果。从工程实践的层面上看,几乎每个项目的岩土工程都不一样,地质条件可能千差万别,每个项目都必须进行专门研究。当然,从基本原理和处理方法的层面上看,不同的项目应当有共同的规律可以遵循,从个案的研究中可以得出一般性规律。

**2. 岩土工程安全控制的 4 种基本类型**

综合分析国内外历史上许多岩土工程事故,可以从机理上将岩土工程的安全控制归纳为 4 种基本类型。这 4 种基本类型分别是:静荷载主控型、动荷载主控型、水力条件主控型和岩土性状主控型。

由于实际工程条件非常复杂,引起工程事故的原因往往是多样的,但是总可以归为若干基本类型的组合。上述基本类型的划分有助于分析事故发生的原因,并进一步分析人类对各种安全问题的控制能力,探讨在标准规范的制订和管理中可能采取什么样的对策。

**1)静荷载主控型**

静荷载主控型的失效机理和控制方法与结构工程比较相似,可以用力学模型和数学方法来求解,可以计算应力和变形,一般用安全系数或分项系数进行安全度控制。这是岩土工程中最常见的、最易掌握的一种失效控制的机理。

在标准规范中,能直接通过计算进行控制的也是这种类型。岩土工程中最基本的破坏形态是由静荷载引起的岩土体失稳或过大变形导致建筑物产生的结构性破坏,这也是目前岩土工程规范中可以作具体规定的验算项目,即承载力极限状态和正常使用极限状态的验算与控制。

在目前的标准规范中,对于这种类型的失效控制计算,一般可以给出设计计算的力学图式和简化假定,推荐实用的计算方法,有时还给出修正过的系数或设计参数的经验值等。由于能够给出比较具体的规定,因此也能得到直接的定量结果。尽管这种控制并非总是有效的,但标准规范总可以采用设计表达式的方式来表达安全度控制的思想。

在这种控制类型中,设计的正确与否取决于设计工程师对荷载与抗力的估计。设计规范对荷载和抗力的估计一般都有指导性的规定,也有建议的参数,如果对荷载的估计没有漏项,抗力的数值能够反映岩土的实际情况,那么设计就不可能发生太大的失误。

在标准规范中可以定量规定和定量控制的也只有这一类问题;目前审图工作也只能在这个领域内实施。

**2) 动荷载主控型**

由动荷载引起失效的机理和控制方法与结构工程不完全相同,在一些情况下可以用力学模型和数学方法求解,更多的情况下却难以用数学方法模拟失效控制机理。

由于动荷载特征参数比静荷载复杂得多,其不确定性也很大,所以对于一般工程常用等效的拟静力分析来代替真正的动力分析。岩土体的动力响应比结构体系更为复杂,动力参数测定的可靠性也比静力参数更差。因此,对动荷载引起的事故的控制主要不是依赖数学力学模型的计算,而是通过类比分析的方法,将已有的经验推广到相似的工程,但是其定量的程度比较差。设计规范虽然有时也给出一些计算公式或界限值,但这些控制值本身就具有某种概率属性,不能用确定性的观点来对待和处理。例如,饱和砂土的液化判别,虽然可以用地震剪应力与抗液化试验强度之比来评价,但由于剪应力计算和试验的准确性还不能用以控制工程的安全度,故规范一般不推荐这种方法。实用的方法就完全建立在对已发生液化的地区进行现场检测的基础上,用标准贯入试验判别砂土液化或用静力触探试验判别砂土液化都属于经验型的方法。

对于经验型的方法,虽然可以采用定量计算的表达式,但其普遍性与可靠性是非常值得怀疑的。从岩土工程的经验公式推广使用的原则来说,最基本的一点就是不能未经验证直接搬用其他地区的经验公式。但目前的砂土液化判别公式是在华北地区地震调查的基础上,主要根据石英砂地层中的经验建立的,将其推广到全国以及用于其他类型的砂(如片状砂),使用的合理性还有待验证。使用这类方法时,工程师的经验与判断是至关重要的,将其作为和力学模型一样的公式来应用是不合适的。

**3) 水力条件主控型**

水对岩土工程安全性的影响非常大,从机理上说,可以分为力学作用与物理化学作用两种不同的类型。水力条件主要研究力学作用机理的失效控制,而水的物理化学作用则通过改变土的性质发生作用。这里主要讨论水的力学作用,而将水的物理化学作用放在岩土性状主控型中研究。

无论是静水压力、浮托力还是动水力，其对岩土体的力学作用从原理上说并不复杂。但最简化的计算模型也与实际相差甚远，而复杂的模型不仅难以确定参数，而且常常难以求解。遇到重大工程问题时，一般不敢将决策完全建立在计算的基础上。例如，1998年长江流域的特大洪灾，使广大民众知晓了"管涌"一词。动员成千上万的人到大堤上拉网式地检查管涌，实在是不得已而为之的事，说明我们对于岩土工程学科中这样一个影响人民生命财产安全的问题的无奈。在设计时要正确地控制管涌这类"渗透破坏"的发生非常困难，尽管可以列出力学平衡的计算公式，但"管涌"在本质上是发生在土体内部的土结构逐渐破坏的一个过程，很难用宏观的力学模型计算。于是人们总结出用粒径级配不均匀系数作为判据的方法，可是这已经不是一个以力学平衡为判据的问题了，一涉及土的组成成分，在上千千米漫长的大堤上又显得束手无策，于是只好采取修筑止水帷幕的措施将水头隔断。

又如，对于地下水的浮力问题，阿基米德原理是中学物理课的内容，但用到作用于基础或地下结构的浮力计算时，却使许多总工程师无法确切地判断究竟如何考虑浮力。首先是地下水位如何确定的问题，这不仅涉及造价，而且会危及建筑物的安全。在北京这样一个地下水位升降幅度很大的地区，积累了多年的观测和分析的经验，已经提出了"设防水位"的概念，但这种方法在缺乏历史资料积累的地区是无法采用的。

当掌握了地下水位的情况后，在黏性土中如何考虑浮力一向都有争议。有的观点认为，在黏性土中不会形成经典意义上的静水压力和浮托力，设计时考虑浮力作用可能将荷载估计高了；另一种观点认为，在黏性土中如在砂土中一样能100%地发挥静水压力和浮托力，对静水压力和浮力估计不足将是危险的。由于人们对这样一个重大问题的认识极不统一，现行的标准规范对于黏性土中静水压力和浮力计算的规定常常是含糊不清的。在抗浮计算中，不仅浮托力的取值带有经验性，地下室外墙与土之间的摩阻力如何取值也很难明确规定。上面列举的海口某地下室上浮的工程实例中，工程师的计算不太可能出错，也不能说工程师没有执行强制性规范的规定，但事故确实是发生了，哪本规范可以对此负责呢？

土坡和挡土墙的失稳与水的作用有非常密切的关系。临水土坡在水位骤降时处于力系平衡的最不利时刻，1998年长江特大洪水发生时，水位回落给人们带来希望的同时，却使许多岸坡向江心塌滑。设计时正确地估计水位降落的幅度是困难的，多少年一遇的最高水位或许可以事先估计，但水位降落的落差是很难估计的。设计挡土墙时不可能将其作为一个挡水结构物来考虑墙背水压力的作用,然而一旦排水措施失效,水压力全部作用于挡土墙上,同时土被水泡软,抗剪强度降低,挡土墙的破坏就是不可避免的。

对于软土地基中的挖方,如上面列举的挖方坍塌事故,从表面上看是一个简单的力系平衡问题,似乎看不出水力的作用,但实际上孔隙水压力的作用是十分关键的。这些滑坡并不发生在开挖刚完成的时候,而是发生在开挖之后的一段时间。人们误以为开挖时不出现滑坡就没有问题了,但恰恰就在人们以为没有问题时,滑坡突然发生了。上述倒虹吸引水渠道基坑的塌方就是在绑扎渠道的钢筋时发生的。有人认为这种现象不好理解,其实在土力学中早就有深刻的阐述。对于水下黏性土中的挖方,基于有效应力原理的分析表明,挖方减少了平均主应力,使超静水压力减小。开挖结束后,随着时间的增长,超静水压力又逐步上升,安全系数也随之降低,滑动的危险性随着时间而增加,这就是深开挖破坏事故发生的时间往往滞后的原因。但这个过程目前还难以进行准确的计算,规范中也没有作出任何规定,出了事故也没法说违反了某一条强制性条款。

在滑坡或泥石流的形成机理中,水是一个根本性的因素。一场暴雨就能触发大规模的滑坡或泥石流,水库蓄水以后可能会使库岸滑坡不断,形成所谓"库岸再造"的景观。

从以上的分析不难看出,虽然水对岩土工程的力学作用在原理上并不复杂,但在实际工程中只依赖力学描述是非常危险的。在工程实践中,工程师的经验判断非常重要。不同的工程师会做出不同的设计结果,这是正常的。在水力作用的问题上,规范没有具体规定而需要工程师根据经验进行判断的情况实在太多了。标准规范中应当规定岩土工程师必须做哪些和不能做哪些,而不是规定岩土工程师必须用什么公式计算,用什么样的参数计算。

**4)岩土性状主控型**

如果说水力条件主控型还可以列出一些力学计算模型,而大量的岩土性状主控型的破坏连计算公式也列不出来。工程实践中大量的事故并不是由数学、力学计算错误造成的,也不是计算模式过于简化造成的。太沙基曾经多次指出:"如果理论不是很简单的话,那么在土力学里几乎没有什么用处。"土和土层的性质如此复杂,导致数值解的误差远远超过由于理论缺陷引入的误差。许多事故的原因在于人们对岩土性状的变化缺乏正确的认识和有效的控制能力,而不是公式用错了或计算错了。

岩土性状的变化对岩土工程安全性的影响不仅表现在抗力方面,还表现在荷载方面,有些因素能同时增大荷载和降低抗力,使岩土工程的安全度急剧降低,最后导致事故的发生。

岩土性状对环境条件的敏感性是岩土性状恶化的根本原因,是许多岩土工程事故的内在因素。这种敏感性包括土的膨胀、收缩、湿化、湿陷及结构扰动等,其结果是使土的强度降低,变形增大,而引起岩土性状变化的主要原因是水和其他自然因素的作用,如暴雨、干旱、冰冻、地震等。

工程环境随着自然条件和人类工程活动而变化,干旱和暴雨都会使土的性质发生变化,也都会引发工程事故。许多工程事故发生时,其环境条件已经与勘察设计时不同了。设计时一般难以预测环境条件如何变化,即使能预测到,但限于经济条件和技术政策,也不可能按最不利的条件进行设计。所以从这个角度讲,要求工程师对设计终身负责,就不太合理。

即使对环境的变化可以作出最不利的预测,但环境变化使土的性质发生什么样的变化也是难以预测的。人们一直在努力掌握岩土性状变化的规律,以便利用这种规律,更好地控制岩土工程的安全度。例如,用重复剪切的方法测定土的结构破坏后滑动面上的剩余强度;用饱和的方法测定最不利条件下的岩石或土体的强度等。考虑强度随时间衰减这个因素,提出长期强度的概念和试验方法等。但这种非常规的试验方法及其指标的应用,还远未达到标准化的程度。

更为棘手的问题是,岩土性状的变化使本来比较简单的静荷载控制型的计算和控制也变得复杂起来。在静荷载控制型的计算和控制中,对于岩土性状变化不大的设计状况,力学的计算还是比较可靠的;但对于岩土性状变化比较剧烈的情况,即使力学计算再简单、再准确,岩土指标变化所带来的偏差也远比力学计算的误差大。计算书并没有太大的问题,但计算的结果并不能控制实际工程的安全度。

从原则上说,工程师设计时应当预测自然条件的变化对岩土性状的影响,并根据他的经验判断岩土性状的变化会对工程造成什么样的影响,采取什么措施来防范。这些都依靠工程师的经验,在规范中是找不到现成答案的,如果判断失误,只能说明工程师缺乏经验,并不能判定他违规。在当前情况下,工程师不敢调用他的经验和智慧来处理工程问题,为了不违规,套用规范是最省力的,也是最保险的,哪怕是最费钱的,甚至是不安全的。只要计算书没有问题,且有规范作为依据,即使出了事故,也无法判他违规。

岩土工程技术标准的制订与管理,应当考虑岩土工程的特点,有针对性地提出安全度控制的原则与基本方法,指导工程师根据实际工程的情况,调动他的经验与智慧,因地制宜地设计与处理岩土工程问题。尤其是级别比较高的标准,更应当在分门别类控制安全度的原则与基本方法方面下功夫,妥善处理岩土工程的地域性和标准的通用性之间的矛盾。

### 3. 岩土工程的地域性与标准的通用性之间的矛盾

周镜教授在讨论片状砂的工程特性时就指出过分依赖规范的现象及其危害性:"土作为工程材料或工程对象,有其共性也有其特性。我国幅员辽阔,各地的自然环境、地质条件差异较大,岩土工程界的科技人员中,有些人总希望能有各种各样的全国性规范,便于生产中应用。""如果不结合地区的特点和工程的要求,深入研究区域土的特性,简单地依靠规范来指导岩土工程,不仅岩土工程领域的科学技术不会得到发展,还将贻误经济建设,造成不必要的损失。"[10]

人类在与大自然斗争的历史长河中,从正、反两个方面学会了认识岩土、利用岩土和改造岩土的本领,对岩土工程的研究和应用日益发展。总结已有的工程经验,通过制定标准规范进行推广,可以提高整体技术水平。但是,由于地质条件和岩土特征具有非常强的地域性,使岩土领域的工程经验也带有强烈的地域性。在某种特定条件下得到的经验,到其他地方就不一定适合。对同一个工程问题,在不同的地区可能会有不同的解决方法。这种现象在上部结构中比较少,但在岩土工程中却比比皆是。这就导致标准规范的普遍性与岩土工程的地域性之间的矛盾特别突出。

作为勘察设计规范,必然要符合普遍性的原则,能够应用于它所适用的范围,例如全国性的规范必须在全国范围内能起指导作用。但岩土工程又是非常具体的,地域性非常强,我们必须从千差万别的工程中抽象出可控制的共性规律,作为标准规范应当而且可以控制的规定。对于岩土工程规范,无论是制定规范还是管理规范,都需要处理好这个基本矛盾。

如果不能正确认识这个矛盾,采用类似于上部结构规范的方法来制定和管理岩土工程规范,或要求岩土工程规范实现和上部结构规范一样的安全度控制方法,那必然会出现误导,导致人们去片面地满足规范所规定的、并不完全符合实际工程条件的那些规定,为了避免违规而不敢实事求是地根据工程的具体情况进行合理的设计。不幸的是,在加强对执行勘察设计强制性规范条款的检查和监督中,已经出现了许多不合理的现象,不仅对工程质量和进度产生了不利的影响,还会对技术人员的设计思想和设计习惯产生不利的影响,这种影响更加深远。

世纪之交,大批老技术人员陆续退出历史舞台,年轻一代逐步接替老一代的工作,但他们缺乏经验和判断。这种情况下,规范管理的重点不能放在鼓励和支持设计人员坚持实事求是的职业习惯上,不能让年轻人在实践中积累经验和判断能力，而是让他们在习惯于照搬规范条款的氛围中处理工程问题，离开了规范就无法处理工程问题。如果真是这样，那怎么能很好地参与国际竞争呢？怎么能适应国际建筑市场的规则呢？

### 4. 岩土工程标准化的策略思考

#### 1）建立适合市场经济的岩土工程标准管理体制

我国目前的工程建设标准管理体制，是从计划经济体制中产生出来的。政府为了防止工程事故的发生，加强了监管的力度，由此派生出许多管理办法与管理单位。为了检查勘察设计单位是否执行了强制性规范，建立了审图制度，由政府或政府委托的单位审查已经经过勘察设计单位总工程师审核通过的技术文件，从而实现技术监管的目的。

从管理层面上看，这种审图公司的性质和定位也是不明确的。说他们是咨询机构吧，他们对委托单位具有很大的监管权力；说他们是权力机构吧，他们又有商业利益的诉求。

从技术层面上看，审图的依据是规范中的一些具体公式和数字（如钻孔的间距，取样的数量，承载力的计算公式等），而对影响岩土工程安全性的关键问题（如总体方案、设计原则、对岩土性状的判断等）是审查不出来的。其结果是，生搬硬套规范条款的勘察设计文件可以顺利通过，而根据实际情况实事求是采取技术措施的勘察设计文件可能会收到整改通知，这种审图怎么能杜绝工程事故呢？

管理的目的是杜绝频繁发生的工程事故，整顿和规范建筑市场。但这种办法并没有触及问题的本质，只是将管理深入到了技术细节的层面，对每个项目的计算书都要进行院外检查。这种管理办法即使在计划经济时代也没有采用过，而在大力发展市场经济的当下，政府对市场的管理反而更加具体了。

"是否执行了强制性标准"既然是法律问题，不是技术问题，那就不能只靠技术性检查来解决，而应诉诸司法部门。技术鉴定只能作为司法部门裁决的参考材料。但是，我国目前是由行政部门制定规则，并检查各单位执行规则的情况，没有相应的监督机制；同时，政府委托进行勘察设计文件审查的单位本身也是有商业利益诉求的勘察设计单位，就是说这些勘察设计单位既做运动员又做裁判员，我检查你，你检查我。如果审图的工程师能查出其他单位的问题，为什么就查不出本单位的问题呢？

事故频繁发生的原因主要是管理环节的低效，而不是技术人员的无能，也不是勘察设计单位总工程师缺乏审核工程项目的能力。从技术的角度看，发生事故大多不是没有按照强制性条文进行计算,而是方案性的错误或忽略了重要的设计条件。从标准化的角度看,是一些设计标准定得比较低,工程的耐久性比较差,随着使用年限的增加,就出现了失效概率上升的情况。

既然加强对标准执行情况的监管是为了适应建筑市场发展的需要,那么我们可以考察市场经济比较发达的欧美国家是如何做的。

欧美发达国家,在工程勘察设计服务市场中已经形成了一套人才管理与市场管理匹配的法律制度。注册工程师制度是一套对工程勘察设计人员进行执业资格考试、注册认定的管理制度。对勘察设计人员进行严格的考试与筛选,确保执业人员具有广泛的基础知识和工程经验,这是保证工程质量的根本措施;注册制度是对勘察设计人员从业的许可,也是勘察设计人员对自己要承担的社会法律责任的承诺。注册工程师具有法定的签字权,同时也对其所完成的设计承担法律责任与经济责任。在这样的管理体制下,注册工程师的责任和权利得到了统一。在激烈竞争的市场中,为了保持其已有的执业资格和社会地位,注册工程师必须负有高度的责任心,必然不断地提高自己的技术素养和设计质量。因而,技术规范的作用不是约束勘察设计人员的行为内容(如采用什么计算公式,用多大的设计参数),而是对勘察设计人员提供技术指导,规范勘察设计人员的行为方式(如必须做什么,不可以做什么);勘察设计人员可以根据工程实际情况,与业主协商选择更有利于保证设计质量的规范,订入合同。人与规范的关系是,人具有选择规范的主动权,规范对人的法律约束在其订入合同以后才有效,最终还是使用规范的人赋予了规范约束自己行为方式的权力。这种标准化体制是与市场经济匹配的,使行为人自我约束而又不限制其技术发挥。

在这种体制下,规范本身并不单独具有法律作用,只有被合同采用的规范才具有法律作用。不同的规范之间也具有竞争关系,规范也要经受工程实践的检验,其权威性是在被使用的过程中形成的。这种体制能够比较好地处理规范的普遍性与工程的独特性之间的矛盾。规范中的原则应当是普遍适用的,但具体的工程项目又是千变万化的,通过合同来规定其法律约束作用正好符合"法律是具体的,而不是抽象的"这个更大的原则。正因为欧美国家采用了这样一套标准化体制和注册工程师体制,所以这些国家的岩土工程标准中的规定基本都是原则性的规定,比较宽松,但也很少出大的乱子。欧美国家的岩土工程标准并不是政府组织制定的,政府也并不通过技术标准进行监管。技术标准是由比较权威的民间机构(如协会、标准化委员会等)制定的,他们都有自己的运行机制和游戏规则,并能长期稳定地发展。

我国为了改变在国际建筑市场竞争中的不利局面,正在推行得到国际市场承认的注册工程师考试与注册制度,这无疑有助于建立与国际惯例相适应的体制,为标准规范的改革创造了条件。在注册岩土工程师考试的准备工作中发现,我国现有的岩土工程标准体系与注册工程师考试要求之间存在很大的矛盾,注册工程师考试制度的建立可能会大大推动岩土工程标准体系的改革。政府部门应当为建立这样的管理机制创造条件,推动注册岩土工程师制度的建立,积极改革现有的岩土工程标准化体系。

**2) 完善我国岩土工程标准化体系**

岩土工程标准化是整个工程建设标准化的一部分,工程建设标准化体现了国家对于工程建设管理的技术经济政策和法治化管理的原则,因此标准化工作与国家的经济体制有着密切的关系。我国的岩土工程标准化是在这样一个大前提下走过来的,回顾这个过程,能深切感受到计划经济体制和技术上的"一边倒"对我国岩土工程发展和岩土工程标准化的影响。20年来,我国的岩土工程技术标准确实有了很大的发展,但在新旧交替中一些深层次的问题仍然没有完全解决。

我国的岩土工程标准的专业划分过细,过分强调结合行业;岩土工程的基本原理和方法实际上并没有太大的差别,但不同行业的标准由于习惯不同、名词术语不同或具体经验不同等非原则的差异而难以统一。在准备开展的注册岩土工程师考试的命题工作中,这个问题非常突出地显现出来。在国家规定的注册工程师系列中,各行业的岩土工程师是作为一个整体组织考试和注册的,不再按行业划分。但注册工程师考试主要考核使用标准规范的能力,试题与规范的内容十分密切。由于各行业规范的具体规定差异很大,涉及的行业又非常多,命题和判卷就困难重重。岩土工程标准的过分专业化与对注册岩土工程师总体能力的要求之间的矛盾,反映了我国带有计划经济特点的标准化与国际惯例之间的基本矛盾。

我国的岩土工程标准在层次划分上不是很清楚,尽管有国家标准、行业标准和地方标准之分,但实际上缺乏统一的岩土工程国家标准。现有的国家标准、行业标准和地方标准在功能上缺乏明确的分工,内容交错、重叠严重。一些国家标准,也大多是建筑行业的标准,对其他行业很难发挥指导作用。即使在建筑行业内部,由于国家标准、行业标准与地方标准之间的分工没有具体化,国家标准在原则上不能覆盖行业标准和地方标准,在具体内容上又规定得过细,使行业标准和地方标准没有发挥作用的空间。这种混乱的状况,使政府部门在监管工程单位执行强制性标准时处于非常尴尬的境地。

具有不同功能的岩土工程标准之间的关系也不是十分明确。岩土工程标准按其功能可以分为勘察、设计、施工、试验、检测、监测和监理等几类,在标准系列中,设计类标准体现了工程项目的安全等级、使用要求和控制安全度等,应当处于标准体系的核心地位。一方面,设计会派生出对勘察的技术要求,勘察又规定了钻探、取土、试验和对仪器设备的要求;另一方面,设计规定了对施工的技术要求,而检测、监测和监理又都服从于实现设计的意图。由于岩土工程标准体系是逐步形成的,有许多历史遗留问题,需要加以清理解决,例如由一个试验仪器的标准化牵出了一系列试验标准、分类标准以及与此配套的评价标准和土的参数标准,并进一步要求设计去适应由此出现的一系列变化,甚至要改变施工的控制标准。这并不是危言耸听,而是已经发生的事。

建议组织一个岩土工程标准体系改革与完善的研究课题,对上述岩土工程标准化中的问题进行系统的研究,并提出合理的体系和实现的步骤。

**3) 岩土工程勘察设计标准化的重点**

我国为了适应市场经济发展的需要,根据标准的性质,将标准划分为强制性标准和推荐性标准两种。强制性标准由政府立项制定,推荐性标准由协会组织制定。以后的发展方向是逐步减少强制性标准的数量,这无疑是一个进步。但是,在界定强制性标准与推荐性标准时又遇到了困难,即使是所谓的强制性标准,也只有一部分条文是强制性条文,还有相当一部分条文是非强制性的。因此,强制性标准这个说法本身就值得商榷。

那么是否可以将有关规范中的强制性条文都集中在一起?显然,这种做法并不合适。首先,对强制性条文需要有明确的界定标准,例如规范规定的承载力计算公式是不是强制性的,不按规定的公式计算是不是算违反了强制性条文,因此这种方法不仅无法将每条规定都界定清楚,而且在执行和检查时也很困难。其次,每本规范的条文之间都有一定的联系,强制性条文与非强制性条文之间也有密切的联系,将一部分条文集中起来,一本完整的规范就被割裂了,很难准确地、完整地发挥规范的作用,因此这种方法也会造成工作的混乱。

近年来,这方面出现的碰撞和矛盾很多。我国加入世界贸易组织后,将会出现更大的矛盾,例如国外的岩土工程师就很难理解我们的规范为什么对钻孔的间距和取土的间距都要规定得那么具体,却不能严格执行对取土质量起关键作用的取土器的标准。

我国标准化的改革需要与国际通用规则接轨。如果我国的工程建设标准不符合国际通用的规则,我国的技术人员不适应国际通用的技术标准管理体系,那我们就会失去国际竞争力,甚至难以适应加入世界贸易组织后逐步开放的国内勘察设计市场。

由于岩土工程具有明显的地域性，国外标准是在总结他们自己国家的工程经验基础上形成的，不一定完全符合我国的情况。因此，在引用国外标准时必须注意本土化的问题，采用国际通用标准必须与我国特有的地质条件和工程经验相结合，在工程实践中经过磨合才能进入我国的标准。

国家标准、行业标准和地方标准应当各有侧重。国家标准应侧重于标准的重大原则，例如荷载确定的原则、安全水准、设计原则、材料性能测定等，这些原则应当能适用于各个行业。行业标准应针对行业的特点将国家标准的原则具体化。地方规范应根据地方的特点将国家标准和行业标准的规定具体化。在原则问题上，地方标准必须与国家标准保持一致；在具体的岩土性能参数取值、经验公式、经验措施、计算公式等方面没有必要也不可能在全国范围内取得一致。由于安全度控制与计算公式的误差和设计参数的取值有关，安全度的表达可以与国家标准不一致，但安全水准必须与国家标准保持一致。

我国是一个发展中国家，不发达的经济条件对工程标准有很强的制约作用。工业发达国家的安全度标准比我国严格，与他们的经济条件有关，提高安全度就意味着需要更大的投入。我们在采用这些国家的标准时必须注意其安全水准是否符合我国的经济条件和技术政策。我国改革开放以来，经济条件已发生了明显的变化，有必要也有条件适当地调整安全度水准。这对于提高岩土工程的安全性与耐久性，减少工程事故是有帮助的，但涉及经济方面的投入，应当组织专题论证。

## 参 考 文 献

[1] 黄文熙.为积极开展岩土工程学的研究而努力[M]//中国水利学会岩土力学专业委员会.软土地基学术讨论会论文选集.北京：水利出版社，1980.

[2] Brand E W, Brenner R P, Soft Clay Engineering[M]. Amsterdam: Elsevier Scientific Publishing Company, 1981.

[3] 黄文熙.土的工程性质[M].北京：水利电力出版社，1983.

[4] 卢肇钧.太沙基传[M]//陈善绍.卢肇钧院士科技论文选集.北京：中国建筑工业出版社，1997.174-178.

[5] 国家地震局兰州地震研究所，宁夏回族自治区地震队.1920年海原大地震[M].北京：地震出版社，1980.

[6] 汪敏.滑坡灾害风险分析系统理论及在港渝地区应用研究[D].重庆：重庆大学，2001.

[7] 周思孟.复杂岩体若干岩石力学问题[M].北京:中国水利水电出版社,1998.

[8] 姚永华.对武汉某住宅楼重大工程质量事故的认识与思考[M]//中国建筑学会工程勘察学术委员会.第四届全国岩土工程实录交流会岩土工程实录集.北京:兵器工业出版社,1997,697-701.

[9] 叶世建.某商场地下室工程上浮事故分析及处理方案论证[M]//魏道垛.岩土工程的实践与发展.上海:上海交通大学出版社,2000:377-381.

[10] 周镜.岩土工程中的几个问题[J].岩土工程学报,1999,21(1).

## 四、地铁勘察规范中基床系数的测定方法溯源、分析和建议

编者按:本文写于2009年前后,当时无意参与争论,所以没有发表。

**摘要:** 对我国技术标准中关于基床系数的测定方法及其在工程中的应用情况进行归纳和分析,发现基床系数的测定和应用出现多元化的现象,有必要进行统一与规范化。查阅了太沙基(K. Terzaghi)和维西克(A. S. Vesic)的两篇重要文献,了解了流传已久的一些方法的来源,澄清了一些重要的概念和思路。对我国技术标准中关于基床系数的测定与应用,提出了评价与建议,认为提供弹性地基梁板计算用的竖向基床系数应采用方形承压板载荷试验;水平基床系数建议用桩的水平载荷试验测定而不用平板载荷试验测定;用于控制填土质量标准的指标$K_{30}$(地基系数)可以采用圆形承压板的载荷试验测定;用室内试验测定基床系数的方法不宜在工程勘察中推广应用。

### 1. 问题的提出

《地下铁道、轻轨交通岩土工程勘察规范》(GB 50307—1999)[1]规定了基床系数$K_{30}$的几种测定方法,包括压板直径为30cm的载荷试验、三轴压缩试验和固结试验。《地铁设计规范》(GB 50157—2003)[2]将基床系数应用于三个方面:其一,板墙式围护结构按竖向弹性地基梁模型计算;其二,明挖结构按底板支承在弹性地基上的结构物计算;其三,路基土采用地基系数$K_{30}$控制压实标准。

自1867年文克尔(E. Winkler)提出基床系数的概念以后,基床系数首先在弹性地基上的梁板计算中得到广泛的应用,后来又被应用于承受横向荷载的结构物的内力分析,基床系数作为一种计算参数,得到了工程师的重视。关于基床系数的测定,自1955年太沙基的文献[3]发表以来,用面积为1ft$^2$(约0.09m$^2$)的

方形承压板载荷试验测定竖向基床系数,用桩的水平载荷试验测定水平基床系数,已经成为人们的共识,但我国的勘察规范中却少有相关的规定。

在世纪之交,《地下铁道、轻轨交通岩土工程勘察规范》(GB 50307—1999)规定了在勘察阶段采用圆形承压板载荷试验测定 $K_{30}$ 的方法测定竖向和水平基床系数,同时还规定了可以用室内三轴压缩试验和固结试验的方法测定基床系数。

这些规定在基本概念、测定标准和工程应用方面所产生的一些影响,也可以从后继的一些规范的编制和一些研究报道中反映出来。因此,有必要对这个问题进行溯源和分析,对勘察规范如何规定基床系数的测定方法提出建议。

**2. 我国有关技术标准对基床系数测定方法的规定**

我国早期的勘察规范对基床系数的测定方法很少作具体的规定,仅桩基规范规定了用桩的水平载荷试验测定水平基床系数。《地下铁道、轻轨交通岩土工程勘察规范》(GB 50307—1999)对基床系数的各种测定方法作了具体的规定,这在我国的勘察规范中属于首次。具体内容包括4个条文和有关的条文说明:

第10.3.1条 基床系数在现场测定时宜采用 $K_{30}$ 方法,采用直径30cm的荷载板垂直或水平加载试验,可直接测定地基土的水平基床系数 $K_x$ 和垂直基床系数 $K_v$。

第10.3.2条 在室内宜采用三轴试验或固结试验的方法测定地基土的基床系数 $K$。

第10.3.3条 在初步勘察阶段可根据地基土的分类、密实度,按照本规范附录选用。

第10.3.4条 在详细勘察阶段应通过试验方法确定。

在这本规范的条文说明中给出了基床系数随基础宽度 $B$ 增加而减小的计算公式:

黏性土:

$$K = K_1 \left(\frac{0.305}{B}\right) \tag{3-1}$$

砂土:

$$K = K_1 \left(\frac{B+0.305}{2B}\right)^2 \tag{3-2}$$

式中:$K_1$——标准基床系数或 $K_{30}$ 值。

此后,《岩土工程勘察规范》(GB 50021—2001)[4]、《高层建筑岩土工程勘察规程》(JGJ 72—2004)[5]和上海市《岩土工程勘察规范》(DGJ 08-37—2002)[6]也对基床系数的测定作出了具体的规定。但这些规范的规定却出现一些矛盾,主要表现在以下 4 个方面:

(1) 基床系数的测定方法

①由载荷试验测定竖向和水平基床系数。

②由桩的水平载荷试验测定水平基床系数。

③由三轴试验或固结试验测定竖向和水平基床系数。

(2) 承压板的形状和尺寸

①边长为 1ft(约 30.5cm)的方形承压板。

②直径为 1ft(约 30.5cm)的圆形承压板。

③方形和圆形承压板均可。

(3) 由载荷试验得出的基床系数的术语与符号

《岩土工程勘察规范》和《高层建筑岩土工程勘察规程》(规范编号和年份同前文,不再注出)采用相同的基准基床系数的术语和符号 $K_v$,但承压板的形状是不同的。其他规范的术语都不统一,符号也不一致。

(4) 按基础尺寸换算的基床系数

《岩土工程勘察规范》对此没有作任何规定;《地下铁道、轻轨交通岩土工程勘察规范》和《高层建筑岩土工程勘察规程》给出了相同的换算公式,都是引用太沙基的公式;上海市《岩土工程勘察规范》给出了将非标准尺寸的承压板试验结果换算为标准承压板条件下的"标准基床反力系数" $K_{v1}$,再换算为实际基础尺寸的"地基土的基床反力系数" $K_s$,术语与符号均与其他规范存在差异。

上述几本勘察规范中关于用载荷试验测定基床系数的规定见表 3-1。

**几本勘察规范对基床系数的规定** 表 3-1

| 规范名称 | 项目 | | |
|---|---|---|---|
| | 载荷试验承压板形状和尺寸 | 由载荷试验得出的基床系数的术语与符号 | 换算得到的基床系数的术语与符号 |
| 《地下铁道、轻轨交通岩土工程勘察规范》(GB 50307—1999) | 圆形,直径 30cm | $K_{30}$ 或 $K_1$ | $K$ |
| 《岩土工程勘察规范》(GB 50021—2001) | 方形,边长 30cm | 基准基床系数 $K_v$ | |

续上表

| 规范名称 | 载荷试验承压板形状和尺寸 | 由载荷试验得出的基床系数的术语与符号 | 换算得到的基床系数的术语与符号 |
|---|---|---|---|
| 《高层建筑岩土工程勘察规程》(JGJ 72—2004) | 圆形,直径30cm | 基准基床系数 $K_v$ | 修正后的基床系数 $K_{v1}$ |
| 上海市《岩土工程勘察规范》(DGJ 08-37—2002) | 方形、圆形均可 | 载荷试验基床反力系数 $K_v$ | 标准基床反力系数 $K_{v1}$;<br>地基土的基床反力系数 $K_s$ |

### 3. 我国技术标准中关于基床系数工程应用的规定

关于基床系数的工程应用,最早是在讨论弹性地基梁板的计算时提出来的,一般是采用经验系数;对于承受横向荷载的桩或支挡结构物,计算横向抗力时需要考虑结构与地基土的共同作用,提出了用桩的水平载荷试验测定水平基床系数的方法,并根据这种方法积累了经验数据。

从1999年开始,铁路系统的规范提出了采用基床系数评价路基填土压实质量的方法,相关规定首先出现在《铁路路基设计规范》(TB 10001—1999)中。

《铁路路基设计规范》[7]有三个不同年代的版本。《铁路路基设计规范》(TBJ 1—1985)没有对地基系数 $K_{30}$ 作出任何规定。《铁路路基设计规范》(TB 10001—1999)将地基系数 $K_{30}$ 作为基床土的压实度控制指标提出来,条文规定:"对细粒土和黏砂、粉砂采用压实系数 $K$ 或地基系数 $K_{30}$ 作为控制指标;对粗粒土(黏砂、粉砂除外)应采用相对密度或地基系数 $K_{30}$ 作为控制指标,对碎石类土和块石类混合料应采用地基系数 $K_{30}$ 作为控制指标。$K_{30}$ 为直径30cm荷载板试验得出的地基系数,一般取下沉量为0.125cm的荷载强度。"

《铁路桥涵地基和基础设计规范》(TB 10002.5—2005)[8]和《公路桥涵地基与基础设计规范》(JTJ 024—1985)[9]对墩台基础考虑土的弹性抗力计算时,都规定地基系数的比例系数 $m$ 应采用试验实测值,无实测资料时,查用经验值。这两本规范都没有规定测定比例系数 $m$ 的方法。

上述几本规范对基床系数工程应用的规定见表3-2。

几本规范对基床系数工程应用的规定 表 3-2

| 规范名称 | 竖向基床系数用于弹性地基梁板计算 | 水平基床系数用于桩或墩台基础的横向受力计算 | $K_{30}$用于路基土压实控制 |
|---|---|---|---|
| 《建筑地基基础设计规范》(GB 50007—2002)[10] | 有规定 | | |
| 《建筑桩基技术规范》(JGJ 94—94)[11] | | 有规定 | |
| 《铁路路基设计规范》(TB 10001—2005)[7] | | | 有规定 |
| 《铁路桥涵地基和基础设计规范》(TB 10002.5—2005)[8] | | 有规定 | |
| 《地铁设计规范》(GB 50157—2003)[2] | 有规定 | 有规定 | 有规定 |
| 《公路路基设计规范》(JTG D30—2004)[12] | | | |
| 《公路桥涵地基与基础设计规范》(JTJ 024—1985)[9] | | 有规定 | |

**4. 我国对基床系数研究的若干文献报道**

我国对基床系数测定的研究报道不是太多,下面主要引用 20 世纪的一份研究报道和最近几年的两份研究报道。

**1) 徐和、徐敏若、郑春生的研究(1982)[13]**

20 世纪 70 年代后期,在唐念慈教授的领导下,进行了单桩横向承载力试验研究。对四根灌注桩做水平载荷试验,根据实测桩头位移反算得到地基系数 $m$ 值,见表 3-3。从实测结果可以看出,地基系数的大小不仅与土质有关,而且与桩的刚度、桩头位移等有关。地基系数随桩头位移或荷载的增大而减小,随桩的刚度的增大而增大。

由实测桩头位移 $y_0$ 反算得到的地基系数 $m$ 值　　　　表 3-3

| 桩号 | 6 | | 3 | | 2 | | 11 | |
|---|---|---|---|---|---|---|---|---|
| 桩径(m) | 0.60 | | 0.60 | | 0.60 | | 0.45 | |
| 配筋率(%) | 0.57 | | 1.70 | | 0.71 | | 1.01 | |
| 荷载(kN) | 位　移 | | | | | | | |
| | $y_0$ (mm) | $m$ (kPa/m²) | $y_0$ (mm) | $m$ (kPa/m²) | $y_0$ (mm) | $m$ (kPa/m²) | $y_0$ (mm) | $m$ (kPa/m²) |
| 10 | 0.842 | 8960 | 0.304 | 38960 | 0.707 | 11470 | 0.808 | 13000 |
| 20 | 1.480 | 11100 | 0.598 | 48250 | 1.390 | 11830 | 1.350 | 17540 |
| 30 | 1.970 | 13560 | 1.132 | 32750 | 2.235 | 10530 | 2.940 | 9430 |
| 40 | 3.172 | 9890 | 1.683 | 27320 | 3.470 | 8180 | 4.640 | 7110 |
| 50 | 4.830 | 7120 | 2.410 | 21730 | 4.468 | 7780 | 7.920 | 4230 |
| 60 | 6.693 | 5600 | 3.585 | 15230 | 5.980 | 6700 | 10.340 | 3680 |
| 70 | 10.273 | 3540 | 4.450 | 13730 | 7.529 | 5720 | | |

**2）周宏磊、张在明的研究（2004）**[14]

在《基床系数的试验方法与取值》中，作者提出了一种在考虑 $p-s$ 曲线非线性特征的情况下将不同尺寸载荷板的试验结果转化为标准的基床系数的方法，讨论了载荷试验下沉量取值对换算结果的影响，建立了不同土类的室内压缩模量与基床系数之间的数值关系。

作者考虑载荷试验压力—变形关系的非线性特征，提出了将 50cm×50cm 承压板试验得出的结果换算为标准尺寸 30cm×30cm 条件下的基床系数的方法，还研究了不同下沉量对两者关系的影响。

按照《地下铁道、轻轨交通岩土工程勘察规范》提供的方法，作者推导出基床系数近似为 $50E_{s1-2}$ 的结果。但根据北京地区实际资料统计的结果，基床系数与压缩模量的比值随压缩模量的增大而减小，当压缩模量为 5MPa 时，比值为 6~7；当压缩模量增大到 20MPa 时，比值减小到 3 左右。与上述推导得到的比值 50 相差甚远。

**3）牛军贤、董忠级的研究（2008）**[15]

作者按照《地下铁道、轻轨交通岩土工程勘察规范》规定的方法，对饱和黄土进行了室内三轴试验研究。

在试样恢复到原始应力状态后，进行三轴压缩试验，按不同应力路径控制围压增量，得到轴向应力增量与试样高度变化量之间的关系曲线，将此曲线初始线性段的斜率定义为基床系数。试验结果表明,当应力路径 $n=0.2$ 时,线性关系比较好,而 $n=0.1$ 为软化型曲线,$n=0.3$ 为硬化型曲线,故采用 $n=0.2$ 的试验结果计算基床系数。

为与室内试验结果进行对比,在不同深度处做了 $K_{30}$ 载荷试验以测定竖向基床系数和水平基床系数,结果见表3-4。

载荷试验测定的基床系数   表3-4

| 编 号 | 深度(m) | 竖向基床系数(MPa/m) | 水平基床系数(MPa/m) |
|---|---|---|---|
| 1 | 10.0 | 272 | 84 |
| 2 | 13.0 | 169 | 132 |
| 3 | 17.0 | 170 | 123 |
| 4 | 20.0 | 125 | 119 |
| 5 | 17.0 | 208 | 193 |
| 6 | 20.0 | 195 | 176 |

**5. 太沙基和维西克对基床系数的论述**

在讨论基床系数问题时,许多研究者都会引用太沙基和维西克的两篇比较经典的文献。

**1) 太沙基的文献(1955)**[3]

这篇文献的篇幅很大,涉及面比较广,下面仅摘引与本文主题关系比较密切的一些内容。

(1) 基床系数的两个基本假定

①接触压力和相应位移的比值 $k$ 与压力的大小无关(线性假定)。

②在接触压力作用的地基表面范围内,每点的竖向基床系数都是相等的(与位置无关的假定)。水平基床系数则与土的类别有关,对于硬黏性土,接触面积范围内每一点的基床系数都是相等的;对于无黏性土,基床系数随深度成比例增大,比例系数为 $m$,在接触面积范围内每一点的 $m$ 值都相等。

(2) 历史回顾

太沙基回顾了自1867年文克尔将基床反应的概念引入应用力学以后的推广应用情况。认为那段时间内研究者的注意力多集中在将弹性地基四阶微分方程的解用于连续基础、筏板基础和桩的弯矩计算等理论方面,而假定基床系数是已知的。虽然 K. Hayashi (1921) 提出了用载荷试验方法确定基床系数,但他并没有注意到载荷试验的结果取决于承压板的尺寸。M. Hetényi (1946) 关于弹性地基梁板的著作中也没有讨论影响基床系数的因素。这种情况导致工程师们产生一种错误的倾向,认为基床系数完全取决于土的性质,即认为对于任何给定的地基土,基床系数具有确定的数值。

(3)误差分析

作用面积及尺寸对基床系数的影响,在很多情况下被轻率地忽略了,因此当基床系数理论被用于解决工程问题时,误差是非常大的。

上述假定与实际情况存在一定的偏差,集中荷载作用下刚性承压板下各点的位移是相同的,但接触压力的分布是不均匀的;在柔性承压板上作用着均布荷载,基底压力分布是均匀的,但各点的位移是不相等的。均匀分布的假定与实际分布之间的差别,说明了由于假定②会引起误差。

如果地基土是硬黏性土,在荷载作用点下的弯矩大于按照假定②计算的结果,而对于砂土地基,其值小于计算的结果。

研究误差对梁的弯矩计算结果的影响,发现采用经验数据计算的弯矩与实际弯矩之间的误差不超过5%。

对基床系数确定方法的精细化证明并不是必需的,因为计算结果中的误差比确定基床系数的误差小得多。

(4)测定方法

解决工程问题所需的基床系数,可以观察资料为基础,也可对结构物的地基做载荷试验得到。

为梁板计算而估计的基床系数 $k_s$,选择了宽为1ft的方形承压板进行试验所得到的 $k_{s1}$,需要时可以对场地的几个试验结果加以平均。

对于埋入土中的桩,太沙基建议在桩顶施加水平荷载,并测定桩身的应变,即可估算水平基床系数;太沙基还建议了建立在砂土的压缩模量随深度线性增大假定基础上的估算水平基床系数的方法。

(5)关于承压板尺寸的影响

关于承压板宽度对基床系数的影响,太沙基是用压力泡原理进行分析的,标准试验的承压板面积为1ft$^2$,得到的基床系数用 $k_{s1}$ 表示。设基础的宽度为 $B$,在假定黏性土的变形特性与深度无关的条件下,其基床系数按下式计算:

$$k_s = \frac{1}{B} k_{s1} \tag{3-3}$$

对于砂土,太沙基认为其变形模量随深度线性增加,在这样的假定条件下得到如下的公式:

$$k_s = k_{s1} \left( \frac{B+1}{2B} \right)^2 \tag{3-4}$$

(6)基床系数的适用性

太沙基认为,他的这篇文章包含了弹性地基基床系数的应用以及接触面积尺寸的影响两方面的内容。如果按照他在文章中提出的规则求得基床系数,再用其计算基础或筏板的应力和弯矩,结果将是相当可靠的。然而太沙基指出,基床系数理论不能用于计算沉降和位移。

基床系数理论的基本方程是基于接触应力和位移之间的简化假定得到的,然而,只要确定基床系数时反映了土的弹性性质又反映了接触面积尺寸的影响,则由这一假定所产生的误差已完全包含在设计所采用的安全系数中。

1937年,比奥(M. A. Biot)对于完全弹性地基上的承载梁,论证了基床系数不仅取决于梁的宽度,而且在某种程度上还取决于梁的抗弯刚度。

鲍尔斯(J. E. Bowles)认为在结构单元和土的相互作用中,结构的抗弯刚度$EI$起了控制作用,因此基床系数的数值就变得不那么重要了。基床系数的数值增大100%~200%,而产生的结构性状仅变化10%~20%。

**2)维西克的文献(1961)**[16]

用三轴试验测定基床系数的方法主要来源于维西克这篇文献的报道。

(1)理论的关系

维西克认为"文克尔假定"特别适用于分析无限长梁,将刚度为$E_b I$、宽度为$B = 2b$的无限长梁设置在杨氏模量为$E_s$、泊松比为$\nu_s$的弹性地基上,用基床系数$k$分析其弯矩,精度是足够的。基床系数可以表达为:

$$kB = 0.65 \left(\frac{E_s B^4}{E_b I}\right)^{\frac{1}{12}} \frac{E_s}{1 - \nu_s^2} \tag{3-5}$$

对于宽度为$B$的方形板载荷试验,基床系数和杨氏模量之间存在如下关系:

$$\frac{E_s}{1 - \nu^2} = \omega \frac{pB}{s} = \omega kB \tag{3-6}$$

公式中的$\omega$取决于承压板的形状和刚度。

(2)验证试验的结果

维西克对基床系数的测定方法做了各种类型的试验进行验证,包括边长为24in(61cm)的方形承压板、直径为18in(46cm)的圆形承压板、直径为4in(10cm)的三轴试验以及大尺寸钢梁的模型验证试验。

大尺寸钢梁的模型试验更值得关注。试验钢梁的长度为72in(183cm),宽度为8in(20cm),厚度为1in(2.5cm),试验是在12ft(366cm)深的试验槽中进行的,基床土的厚度为60in(152cm),土的塑性指数为8,粉粒含量为37%,黏粒含量为3%,孔隙比为1.16,含水量为26.8%。在梁的中部用油压千斤顶施加集中荷载,用26个应变计测由弯矩产生的应变,14个百分表量测梁的位移。

维西克验证试验的结果见表3-5,可知得到的杨氏模量是比较接近的。需要说明的是,这些试验都是在试验槽中完成的,针对的是同一种材料。

维西克验证试验的结果　　　　表3-5

| 试 验 规 格 | 压力范围(lb/in²) | $\dfrac{E_s}{1-\nu^2}$(lb/in²) |
|---|---|---|
| 边长为24in(61cm)的方形板 | 0~28(196kPa) | 1110(7.77MPa) |
| 直径为18in(46cm)的圆形板 | 0~25(175kPa) | 1360(9.52MPa) |
| 宽度为8in(20cm)的梁 | 0~14.3(100kPa) | 1160(8.12MPa) |
| 直径为4in(10cm)的三轴试验 | 侧压力15(105kPa) | 1175(8.23MPa) |
| | 侧压力30(210kPa) | 1200(8.40MPa) |
| | 侧压力60(420kPa) | 1420(9.94MPa) |

注:1lb/in²≈7kPa。

维西克所做的三轴试验,试样直径为4in(10cm),是大尺寸试样,其结果与原位试验的结果比较接近。

### 6. 分析和建议

通过对历史文献和近年来的文献进行追溯和分析,从而对基床系数的定义、性质、工程应用和测定方法提出一些个人看法,供有关方面参考。

**1) 基床系数的定义和性质**

根据国内外文献资料,基床系数或地基系数,其定义为在标准试验条件下压板与地基的接触压力 $p$ 与承压板位移 $s$ 的比值。基床系数按其压力的作用方向分为竖向基床系数和水平基床系数两种。

基床系数并不是土的性质指标,而是与承压板尺寸和刚度密切相关的计算参数。

**2) 不同工程用途的基床系数建议采用不同的术语**

鉴于目前基床系数的术语并不统一,建议规范化,宜根据基床系数的使用目的和试验条件,给以不同的术语和符号。

(1) 弹性地基梁板的计算

弹性地基梁板计算所用的参数,建议称为竖向基床系数 $K_V$。由标准承压板试验得到的基床系数称为基准基床系数 $K_{V1}$。

（2）桩和挡土结构物在横向荷载作用下的内力与变形计算

桩和挡土结构物内力和变形计算所用的参数，建议称为水平基床系数 $K_H$。

（3）路基土的压实控制标准

路基土压实质量控制所用的压实标准指标，建议称为地基系数 $K_{30}$。

**3) 基床系数的测定方法**

（1）竖向基床系数

竖向基床系数的测定，建议用平板载荷试验的方法，承压板为方形，边长为 1ft。鉴于基础尺寸的换算都是以宽度为标准的，因此不宜采用圆形承压板载荷试验。

（2）水平基床系数及其比例系数

水平基床系数的测定，建议采用桩的水平载荷试验的方法。这种方法已经成熟，可以得到各种条件下的水平基床系数或水平基床系数的比例系数 $m$。

鉴于用平板载荷试验测定的水平基床系数无法反映桩的刚度对基床系数的影响，也无法反映承压板以下土体对抗力的影响，故不建议采用平板载荷试验测定水平基床系数。

（3）地基系数 $K_{30}$

地基系数 $K_{30}$ 的测定，建议用直径为 30cm 的圆形承压板载荷试验，取与 0.125cm 变形对应的接触压力计算 $K_{30}$，并作为一种专门的标准，不要和弹性地基梁板的计算参数相混淆。

（4）关于三轴试验的讨论

从理论上说，三轴试验测定的初始模量和载荷试验测定的变形模量是完全一致的，但在计算均质地基的沉降时，几乎没有文献将这两个模量作为等效的指标替代使用。

从探索研究的层面看，比较这两种试验的结果，是很有价值的。维西克报道的也正是这样一种研究成果，而且为了减小原位试验与室内试验条件的差别，他采用了大尺寸试样的三轴试验。

从工程勘察的层面看，要做这样大尺寸试样的三轴试验几乎是不可能的。如果需要为弹性地基梁板计算提供基床系数，完全可以做平板载荷试验；如果是为路基填土的质量控制提供指标，那就可以在碾压后的填土面上直接做原位的 $K_{30}$ 试验，不必取样试验。

对于桩基勘察，是否需要提供水平基床系数？由于基床系数并不唯一取决于土的性质,而是结构物与土相互作用的结果。在勘察阶段,桩基方案尚未确定,使用什么桩还有待论证,因此在勘察阶段要求测定水平基床系数是不恰当的。用三轴试验测定水平基床系数的合理性比测定竖向基床系数更差,因此在工程勘察中不宜要求提供这种参数。

(5)关于固结试验的讨论

固结试验得到的压缩模量和载荷试验得到的变形模量在理论上也存在着转换关系,但实际资料表明,两者的实测数据之间的关系与理论关系正好相反。这种理论关系比变形模量与基床系数之间的关系的可信程度更差,因此不能将它作为试验数据互相转换的理论依据。

固结试验得到的压缩曲线具有明显的非线性特征,压缩模量的取值与压力段的位置及大小有关,要找到基床系数与压缩模量之间具有工程实用价值的经验关系是不现实的,周宏磊、张在明的研究[14]已经说明了这个问题。

(6)特殊条件下基床系数测定方法的研究

近年来,由于地下空间的开发利用,基础和地下工程的埋置深度都有大幅增加的趋势。对深埋的结构物作弹性地基梁板计算时,深层土的应力水平对基床系数的影响,深层土的基床系数的测定方法,都有待进一步研究。

## 参 考 文 献

[1] 北京市城建勘察测绘院.地下铁道、轻轨交通岩土工程勘察规范:GB 50307—1999[S].北京:中国计划出版社,2000.

[2] 北京城建设计研究总院.地铁设计规范:GB 50157—2003[S].北京:中国计划出版社,2003.

[3] Terzaghi K. Evaluation of coefficient of subgrade reaction[J]. Geotechnique, 1955(4):297-326.

[4] 建设综合勘察研究设计院.岩土工程勘察规范:GB 50021—2001[S].北京:中国建筑工业出版社,2002.

[5] 机械工业勘察设计研究院.高层建筑岩土工程勘察规程:JGJ 72—2004[S].北京:中国建筑工业出版社,2004.

[6] 上海岩土工程勘察设计研究院.岩土工程勘察规范:DGJ 08-37—2002[S].上海,2002.

[7] 铁道第一勘察设计院.铁路路基设计规范:TB 10001—2005[S].北京:中国铁道出版社,2005.

[8] 铁道第三勘察设计院.铁路桥涵地基和基础设计规范:TB 10002.5—2005

[S].北京:中国铁道出版社,2005.
[9] 交通部公路规划设计院.公路桥涵地基与基础设计规范:JTJ 024—1985[S].北京:人民交通出版社,1985.
[10] 中国建筑科学研究院.建筑地基基础设计规范:GB 50007—2002[S].北京:中国建筑工业出版社,2002.
[11] 中国建筑科学研究院.建筑桩基技术规范:JGJ 94—1994[S].北京:中国建筑工业出版社,1995.
[12] 中交第二公路勘察设计研究院.公路路基设计规范:JTG D30—2004[S].北京:人民交通出版社,2005.
[13] 徐和,徐敏若,郑春生.单桩横向承载力试验研究[J].岩土工程学报,1982,4(3):27-42.
[14] 周宏磊,张在明.基床系数的试验方法与取值[J].工程勘察,2004(2):11-15.
[15] 牛军贤,董忠级.饱和黄土基床系数室内试验研究[J].工程勘察,2008(3):10-13.
[16] Vesic A S. Beams on elastic subgrade and the Winkler's hypothesis[C]//Proceedings of 5th International Conference of Soil Mechanics and Foundation Engineering. Paris,1961.

第四章

# 考题沉浮十余年

编者按：本章是对注册工程师考试命题工作的回忆与思考，2011年12月19日起笔于杭州，2019年5月25日收笔于上海。

作为一个教师，与考题相伴几十年，大部分时间是为学生出题；退休前后的十余年，为注册工程师考试出题评分，亦是一段值得回忆的经历。

20世纪90年代，我国开始实行注册工程师制度，最早实行的是注册建筑师和注册结构工程师制度，而注册岩土工程师的考试开始于注册建筑师和注册结构工程师考试之后。20世纪90年代末，建设部综合勘察研究设计院方鸿琪院长开始组织岩土工程师的执业资格考试（专业考试），开了一系列会议，为执业资格考试做准备。当时，我们编写考试大纲，草拟了规章制度，还编写模拟题，忙碌了好几年。但由于人事部与建设部需要时间进行协调，需要编制注册工程师考试的整体计划，因此就耽搁了。直到建设部作了注册工程师系列的规划，并得到人事部的肯定以后，才开始了岩土工程师的注册考试工作。这个准备工作进行了三年左右的时间。

第一次考试于2002年开始，到2011年已经进行了十次考试，也就是说，已经出了十年的考题了。

2011年，由于住建部执业资格注册中心决定出版当年的考题及解析，对我来说，将面临很尴尬的局面。出书以后，人家在网络上问我当年的考题，我就没有理由拒绝回答。人家也可能请我讲授这本书，我也没有理由拒绝。但这样做明显是违背保密制度的，也可能让我面临李广信老师那年曾经遇到的局面。有前车之鉴，我不能不考虑这个问题。因此，我向注册中心王平处长提出从2012年开始不再参加出题工作的建议，王平与专家组组长武威商量以后，同意我不参加考题的初审、终审和终校的会议，以维护出题工作的保密性。

# 一、对考试专家组的回忆

回顾参加注册岩土考试出题工作这十多年，考试专家组的人员大部分都已经调换过了，开始时有20人，经过十多年的变化，现在年龄最大的一批，只剩下张苏民、龚晓南和我三个人了。中间进进出出，还换了好几次，现在大部分都是年富力强的中年人。这十年是考试出题的探索阶段，通过对考试大纲的修改与考试科目的调整，注册考试制度逐步成熟起来。

最初，专家组的组长是方鸿琪，副组长是张在明和我，后来张在明退出了，补了张苏民进来。在方鸿琪退出以后，由张苏民担任组长，李广信进了专家组以后也担任了副组长。再后来是张苏民和我不担任正、副组长了，由武威担任组长，李广信和王长科担任副组长，杨素春担任组长助理。

说来，我担任副组长这件事也纯属偶然。如果当年吴世明不出问题的话，那副组长就非他莫属了。他是同济大学的副校长，也是岩土工程领域的专家，做副组长是比较合适的。但即使他出任副组长，一些具体的工作肯定还是由我来做，他作为副校长，工作非常忙，对考试工作也是心有余而力不足。

2010年初，结构考试专家组的组长牧一征（中国建筑东北设计研究院原院长）突然去世，对结构组是一次重大打击。由于几年来，专家组都是由老院长总负责，其他成员缺少历练的机会，牧院长突然倒下了，他们短期内很难接手，那年结构考试成绩变动非常大。有了前车之鉴，我和张苏民商量后决定不再担任组长了，让年纪轻一点的专家早点接手。但是，王平处长挽留我们当几年顾问，说你们愿意来，尽管来。这样，我们又当了两年的顾问。但是在2011年，突然发生的一件事促使我下决心退出专家组。那年的试题终审会上得知李广信老师遭遇了信誉袭击，说是有人举报他泄露试题。其实是有人偷了他电脑里的试题资料，然后诬告他泄密。这件事使专家组的工作非常被动，领导决定将李老师所出的试题全部都换下来。但当时已经到了终审阶段，也就是说试题已经到了该定稿的时候了，要将这部分试题全部换掉，是很不容易的。张苏民提出由他来重新出这部分的题目，而面上的审题会议就由我来主持。这样，总算度过了这一特殊的时期。

这里需要对所谓的"泄密"问题做一些说明。当年，我们出题都已经用电脑操作了，由于主管机构并没有给我们配备出题专用电脑，我们都使用自己的工作电脑出题，无论是可以采用的题目还是备用的题目都储存在自己的电脑中，以方便我们随时随地出题并保存。严格来说，这样做不利于试题的保密，存在在出题过程中泄密的风险。在这样的条件下，我们带着电脑出差、上课、开会，只要有人打我们电脑里试题的主意，是很容易下手的。实际上，是有人利用李广信老师上课课间休息的时机，到讲台上拷贝了电脑里的试题，然后去举报，诬陷李老师泄密。我们不知道这个人是谁，为什么要诬告李老师，但他做成了这个案子，对李老师以及当年的考试都造成了不利的影响。

完成2010年的命题工作之后，2011年出版了第一本岩土专业考试试题解析的书，我就离开了专家组。

由于专家组的领导和成员都发生了比较大的变化，对出题工作的影响也是比较大的。

2011年之前的很长一段时间里,专家组中的高校老师是李广信、龚晓南和我三个人(图4-1),其余的专家都是工程单位的总工程师。出题人员的这种组合能够充分发挥教师和工程师的优势,确保试题兼具理论性和实用性。

图4-1　岩土考试专家组的三个老师
(左为龚晓南,右为李广信)

从离开专家组到2015年,我也做了几件与注册考试有关的事,推荐李镜培参加专家组工作;与王平处长在2014年秋天关于如何处理2013年试卷中的错题通过几次电话。在那几年的试卷中,发现一些错误的试题,尤其是对隔年的试题,处理起来确实有一定的困难,因此他们希望不要将错题的事过分地张扬,但从技术上说错题是很难掩盖的。对于发现的错题,我一般是和李广信老师商量,征求他的意见。一般情况下,我都不公开发表意见,对网络上的质疑,我都采取回避的态度。然而,事过之后,就这些技术上的是与非、对与错,总是应该有个结论的。在专家组内部也应该有个判断是非的结论,因为这对于提高专家组的出题水平是很有帮助的。在业内,也应该有个"是与非"的结论,这些技术上的"是与非",不应该因为是试题就可以永远保密下去,永远是非不分。

这么多年过去了,作为技术上的讨论,下面给出的这道试题,读者可以判断是否有错。

**题目:**某正常固结饱和黏性土层,厚度为4m,饱和重度为$20kN/m^3$,黏土的压缩试验结果见表4-1。采用在该黏性土层上直接大面积堆载的方式对该层进行处理,经堆载处理后,土层的厚度为3.9m,估算的堆载量最接近于下列哪个数值?

(A)60kPa　　　　(B)80kPa　　　　(C)100kPa　　　　(D)120kPa

表 4-1

| $p$(kPa) | 0 | 20 | 40 | 60 | 80 | 100 | 120 | 140 |
|---|---|---|---|---|---|---|---|---|
| $e$ | 0.900 | 0.865 | 0.840 | 0.825 | 0.810 | 0.800 | 0.794 | 0.783 |

**答案**：B

**主要解答过程**：

黏土层顶自重压力：$q_1 = 0\text{kPa}$

黏土层底自重压力：$q_2 = 4 \times 20 = 80\text{kPa}$

黏土层平均自重压力：$q = \dfrac{q_1 + q_2}{2} = \dfrac{0 + 80}{2} = 40\text{kPa}$

查表得：$e_1 = 0.84$

根据下列公式计算压缩后的孔隙比：

$$s = \dfrac{e_1 - e_2}{1 + e_1} h$$

$$0.1 = \dfrac{0.84 - e_2}{1 + 0.84} \times 4.0$$

则：$e_2 = 0.794$

查表得黏土层平均总荷载：$p = 120\text{kPa}$

堆载：$\sigma = p - q = 120 - 40 = 80\text{kPa}$

因此，正确选项为 B。

不知道读者是否已经看出了这道试题的问题，可以从固结问题的边界条件上进行思考。下面，我说一下这道题错在什么地方。

固结微分方程的解与边界条件有着十分密切的关系，同样厚度的土层承受同样的荷载，但如果边界排水条件不一样，那所得的解就会不同。双面排水条件的固结排水速度比单面排水的速度要快得多。

题目中给出了压缩试验得到的压力与孔隙比的数据。这个 $e$-$p$ 曲线的数据是否可以无条件地用于工程问题的计算？显然是不行的。由于固结试验时，在土样的上面和下面都有透水石，属于双面排水条件，其结果只能用于在固结土层的上面和下面都是透水层的条件。但题目中没有说明工程的边界排水条件。题目中"采用在该黏性土层上直接大面积堆载的方式对该层进行处理"，这里没有明确是否铺设了排水层。对于黏性土层下面的边界条件，题目中也没有明确是否有砂层，也就是说没有给出下面的排水条件。所以，这道题没有给出上、下两个面的边界排水条件。而题目的解却直接采用了双面排水压缩试验的数据，这是缺乏依据的。这说明出题的老师在基本概念上是不太清楚的，题目是有瑕疵的。

这十多年,对于参加考试的同行来说,确实是值得回忆的有意义的岁月。当年,岩土工程界的朋友对注册土木工程师(岩土)考试这件事有忧也有喜,有期待也有疑虑,通过考试的高兴,没有通过考试的难免有点怨气。有的说考题难,有的说考题容易,有的说注册考试好,有的认为没有太大的意思。注册考试究竟怎样,见仁见智,众说纷纭。

在专家组工作时,每年有3~4次会议,每次有3~5天时间相处,在讨论试题时,也会产生争论,但这种争论不会伤感情。几年的相处,留下了深厚的感情和友谊,值得回忆,值得怀念。在专家组时,我和张苏民相处的时间更长一些,因为每年都有一次总校,主要是我们两个人工作(加上处长和工作人员,不过四五个人)。我们先分别从头到尾把考题全部检查一遍,每道题都做一遍,把认为有问题的题目提出来,然后两人交换,再检查一遍,以求不遗漏错题和有问题的考题。通过这样的总校确实可以把错题减少到最低程度。

翻开历届专家组的通信录,回望当年一起工作的朋友,斗转星移,物是人非。张在明、林宗元、丁金粟等几位老友已经作古,不免伤感。

张在明是我很早就认识和熟悉的朋友,他小我七岁,人非常聪明,人品也极好,业务上刻苦钻研,是一位很有才华和很有前途的人。在以前几次规范的编制工作中,我们曾经有过专业方面的深度交流。他所在的单位是北京市勘察设计研究院,与我们学校有很深的历史渊源。老院长陈志德是20世纪40年代同济大学毕业的,是一位早期的校友。总工程师张国霞则是20世纪40年代上海圣约翰大学毕业的,是同济大学地下工程系第一任系主任张问清教授早年的学生。后来,张在明接替张国霞担任了总工程师。他在专家组的时间不长,当选院士以后就离开了。他英年早逝,很是可惜。他去世时,我写的挽联是:"识君四十余载前,忆昔日论道指点江山;惜才七秩英年逝,叹当今岩土痛失巨擘。"

林宗元长我六岁,1953年毕业于同济大学结构系,长期从事工程勘察工作,为我国军工企业的基本建设和工程勘察工作贡献了毕生的精力。我们原来并不熟悉,在专家组才有了比较多的交往和相互了解。晚年,他有比较长的时间从事工程勘察协会的工作,并主持编写了《简明岩土工程勘察设计手册》等多本手册。我深知主编工作的艰难,对他怀有深深的敬意。

丁金粟是清华大学教授,年龄大我三岁,是20世纪50年代中期毕业的。我们相互都知道彼此,但过去的来往并不多。最近,我在查阅20世纪60年代初期有关土工试验的调查研究的记录时,发现曾经专门拜访过他。后来有一年,他向我推荐了他们学校毕业的徐斌到我这里读学位,这是一个很不错的孩子,完成了硕博连读,拿到了博士学位。在专家组,我和丁老师共事了几年,对他的脾气秉性有了更进一步的了解。他对试题的要求是很严格的,这也反映了清华大学的学风。有一次在讨论试题的会议上,他和别人争了起来,有点脸红脖子粗的感觉。

最早参加专家组工作的朋友,现在大多已年过八旬。我手头有一份估计是2002年第一次考试时的名单,那年专家组的成员有20名:70岁以上的5位,占25%;60～69岁的11位,占55%;59岁以下的4位,占20%。

前些年,我在西安开会时,请西安有色冶金勘察设计院的董忠级总工安排了车,特地去探望了林在贯大师。记得在专家组的时候,他比较胖,但身体还是很好的,非常和蔼可亲。他唱歌很好,是男低音,我们曾经听过他独唱的俄文歌。他一谈起岩土工程,就很兴奋。是啊,他为岩土事业贡献了青春年华,是当年推动岩土工程改革的一员大将。多年不见,他的身体已大不如前,行动也很不方便了。那次,他谈到小时候住在上海时的一些往事,感慨时光飞驰。在新中国成立初期,为了工程建设事业的需要,他改变了专业方向,从建筑工程到工程地质,再到岩土工程,几十年的历程,从一个大学刚毕业的青年到白发苍苍的老人,一辈子献给了国家的工程建设事业。

2016年5月中旬,又一次到西安开会,我再次请董总安排了车,去拜访了张苏民大师。有好几年没有见到他了,他比过去清瘦了一些,精神还是不错的。但是,他的心情不太好,主要是因为眼底有黄斑,影响了视力,不能看书了。对知识分子而言,不能看书,那是一件很痛苦的事。他原来还有一个业余爱好就是摄影,以前在会议的间隙,他会展示那些他得意的摄影作品。现在由于眼疾不得不放弃这个爱好。我知道,他那好强的秉性,不容易接受因病而被迫放弃兴趣和爱好的现实。前几年,还在专家组时,他在杭州郊区的一个老年中心买了养老院的一个房间,春夏时节就在杭州过,但到了秋冬,还是回到西安生活,因为杭州没有暖气。那次我问他,他说过两天就要到杭州去了。在和他相处的十来年中,一起工作了比较长的时间,向他学习了不少。他是一个非常聪明且又很用功的人,业务的底子也非常好。他只比我大两岁,但在1952年就已经从上海交通大学毕业了。也就是说,他在19岁那一年就已经大学毕业了,一般人可能是在这个年纪才进入大学的。他的父亲是中学教师,因此,家庭教育是一流的,能比较好地激发孩子的智力。我们学校也有几位老师,情况和他非常相似,也是大学毕业得非常早,人非常聪明,很有才华。张苏民大师在大学毕业以后到同济大学工作了很短一段时间就到机械工业系统工作了,所以,他也是同济大学的一位校友。

方鸿琪大师曾担任建设部综合勘察研究设计院院长,而顾宝和大师则担任过建设部综合勘察研究设计院的总工程师。他们两位都毕业于南京大学的工程地质专业,他们的同学中有许多人也是我的朋友,例如上海勘察院的莫群欢和中国建筑工业出版社的石振华。应该说,他们这两个班级的学生,为我国岩土工程事业的发展做了很大的贡献。在几十年的规范编制工作中,和他们两位从相识到相知,建立了比较密切的关系。方鸿琪院长推动和组织了我国注册岩土工程师考试的工作,为我国岩土工程的发展奠定了基础,我们应该永远记住他。注册考试开始后不久,他因为眼睛不好,就退出了专家组。其实,他是专家组最早的领导人,很多人可能不太了解这段历史。

对于顾宝和大师,我更加熟悉,几十年来,我们在业务上一直保持着非常密切的联系和合作。我参与了他主编的《岩土工程勘察规范》的前期科学研究、编制和后续的修订工作;经常向他请教,探讨岩土工程中的一些重要问题;合作推动了业内的一些重要活动。他身体不好,患有糖尿病,每餐前都要自己打针,出差很不方便,却还坚持参加学术或工程会议,能够坚持那么长的岁月也真是不容易。他也是一位很能写作的总工程师,他收集了许多资料,写了《岩土工程典型案例述评》,包含32个工程案例,55万余字的篇幅,内容涉及各类工程的地质问题和地基基础问题。这本书反映了我国半个多世纪以来岩土工程技术的发展历程和所取得的技术成就。

2018年,顾宝和大师出版了他的回忆录《求索岩土之路》,全书63万字,共7篇60章。这本回忆录记录了一位岩土工程大师的方方面面,包括他的家庭、学校和师长,更多的是他的事业和学术研究,是他对岩土工程问题的思索与追求。对于他这样一位不向疾病低头、抱病出差、凭借高度近视的微弱视力、亲自敲电脑键盘完成两部巨著的八十多岁的老人,我由衷地敬佩。

## 二、题海议论话当年

作为一个教授多年土力学与地基基础课程的教师,出过许多试题,当中有比较好的题目,也有一些不怎么理想的题目。记得曾经与胡中雄一起编过一本试题集,探讨出题时可能会遇到的一些问题,由于时间太久,找不到这本书了。

退出考试专家组以后,与李广信老师一起,编过一本,以期将我们两人几十年来从事土力学与基础工程课程教学的经验总结一下,帮助大家掌握土力学与基础工程的基本概念与解决工程问题的一些要领。讨论考试题目,对于在学校里从事教学工作,或者参加注册考试出题工作,都有所帮助。下面讨论三个比较典型的试题,说明在出试题时容易忽略的一些细节,以期引起读者的注意。

## 1. 试题一

第1道试题的主要问题是所给出的条件不符合实际,也就是在地下水位以下不可能存在饱和度如此低的砂土。

在出题的时候,不仅要注意题干的数据符合题意,而且必须校核所假定的数据是否处于地质条件与水文条件的可能范围,避免设定条件的自相矛盾或者在自然界不可能存在。

**【原题题目】**

均匀砂土地层进行自钻式旁压试验,某试验点深度为7.0m,地下水位埋深为1.0m,测得原位水平应力 $\sigma_h = 93.6\text{kPa}$;地下水位以上砂土的相对密度 $G_s = 2.65$,含水量 $w = 15\%$,天然重度 $\gamma = 19.0\text{kN/m}^3$,请计算试验点处的侧压力系数 $K_0$ 最接近下列哪个选项?(水的重度 $\gamma_w = 10\text{kN/m}^3$)

(A) 0.37　　　　　(B) 0.42　　　　　(C) 0.55　　　　　(D) 0.59

**【原解题过程】**

$$e = \frac{G_s \gamma_w (1+w)}{\gamma} - 1 = \frac{2.65 \times 10 \times (1+0.15)}{19.0} - 1 = 0.604$$

$$\gamma' = \frac{G_s - 1}{1+e} \gamma_w = \frac{2.65 - 1}{1+0.604} \times 10 = 10.29\text{kN/m}^3$$

$$\sigma_h' = \sigma_h - u = 93.6 - 6 \times 10 = 33.60\text{kPa}$$

$$\sigma_v' = \gamma_1 h_1 + \gamma' h_2 = 19.0 \times 1.0 + 10.29 \times 6.0 = 80.74\text{kPa}$$

$$K_0 = \frac{\sigma_h'}{\sigma_v'} = \frac{33.60}{80.74} = 0.42$$

**答案:B**

**【评析】**

对这道试题,如果不仔细考虑,确实不容易发现问题。其实这道试题存在三个问题,分析如下:

(1) 题干所给的条件和所期望的解题结果不匹配。

题干中给出的"地下水位以上砂土的相对密度 $G_s = 2.65$,含水量 $w = 15\%$,天然重度 $\gamma = 19.0\text{kN/m}^3$"并不符合地质条件。

题干中给出的地下水位以上的砂土厚度仅为1m,其饱和度至少应该接近90%。但按照试题所给的条件,计算得到的饱和度却非常低,说明出题时所给的参数有问题。

根据题目所给的条件,饱和度可以按下式计算:

$$S_r = \frac{w\gamma_s}{e\gamma'_w} = \frac{0.15 \times 2.65}{0.604 \times 1.0} = \frac{3.975}{6.04} = 0.66$$

按照题干中给出的地下水的埋藏条件,地下水位以上砂土的饱和度 $S_r$ 不可能那么低。

(2)题干中要求计算试验点处的侧压力系数 $K_0$,即计算地下水位以下6m处的侧压力系数 $K_0$。怎么可以用地下水位以上的含水量来计算呢?地下水位以下6m范围的饱和度肯定是100%了,怎么可以用饱和度66%对应的 $e$ 和 $\gamma'$ 进行计算呢?

(3)侧压力系数 $K_0$ 有总应力条件和有效应力条件两种结果,题目对此也没有明确加以区别。但原题答案的计算是按有效应力的概念进行的,如果按总应力条件计算,则会得到不同的侧压力系数:

$$K_0 = \frac{\sigma_h}{\sigma_v} = \frac{93.6}{19 \times 7} = 0.70$$

### 2. 试题二

第2道试题的主要问题是如何避免不必要的计算,也就是解题的路径问题。多余的计算不仅增加答题的时间,也增加了出错的可能性。因此,需要分析解题的路径,按照最简单的路径求解,这样既能减少解题的时间,又能减少出错的可能性,一举两得。

【原题题目】

某钢筋混凝土墙下条形基础,宽度 $b = 2.8\text{m}$,高度 $h = 0.35\text{m}$,埋深 $d = 1.0\text{m}$,墙厚370mm。上部结构传来的荷载:

标准组合 $F_1 = 288.0\text{kN/m}$,$M_1 = 16.5\text{kN} \cdot \text{m/m}$;
基本组合 $F_2 = 360.0\text{kN/m}$,$M_2 = 20.6\text{kN} \cdot \text{m/m}$;
准永久组合 $F_3 = 250.4\text{kN/m}$,$M_3 = 14.3\text{kN} \cdot \text{m/m}$。

按《建筑地基基础设计规范》(GB 50007—2011)规定计算基础底板配筋时,基础验算截面弯矩设计值最接近下列哪个选项?(基础及其上土的平均重度为 $20\text{kN/m}^3$)

(A)72kN·m/m     (B)83kN·m/m
(C)103kN·m/m     (D)116kN·m/m

**【原解题过程】**

根据《建筑地基基础设计规范》(GB 50007—2011) 第 8.2.14 条计算。

(1) 计算偏心距 $e$, 以判断是否为小偏心。

$$e = \frac{\sum M}{\sum N} = \frac{20.6}{360 + 1.35 \times 20 \times 1.0 \times 2.8 \times 1.0} = 0.047 < \frac{b}{6} = \frac{2.8}{6} = 0.47$$

故为小偏心。

(2) 计算基底总压力的平均压力、最大边缘应力以及弯矩值。

$$p = \frac{F + G}{A} = \frac{360 + 1.35 \times 20 \times 1.0 \times 2.8 \times 1.0}{2.8 \times 1.0} = 155.6$$

$$p_{\max} = \frac{F + G}{A}\left(1 + \frac{6e}{b}\right) = 155.6 \times \left(1 + \frac{6 \times 0.047}{2.8}\right) = 171.3$$

$$M_1 = \frac{1}{6}a_1^2\left(2p_{\max} + p - \frac{3G}{A}\right)$$

$$= \frac{1}{6}\left(\frac{2.8}{2} - \frac{0.37}{2}\right)^2\left(2 \times 171.3 + 155.6 - \frac{3 \times 1.35 \times 20 \times 1.0 \times 2.8 \times 1.0}{2.8 \times 1}\right)$$

$$= 102.6 \text{kN} \cdot \text{m/m}$$

答案：C

**【评析】**

按照上面的公式计算, 固然不能算错。但先计算基底平均压力 $p$ 和最大边缘压力 $p_{\max}$, 再代入计算弯矩的公式所计算的结果是以总压力表示的。因此在弯矩公式中有" $-\frac{3G}{A}$ "这一项, 为什么要减去呢？原来这个公式计算所得到的基底平均压力 $p$ 和最大边缘压力 $p_{\max}$ 都是总压力, 即都包括了自重 $G$ 作用的结果, 而《建筑地基基础设计规范》(GB 50007—2011) 第 8.2.12 条计算钢筋截面的公式 $A_s = \frac{M}{0.9f_y h_0}$ 中, 这个弯矩是由有效压力构成的, 不能包括" $-\frac{3G}{A}$ "项。

因此, 先计算基础底面的总压力(包括基础底面以上的土和基础的自重), 然后再减去 $\frac{3G}{A}$, 这就增加了计算工作量。

最好的办法是直接采用下面的公式推导出最后结果, 直接以 $p'_{\max}$ 和 $p'$ 计算弯矩, 这样可以避免不必要的计算工作量, 节省答题时间, 提高正确率。

$$M_1 = \frac{1}{6}a_1^2\left(2p_{\max} + p - \frac{3G}{A}\right) = \frac{1}{6}a_1^2\left[2\left(\frac{F+G}{A}\right)\left(1 + \frac{6e}{b}\right) + \frac{F+G}{A} - \frac{3G}{A}\right]$$

$$= \frac{1}{6}a_1^2\left(2\frac{F}{A}\left(1 + \frac{6e}{b}\right) + \frac{F}{A}\right) = \frac{1}{6}a_1^2(2p'_{\max} + p')$$

式中：$p_{max} = p'_{max} + \dfrac{G}{A}$，$p = p' + \dfrac{G}{A}$。

题干中给出了三套荷载供选用，由于本题是进行基础结构的设计，根据规范的规定，应该用基本组合的荷载进行计算。

### 3. 试题三

第3道试题的主要问题是怎样计算压缩模量。

这道题的计算公式直接取自《土工试验方法标准》(GB/T 50123—1999)，但是压缩模量计算公式中的一个变量的下角标存在争议，即公式中的分母表示试样的哪一个尺度的问题。

**【原题题目】**

某饱和黏性土样，测定土粒比重为 2.70，含水量为 31.2%，湿密度为 $1.85\text{g/cm}^3$，环刀切取高 20mm 的试样，进行侧限压缩试验，在压力 100kPa 和 200kPa 作用下，试样总压缩量分别为 $S_1 = 1.4$mm 和 $S_2 = 1.8$ mm，问其体积压缩系数 $m_{v1-2}$（$\text{MPa}^{-1}$）最接近下列哪个选项？

(A) 0.30　　　　(B) 0.25　　　　(C) 0.20　　　　(D) 0.15

**【原解题过程】**

按《土工试验方法标准》(GB/T 50123—1999) 第 14.1.6 条、第 14.1.8 条、第 14.1.9 条和第 14.1.11 条求解：

$$e_0 = \frac{(1+w_0)G_s \rho_w}{\rho_0} - 1 = \frac{(1+0.312) \times 2.7 \times 1.0}{1.85} - 1 = 0.915$$

$$e_1 = e_0 - \frac{1+e_0}{h_0}\Delta h_1 = 0.915 - \frac{1+0.915}{20} \times 1.4 = 0.781$$

$$e_2 = e_0 - \frac{1+e_0}{h_0}\Delta h_2 = 0.915 - \frac{1+0.915}{20} \times 1.8 = 0.743$$

$$a_v = \frac{e_1 - e_2}{p_2 - p_1} = \frac{0.781 - 0.743}{0.2 - 0.1} = 0.38$$

$$m_v = \frac{a_v}{1+e_0} = \frac{0.38}{1+0.915} = 0.20$$

**答案：C**

**【评析】**

这道题的主要问题是求解 $m_v$ 的公式不对。试题的标准答案用下式计算：

$$m_v = \frac{a_v}{1+e_0}$$

但这个公式是错的,正确的公式应该是:

$$m_v = \frac{a_v}{1+e_1}$$

先引证几本参考资料:

(1)《土的工程性质》(黄文熙主编),第191页,公式(3-120)。

体积压缩系数:$m_v = \dfrac{\Delta n}{\Delta p} = \dfrac{a_v}{1+e_1}$

(2)《地基及基础》(华南理工大学、东南大学、浙江大学、湖南大学编),第67页,公式(2-59)。

土的压缩模量:$E_s = \dfrac{1+e_1}{a}$

(3)《岩土工程手册》,第100页,公式(4-3-5)和公式(4-3-6)。

$$E_s = \frac{1+e_1}{a}$$

$$m_v = \frac{1}{E_s}$$

《土工试验方法标准》(GB/T 50123—1999)所列的公式是 $E_s = \dfrac{1+e_0}{a}$,这显然是错误的。对于这个问题,我在《土力学与岩土工程师——岩土工程疑难问题答疑笔记整理之一》13.4节中有专门的讨论。

关于这个问题,我曾写过一篇文章——《关于〈土工试验方法标准〉(GB/T 50123—1999)中压缩模量公式的讨论》。

---

《土工试验方法标准》(GB/T 50123—1999)第14.1.10条规定,某一压力范围内的压缩模量,应按下式计算:

$$E_s = \frac{1+e_0}{a_v} \tag{1}$$

这个公式中的 $e_0$ 是初始孔隙比,亦即未施加荷载时土样的孔隙比。

在《建筑地基基础设计规范》(GBJ 7—1989)中,也采用过相同的公式,但在后来的版本中就不再出现了。

过去出注册考试试题时,我们有意识地不出这方面的题目,以避开这个有分歧的问题。但看到最近几年的试题中出现了这样的题目,不得不就这个问题展开讨论,以厘清对这个问题的认识。

其实,公式(1)在概念上是错误的,不符合土力学的压缩定律,与固结试验得到的非线性 e-p 曲线的客观现象不符。压缩模量正确的表达式应当是:

$$E_s = \frac{1+e_i}{a_v} \tag{2}$$

下面根据该标准对压缩系数的定义以及"压缩系数和压缩模量都是指某一压力范围"的规定,推导压缩模量的表达式。

公式(2)中的压缩系数 $a_v$ 按《土工试验方法标准》第 14.1.9 条规定,某一压力范围内的压缩系数按下式计算:

$$a_v = \frac{e_i - e_{i+1}}{p_{i+1} - p_i} \tag{3}$$

在公式(3)中,$e_i$ 为压力 $p_i$ 作用下的孔隙比,$e_{i+1}$ 为压力 $p_{i+1}$ 作用下的孔隙比。在土的三相图中,从 $p_i$ 到 $p_{i+1}$ 的压力范围内,土样的起始高度是 $1+e_i$ 而不是 $1+e_0$。因此土样的压缩应变增量应由下式求得:

$$\Delta \varepsilon = \frac{e_i - e_{i+1}}{1+e_i} \tag{4}$$

则相应压力范围的压缩模量表达式导出如下:

$$E_s = \frac{\Delta p}{\Delta \varepsilon} = \frac{p_{i+1} - p_i}{\dfrac{e_i - e_{i+1}}{1+e_i}} = \frac{1+e_i}{a_v} \tag{5}$$

也有人提出可用该标准的公式(14.1.8)推导,现将公式(14.1.8)列出,如下:

$$e_i = e_0 - \frac{1+e_0}{h_0} \Delta h_i \tag{6}$$

从规范公式(6)出发,只有在 e-p 曲线为线性的假定条件下才能得出公式(1)的表达式,但线性的假定是不符合实际的。

讨论这个问题时,不可避免地会涉及《土工试验方法标准》(GB/T 50123—1999)的这个小小的瑕疵,可能会引起一些朋友的不悦。我无意盯住这个问题,几次提出来讨论,其出发点是希望不要误导年轻的岩土工程师。

对于《土工试验方法标准》,我怀有深深的敬意,从我进入土力学这个领域开始,这套试验标准就是我学习试验方法、建立土力学基本概念的基础读物。从20世纪50年代开始,我就从这套标准中学习专业的基本知识和基本技能。在20世纪60年代,我还曾经到南京水利科学研究所的试验室实习了一段时间;那里的几位老先生,包括沈珠江、窦宜、盛崇文、魏汝龙都是在20世纪40年代后期或20世纪50年代初期大学毕业的,都是我的老师辈,我和他们也都有深度的交往。在后期的领军人物中,如娄炎,也多次在各种会议上相遇,建立了学术上的联系。但也许是他们所内分工的问题,这些在20世纪50年代早已成型的试验标准,不会引起老先生们的关注,而试验室的技术人员可能也不会去关注技术标准具体条文的正确与否,反正已经用了几十年了,还会有什么问题呢?当年,我又不方便为了这么一个小问题而惊动几位老前辈。对于这么一本在国内很有影响的试验标准出现这样一个基础性的错误,实在是不应该的,应当及早核实改正。

## 三、对注册考试的思考

虽然离开考试专家组有好多年了,但作为一个教师,对于考试这件事,还是有自己的见解。下面谈一谈我对注册考试几个问题的思考。

在专业考试专家组工作时,就有关考试的四个问题"专业考试的面宽不宽""为什么要面向大岩土""怎样掌握技术标准""考了注册工程师有什么用处",我进行了深入的思考,提出过自己的一些看法,介绍如下。

**1. 专业考试的面宽不宽**

试题究竟是难还是容易?问过许多参加过考试的同行,得到的回答不完全一致。对考题的难易,各人的感受不完全一样,这是很正常的,大概与每人对专业知识掌握程度的深浅、涉及专业面的宽窄、工程阅历的多寡有密切的关系。

当年的岩土专业考试大纲包括10个科目:岩土工程勘察,岩土工程设计原则,浅基础,深基础,地基处理,土工结构、边坡与支挡结构、基坑与地下工程,特殊地质条件下的岩土工程,岩土工程的检测与监测,地震工程以及工程经济与管理。考查的专业面是不是太宽了？这样的科目设置是否合理？

有的朋友说,我们的工作是勘察,但考的大部分是地基基础计算,工作的内容考得少,考的内容工作中从来不做,考试的面太宽了。

有的单位的领导说,我们单位的技术骨干通不过考试,通过考试的人不一定是挑大梁的。可见工作中的技术关键没有考,考试的内容不针对工作中的问题,宽得没有边际了。

有些在西部工作的同志说,我们天天与岩石打交道,但考试的内容大部分是土力学的内容,复习的内容工作中用不到,对我们的要求太宽了。

这些意见都有一定的道理,反映了从不同的角度出发来看专业考试的适应性问题。那么,考题设计为什么要选择大纲中的这10个科目呢？考题设计的指导思想是什么？

通俗一点说,专业考试是个门槛考试,不是专家水平考试。进注册岩土工程师的门,必须跨过这个门槛。这个门槛不算太高,但比较宽,要求考生有相当宽的专业知识面。

考试既是一个门槛,又是一把尺子,用这把面向全国的尺子来考量每一个考生。考生感觉总有些没有达到要求的地方,或多或少,因人而异,这就有了提高技术水平的动力。反之,如果人人感觉很适合自己的胃口,恐怕也不是好事。关键问题是为什么考试大纲设定了这样的专业面,宽得是不是恰当。

要回答这个问题,首先要弄清楚什么是岩土工程。因为这是岩土工程师的注册考试,专业考试的内容应当涵盖岩土工程的基本面,离开了这个依据,宽窄就无从谈起。

谢定义教授提出过岩土工程学的基本框架,认为岩土工程学应当包括两大部分,一部分称为"总论",另一部分称为"分论"。总论是以工作内容为线索,研究岩土工程勘察、设计、施工、检测以及监理诸方面带有共性的规律和方法；分论以工程类型为线索研究地基工程、边坡工程、洞室工程、支护工程和环境工程等方面的基本要求和方法。

这个基本框架描绘了岩土工程学发展的学科群体系,比较符合客观实际。从工作来说,有勘察、设计、施工之分；从内容来说,不论是地基基础工程、边坡工程、洞室工程或者是支护工程,都是岩土工程的领域,作为一位岩土工程师,应当具备适应这些专业领域的能力。不能说这位只会边坡工程的是边坡岩土工程师,那位只会支护工程的是支护岩土工程师,这样的工程师的知识面是不全面的,不能称为注册岩土工程师,最多只能在注册岩土工程师的领导下做些局部的技术工作。

鉴于上述原因,要求注册岩土工程师具有一专多能的专业知识面,一专是其主要从事的业务,有工程经验的工程师应当说都具有了不同层次、不同领域的专家水平。但前面已经说过,专业考试不是按专家的水平来设计考题,不可能要求每个注册岩土工程师都精通岩土工程的各个领域。对于考生来说,考试大纲的整体设计确实并不是考其所长,有的考试内容可能正是其短处。但反过来想一想,如果允许搞岩石的考岩石,搞软土的考软土,搞地基的考地基,搞边坡的考边坡,搞勘察的考勘察,搞设计的考设计……那还能成为岩土工程师的考试大纲吗?考过的人还能称为注册岩土工程师吗?所以,考试大纲的要求对每个人都一样,都是考查注册岩土工程师应该达到的基本要求。这是确定考试专业面的最主要的出发点。

如何从比较单一的技术状态向注册岩土工程师要求的技术比较全面的方向发展,是每一位希望通过注册岩土专业考试的同行不可回避的问题。有的人愿意进一步扩展自己的知识面,也具备学习新东西的条件,他就能适应岩土工程技术的发展,也就是可以通过准备考试,扩展自己的专业面。但也有人因为种种原因,不愿意或者不能够适应这个发展的趋势,囿于自己所熟悉的一部分工作,那就可能通不过专业考试。通过几年的考试,自然会形成不同的技术层次。国家通过这个考试逐步建立一支注册岩土工程师的队伍。

在扩展自己专业面的过程中,会产生各种思想的碰撞和痛苦的选择。对于一些较年长的工程师,需要放下架子去听课;如果一位总工程师一直没有通过考试,思想负担肯定是比较重的,这就会影响考试时的发挥;有些同志由于教育背景的不同,在扩展知识面的过程中遇到的困难也会大一些。这些思想障碍影响了复习应试的积极性和主动性,需要加以克服。

一些主要从事工程勘察的同行,会因为考试中勘察科目的题目较少而感到吃亏。在实际交流过程中,我们发现有些工程师对一些很重要的工程概念却不甚清楚,对工作中的一些技术难题束手无策。他们不了解,即使是勘察工作,也需要相当宽的专业知识面,才能做好。工程勘察与地基基础工程设计的关系是非常密切的,很难设想一位不了解地基基础设计、不掌握工程计算方法的工程师,能够胜任复杂条件下的岩土工程勘察,能够对场地作出正确的评价,能够提供符合设计、施工要求的参数。

技术骨干没有通过考试的主要原因是没有充分的复习时间,这需要领导的支持,也需要自己合理安排,当然也许还存在观念上的偏差。技术骨干尽管有工程经验,但也需要提高,需要更新自己的专业知识,才能持续发挥技术骨干的作用,注册考试正是一个极好的机会。在工作中固然可以学习提高,但不能代替集中的系统学习。技术骨干应当珍惜这个机会,扩大专业面,提升技术水平,增加技术储备。某一年的考试中,一个单位6位技术骨干报了名,最终通过了5位,没有通过的一位也只差几分,通过率是比较高的。我问他们的院长有什么诀窍。他笑着告诉我,其实很简单,就是给他们安排了两三个月的复习时间。我十分佩服这位院长的远见卓识,能从长远考虑,不完全拘于眼前的任务,敢于将技术骨干安排脱产复习,使大批技术骨干通过复习考试,不仅具备了注册的资格,也提升了单位的技术水平。

有些在单位没有挑大梁的工程师因为有比较多的时间复习,也通过了考试。有人担心他们没有工程经验而担任不了注册工程师,其实这是大可不必担心的。注册工程师不仅意味着地位和待遇,更意味着要担负更大的法律责任,不具备一定的水平,就不可能胜任注册工程师的工作。在市场经济的风浪中,大浪淘沙,是金子总会闪光,不合格的会不断被淘汰,注册工程师不是终身的。

在山区工作的岩土工程师整天与岩石打交道,为了专业考试去复习土力学的内容是不是多余?在沿海软土地区工作的工程师复习岩石的内容是不是多此一举?诚然,在西部地区的岩土工程师是岩石方面的专家,他们熟悉岩石的工程性质,具有丰富的岩体工程经验,但如果他们在山区碰到几米高的土坡就不会处理了,恐怕也不合适。对他们来说,并不要求成为土力学专家,但要求他们会处理一般土质条件的工程问题,并不为过。

重庆是个典型的山城,很多岩土工程师擅长岩体工程,可能由于知识面不够宽,前两次考试的结果不太理想,但他们并没有怪考试大纲没有照顾山区,而是采取了组织复习的措施,以提高工程师的技术水平,扩展工程师的专业知识面,接下来一年考试的合格率就一下跃居全国第一。可见事在人为。通过复习,提高了工程师的整体水平,扩展了知识面,对技术工作有很大的帮助,他们深感考试大纲确实发挥了指挥棒的作用。

我国注册土木工程师(岩土)的专业考试之所以考虑设置比较宽的专业面,也是吸取了国际上的经验,与我国扩大专业范围的教育改革要求相适应,同时也为了有利于不同国家之间注册工程师资格的互认。

上面这些话,从总体上说明了当年制定考试大纲的主要思路,但并不是说考试大纲就没有需要改进的地方了。2005年考试大纲修订到现在,已经考了十多年,通过考题设计的实践,考试大纲所包含的内容与工程实践和学科的发展还是基本适应的。也许再过几年,需要考虑修订考试大纲,但这需要反复研究讨论,还需要领导部门的审查批准。

## 2. 为什么要面向大岩土

在筹备注册岩土工程师考试的过程中,我们分析了我国岩土工程被分隔在各个行业领域的现状,提出了"大岩土"的概念。但这不是一个新的概念,而是强调岩土工程师不仅需要具有为某个特定行业服务的能力,而且在工作需要时,能够适应其他行业的要求,具备解决各类岩土工程技术问题的能力,因此注册岩土工程师考试不能分行业按不同要求设计考题。具体来说,在注册岩土工程师的前面不能冠以行业的名称,如注册建筑岩土工程师、注册铁路岩土工程师、注册水利岩土工程师等。

提出这个概念的目的,是为了正本清源,逐步消除计划经济体制遗留的影响,恢复岩土工程师的本来职能,适应岩土工程技术全球化的要求。

接下来从四个方面讨论这个话题。

### 1) 什么是岩土工程

岩土工程是由我国岩土工程的一代宗师、清华大学的黄文熙教授于20世纪70年代从英文名词"Geotechnical Engineering"译为中文的,我国台湾地区的同行则译为"地工技术"。根据各种文献的意见,岩土工程的定义可以概括为下面三个层次:

(1) 岩土工程是以土力学与基础工程、岩石力学与工程为理论基础,并和工程地质学密切结合的综合性学科。

由于岩土工程涉及土和岩石两种性质不同的材料,解决土和岩石的工程问题不仅需要应用数学和力学,而且还需要运用地质学的知识和手段。因此,岩土工程并不是一门单一的学科,任何单一学科都不足以覆盖岩土工程丰富的内涵。

(2) 岩土工程以岩石和土的利用、整治或改造作为研究内容。

有许多学科都以土或岩石作为研究对象,例如地质学、土壤学等,其研究内容各不相同。岩土工程研究土和岩石并不是从地质学或农学的角度,而是从工程学的角度,以工程为目的研究岩石和土的工程性质,当岩土的工程性质或岩土环境不能满足工程要求时,就需要采取工程措施对岩土进行整治和改造。因此,岩土工程不仅涉及对岩土性质的认识,而且需要研究采用有效、经济的方法实现工程的目的。

(3) 岩土工程服务于各类主体工程的勘察、设计与施工的全过程,是这些主体工程的组成部分。

岩土工程不是一门独立于土木工程学科之外的学科,而是寓于土木工程各主体工程之中的学科。例如,它服务于建筑工程,就是建筑工程的一部分;服务于桥梁工程,就是桥梁工程的组成部分。岩土工程是它所服务的学科的组成部分,并不存在不从属于主体工程的所谓"岩土工程"。但岩土工程又有其特有的、不同于其上部结构的自身规律和研究方法,将它们的共同规律从其所属的各种主体工程中归纳出来进行研究将有助于更好地解决各类工程中的岩土工程问题,这是岩土工程学之所以能发展成为一门学科的客观基础。

**2) 岩土工程发展的简要回顾**

正是本着对岩土工程客观认识的这一理念,从注册考试的准备工作开始,就将岩土工程定位为一门综合性的工程学科,且是土木工程的一个组成部分。这是我国岩土工程学科的奠基人黄文熙教授、俞调梅教授等人毕生倡导的事业,也是我国岩土工程界一大批老专家 20 多年来积极推动改革、孜孜不倦追求的理念。这个定位体现了大岩土的基本内涵,也是对岩土工程学科的严谨文字表达。

伴随着市场经济的发展,在 20 世纪上半叶,岩土工程体制在全球逐步发展成熟。岩土工程界的泰斗太沙基、裴克和卡萨格兰德等在世界各地的水利工程、铁路工程、港口工程和机场工程等工程现场解决岩土工程问题的过程中,发展了岩土工程技术,创造了这种符合市场经济原则、与工程实践紧密结合的岩土工程咨询业。后来许多市场经济国家都按照这种模式建立起岩土工程体制,其服务对象不分行业,其工作内容将地质调查和设计融为一体,且其技术人员具有地质和工程两方面的素养,是一种一揽子服务、全过程服务的技术咨询工作,成为岩土工程师从业的成功模式。当然,国外岩土工程体制的成功有其市场大环境的有利条件,包括国家对工程建设进行合理的技术控制、对人才市场进行有效的管理、工程保险业提供的保障以及技术咨询业的成熟发展等。

我国从 20 世纪 50 年代开始,建立了计划经济体制,与计划经济相适应的是以行政部门负责制为特征的勘察设计体制,按行政部门进行工程项目的规划、勘察、设计与施工。对于岩土工程问题,也按行政部门建立了分属于勘察、设计单位的技术主管或智囊团,主导了各个行业或部门的岩土工程技术发展模式,制定了各个行业的技术标准。在这种体制下,岩土工程被分割在各个不同的行业中;在同一个行业中,统一的岩土工程技术工作又被分割在勘察和设计两大部门;在学校教育工作中,人才也是按不同行业的特殊需要、分别按勘察和设计两大部门的专门要求培养的,甚至学生毕业后也只能在某一行业或部门中服务终生,很难适应其他行业或部门的工作要求。在任务按计划下达、人才不能流动的年代,这种体制的弊端被掩盖了;在市场经济条件下,人们发现了这种结构性的矛盾阻碍了事业的发展与人才的流动,同时又从国际上通行的岩土工程体制中得到启发,于是,二十多年来,有识之士奔走呼吁,积极推动勘察设计体制的改革,提出了建立我国岩土工程体制的方案。

20世纪90年代,国家决定我国实行注册工程师执业资格考试和注册制度,这个决定传递了一个非常重要的信息,表示我国在工程建设领域中跨出了构建与市场经济相协调的体制的重要一步。在相继实行建筑师和结构工程师的注册制度以后,又决定实行岩土工程师的注册考试,这体现了政府对建立岩土工程体制的重视,也是我国建立岩土工程体制的诸多措施中最根本性的一项。进行注册考试的考题设计必须从建立岩土工程体制这个大局来考虑,大岩土概念的提出,就是从这个大局出发得到的结论。

行政主管部门决定将注册岩土工程师正式定名为注册土木工程师(岩土),这一定名体现了大岩土的概念,符合上述岩土工程的定义,将岩土工程师定位为土木工程师,表明岩土工程是土木工程的一个分支学科,是为各类土木工程全方位服务的,这是为岩土工程师正名的一项重要决定。

**3) 从实际出发,逐步实现大岩土**

考题设计不仅要考虑发展的方向,还要考虑现实情况,从实际出发,逐步达到实现大岩土的目标。

那现状是什么呢?我们从教育体制的弊端和工程师的教育背景两个方面进行分析。

目前,从事岩土工程工作的多数工程师的专业面是比较窄的,适应能力比较差,这是由于过去学校教育体制的专业面太窄的缘故,给行业之间的沟通和交流造成了障碍,更缺乏跨行业工作的适应能力。其实各个行业之间在解决岩土工程问题的基本原理与处理方法上并没有太大的差别,只是由于各个行业的上部结构各有特点,对岩土工程的要求各有侧重,在一些具体处理的经验上存在差异,反映在不同行业规范之间存在一些具体的差别。这就使有些工程师无所适从,因为他读书时只学习过某个专业的知识,而对于土木工程中的其他专业的工程则见所未见,闻所未闻,自然就不敢问津了。

目前,从事岩土工程的工程师中,其教育背景和实践经历存在着比较大的差异,从总体来说,他们分别来自地质学科和工程学科两类学科群,当然各个学校的学科条件和培养方法也存在不少差异。一般来说,从地质学科毕业的工程师,由于缺乏工程学科的基础知识和工作训练,对上部结构了解太少,即使从做好勘察工作的要求来衡量还有差距,更不要说做设计工作了;从工程学科毕业的工程师,虽然比较熟悉设计工作,但由于地质学的知识较少,缺乏对地质条件的深刻理解和正确判断的能力。这种现状影响了岩土工程体制的建立与运行,因此如何使这两种教育背景和工作经历的工程师相互靠拢,正是专业考试面临的困难和希望解决的问题,更是岩土工程师继续教育需要着力解决的问题。

回顾我国岩土工程发展的历史,我们相信,上述现状的改变是完全可能的。从我国现有的岩土工程专家队伍来看,许多大师是土木工程专业毕业的,几十年来,他们在工程实践中重视弥补自己的工程地质知识的不足,将结构的知识和地质的知识很好地结合起来,成为知名的岩土工程专家;还有许多大师具有地质学科的教育背景,但他们在实践中弥补了结构知识的不足,同样成为著名的岩土工程专家。实践说明,虽然岩土工程要求工程师具有比较宽的专业面,但不是不可能达到的。现在的岩土工程研究生培养体制,也正在实践着培养岩土工程人才的这条路线,从工程学和地质学两类学科群的本科毕业生中招收、培养岩土工程专业的硕士和博士,效果是显著的。

**4) 考试大纲和考题设计**

岩土工程专业考试的考试大纲和考题的设计工作,正是建立在对上述岩土工程师成才之路的历史分析的基础上,我们应当有信心通过注册考试和注册以后的继续教育,将现有的工程师队伍改造成为符合岩土工程要求的队伍。我们期望通过考试大纲这根"指挥棒",改革现有的教育体制和内容,使新培养的工程师具有比较宽的专业面,从一开始就具有比较好的适应能力,通过一段时间的工程实践,能够逐步达到岩土工程师的要求。

因此,从目标上需要坚持大岩土的方向不动摇,考试大纲应当有相当大的包容性和前瞻性,为逐步实现这个目标提供一个框架;而考题设计则需要从现实出发,在大纲的框架内游刃有余地逐年达到这一目的。

考试大纲规定的考核点涉及岩土工程的各个方面,包括勘察和设计两部分工作所必需的专业知识和基本技能;考试大纲包括了土力学和岩石力学的基础理论;涵盖了基础工程、边坡工程、洞室工程和土石方工程等主要的工程领域;考试大纲体现了土木工程各种主体结构对岩土工程的共性要求,而不是将各个行业的特殊要求叠加在一起;考试大纲立足于岩土力学原理基础上,要求岩土工程师掌握处理各种类型岩土工程问题的能力。考试大纲体现了比较宽广的知识面,期望可以适应不同主体结构的岩土工程要求,借以实现大岩土的目标。

限于我国规范体系形成的历史条件,行业规范的一些具体规定常掩盖了岩土工程技术的通用特性。例如,本来是同一概念,但在不同规范中却用不同的符号术语来表达，也存在用同一个术语定义不同物理量的情况。总之，传统的土力学概念被一些经验的处理所替代，局部的经验取代了理论的概括，而这些内容又都进入了我们的教科书，作为普遍的真理传授给学生，结果是使行业之间的差别越来越大，无形中给岩土工程统一的市场设置了许多技术壁垒。

从目前的状态到大岩土体制的形成，需要一个适应和变化的过程。通过考试大纲的执行，注册考试的开展，就有可能将工程师的视野扩展开来，改变建筑行业的工程师只知地基承载力而不知路堤极限高度、公路行业的工程师只知边坡稳定而不知弹性地基梁的状态，克服对突破行业界限感到力不从心的心理障碍，而在市场需要的时候，就能适应这个变化，开展全方位的服务。

考题设计体现大岩土的要求，不在于它包含了多少反映各个行业特点的题目，而在于它的题目融合了多少反映各个行业特点的岩土工程基本课题，参加考试的工程师是否具备解决这些岩土工程问题的基本知识和技能是考核的着眼点。我们关心的不在于考生是否熟悉那么多行业的技术标准条文，而在于是否具备举一反三地正确理解和使用不同行业规范条文的能力。当然，按考核这种能力的要求设计试题也是比较困难的，但这是一个努力的目标，因此从每年的考试中得到提高的不仅是参加考试的工程师，也包括参加出题的专家。不断地总结经验，不断地改进，使考试的题目更好地体现大纲的要求，向大岩土的目标稳步发展。当客观上出现需要时，我们的岩土工程师就能较快地适应这个需要，扩大服务面，也可在土木工程的其他领域中找到自己的位置。

在南方一些比较开放的城市，行业的技术壁垒其实已被我们的同行不断地冲破，服务面已经遍及建筑、公路、铁路、水利等领域的岩土工程。我问他们难不难，他们说第一次会有一定的困难，但也不是不可逾越的。问他们有什么经验，他们说，不懂就请人进来，跟他学习，一次生二次熟，就这样将服务面逐步扩展了。实践的经验说明了市场的取向是面向土木工程各个领域的，也说明通过努力是能够扩大服务面的。

大岩土市场发展的前景已经出现，注册考试不过是为大家创造一些条件，而实现行业之间的突破还要靠各个单位善于经营，靠岩土工程师努力去实践太沙基所创建的这条岩土工程咨询业的大道。

**3. 怎样掌握技术标准**

上面讨论了注册考试面向大岩土的问题，提出了"岩土工程服务于各类主体工程的勘察、设计与施工的全过程，是这些主体工程的组成部分"。这一特点要求岩土工程师必须具有比较宽的知识面，对土木工程中各种主体工程的岩土工程问题具有评价和处理的能力。那么,在注册考试中如何考核工程师的这一能力呢?

专业考试主要考核工程师在岩土工程领域中解决工程问题的能力以及与之相应的知识水平。能力和知识两者不能偏废,都是需要的。如果只有局部的工程经验而没有必要的理论知识,那就很难具有适应性,不能在解决工程问题的过程中提高自己,也不能开拓新的工作领域,就不具备注册工程师的必要素质。

注册考试不仅要考核岩土工程师能做什么,而且还要考核岩土工程师可能会做什么,具备多大的发展余地。

考核岩土工程师解决工程问题的能力,包括考核对技术标准理解的正确程度和运用技术标准的熟练程度。这是因为技术标准是解决工程问题的准则和依据,很难想象不熟悉技术标准的工程师可以处理好工程问题。

我国岩土工程技术标准数量之多,居世界第一。根据2003年的统计,我国当时与岩土工程有关的技术标准总计有318本,其中国家标准34本,行业标准234本。能否要求工程师全部掌握这318本标准呢?显然是不行的。经过精选,当时考试规定了必读的31本标准。经过十多年的发展,标准数量有所增加,例如在2016年,考试规定使用的标准已经增加到43本。

## 2016年度全国注册土木工程师(岩土)专业考试所使用的标准和法律法规

### 一、标准

1.《岩土工程勘察规范》(GB 50021—2001)(2009年版)
2.《建筑工程地质勘探与取样技术规程》(JGJ/T 87—2012)
3.《工程岩体分级标准》(GB/T 50218—2014)
4.《工程岩体试验方法标准》(GB/T 50266—2013)
5.《土工试验方法标准》(GB/T 50123—1999)
6.《水利水电工程地质勘察规范》(GB 50487—2008)
7.《水运工程岩土勘察规范》(JTS 133—2013)
8.《公路工程地质勘察规范》(JTG C20—2011)
9.《铁路工程地质勘察规范》(TB 10012—2007 J 124—2007)
10.《城市轨道交通岩土工程勘察规范》(GB 50307—2012)
11.《工程结构可靠性设计统一标准》(GB 50153—2008)

12.《建筑结构荷载规范》(GB 50009—2012)
13.《建筑地基基础设计规范》(GB 50007—2011)
14.《港口工程地基规范》(JTS 147-1—2010)
15.《公路桥涵地基与基础设计规范》(JTG D63—2007)
16.《铁路桥涵地基和基础设计规范》(TB 10002.5—2005　J 464—2005)
17.《建筑桩基技术规范》(JGJ 94—2008)
18.《建筑地基处理技术规范》(JGJ 79—2012)
19.《碾压式土石坝设计规范》(DL/T 5395—2007)
20.《公路路基设计规范》(JTG D30—2015)
21.《铁路路基设计规范》(TB 10001—2005　J 447—2005)
22.《土工合成材料应用技术规范》(GB/T 50290—2014)
23.《生活垃圾卫生填埋处理技术规范》(GB 50869—2013)
24.《铁路路基支挡结构设计规范》(TB 10025—2006)
25.《建筑边坡工程技术规范》(GB 50330—2013)
26.《建筑基坑支护技术规程》(JGJ 120—2012)
27.《铁路隧道设计规范》(TB 10003—2005　J 449—2005)
28.《公路隧道设计规范》(JTG D70—2004)
29.《湿陷性黄土地区建筑规范》(GB 50025—2004)
30.《膨胀土地区建筑技术规范》(GB 50112—2013)
31.《盐渍土地区建筑技术规范》(GB/T 50942—2014)
32.《铁路工程不良地质勘察规程》(TB 10027—2012　J 1407—2012)
33.《铁路工程特殊岩土勘察规程》(TB 10038—2012　J 1408—2012)
34.《煤矿采空区岩土工程勘察规范》(GB 51044—2014)
35.《地质灾害危险性评估规范》(DZ/T 0286—2015)
36.《建筑抗震设计规范》(GB 50011—2010)
37.《水电工程水工建筑物抗震设计规范》(NB 35047—2015)
38.《公路工程抗震规范》(JTG B02—2013)
39.《建筑地基检测技术规范》(JGJ 340—2015)
40.《建筑基桩检测技术规范》(JGJ 106—2014)

41.《建筑基坑工程监测技术规范》(GB 50497—2009)

42.《建筑变形测量规范》(JGJ 8—2007　J 719—2007)

43.《城市轨道交通工程监测技术规范》(GB 50911—2013)

## 二、法律法规

1.《中华人民共和国建筑法》

2.《中华人民共和国招标投标法》

3.《工程建设项目勘察设计招标投标办法》(国家发展和改革委员会令第 2 号)

4.《中华人民共和国合同法》

5.《建设工程质量管理条例》(国务院令第 279 号)

6.《建设工程勘察设计管理条例》(国务院令第 662 号)

7.《中华人民共和国安全生产法》

8.《建设工程安全生产管理条例》(国务院令第 393 号)

9.《安全生产许可证条例》(国务院令第 397 号)

10.《建设工程质量检测管理办法》(建设部令第 141 号)

11.《实施工程建设强制性标准监督规定》(建设部令第 81 号)

12.《地质灾害防治条例》(国务院令第 394 号)

13.《建设工程勘察设计资质管理规定》(住建部令第 160 号)

14.《勘察设计注册工程师管理规定》(建设部令第 137 号)

15.《注册土木工程师(岩土)执业及管理工作暂行规定》(建设部建市〔2009〕105 号)

16.住房城乡建设部关于印发《建筑工程五方责任主体项目负责人质量终身责任追究暂行办法》的通知(建质〔2014〕124 号)

17.《房屋建筑和市政基础设施工程施工图设计文件审查管理办法》(住建部令〔2013〕第 13 号)

考试规定的技术标准数量已不算少,而且各种标准之间差异纷呈,矛盾百出,对同一个岩土工程问题,各本标准中的公式各异,参数千差万别。我国现有技术标准体系的这种复杂性,给工程师造成了比较大的心理压力和实际困难。如此庞大的技术标准体系是计划经济时代遗留的,需要我们继承和改造。

在这样的条件下,如何对待技术标准,如何处理考试大纲与技术标准的关系是一个值得深入讨论的问题。

**1) 我国岩土工程技术标准的形成**

在我国的工程建设技术控制体系中,主要的控制性文件称为"工程建设技术标准",简称为"技术标准"或"标准"。落实到每本标准的具体名称,大多则称为"规范",如《岩土工程勘察规范》;次一级的称为"规程",如《铁路工程不良地质勘察规程》。这种命名的习惯,也从一个侧面反映了我国的工程技术文化。何为规范?规范乃工程技术的准绳,规者为规和矩,无规矩不能成方圆;范者范例也,成功与失败的案例乃知识财富,作为范例供后人借鉴或予以警示。规矩与范例构成技术标准的主要要素,因此,技术标准在工程技术中具有执牛耳的地位,对工程质量与安全起关键的作用。

20 世纪 50～60 年代,我国主要按苏联的 НиТУ 127—55 和 СНиПШ-Б.1—62 的规定进行地基基础设计。这对我国岩土工程界的影响非常深远,许多老一辈工程技术人员是在使用苏联标准的过程中学习和熟悉工程建设标准的。

20 世纪 70 年代,各部门制定了一批岩土工程标准,其中影响比较大的是《工业与民用建筑地基基础设计规范》(TJ 7—1974)和《工业与民用建筑工程地质勘察规范》(TJ 21—1977),分别于 1974 年和 1977 年颁布执行,标志着我国开始有了岩土工程勘察和设计的标准。但在标准编制的过程中,由于各行业的习惯做法不同和部门之间的隔阂,各行业的技术标准之间已经开始出现比较大的差异。

20 世纪 80 年代,我国岩土工程标准进入了形成体系的发展时期。这一时期的岩土工程标准改变了过去完全受苏联工程标准影响的模式,开始采用国际通用标准的部分方法或者是变异了的方法,使我国的岩土工程技术标准成为一种混合标准。在这个时期,大量的部门技术标准进一步强化,国际上两大工程建设标准体系在我国的交织和冲突也开始显现,行业标准之间出现了许多重大矛盾和不协调的内容。

20 世纪 90 年代,岩土工程标准化的特点是进一步完善体系,采用先进的勘察手段、试验技术和设计方法,使标准在广度和深度上都有比较大的发展。但在这个时期,由于工程事故频繁,政府采取了一系列措施加强对技术标准执行的检查力度,这进一步暴露了我国岩土工程技术标准体系设计和实施中的弊端和内在矛盾。

在国家标准系列中,有众多的跨行业的通用性标准,却没有一本国家标准能够对整个土木工程都适用的岩土工程问题作设计原则方面的规定,这说明国家标准缺乏对各行业的岩土工程进行技术控制的能力;另一方面,在国家标准系列中出现了大量建筑业的标准,而其他行业只有很少几本标准入选国家标准(如电力、铁道行业有关抗震的设计标准,水利行业有关勘察的标准)。这说明对列入国家标准的条件的掌握尺度是非常混乱的,带有很大的随意性。

这样一个技术标准体系,与市场经济的发展越来越不适应,专业考试又将这一矛盾进一步突出了,从主管部门到企业,都深深地感觉到技术标准体系到了非改不可的地步,也都在思考为什么我国的技术标准与市场经济发达国家的技术标准存在那么大的差别。

(1)技术标准编制的原则

技术标准编制的原则体现了不同的文化背景和哲学思维方式,也反映了计划经济与市场经济的不同要求。

欧洲科学技术发展的历史是演绎法思维方式发展的历史,而我国则是归纳法思维方式占统治地位,不同的思维方式对技术标准的编制产生了很大的影响。西方国家的技术标准是原导性的,标准规定工程师该做什么,不该做什么。至于怎么做,用什么公式,取什么参数,应该是工程师根据实际情况去选择的。许多经验可纳入各种手册,却都没有进入技术标准。在我国,技术标准中没有太多原理性内容,它不仅规定了该做什么和不该做什么,而且还规定了必须怎样做,连使用什么公式、取什么参数都规定得非常具体。

在计划经济时代,技术标准只管本行业的技术问题,在归纳法思维方式指导下制定的技术标准是经验型的,标准越来越具体,越来越厚,不同行业的经验可能相差甚远,但工程师只要会用本行业的技术标准就能干上一辈子,也不需要去了解其他行业的标准。在市场经济发达国家,要求技术标准能够为岩土工程师解决各个行业的岩土工程问题提供技术支撑,这就决定了技术标准必然是原导性的,只作原则的规定,工程中的千差万别只能由工程师根据自己的经验去解决。

在计划经济时代,各单位都将经验无偿提供给编制标准的主编单位,经验型的技术标准就有了比较雄厚的社会基础,1970年那一次技术标准的编制过程生动地说明了这一点。但在市场经济条件下,每个单位的经验和技术诀窍都具有知识产权,也是各个企业的核心竞争力,不可能无偿地提供给社会,无偿地推广使用,编制标准时吸收新技术的难度也就越来越大。经验型的技术标准在市场经济条件下失去了不断充实新经验的条件,这也是市场经济发达国家不编经验型技术标准的原因之一。

在建立注册工程师执业制度的过程中，技术标准体系与大岩土方向之间的矛盾确实给考试大纲和试题设计出了难题。

专业考试既然是考核工程师使用技术标准的能力，应当要求工程师必须熟记标准的条文，会用技术标准规定的计算公式，会从标准中的各种参数表选用参数，会按标准的构造要求确定基础构件的尺寸等。按照这种要求，在一些考试辅导材料和模拟题解中，常出现一些非常紧扣技术标准的模拟题，解题时不能偏离所指定的公式、方法和参数，考核能否从技术标准的参数表中用内插法正确选用所需的参数，甚至按技术标准某一些表的附注中的要求来评判答案的正确性等。以岩土工程技术标准的现状来考虑，这种考核的要求与方法也许并不过分，但在我国岩土工程技术标准体系如此复杂的条件下，紧扣技术标准容易挂一漏万，将工程师的注意力引向细枝末节的规定，强化跟着一本技术标准打天下的现状，不利于扩大工程师的视野。当工作需要使用另一个行业的标准解决工程问题时就会产生习惯性的排他反应，甚至可能用错，难以适应市场变化的需要。因此，这种考试的要求与大岩土的方向是背道而驰的，它无法培养符合大岩土要求的岩土工程师，是不可取的。

那么，对于岩土工程师掌握技术标准该提出什么样的要求呢？如何才能符合大岩土的方向呢？

（2）技术标准发展的方向

我国技术标准该向哪个方向发展，如何改革现有的岩土工程标准化体系，几年来，建设部几位部长的讲话表达了主管部门的指导方针。

2000年5月，建设部部长在强制性条文首发式上说：世界上大多数国家对建设市场的技术控制，采取的是技术法规与技术标准相结合的管理体制，技术法规是强制性的，是把那些涉及建设工程安全、人体健康、环境保护和公共利益的技术要求，用法规的形式固定下来，严格贯彻在工程建设工作中，不执行技术法规就是违法，就要受到处罚。而技术标准除了被技术法规引用部分以外，都是自愿采用的，可由双方在合同中约定采用。部长又说：与国际接轨，其中很重要的方面是工程建设标准管理体制的接轨，改革目前的工程建设标准化管理模式，建立起技术法规与技术标准相结合的技术控制体制，已经十分迫切了。

2000年9月，建设部的一位副部长在执业注册制度总体框架研讨会上说：长期以来，我国的勘察设计业普遍存在着多头管理、条块分割的局面，一直没有形成一个完整统一的工程勘察设计咨询业，缺乏与国际接轨的概念与紧迫感。副部长又说：工程设计资质改革的基本思路是向社会主义市场经济过渡，逐步实现与国际惯例接轨，在强化个人执业资格制度的同时，逐步淡化单位资质。

2003年9月,建设部部长对研究制定"房屋建筑技术法规"特别指出:第一,制定"房屋建筑技术法规"是将房屋作为一个完整的概念,改变目前单项标准的状况。技术法规应当是有法定效力、系统完整、可操作性强、技术权威性高的综合技术成果,对政府部门转变职能、强化经济调控、市场监管、公共管理、社会服务,提供技术支撑。第二,借鉴国外经验、总结国内标准化成果,加快技术法规的编制步伐,要有自己的特色,注重实效性。第三,建筑技术法规要明确对结构安全、火灾安全、施工与使用安全、卫生健康与环境、噪声控制、节能及其他涉及公众利益的规定。由于我国幅员辽阔,气候和地质条件不一,技术法规也应考虑地方差异,给地方留些余地。

2005年初,建设部的一位副部长指出:加快建筑业改革与发展,是迎接加入世界贸易组织过渡期结束后建筑业面临挑战的迫切需要。随着我国加入世界贸易组织过渡期即将结束,我国建筑市场的竞争规则、技术标准、经营方式、服务模式将进一步与国际接轨,建筑企业将在更大范围、更广领域和更高层次上参与国际竞争。具备技术、管理、人才和资金优势和竞争实力的境外承包商将会与中国企业争夺石化、电力等大型工业、能源项目,争夺土木工程的总承包市场,以及大型标志性建筑的设计市场,人才争夺也将进一步加剧。因此,只有加快建筑业改革与发展,通过兼并重组形成具有竞争优势的企业,快速提升企业核心竞争力,加快"走出去"步伐,才能使建筑业企业更好地迎接加入世界贸易组织过渡期结束后的挑战。

几位部长的讲话,表明了我国政府对建筑市场改革的方向,我国的技术标准体系将进一步与国际接轨,建立起技术法规与技术标准相结合的技术控制体制,打破多头管理、条块分割的局面,形成一个完整统一的工程勘察设计咨询业,迎接加入世界贸易组织过渡期结束后建筑业面临的挑战。

在岩土工程领域,现有的技术控制体制已严重不适应市场经济的发展与岩土工程体制改革的要求。迫切需要在改革我国技术控制体制的同时,引进国际通用的技术标准,以适合我国自然条件、经济条件与工程经验为目标,经过磨合协调国外标准与我国标准之间的差异,形成新的岩土工程标准化体系,解决目前标准化体系中存在的问题。

岩土工程标准化体系改革的目标是打破行政部门对标准的垄断,改变按行政体系人为划分岩土工程领域的现状,促进技术标准与技术法规的分离,加强全国性岩土工程技术标准的原导性,鼓励地方性技术标准的建设。

标准化体系改革的重点是在加强国家标准原导性的条件下给地方标准在方法和参数确定方面留下一定的发展空间。

改革的方向和政府的指导方针,是我们处理专业考试大纲与技术标准关系的基本依据。

(3)考试大纲与技术标准

根据主管部门对标准化改革的方针,考试大纲对于掌握技术标准的要求是强调共性和原导性,要求岩土工程师理解技术标准的基本原理,具备使用不同行业技术标准的能力。

按照大岩土的要求,考试大纲对于考核点的要求都是从共性和原导性出发的,很少在大纲中指定具体的技术标准。例如在浅基础科目中,对于应用面特别广的地基的评价与计算是这样规定的:"熟悉不同类型上部结构、地质条件以及特殊性岩土对地基基础设计的要求;熟悉在地基基础设计中土的各种物理力学指标的换算与应用;熟悉地基破坏的类型及影响地基承载能力的各种因素的作用;熟悉确定地基承载力的各类方法;掌握地基承载力深宽修正与软弱下卧层强度验算的方法;了解各种建筑物对变形控制的要求;掌握地基应力计算和沉降计算方法;了解地基稳定性验算的要求。"众所周知,各个行业的技术标准中,对于天然地基承载力的计算和沉降计算,无论在原则上还是在具体的计算公式上,差别非常大。但按大纲考核点的要求,不管对哪个行业,都要求熟悉其基本原理,掌握具体的设计计算方法。

考核能否正确地运用技术标准解决工程问题,这是对岩土工程师能力的测试,但并不是要求大家去背标准中的条文,而在于对基本理论和基础知识的掌握。从表面上看,标准之间的差别似乎很大,但掌握了基本原理以后再来分析技术标准之间的差别,就会发现其实很多差别仅在于一些经验数值不同,构造规定要求不同,侧重面不同而已。例如,对单桩承载力的估计,几乎所有的技术标准都是以桩端阻力和桩侧摩阻力的经验值来计算的,只是有的标准用原位测试方法估计,有的标准用土性参数估计,有的标准用极限值,有的标准用容许值。

进一步分析技术标准之间的内在联系,在2016年考试指定的43本技术标准中,有关勘察的标准14本,有关设计的标准13本,有关设计和施工的标准6本,有关荷载的标准2本,有关检测和监测的标准5本,有关抗震的标准3本。有关勘察的标准中,可分为综合性标准、专用标准(如钻探技术、取样技术、试验方法)和行业性标准(如铁路、港口和水电等行业的标准),它们之间,基本方法都是一致的,有些具体规定可能因工程性质、工程经验或地区不同而有差异。有关设计的标准中也有岩土工程专用设计标准和主体工程设计标准(如路基、桥涵和土石坝等)之分;对有关主体工程的设计标准,实际上只要求岩土工程师掌握地基基础设计的部分;对有关抗震设计的标准也只要求掌握场地和地基的部分。在一般包括设计和施工两部分内容的技术标准中，涉及的面可能更宽一些，但施工知识对于岩土工程师无疑也是非常重要的。还有两本有关荷载的标准提供了岩土工程设计荷载的有关规定，岩土工程师应当了解这些规定。通过上述对考试指定技术标准的分析可以看出，每本标准的作用与要求是不同的，由于工程师的技术经历不同，每个人对各种技术标准掌握的程度也是不同的，每个人应有重点地去熟悉自己还比较生疏的技术标准，巩固比较熟悉的技术标准。在掌握了标准条文的基本原理以后，扩大知识面，掌握更多的其他技术标准是不难的。

在复习过程中要学会举一反三、类比分析的学习方法，将不同的技术标准对同一个岩土工程问题的不同规定对照分析，发现其中的异同，便于从总体上掌握和区别。对于技术标准中的一些规定，要从土力学的基本理论和设计原理上去理解，对不同行业的技术规定联系起来理解，就能融会贯通，掌握自如。例如，对一个设计表达式，可以从不等式的左边物理量去理解不同行业所用的荷载性质、取值方法，从不等式的右边去理解各本技术标准所采用的抗力性质、取值方法以及土的指标取值等。再将不同工程问题(如地基承载力、挡土墙的抗倾覆稳定性和抗滑移稳定性、锚杆的抗拔等)的设计表达式相互对比，就能掌握这些工程问题性质之间的差别以及设计方法之间的区别。

总结这几年的专业考试实践，说明根据大岩土的方向制定的考试大纲与数量众多的岩土工程技术标准之间的矛盾，固然给试题设计和应试工程师的复习带来一定的困难，但这种矛盾能够推动行业的改革，促进工程师扩大知识面，提高业务素质。同时，对于试题设计和应试复习也并不是不能克服的困难，加强试题的原导性，避免出完全依赖技术标准的偏题和繁题，就能提高试题的质量，也有利于应试工程师的临场发挥。

在处理试题设计与技术标准关系方面，已经积累了一定的经验，反过来又为考试大纲的贯彻提供了很好的案例。这些经验将会在考试大纲的修订和今后的试题设计中充分体现大岩土的方向和岩土工程体制的发展趋势，推动岩土工程师的注册考试日益成熟。

**2) 实行注册执业制度后行业发展的预期与对策**

我国在实行建筑师与结构工程师注册执业制度之后，紧接着就开始了岩土工程师的注册考试工作。

岩土工程师的注册考试于1998年底开始准备，成立了试题设计与评分专家组，召开了第一次会议，讨论了岩土工程专业的定位，命题原则，决定了草拟考试大纲的分工,起草了各种文件,同时开始了命题的各项准备工作。

2001年,人事部和建设部发布了《勘察设计注册工程师制度总体框架及实施规划》和《全国勘察设计注册工程师管理委员会组成人员名单》,在文件中,将岩土工程作为土木工程专业工程师的执业范围之一,其涵盖工程内容为"各类建设工程的岩土工程"。

2002年,人事部和建设部发布了《注册土木工程师(岩土)执业资格制度暂行规定》和《注册土木工程师(岩土)执业资格考试实施办法》,注册岩土工程师正式定名为注册土木工程师(岩土)。

全国勘察设计注册工程师管理委员会根据上述文件的精神,批准成立全国勘察设计注册工程师岩土工程专业管理委员会及注册土木工程师(岩土)执业资格考试专家组。于2002年公布了注册土木工程师(岩土)执业资格考试大纲,当年举办了第一次考试。截至2021年,岩土考试一共举办了19次(2015年停考)。

(1)注册执业制度会带来些什么

有人把注册执业制度看作是一把双刃剑,这也很形象,凡事都有两面性,世界上没有绝对的好事,只有看透两面性,才能趋利避害。

总的来说,注册执业制度会带来下面四个方面的机会,同时也在这四个方面提出了挑战。

①与国际岩土工程界有了一个合作的平台,为参与国内外的竞争提供了制度的保证。

建立注册工程师制度以后,参与国际合作时就有了平起平坐的基础,消除了制度的障碍,可以在一条起跑线上进行技术方面的竞争。

在市场经济发达国家中,只有注册工程师才有设计图纸的签字权。由于我国没有实行注册执业制度,我国的工程师在国外设计事务所里工作时,只是打工,水平再高的人也没有签字权。过去认为这是对我们中国人的歧视,其实不然,他们的制度并不是针对中国人设计的。

实行了注册制度以后,只要是互认的国家,他们也承认我国注册工程师的签字权,我国也给国外来的工程师以国民待遇,提供了一个平等合作的机会。当然,技术水平的高低、竞争的胜负还是要靠工程师自己的努力,注册制度并没有解决所有的问题。

②从体制上打破了行业的分割,为企业的发展创造了条件。

注册岩土工程师是土木工程师的一部分,注册岩土工程师可以名正言顺地在土木工程领域中打出一片天地。但也要看到,注册制度也有可能被用来强化人为的壁垒,保护部门的既得利益,造成更为严重的条块分割。因此,充分利用岩土工程起步比较早的时间优势,及早冲破各种壁垒,在各个行业领域中发展岩土工程技术,是岩土工程界人士的当务之急。

举办注册土木工程师(岩土)执业资格考试之后,注册土木工程师总体框架中的各个系列陆续开始考试与注册工作。除了水利水电工程因涉及区域性的地质工作,需要在岩土工程师之外设置地质工程师,其他各个行业均由岩土工程师负责有关的地质调查工作。大岩土的格局将在各个行业陆续开展考试与注册的过程中逐步形成。

对于建筑行业中从事岩土工程的单位和个人固然可以跨出行业的樊笼,到土木工程其他领域去发展,但也要看到,其他行业从事岩土工程的同行也可以到建筑工程领域中来发展,这种机会是双向的、均等的,对于这种双向的诉求,应当抱坦然和欢迎的心态。

打破行业的分割要有制度的保证,但最终能否形成合理的岩土工程体制,还要依靠业内人士的不懈努力,用技术的优势去体现岩土工程体制的优越性,逐步取得各方面的支持。应当认识到,打破行业的分割要通过艰巨而又长期的奋斗,不可能毕其功于一役。

③为岩土工程咨询业的起步提供了可能。

从20世纪80年代初开始,有识之士即奔走呼吁,提出建立岩土工程体制的倡议。这种体制的改革在实行注册工程师执业制度以后,才有了实现的可能,但要将可能变为现实,还需付出巨大的努力。这是因为国际上通用的岩土工程体制与我国现行的勘察设计体制之间,存在非常大的落差,相容性极差,不正视这种差别,不针对现状采取积极的措施,实行岩土工程体制仍然是一句空话。

实现岩土工程体制,需要通过争取试点的方法,冲破勘察设计体制的束缚,逐步显示其优越性,才能进一步推广。

有条件的单位可以争取地方管理部门的领导同意,开展岩土工程咨询业的试点,提高企业的技术含量,扩大经营范围和活动的空间,也为岩土工程体制的建设与完善提供有益的经验。

④企业的内部管理改革增加了内在的推动力。

在实行执业注册制度后,企业内部的技术力量会发生重新组合,人们的利益关系也会出现比较大的调整,要充分利用这个机会进行企业内部管理的改革,采取措施化解因注册执业可能带来的一些消极因素,以注册为契机,提高企业的技术水平和工作效率。

注册执业制度会改变企业内部的责任与分工,也会激励注册工程师追求技术的进步,为企业创造更多的扩大业务领域的机会。

实行执业注册制度以后,人才的流动会更加频繁,这有利于促进和推动企业的制度创新。国家已经确定的改革方向是强化个人资质,淡化企业资质,这是一个大趋势,作为企业的负责人,要适应这个趋势,改变自己的观念。

(2)建筑市场改革的走向

在加入世贸组织保护期满以后,国际上的跨国服务企业势必大举进入我国,这对我国深化经济体制改革也是一种动力。

在岩土工程领域,国际上许多著名的岩土工程公司,前些年已云集香港,通过个别工作项目对我国的现有体制进行了解,但他们不想在过渡期中采用合资的方式进入我国,因为以前有过不成功的案例。因此,在过渡期以后采取独资的方式将是他们的选择。2005年,荷兰辉固国际集团收购浙江省综合勘察研究院是一个信号,也是一个吃螃蟹的先例。

进入我国市场的国外岩土工程公司,按照国际岩土工程咨询业的方式,在我国现有勘察设计体制下如何运行,尚需要探索。

我国建筑市场的改革,包括企业转制、市场运行机制、技术控制体系和建筑市场分工四个方面,每一方面的改革都步履艰难。

①企业转制。

对国内的企业来说,是选择吸收外资的方式还是就地转制?民营化是不是体制改革的方向?国企的领导在一夜之间转为民营企业的董事长,他们如何转变经营方式?民营化以后的企业内部管理与之前国企相比,有何特点?

国内已有一些转制的先行者,他们的经验和教训,他们的探索与尝试,为后来人留下宝贵的财富。

②市场运行机制。

目前市场运行的无序状态与市场机制还不完善有关,无论是招标投标、质量监督、市场监管和合同纠纷仲裁等方面都是这样。目前情况下很难指望依靠行政干预奏效,因为行政部门并没有完全按照市场运行的要求归位,仍然是集投资主体、制定法规和监管仲裁于一身,就无法杜绝寻租现象。

作为国有大型企业、各地区(行业)的标志性企业,主要依靠企业的自律,以自身的实力去对抗不规范的市场,这是很不容易的。

③技术控制体系。

技术控制体系与市场化要求的距离还比较大,要形成建筑法规与技术标准分离的技术控制体系,不是一朝一夕能完成的,尚需待以时日。目前,我国的技术控制体系或多或少保持着计划经济年代的特色,而且比计划经济年代具有更大的控制性,这在体制变革时期也许不可避免,但与市场经济的要求相去甚远。

与国际接轨,很重要的方面是工程建设标准管理体制的接轨,改革目前的工程建设标准化管理模式,建立起技术法规与技术标准相结合的、有效的技术控制体制,十分迫切。

④建筑市场分工。

建筑市场分工与我国岩土工程体制的建设密切相关。

我国目前实行的勘察、设计、施工三段式的体制是50多年前从苏联那里学来的。政府的管理是按勘察、设计和施工来建立机构和制定法律、规章和制度的,企业也是按照勘察、设计和施工来建立的,技术人员的培养和技术职务体系都依附于这个体制。

在这个体制中,勘察是作为提供地质资料的一个阶段,是基本建设链的一个前期环节,对勘察的要求只是资料正确无误,至于怎么使用这些资料,那是设计阶段的事。设计与施工之间的划分,是设计单位出施工图,施工单位只能按图施工。设计在这三个阶段中处于优势地位,但向上缺乏对地质资料的正确把握,向下缺乏对施工条件的正确把握,处于两头无援的地步。在改革开放以前,设计经常被认为脱离实际、浪费保守而受到批判。目前,设计工程师终身负责的要求则以另外一种方式使设计工程师处于十分尴尬的地位。勘察、设计和施工之间矛盾不断,在计划经济年代,行政领导对一切负责,可以协调三方的关系,处理出现的各种矛盾。但在市场经济尚不完善的条件下,在缺乏行政投资主体协调的项目中,这种体制的缺点便暴露无遗。

在市场经济发达的国家,建筑市场的分工与我国最大的不同有两点:一是没有将勘察作为一个阶段,岩土事务所和建筑事务所、结构事务所、设备事务所都是平行的设计咨询机构,共同受聘于总包公司;二是设计与施工的划分节点不是施工图,施工图是由施工单位来做的,设计的深度只相当于我国的扩初设计,在所有构件的尺寸、材料、标高和内力都确定以后,由施工单位负责配筋,出详图和模板图并实施。总体的问题由设计单位负责,细节的问题由施工单位负责,责任界限是比较明确的。国外的岩土工程体制就是在这种分工模式下发展起来的,没有这种分工模式,实行岩土工程体制是很困难的。

从发展来看,三阶段的体制必然会逐步改变,按照市场经济的要求,建立与市场经济相适应的体制。建设部通过成立专业设计事务所的试点,向这个方向转变,但改革的步伐估计不可能太快。

(3) 面对改革,我们能做些什么

面对建筑业改革的形势,我们能做些什么呢？下面主要从技术及技术管理的层面提出一些想法,供讨论。

分析实行注册执业制度以后建筑市场改革的方向,目的是及早筹划,发展和提高企业的竞争能力。

①从人才结构上提高企业的竞争力。

改善人才结构以适应岩土工程体制改革的需要。岩土工程是一个综合性的学科,需要多学科人才的通力合作,在国外的岩土工程事务所中不仅有土木工程师,还有地质工程师。工程师大多具有土木工程的本科学历或岩土工程的研究生学历,具有比较宽的专业面和较强的适应性。

我国工程勘察单位的现有人才结构比较单一,工程师大多毕业于地质学专业,又缺乏工程设计的经历,人才结构的瓶颈是实行岩土工程体制的内部不利因素。为了实行岩土工程体制,必须从招人和在职人员继续教育两个方面有计划地改善勘察单位的人才结构。

岩土工程界的元老、北京勘察设计研究院的老院长陈志德先生早在20世纪50年代,就远见卓识地组建工程学科和地质学科两类人才的队伍,从结构、地基、力学、地质等学科中吸收毕业生,当时在勘察单位中是独树一帜的。到了20世纪80年代,陈志德先生种下的种子开花结果了,北京勘察设计研究院以其优化组合的人才结构和深厚的技术底蕴在岩土工程领域中,开创了在勘察设计体制下进行岩土工程咨询的先例,显示了人才结构对于提高企业竞争力的重要作用。

北京勘察设计研究院的发展历史为我国现有勘察单位技术队伍的改造升级提供了非常宝贵的经验。

②现有工程师队伍的继续教育。

我国注册工程师制度对工程师继续教育作出了规定,注册工程师每年要接受规定课时的继续教育。对我国的岩土工程师来说,继续教育有更深层次的含义。

按照一般的意义,继续教育是为了让工程师不断地接受新的技术,更新知识,适应工程技术不断发展的要求。

但对于岩土工程师,还有一个补课的问题,通过继续教育,弥补原来大学教育的不足,扩大专业知识面,适应大岩土的需要。

因此,注册土木工程师(岩土)的继续教育应包括三个方面的内容:一是技术的新发展与新经验;二是结构设计的知识;三是地质学的知识。

不同教育背景的工程师可以在后两个继续教育的内容中选择自己所缺少的知识，有针对性地选学一些课程，扩大专业知识面。

有的单位安排年轻的工程师参加上部结构的设计工作，增加设计工作的实践经验，也是一种很好的做法。

③开展岩土工程的技术咨询。

按照岩土工程体制的工作要求和工作方式，在现行体制下开展岩土工程的咨询工作是很有意义的一件事，通过实践来探索和验证开展技术咨询的必要性和可能性，也是对现行体制的一种挑战，逐步积累技术咨询的经验，争取尽快建立岩土工程咨询业务的资质体系。

上海岩土工程勘察设计研究院已经开展了较长时间的技术咨询业务，初步打开了局面，提高了企业的技术水平，取得了较好的社会效益和经济效益，为企业开辟了一条新的业务路子，也为行业的改革提供了十分宝贵的经验，值得推广。

④发展与咨询工作配套的业务和机构。

根据国际岩土工程业的分工，与咨询业配套的业务如钻探、土工试验和原位测试，都由相应的专门公司承担，公司之间通过合同建立协作关系。

按我国目前的体制，这些工作都由勘察单位的下属部门来承担，由行政领导来安排和协调。勘察单位机构庞大，这些部门也缺乏发展的压力和动力，得不到应有的锻炼和提高。

事实上，情况已经发生了许多变化。例如，有的勘察单位没有建自己的试验室，土工试验都委托其他单位的试验室来做。又如，有的地方存在许多"地下"钻探队伍，承揽钻探任务，但由于没有给以合法的地位，也不能对其进行有效的监管。如果成立钻探公司，就可以对钻探公司的技术、设备和工程质量提出要求，促使技术水平和钻探质量的提高。将试验室或测试队伍从勘察单位中独立出来成立试验有限公司以后，这些业务可以得到发展，有利于提高岩土工程技术水平。

当然，这些改革措施，需要得到政府的支持，建立相应的执业许可制度，例如对试验室的业务许可，可以按试验项目来审批，使不同水平的试验公司都能获得发展的空间。

第五章

# 参加社会活动和工程项目研究的经历

1958年我到同济大学地下系的前身水工系工作,时年23岁;1960年初调到地基基础教研室,至2003年(68岁)退休,在地下系工作了45年。在这45年中,我在系里工作的时间比较短,而且集中在最初的几年。绝大部分的时间,主要在地基基础教研室工作。

地基基础教研室有一个非常好的传统,那就是与社会、与工程界的联系非常紧密,这源于社会发展与工程实践的需要,也归功于俞调梅先生重视社会发展与工程实践,在工程界享有盛誉。那时,教研室每个星期都有接待值班的时间,安排教师值班,接待来访,处理工程中出现的一些问题,是教研室与工程界沟通、交流的一个重要的渠道。如果工程问题比较复杂,或者技术上有一定的难度,就会去工程现场调查和处理。通过这些渠道,教研室的同仁保持着与工程界的密切联系。在工程实践中学习,处理与解决工程问题的同时,又提高了教师自身处理工程问题的能力,提高了教师自身的水平。

在这样一个技术集体中,只要愿意学习,就会有很多提高自己、服务社会的机会。在最初的几年中,我还身兼系里的工作,需要上班办公,会议也很多,很难在工地上待比较长的时间。后来,情况有了比较大的变化,我也可以有比较多的时间去工地参加工程实践活动了。此外,同济大学又是一所著名的大学,与社会有着多方面的联系,这些联系也是通过我们每一个成员来体现。因此,每一个成员的社会活动,共同构成了这个学术集体与社会联系的方方面面。

本章回顾了我毕业以后的主要社会经历、几次重要的社会活动、与学界友人的交往以及工程研究的项目。

## 一、1966年的一次全国性的学术会议

当年,俞调梅先生在组建各种全国性学会的过程中发挥了很大的作用,他同时担任了中国土木工程学会土力学及岩土工程分会、中国建筑学会地基基础分会、中国水利学会岩土力学委员会和上海市土木工程学会地基基础委员会的副主任职务。

1966年6月,第二届全国土力学及基础工程学术会议在武汉东湖之滨召开(第一届会议是1962年在天津举行的),会议主题是测试技术,全国有52位正式代表出席会议,另有59位列席代表和75位参加会议的人员。提交会议的论

文共 102 篇,分类统计如下:

(1)土的应力变形和沉降测试技术,15 篇。

(2)土的强度测试技术,28 篇。

(3)流变试验技术,6 篇。

(4)岩石力学试验技术,24 篇。

(5)土的物理性质试验及其他,29 篇。

这是一次规模比较大的会议,反映了新中国成立十多年来我国在岩土工程试验技术方面的进展。出席会议的学会主要领导是黄强(建筑科学研究院地基基础研究所的第一任所长)、陈宗基(中国科学院武汉岩土力学研究所)、卢肇钧(铁道科学研究院)、冯国栋(武汉水利电力学院)、俞调梅(同济大学)和王锺琦(建工部综合勘察院)等几位。在出席和参加会议的人员中,还有一些全国知名的学者,例如陈梁生(清华大学)、钱寿易(中国科学院力学研究所)等。由于当时的环境不利于学术活动的开展,老先生们都很谨慎,比较沉默寡言,会议比较沉闷。对于要不要出版会议论文集的问题,老先生们都认为不符合当时的形势。那是一个政治上极为紧张的时代,谁也不敢撞到枪口上。但从业务上看,这次会议集中反映了我国在试验和测试技术方面的发展水平,让这些资料散失也非常可惜,因此就有人提出了折中的办法,出一本论文摘要。会议最终采纳了这个建议。但由谁来组织这个论文摘要呢,谁都不大敢接这个烫手的山芋。

当年,我有幸陪同俞调梅教授参加了这次全国性的会议,并作为他的助手,处理一些会议的事务。俞先生对我说:我们来组织出版这个论文摘要,好不好? 俞先生就在会议上提出由同济大学来负责做论文摘要的出版工作。于是,我就收集了两套会议资料,准备带回同济大学做这个会议的论文摘要。回到上海以后,在俞先生的指导下,我就开始做论文摘要的清稿工作,将论文摘要誊写到稿纸上面,准备付印。但这项工作还没有做完,"文革"就开始了,工作也就停顿下来了。而且,一停就是 50 年,直到前段时间,我才把这些极其珍贵的历史资料交给出版社,以备整理出版。

## 二、在同济大学地下工程系党总支工作的八年(1958—1966 年)

1958 年的盛夏,我刚做完毕业设计,还没有答辩,路桥系党总支副书记徐元立同志就找我谈话,通知我留校工作,担任水工系团总支书记。由于工作需要,他告知我，不用参加班级的毕业设计答辩，马上到新成立的水工系报到。

因此，我就向我们的班级告别，立即到位于南楼四层的水工系办公室报到。接待我的是系主任张问清先生，他向我介绍了新系筹备的基本情况：几个教研室正在筹建，一些调来的教师正在陆续报到，今年将有四个专业的100多个新生报到。我的工作是马上组织团总支委员会和教工的团支部委员会，配备各个班级的班主任，组织力量准备欢迎新生。根据新生的情况资料，遴选团总支的干部、学生会干部和各个班级的班干部，以期新生报到以后，迅速开展正常的学生工作和教学工作。

说实在的，我在读书时，只担任过班级的团支部书记和学校学生会的福利部长，没有负责过系团总支的工作，哪怕是不脱产的团总支工作也没有，所以并不真正具有共青团的工作经验。因此，我是在没有任何思想准备的条件下，匆忙"上任"的。

从1958年夏天去水工系报到至1966年夏天离开地下系党总支的整整八年中，我有一年半时间全脱产担任团总支书记，6年半时间脱产担任党总支副书记。领导我工作的前后有两位党总支书记，第一位是郭维宏，相处时间不长，他是一位很和蔼的长者，因为身体不好而较早地离开了岗位；第二位是孙辛三，他是部队的大尉转业到我们学校工作的，我们相处的时间比较长，一直到"文革"开始。由于我是刚毕业的干部，无论是作为学生工作干部，还是作为党的基层干部，我都缺乏工作经验。而他们两位都有丰富的基层工作经验，又是我的直接领导，因此对我都有许多帮助和影响。与此同时，系主任张问清先生对我也有很大的帮助。我的党务工作和行政工作方法都是向他们学习的。

八年中，我的大部分时间花在党务和行政工作上，每天上午除了我有课的时间外，都要到总支办公室上班，不开会的时间里我们三个书记议论一些系里的事情，讨论一些安排，或者是孙辛三向我和徐伯梁（早期是贺幽水）传达校党委开会的一些主要精神。在我担任团总支书记的那段时间里，在每个系的学生宿舍里，都给团总支书记安排了一个房间，既是宿舍，又是办公室，便于联系学生，也便于学生有事找我们，那也就是全天候地做学生的工作了。在办公楼里当然也有我们的办公室，那是开会用的。在我不担任脱产的团总支书记并兼任了地基基础教研室副主任以后，上午的时间都在总支办公室里工作，下午的时间，除了开会以外，我可以用来查资料、备课或者在试验室工作，也就是所谓的"双肩挑"了。至于业务方面的学习与备课，则主要是利用晚上的时间。好在，那时我是单身一人，可以利用的时间比较多。

1958年，"大跃进"开始，水工系才刚刚成立，系的干部还没有配齐，教研室的老师严重不足,学生刚来报到,因此没有派上大炼钢铁的指标。但那年体育锻炼"放卫星",要求学生达到国家劳卫制锻炼的目标,尚未达标的学生只能一次一次地在操场上跑。为了鼓舞士气,系主任张问清先生也陪学生一起跑,当时传为佳话。当年一下子办了四个新专业(工程地质、地基基础、水工结构和陆地水文),困难很多。工程地质和地基基础这两个专业依托原有的地质土壤基础教研室,分别成立了工程地质教研室和地基基础教研室,也就有了专业教研室了。但水工结构和陆地水文这两个专业,只能从桥梁教研室、结构教研室、水力学教研室调一些老师过来。这些老师报到以后就去建设中的富春江水电站参加劳动和建设工作,以提高对水电站建设的认识,为专业的建设做准备。

到1959年,"大跃进"出了不少乱子,党中央和毛泽东主席提出"调整、巩固、充实、提高"的方针,制定和执行了一系列正确的政策和果断的措施,降低了发展的速度,使国民经济得到恢复和发展。新成立的水工系也面临着调整,学校决定停办水工结构和陆地水文两个专业,已调来的教师分别充实到工程地质教研室和地基基础教研室。同时,与1958年已经办起来的测量系(同济大学原有的测量系已于1955年迁到了武汉,这里所说的测量系是指新办的系)合并成立勘测系。

这个勘测系大概存在了3年,我记得在1962年毕业分配时,工程测量专业的学生还是在勘测系毕业的。当时,系的办公室在胜利楼,一幢砖木结构的2层小楼(现在已经拆除了)。系领导分别找毕业生谈话,落实毕业分配的安排,学生三三两两地坐在木楼梯上等待领导的谈话。

当年,在备战和建设大西南的大背景下成立了地下建筑专业,该专业最初设在路桥系。大概是在1963年,由工程地质、地基基础和地下建筑三个专业合并成立了地下建筑与工程系,有三个专业教研室,开始了长达50多年的办学历程,中间也经历过几次分离与合并,包括海洋地质教研室从华东师范大学调到我们学校的初期,也曾经放在地下工程系。

那时,总支的工作并不好做,因为方方面面的事情都要管,都要处理好。例如,要处理好与党外老教授的关系,争取他们对我党工作的支持,也要尽量为他们提供一个发挥自己专业才能的环境;要加强学生工作,为各个专业配备专职的辅导员,并安排专业教研室的老师担任各个班级的班主任;在物资供应困难的时期,带领系里的干部到学生食堂为学生打饭,了解学生的意见,采取措施保障学生的伙食,例如在学校的空地上种植蔬菜。

在总支工作的八年中,我从一个刚毕业的大学生逐步成长为一个大学教师,完成了身份的重大转变,积累了最初的工作和为人处世的经验,当然也经历了不少挫折,有过迷茫,有过失落。来不及品味,那段青春岁月就匆匆而过。

## 三、在井冈山的半年(1970年2~9月)

1970年春节前,上海市教卫办通知同济大学,派5名教师或干部,与华东化工学院的一位老师组成一个小分队,护送上海市虹口区的500名中学生去江西省井冈山地区插队。学校就派周亚男、金琅、宋毓芳、柳鸿祥和我承担护送任务。我们在1970年春节后出发,国庆节前回来,在井冈山地区生活了6个月。那是一段不平常的经历,我看到很多,学到很多,也懂得了很多。

当时,周亚男、金琅、宋毓芳三位女士都已经30多岁,还没结婚,出长差对她们的终身大事无疑会造成比较大的影响。我和海洋系的柳鸿祥都是家属不在上海的半单身汉,平时也是一个人生活,出长差的问题不是很大。就这样,小分队成员带着不同的问题和心态,在江西省永新县共同生活和工作了6个月。那段时间,我没有写日记,也没有详细记录所见所闻,因而对几十年前的那段经历记得不是那么准确。

出发那天,我们到达上海北站站台的时间比较早,与我们同乘一列车去江西的是上海第二医学院的老师组成的小分队(不记得当时他们送的是哪个区的学生)。这列车运送1000名学生,由两个小分队护送。我们早早上了列车做准备工作,在各节车厢贴上学校的名称。不久,一队队学生来到车站,送行的家长也都来了,孩子们向家长告别,家长依依不舍地向孩子们叮咛着。

列车缓缓开动,离家乡越来越远。车上学生的情绪渐渐平静下来,开始安放自己的行李,安排各自的座位,我们则给孩子们发放第二天早餐的饼干。

第二天上午,火车到了江西樟树站,我们都下了车。地方上派了许多汽车来接我们。孩子们各自上了要去的公社的客车,被各个公社派来的下放干部接走了,我们几个护送干部则分别跟随运送行李的几辆卡车走。

我押运的那辆卡车的驾驶员是个年轻人,我就坐在卡车副驾驶的位置上。汽车在颠簸不平的山区公路上行驶着。路上汽车很多,驾驶员有点年轻气盛,常超人家的车,有时也被别人超车。有次,他想超前面的那辆车,而那辆车的驾驶员似乎不想让他超过去,他试了几次都没有成功,两辆车的间距非常近。突然,前面那辆车一个紧急刹车,我们的车刹车不及,直往前车的车尾冲过去。此时,前车又突然加速,但我们的车还是撞到了前车的后保险杠。我感到车子猛地一颤就停了下来,而前车却一溜烟地跑了。

下车一看,我们那辆车的车头已经撞坏了,水箱破了,一直在漏水,冒着热气。驾驶员无可奈何地启动了我们的车,慢慢往前开。由于水箱在漏水,他要不断地停车,到路旁的水沟里去打水。就这样开开停停,停停开开,驶向吉安。我们到吉安已经是晚上了,车开到他们搬运公司,一个领导过来把驾驶员骂了一通。我们在吉安住了一晚,第二天换了一辆车,向目的地永新县驶去。中午到达目的地,即永新县的县委招待所。

在永新县,接待我们的是江西省冶金系统的下放干部。他们带我们逐个走访上海青年插队的公社(大队),帮我们找到地方干部,协助我们解决一些具体的问题。我们听不懂江西的方言,他们是省里的干部,会讲普通话,就起到了翻译的作用。通过他们,我们了解到江西的许多风俗习惯。在半年多的交往中,我们相处得很好。

作为护送小分队,我们的任务就是安置好这500名学生,解决他们在劳动、生活和学习方面的一些问题。为了全面地了解学生的情况,我们采取了巡视的方法开展工作,从初春到初秋的半年中,到永新县各处巡视了三次,每次耗时一个多月。巡视过程中,我们几乎每天都换地方,就住在当地的老表家中,老表吃什么,我们就吃什么,每餐按1角5分的标准付钱给老表。三次巡视,发现了一些问题,也解决了一些问题。我们当时不能解决的问题,就收集起来,反馈给上级单位。

我们既然到了井冈山地区,自然希望能上一次井冈山。其实我们所在的永新县,也是井冈山的大门之一。

新中国成立后,毛主席重上井冈山的最后一站,也是在这个永新县。为了接待毛主席,永新县在县委招待所为毛主席准备了一间过夜的房间。但毛主席那天从井冈山下来,只在这个房间里休息了一会儿,没有在永新县过夜,下午就离开了。毛主席虽然没有在招待所过夜,但为毛主席准备的房间却按原来的样子一直保存了下来,至少在我们去的时候是如此。当时,那个房间并不对外开放。对于我们参观的请求,县委还是同意了,特地开门让我们参观。于是,我们怀着崇敬的心情参观了这一间毛主席曾经驻足休息过的房间。

我们那次参观井冈山,永新县是比较重视的,由县里"五七"干校的下放干部全程陪同,沿着当年毛主席上井冈山的道路上山,参观了几个重要地方。可惜的是,当时没有写日记,现在已经无法详细地描述了,但激动的心情,跨越半个世纪,依旧能感受到。

在江西的这段经历,比较特殊,因而我对同行的几位同事印象比较深刻。

周亚男是从路桥系出来的,可能是1961年毕业的。"文革"之前,她担任路桥系的党总支副书记。"文革"开始后,也和我一样,靠边站了。那次去江西,学校组织部门的樊天和明确由她当组长。当时她年过三旬,还没有结婚。她的名字叫"亚男",但似乎不亚于男子,个子比较高,有男子气,为人很正派,就是有点过于一本正经。所以,当她和大家在一起的时候,大家都比较严肃,不大敢说笑话。而她不在的时候,大家就非常活跃,话也比较多。最后一次在江西省樟树市开总结会的时候,大家都想买个当地盛产的樟木箱带回去。怕组长批评,就背着周亚男去买。回上海时,每人都有一个樟木箱要托运,她看了也哭笑不得。

金琅和宋毓芳两个人都是马列主义课程的教师,是1959年学校办的政治教师培训班出来的。去江西那年,她们两人都没有结婚,也都是30岁左右的人了。她们当时都在谈恋爱,但还没有确定关系。这么一次长期出差,确实是非常严峻的考验。我们都暗暗为她们的终身大事担心,同时也抱怨学校的组织部门,派这样年龄的女教师出差,耽搁了人家的终身大事,可不得了。

柳鸿祥是复员军人,在海洋地质系做办公室行政工作。他爱人的工作单位原来在上海,但在备战时单位作为小三线的工厂搬到南京去了,所以他们两口子也成为两地分居的人士了。当时,感觉他的为人比较直率,有点大大咧咧,只是讲话有点粗。从江西回来后,过了几年,有一次他来找我,说他家里有点什么事,钱周转不过来了,想向我借点钱。看在一同去江西的情分上,我借给他大约两个月的工资。之后,不知他是不是遇到了什么困难,几十年都没找过我。我也不想为了这么一点钱,去找他的领导告状,也就这么算了。

## 四、我的业务成长之路

从1958年毕业留校,到1970年开始参加规范编制工作的这12年,是我作为青年教师成长的关键阶段,也是为以后立足于社会打基础的宝贵岁月。在这12年中,我逐步从一个比较幼稚的青年干部,成长为一个独当一面的讲师,开始投身于我国的工程技术标准的编制工作。

我在大学三年级认识了俞调梅先生,那年他给我们开地基基础这门课。俞先生的讲课风格不是平铺直叙,也不是抄黑板。他在黑板上写的东西并不多,也不系统,但他对土力学与地基基础这门学科的认识是十分深刻的,在课堂上的论述是富含哲理的,带有批判性的。他的某些学术观点,对于大学生来说,不容易理解和接受。与其说,他是在讲地基基础的某些设计方法,还不如说,他是在教我们如何理解这门课的哲学观点,教我们处理地基基础工程技术问题的思想方法。

像俞先生这样的知识分子太少太少了。他是庚子赔款的公费留学生,是我国岩土工程的开拓者和奠基人。他重视实践,敢于谈论岩土工程的不足,从不故弄玄虚;敢于承认自己的不足,从不沽名逐利。他的为人,他的学术观点,深深地影响了同济大学地基基础教研室的教师。

我在1960年初调到地基基础教研室,在俞先生领导下从事土力学与地基基础的学术研究和教学工作,到1999年俞先生去世,前后有近40年的时间。俞先生年长我24岁,他89岁高龄去世,那年我也已经65岁了。我何其幸运,从青年到老年,都是在俞先生的关怀、指导与帮助下度过的。

20世纪60年代初期,教研室组织教师翻译了一本俄文版的《土力学原理》,出版时在前言中写了翻译人员的分工情况。这本是非常正常的一件事。可在那个年代,党总支书记认为这是名利思想的典型表现,要求我们把前言撕去。我们只能奉命执行。这件事对俞先生的伤害非常深。

同一时期,我们教研室准备编制土工试验室的发展计划,需要了解同行在这方面的经验,也就是需要进行调查研究。根据俞先生的安排,余绍襄和我到北京、天津和南京的二十多个兄弟单位学习建设土工试验室、开展土的基本性质试验研究方面的经验,我还在南京水利科学研究所参加了一段时间的试验工作。我把当年的调查记录都完整地保存下来了,翻阅那几本手稿,半个多世纪前进行调查研究的情景还历历在目。那次调查,我们访问了我国岩土工程领域的许多著名的领军人物。余绍襄和我都是年轻教师,能得到那么多老先生的接待,完全得益于俞先生的精心安排、提前联系,他为此写了不少介绍信。

在京津两地的学术考察,自1964年6月23日至7月29日,共36天。保存下来的记录显示,接待我们的专家主要有以下几位:钱征(天津航务工程局科研所),范恩锟(天津大学),张祖闻(建筑科学研究院),周镜(铁道科学研究院),张肇伸(铁道科学研究院),蒋国澄(水利水电科学研究院),陈愈炯(水利水电科学研究院),朱思哲(水利水电科学研究院),黄熙龄(建筑科学研究院),钱寿易(中国科学院力学所),丁金粟(清华大学),黄强(建筑科学研究院),张国霞(北京市地质地形勘测处)。那次考察的记录见本书第九章。

通过那次社会调查,我们对我国土力学的研究进展有了一个比较全面的了解,提高了对我国土力学发展现状的认识,有助于制订我们教研室的科学研究规划和土工试验室的发展计划。对我来说,也是一次重要的学习机会,学习了许多试验原理和试验技术,扩展了专业知识面。

"文革"后期进行的地基基础专业调查中,俞先生亲力亲为,直接到用人单位听取他们的意见,听取毕业生的意见,并亲自执笔起草关于岩土工程专业调查的报告。报告成稿的过程中,俞先生、曹名葆和我一起进行调查研究,一起讨论和编写大纲,但执笔的是俞先生,最终的署名是俞调梅、高大钊和曹名葆三人。

"文革"结束后,俞先生指定我负责编写全国统编教材《土质学及土力学》。这本教材,是我主编的第一本书。俞先生把他在20世纪50年代主编的《土质学及土力学》送给了我,也给我讲了许多他编写教材的经验和教训。那本书,他在重新装订时加了一个封面,上面亲笔写了"土质学及土力学1961年"的题词,我一直珍藏着。那时,俞先生特别叮嘱我不要在主编的教材封面上署名,考虑到当时的氛围,我深知这是老师对学生的关爱。

在第一届海洋岩土工程国际会议上发表的文章的英文稿是俞先生帮我们合成的。改革开放初期,俞先生充分发挥他在国际上的影响,组织了那次国际会议。我们三个人(魏道垛、胡中雄和我)原来分别写了关于上海土的各种工程性质的论文,俞先生建议合成一篇文章在会议上发表,文章的题目是《上海土的工程性质及应用》(Geotechnical Properties of Shanghai Soils and Engineering Applications)。

我提升副教授前的英文考试是俞先生出的题,由孙钧先生批改。当时俞先生要求我通读泰勒(D. W. Taylor)的《土力学基础》(Fundamentals of Soil Mechanics),那本书对我的帮助非常大。很多年后,俞先生提及此事,认为选那本书是对的。

# 五、与学界友人的交往

我在学界的朋友很多,有共同编制技术标准的朋友,有一起参与注册岩土工程师考务工作的朋友,有一起组织学术活动和开展学会工作的朋友,有出版界的朋友,相互之间的交往以学术为主。朋友中,有我的老师辈,有我的同辈(居多),有我的学生辈。年龄的跨度比较大,专业的领域比较广。在本书中,多处涉及相关的友人和发生的事,这里集中介绍他们中的几位。

### 1. 孙更生先生和封光炳先生

孙更生先生和封光炳先生分别是上海和浙江岩土工程界的领军人物,也是各自单位的总工程师,从20世纪50年代开始,就对我有诸多指导和帮助。

我保存着一张与孙更生、封光炳两位先生合影的照片(图5-1)。这张照片因为突然出现的一个局外人显得不够完美,但能从一个侧面反映我与两位先生之间深厚的师生情谊。

图 5-1　与孙更生先生（左）、封光炳先生（右）的合影

这张照片大概是 20 世纪 80 年代我们在浙江参加一次学术会议后拍摄的。与沪、浙的两位总工程师合影，是十分难得的事情，很有纪念意义。

我向封光炳先生的求教始于 20 世纪 50 年代后期。那时，我们系的一、二年级的学生在暑假之前都要进行地质实习或测量实习，而杭州和苏州两地的地质、地貌特点是比较适合学生野外实习的，相对而言，去杭州的次数更多。浙江大学内曾经有一幢实习楼，每年暑假供同济大学实习学生临时居住之用。我们地基基础专业的学生还有建筑物的地基基础方面的调查研究实习。这样，在杭州，我们经常请教封光炳先生。他非常热情地接待我们，提供多方面的接待与帮助。后来，在参加《地基规范》和《勘察规范》的编制工作时，又多次向他请教，均得到悉心指导，他还为编制规范提供了许多资料。

与孙更生先生的交往可能开始于 20 世纪 60 年代初期。孙更生先生曾约我到他在上海市城建局的办公室长谈过一次，他仔细听取了我对我们教研室的现状和发展计划的汇报，他非常重视我们教研室，希望我们对上海的建设做出更大的贡献。后来的几十年中，我们教研室对上海市的建设贡献了自己的技术力量，没有辜负孙总对我们的期望。

20 世纪 80 年代初期，孙更生先生和郑大同先生合作，组织人员编写出版了《软土地基与地下工程》这本总结以上海为代表的沿海软土地基与地下工程建设经验的专著，得到广大读者的欢迎。

21 世纪初，距离这本《软土地基与地下工程》出版已经 20 多年了，孙更生先生及时提出了编写出版第二版的计划，并要求黄绍铭总工程师和我主编。我们两人一起组织了这本书的修订工作，经过全体编写人员的努力，该书第二版于 2005 年在中国建筑工业出版社出版，实现了上海岩土工程界两代人在技术上的交接。

**2. 许溶烈总工程师**

在参加浙江省的一次工程技术讨论会期间，留下了我和许溶烈总工程师的合影(图5-2)。我们两人坐在一起,都在聚精会神地看会议的资料。那时,他可能已经从建设部总工程师的岗位上退下来了,所以有时间参加这种工程技术的讨论会。

图 5-2　与许溶烈总工程师(右)的合影

我与许总的交往,最早要追溯到20世纪60年代。那时候,他还在建筑科学研究院地基基础研究所工作,到同济大学地基基础教研室进修了比较长的时间,主要听俞调梅先生的岩石力学课程。我们在一个党教研室里学习与工作,在一个党支部里过组织生活,开始了我们之间的几十年的友谊。

后来,他去辽宁葫芦岛工作了很长时间,那里有很多重要工程,都涉及岩石力学问题。当时,我国正在进行"三线建设",许多工程项目建设在山区,经常遇到岩石工程问题。俞先生就为地基基础专业和地下建筑专业开设了岩石力学课程。同期,国际上发生了几起建造在岩石地基上的大坝的垮塌事件,开始重视对岩石力学的研究,并且成立了国际岩石力学学会。

到20世纪80年代,许总调到建设部工作,初期担任建设部科技局的局长,后来担任建设部的总工程师。那段时间,我正担任同济大学科研处的处长,多次到北京参加他主持召开的会议,连续多年参加建设系统科技进步奖的评奖工作会议,参加全国建筑工程科学技术规划的编制工作会议。这样,和他的交往就多了起来。通过他,我们有更多的机会了解和承担与工程实际密切相关的科研课题,也扩大了与工程界的联系渠道。例如,山东省城乡建设勘察院的严伯铎总工程师是同济大学测量专业毕业的,是老校友,但过去并没有联系,也不认识,后来在建设部的评奖工作会议上相识,到现在一直保持着密切的联系。

当年在上海,许总和上海市建委主任沈恭、上海建筑科学研究所所长王傅都是好朋友。江景波校长主政同济大学时,他知道我与许总的交往情况,因此在许总来校访问的时候,校长办公室总会通知我参加接待。我曾跟随许总组织的代表团到欧洲参加国际深基础协会召开的国际会议,那时许总是我国深基础协会的主席。在出国访问的过程中,认识了马来西亚的洪礼璧先生。后来许总还组团访问了马来西亚,在访问中讨论了我们学校的科技开发公司和洪先生合资办一个咨询公司的问题。这个公司得到了上海市建委主任沈恭的积极支持,许总还担任了合资公司董事会的董事。当年,办合资公司可是第一次吃螃蟹的事,我们的试点是非常超前的。我们去上海市外资委办登记手续的时候,经办人员都不知道合资公司属于哪一类企业。之后,我们国家就再也没有批准过国外公司参与的工程勘察方面的合资公司。

进入21世纪后,我们两人先后退休,但友谊一直延续,我有新书出版时,总会寄给他一本,请他指正。虽然常有电话联系,但见面的机会少了。

### 3. 史佩栋总工程师和包承纲院长

在三峡库区项目的成果鉴定会期间,我与史佩栋总工程师、包承纲院长留下了合影(图5-3)。照片背景应该是三峡大坝附近的平台。

图5-3 与史佩栋总工程师(中)、包承纲院长(右)的合影

史佩栋先生是浙江省建筑科学设计研究院的总工程师,与孙钧院士是同一时期毕业的。他在岩土工程界非常活跃,积极参与岩土工程界的各种学术会议,发表鲜明的学术观点,办过几种学术刊物且有声有色(他对版面和印刷要求极高)。在他的晚年,与我有比较密切的合作,我们一起编写过专业手册和其他技术书,对我有很多提携与帮助。他对俞调梅先生十分崇敬,在《桩基工程手册(桩和桩基础手册)》(第二版)前言中深情回顾了俞先生与他的师生之情。就在《桩基工程手册(桩和桩基础手册)》(第二版)的样书已经制作出来,但还没有

来得及寄给他的时候,他就生病倒下了,陷于昏迷状态。我们想去探望他,但师母(我视史总为老师,视他的夫人为师母)认为没有必要,不想惊动大家。最终,我未能见到先生最后一面,深感遗憾。

照片中的另一位是长江科学院的包承纲院长,他的年龄与我差不多,1958年毕业于清华大学,80年代初期作为访问学者赴美国跟随吴天行教授学习概率方法。吴天行教授曾经应俞调梅先生的邀请来同济大学做学术访问,讲授过概率方法在岩土工程中的应用。我在向吴天行教授学习后,开始了相关课题的研究。所以,包承纲回国后,特地到上海看我,商量如何在我国进一步推动开展这个领域的科学研究工作。第一次见面,是他到我家里来找我,这是我们合作的开始。后来,我们两人合作开展了"概率方法在岩土工程中的应用"这个课题的研究工作(是向建设部申请的研究课题),通过这个课题的研究,我们两人都培养了几位这方面的研究生。

这个课题的研究成果反映在1997年出版的《地基工程可靠度分析方法研究》一书中,由武汉测绘科技大学出版社出版。当时,第二航务工程勘察设计院也在开展这方面的研究,并努力将其推广应用到工程项目中。我和包承纲都参与了天津市开展的这方面研究工作的一些讨论,图5-4是当年在天津参加一次会议时的合影。

图5-4　参加"可靠度理论在岩土工程中的应用"讨论会时的合影
（前排左三为包承纲院长）

### 4. 张苏民总工程师

张苏民总工程师是浙江嘉善人,而我的老家在浙江平湖。两个县相邻,因而我们算得上半个同乡。

张总早年就读于交通大学(上海),1952年毕业时,交通大学的土木系已合并到同济大学,因此也可以说是毕业于同济大学,是同济大学的校友。他毕业后曾经在同济大学钢结构教研室工作过一段不长的时间,因此也可以说他是同济大学的一位老同事。他在同济大学工作不久就去了西安,在第一机械工业部西安勘察设计院工作。

张总只比我大两岁,可是他大学毕业的时间却早了我6年。因为他父亲是一位中学教师,他从小就得到良好的基础教育,上学时跳了好几级,和我们学校的朱照宏教授一样。

在工程勘察领域中,张总虽然年龄不大,但名声很大。我久闻其名,但并无深交,可能仅在一些技术会议上见过面。后来,他担任注册岩土工程师考试专家组的组长,我才与他一起工作,密切合作了十多年,对他的为人和技术水平有了深入的了解,两人结下了很深的友谊。

他主持注册岩土工程师考试命题工作的时间比较长,有十来年。除了每年有三四次讨论会外,我们两个人每年还有一项审题工作。审题时,我们分别将全部试题都做一遍,之后互相校对,检查每道试题是否有瑕疵,难易程度是否恰当,题干是否明确,什么样的解法最方便。我们审查、校对以后,李广信教授再到监狱的印刷厂中校对一遍,之后才能印刷。通过这样反复校对,以期消除试题的错误和瑕疵。考试那几天,我们还要值班,以方便远程处理考试过程中考生可能提出的对试题的疑问。

在那些一起工作的日子里,我们经常在晚饭后散步、聊天。他从来不谈过去的岁月,不谈过去的不幸遭遇。他将过去深深地埋藏在心中。有一次,他问我们,是否知道他的名字的由来。我们都无法正确回答。他告诉我们,这和他家庭的宗教信仰有关。我们才恍然大悟。

我发现,他兼有大学教授的学术素养和工程单位总工程师的经验及问题处置能力,是少有的跨界专家。他是工程结构专业出身的,在工程实践中,他又是一位精通工程地质的大师。在注册考试专家组的时候,我发现他对土力学基本概念之清晰、对工程问题判断之准确,是很多总工程师无法企及的。他年轻时,经历了许多磨难;中年时代,事业有成;到了老年,仍然很忙碌;最近十年来,才退出江湖。他在杭州买了房子,秋冬季节在西安过(杭州没有暖气),春夏季节在杭州过。

当年,注册考试专家组在杭州开会,史佩栋总工宴请我们,留下了一张照片(图5-5),照片中前排左侧两位是张苏民夫妇。照片的拍摄时间大概是在新世纪第一个十年中的某一年。那个十年,正是注册考试专家组活动最为频繁的年代。照片中,站在第二排的是高文生(右一)、徐张建(右二)和李广信(右三)。

第四位是谁,已经记不得了。

图 5-5　与张苏民夫妇、李广信教授等人的合影

张总每次出来都由他夫人陪同。他们的孩子生得比较早,都已另立门户,而且也有了下一代,所以他们两位没有家庭琐事的羁绊,可以到处走走。张总在杭州的住处离市区比较远,但有班车接送,夫妇两人现在过着神仙般的生活。

**5. 李广信教授**

我与李广信教授相识很早,但和他的深度交往是在注册考试的专家组。

"文革"后,我国恢复研究生招生和培养制度,岩土工程领域最早一批获得博士学位的有三位:清华大学黄文熙先生的第一位博士李广信,浙江大学曾国熙先生的第一位博士龚晓南,同济大学孙钧先生的第一位博士李永盛。他们是我国岩土工程领域在新时期承上启下的三位博士。我和他们都认识,有一定程度的交往,其中与李广信教授的交往时间比较长,工作上的合作也比较多。

最初的合作是在注册考试专家组时期。那时,他和我都是副组长,协助组长张苏民工作。由于我们两人都是学校的教师,琢磨试题是教师的本能,李广信教授在琢磨试题方面是一把好手。我们对于试题的讨论是非常认真、不拘情面的。应当说,我们这个组合在土力学方面是很强势的,这有利于把控试题的质量。

出题时,考试专家组的成员各有侧重,李广信教授负责边坡稳定、土压力和支护结构方面的题目。这类题目比较灵活,解题的方法也比较多样化,应该说是考查土力学知识的难点所在。他出题或者分析试题的思路也比较灵活,对于考生来说,这部分试题能得高分的机会就比较少,因而感觉比较难。李老师在土力学方面的功底非常扎实,虽然他出身于水利专业,但对建筑工程专业的工程问题,他也领会得很快,说明他的学习和适应能力很强。

我们两人离开专家组以后,又合作参加了一段时间的培训教学工作,为参加注册考试的工程师讲课。我讲前面的几章,他讲后面的几章。根据当时所写的讲稿,我们两人又合写了一本《注册岩土工程师执业资格考试专业考试复习教程》,在人民交通出版社出版。之后经过几次修订,出版到了第四版。我们希望将两人长期从事土力学教学所积累的经验,通过这本书传递给读者,为读者提供一定的参考。这本书也是我们向土力学教学工作告别的纪念。

李广信教授出生在黑龙江,具有北方汉子的特征。他小我6岁,也是八旬老人了。由于清华大学的学制比较长,"文革"到来时,他在毕业班,但还没有来得及毕业。在清华大学的派系斗争中,他能干净地脱身确实很不容易。毕业后,他回黑龙江老家工作了大约10年。"文革"后,他报考清华大学的研究生,师从黄文熙教授,这是一个非常正确的选择,他从此走上了学者的道路。

### 6. 朱象清总编和石振华编辑

朱象清先生是先师俞调梅先生的朋友,他是新中国成立初期大学毕业的。在俞先生的家里,我第一次见到了他和石振华编辑,当时他们请俞先生写一本土力学的书。改革开放初期,朱象清先生出任中国建筑工业出版社的总编辑。我参与一些书刊的组织编写工作时,得到了朱象清先生的支持与帮助,具体的出版工作由石振华编辑负责。

为了纪念俞调梅先生诞辰100周年,我们准备出版一本《软土地基理论与实践》纪念文集。我和朱象清总编商量时,他非常支持这件事,但他认为像俞先生这样的著名专家的纪念文集,同济大学出版社不出面不好,最好还是两个出版社合作出版,具体的编辑工作可以由他们出版社来做。他大力促成了这本纪念文集的出版。这本纪念文集体现了朱象清总编与俞调梅教授之间深厚的友谊。

20世纪末,建设部标准定额研究所邵卓民所长和朱象清总编策划组织编写一套《建筑标准实施系列手册》,邀请我主编其中的一本,即《岩土工程标准规范实施手册》。该书有22章,邀请了国内20位专家参与编写,工作量很大。那是我们之间的一次深度合作。

同年,中国建筑工业出版社组织编写高等学校建筑工程专业系列教材,委托同济大学编写《土力学与基础工程》。参加教材编写工作的教研室同事告诉我,根据朱象清总编的意见,决定由我担任这本书的主编。非常感谢朱象清总编对我的信任。

中国建筑工业出版社还出版了不少我参与编写的书,包括《岩土工程手册》(1994年)、《高层建筑基础工程手册》(2000年)、《21世纪高层建筑基础工程》(2000年)和《软土地基与地下工程》(第二版)(2005年)等。这些书的出版工作都是在朱象清总编的支持下完成的,很多书的编辑工作都是石振华做的。

早年,我去北京,总会安排时间到中国建筑工业出版社看看老朋友。后来,朱象清总编和石振华编辑退休了,我们之间的联系机会就很少了。再后来,他们出版社的某位编辑出现一些不当行为,我与他们出版社在业务上的联系也就基本没有了。但是,我对中国建筑工业出版社,对两位老朋友,仍然怀有深深的敬意。

### 7. 刘特洪总工程师

刘特洪先生曾任长江勘测技术研究所的总工程师,他于20世纪60年代初期从同济大学地下工程系工程地质专业毕业,具有非常强的现场地质工作的能力,又十分重视岩土力学在工程中的应用。20世纪末,我们负责的湖北省秭归县搬迁工程地基处理方法的研究项目实施之后,他陪我到长江上游一带进行了一次考察,留下了一张照片(图5-6)。

图5-6　与刘特洪总工程师(右)合影

长江勘测技术研究所是水利部长江水利委员会领导的一个研究机构,承担着长江沿岸工程地质勘察、设计、施工过程中的岩土工程问题的研究任务。他们研究所为我早期的几位研究生提供了科学研究的课题和工程研究的条件。我的许多研究生都在他们研究所里参加项目研究,进行资料分析计算,编制工程研究报告,因而处理工程问题的能力得到了锻炼与提高。多年后,那几位研究生对于在刘总那里的学习收获,依旧印象深刻。

刘总在大学读书时,担任班级团支部的工作,而我当年是系里主管学生工作的党总支副书记,与他们的年龄相仿,相互也比较熟悉。所以,几十年后,当他在工作中需要技术支援的时候,就想到了我,给我打来电话,希望与学校开展技术合作。在长达数年的技术合作中,我们的友谊日久弥坚。直到现在,我们之间还常有电话联系。

刘总是温州人,温州是我国著名的侨乡,有大量的温州人在海外拼搏,他的妹妹也在意大利有很好的事业,而他却把自己的青春年华都用在了国家的建设上。他退休之后,有时会去美国,在他儿女家生活几个月。直到现在,他还时不时给我打来电话,相互问好。

### 8. 钟海中总工程师

在很长一段时间里,我与大华(集团)有限公司(简称大华公司)有着非常密切的合作,得到了钟海中总工程师(图5-7)的帮助。钟总于20世纪60年代初期在同济大学地下工程系读书,从地下建筑专业毕业,毕业后在成都的设计院(中国建筑西南设计院)工作。20世纪80年代,他们设计院在上海有比较多的设计任务,就在上海设立了分院,他在分院担任总工程师。他退休以后,上海的大华公司聘请他担任公司的总工程师,处理大华公司所有开发项目的工程结构问题,包括地基基础工程问题。因此,我们在技术上就有了很多交往,包括地基基础工程技术问题的讨论,大型现场试验和原型观测的组织,工程事故的分析与处理,以及设计工作中一些技术难题的分析研究。当年,我参与了大华公司在上海的几乎所有工程项目的地基基础工程问题的研究和处理工作,为我培养研究生提供了很好的工程条件,我的研究生得以在工程实践中学习和成长。本书记载的大多数工程研究项目,就是在钟总的支持与帮助下开展的。

那些工程研究项目大体分为几种情况:其一,在工程施工过程中,发现一些问题,需要加以研究解决,例如建筑物出现倾斜或开裂,出现过大的沉降等。其二,在设计或施工过程中遇到一些特殊的困难,需要进一步研究。其三,为探索某些疑难工程的设计和施工方法而进行的大型试验或者原型观测。大多数的研究项目都需要布置各种传感器,在施工过程中进行实时监测与控制,因此那些项目为我的研究生提供了极好的学习机会和很有意义的研究课题。

我指导的研究生,能有比较好的工程研究条件,主要依靠刘特洪和钟海中两位总工。在我职业生涯后期的八九年中,承接的上海的工程研究项目,几乎都是钟海中总工提供的。

图 5-7　钟海中总工程师

## 9. 曲乐主任

曲乐在 20 世纪 90 年代后期毕业于同济大学桥梁工程专业,毕业后在人民交通出版社工作,后来担任一个出版中心的主任。他读大学时,上过我主讲的土质学与土力学课程,工作后就找我约稿,我们就开始了二十来年的合作。这也许是我与人民交通出版社的缘分。我校主编的《土质学与土力学》教材,一直是人民交通出版社出版的,为众多高校的道路专业所选用,到 2005 年时,累计印数就已经达到了 18.5 万册。但就我个人而言,与人民交通出版社的关系,有没有曲乐这个学生却是大不一样。正因为有师生这层关系,我在人民交通出版社陆续出版了许多书籍。如果说,以前在中国建筑工业出版社主要是应朋友之托编书,那么在人民交通出版社主要是出版我自己写的书。

当年,孙钧院士、史佩栋总工与我一起组织岩土工程界的活动时,提出编写一套《岩土工程丛书》的建议。这个建议能够落地生根,全靠曲乐的支持与努力推进。当年,曲乐参加了那次会议,也是建议的提出者之一。到 2019 年,该丛书已经出版了 13 本,数量虽然不是很多,但在发行科技图书比较困难的当下,一套丛书能够延续十多年,总字数达到一千万字,是一件很不容易的事。特别是史佩栋总工组织编写了篇幅很大的《桩基工程手册(桩和桩基础手册)》,前后两个版本,印刷都非常精良,是丛书中的领头羊。如果没有曲乐的努力,没有出版社的支持,史总在晚年就很难实现为岩土行业提供巨著佳作的愿望,我也很难将网络答疑积累的宝贵资料流传于世。在作者与读者之间架设桥梁,是出版社的基本任务,也是编辑的价值所在。感谢曲乐和他的同事们为出版我们编写的专业图书所付出的巨大努力和辛勤劳动。

我从教已经六十年了,毕业离校的学生很多,但几十年来在工作上一直保持互动的学生,或者讲,到现在还相互联系的学生,并不是很多。年纪大了以后,工作上的互动与联系的需要就少了,仅靠生活上的关心是很难持久的。而我与曲乐之间的关系则不然:对我来说,因为没有停止写作,仍然需要与他保持工作上的联系;对他来说,我仍然在他工作考虑的范围内。二十多年前我曾经给曲乐上过课,那仅是一个开端,在事业上我们相互支持,有共同的目标,因而我们的情谊绵延不断。

## 六、参加全国性学会的工作经历

20世纪80年代初,俞调梅先生因年事渐高而陆续退出中国土木工程学会、中国建筑学会和中国水利学会。他从全局出发,不主动推荐我们学校的教师继任他在学会的领导职务,因此像叶书麟、朱百里和赵锡宏这几位20世纪50年代初期毕业并长期从事地基基础学术工作的先生,都没有机会出任学会的相关职务,而由当时的一位系主任担任了学会中一些委员会的委员职务。由于那位系主任在岩土工程学术界的名望和资历比较浅,同济大学自然也就退出了那些学会的领导层了。

1986年4月,郑大同教授突然逝世,支部书记魏道垛通知我接替郑先生在中国力学学会岩土力学专业委员会的工作。当时,岩土力学专业委员会主任是中科院武汉岩土力学研究所的所长袁建新先生,郑先生是在岩土力学专业委员会副主任的任上逝世的,因此我接替他的工作也就担任了委员会的副主任。中国力学学会的作风比较民主,有一个惯例,就是专业委员会的主任不能由挂靠单位世袭。在袁先生的任期结束后,岩土力学专业委员会的主任单位就转移到同济大学,由我出任主任。我担任主任四年以后,就由广东省水利水电科学研究所的陆培炎出任主任。但是,岩土力学专业委员会的秘书一直是由中科院武汉岩土力学研究所指派,那时担任秘书的是佘诗刚。后来,他被外交部调去做外事工作,这个职务就由别人担任。

在做学会工作的那几年里,和沈珠江先生一起工作的机会还是比较多的。那时他还不是院士,因此有时间从事学会的领导工作,我们在华东地区先后组织了好几年的土力学学术会议。有一年,在杭州开会的时候,他们院里突然通知他马上回去准备上报院士的材料,他就匆忙赶回去了。他评上院士以后,工作和社会活动很多,就没有时间再做学会的工作了,我后来也离开了学会,与他见面的机会就很少了。但是当年和沈珠江、龚晓南一起组织学会活动的情景(图5-8),

还历历在目。

图 5-8 与沈珠江(右)、龚晓南(左)组织学会的活动

2006年10月,得悉他去世的消息,我和朱百里先生一起发唁电给沈珠江先生治丧办公室,深切怀念这位学术界的老朋友。

在中国力学学会工作的那几年,我同时担任了上海市力学学会理事和岩土力学专业委员会主任,参加中国力学学会组织的一些活动,认识了力学界的一些专家。特别值得高兴的是遇到了我读大学时的老师朱照宣教授,他那时是中国力学学会的副秘书长。我读大学一年级的时候,朱照宣先生还在同济大学教理论力学。同期,他被调往北京大学,我们的课就由其他老师接着教下去。几十年后在北京重逢,感到格外亲切。他的夫人是张问清先生的小女儿,他的哥哥朱照宏教授是我读大学时的专业课老师,也是我在同济大学科学研究处工作时的直接领导。有一次,朱照宣先生从北京打电话给我,商量一些学会的工作,最后他突然问我:"我应该叫你高教授呢还是高大钊?"我不假思索地说:"你当然应该叫我高大钊,我是你的学生,你教过我们理论力学,难道你忘记了?"他听了哈哈大笑。

# 七、参加上海市学会的工作经历

与全国性的学会相仿,上海市的学会也是由俞先生他们那一代人建立起来的。当时,在上海市土木工程学会下面设置了地基基础专业委员会和地下建筑专业委员会等基层学术组织,与我们学校的专业相对应。同济大学地基基础教研室的叶书麟先生当时是地基基础专业委员会的副主任,在俞先生他们老一代专家退出学会之后,由叶先生出任主任是顺理成章的事。但是,却由他人同时担任了地下建筑和地基基础这两个专业委员会的主任,这显然是不妥的。

我们当时就向上海市土木工程学会提出了异议,但没有结果。鉴于当时的上海市土木工程学会的领导缺乏民主作风,后来我们就不再参与其活动,以示抗议。与此同时,我们在上海市力学学会中,成立了岩土力学专业委员会,另辟一个学术活动的天地。

当年,上海的学会工作是由上海科协来管理的,每个学会有一位专职的干部与各个成员单位联系,上海市力学学会的专职干部是叶其琪同志。当学会的理事会决定了学会要组织什么活动后,她就负责组织工作,写通知、发通知;开会的那天,负责会场的布置工作和会务工作。如果开一天的会,还要管大家的午饭(那时上海科学会堂的食堂还是不错的)。她平时的日常事务倒也不多,也会帮助其他学会的干部工作,互通有无。

我们曾经比较过在两个学会里的经历,确实感觉到当时上海市力学学会的管理工作比较亲民,没有上海市土木工程学会的那种官气。上海市力学学会的正、副理事长,都由上海一些大学或力学研究所的学者出任,而土木工程学会的正、副理事长,一般都由上海市的市政工程局等机关的局长出任。因此,这两个学会的风气就很不一样。当然,局长出任学会的理事长,可以调动机关的资源来办理学会的一些事,学会可以得到一些益处。

## 八、大理工程考察的经历

2018年秋天,应朋友苏力之邀到云南大理考察了几天,对一些工程项目的场地安全与地基问题进行了解,提出了一些处理建议。这种开放式的咨询工作,比较适合我们这样上了年纪的人,也体现了朋友对我的一番好意。

大理是一个十分漂亮的地方,山清水秀。那里是少数民族聚居的地方,白族居多。我的这位朋友也是白族,他在昆明工作,在大理还有一些亲人。这次,他请我们来大理,也是帮助他的家乡解决一些工程建设中的问题。考察后,我凭记忆写下一份材料,全文如下。

### 对大理一些项目的处理意见

2017年9月11日到13日,应大理东海开发投资集团有限公司的邀请,赴云南大理考察和讨论了几个项目的工程安全问题,参加考察和讨论的还有重庆市的何明和熊启东两位。回来之后，根据回忆写了下面的一些资料。

根据时间顺序，实地考察的六个项目如下：

(1)"欧洲小镇"的边坡稳定性。

(2)某宿舍楼前场地开挖边坡的稳定性。

(3)秀北山弃渣场防护工程。

(4)博览中心。

(5)大理卫校。

(6)上河片区上城。

在实地考察时，有关单位均非常重视，在现场介绍工程情况，查阅有关图纸，进行了现场分析讨论。最后由公司总工程师召集会议，各个项目的有关建设方以及设计、施工、监测等单位都来参加，逐项分析、讨论和明确需要做的工作。

应该说，这是一次效率比较高的工程考察，涉及多项工程项目，工程问题都具有山区建设工程疑难问题的特点，分析及处理意见都具有针对性和山区的普遍性。

由于我当时并没有做现场记录，下面主要是回忆我个人对这些工程项目的一些分析意见(表5-1)，以作留存，并不能代表会议的全面结论。

大理工程考察一览表　　　　　　　　　　　　　表5-1

| 序号 | 项目情况 | 主要问题 | 原因分析与处理建议 |
| --- | --- | --- | --- |
| 1 | "欧洲小镇"高边坡支挡工程：项目南临独秀路，东靠爱民路，北面紧邻大理公路管理总段三个中心项目，主要功能为居住、行政办公；建设用地59494m²(约89.2亩)，规划总建筑面积95409m²，其中"欧洲城堡"为大理海东"欧洲小镇"配套停车楼，结构形式为钢筋混凝土框架结构，建筑高度27.6m，地上6层，地下2层，建筑面积18918.46 m²，占地面积2617.08 m²，停车位313个。该停车楼紧邻与公路管理总段交界的大边坡(1-1~1-5断面)及项目内部的B断面边坡，由于边坡位移变形尚未收敛，"欧洲城堡"停车楼已暂停建设 | 支挡的位移过大而且不稳定。资料显示，在雨季，测得的最大位移可达10mm左右。这个支挡结构是否稳定？在支挡结构外侧的中部拟建一座6层的停车库，在支挡结构如此大的变形条件下，还能否建造？ | 支挡结构位移过大的主要原因是墙后地面水下渗使土质软化。建议在坡后的汇水面积内做好地面排水，采取防止雨水入渗的措施。采取上述措施后，挡墙的位移可以控制，停车库也可以继续建设 |

续上表

| 序号 | 项目情况 | 主要问题 | 原因分析与处理建议 |
|---|---|---|---|
| 2 | 5号地质灾害点：项目位于天秀路交警指挥中心绿化区域内，建设内容为：挡土墙361m；锚杆区框格梁长5920m，锚索区框格梁长605m，锚杆433根，锚索51根；排水沟2328m；抗滑桩34根，B1型桩6根，B2型桩12根，B3型桩6根，B4型桩10根，挡土板125块；余土外运约3000m³；工程于2015年12月开工，2016年9月投入使用 | 坡顶填土面出现了多条与挡墙纵轴线呈一定角度的裂缝，支挡结构的顶部与填土之间也已经脱开。在支挡结构的下部曾设置了抗滑桩，但未能有效阻止挡墙顶部的继续滑动。出现裂缝的原因是什么？该采取什么样的有效措施？ | 出现裂缝的原因是顶部填土的滑动，而不是底部风化岩层的滑动，因此，在底部设置的抗滑桩起不到有效的止滑作用。建议将坡顶已经开裂的填土全部卸除，将接触面处理好，再分层填土，分层压实，并做好坡面防止地表水入渗的处理 |
| 3 | 秀北山弃渣场防护工程：项目位于大理海东中心片区天秀路北侧，总用地面积约448400m²（约672.6亩）。场地原始地貌构造剥蚀中低山地貌类型，主要位于冲沟切割形成的低凹区域，东侧、南侧、西侧为山坡，冲沟从北侧出口，山坡上有少量树、草等植被分布 | 大理海东开发建设后，场地南侧区域于2014年开始填土，填料以大理新城场平开挖料为主，主要为坡积黏性土、全风化碎石土，采取自然堆填法，没有分层碾压，以一个平面向冲沟倾倒，顺坡堆填。目前已经堆填了大约400万m³土方，现状前沿堆填坡度约为1:1.5，坡顶堆填高度基本与天秀路持平，高差约80.0m。考虑填筑的渣土为松散堆填、厚度较大、固结沉降时间较长，暂不考虑作为建设用地使用。设计方案主要为：①在场地北侧冲沟沟口位置设置拦渣坝，坝顶宽10.0m，标高2010.0m；②拦渣坝前设置反压区，其顶宽50.0m，标高2000.0m；③拦渣坝前及反压区下设置碎石桩地基处理，桩径500mm，桩间距1.5m，三角形布置，桩长穿过淤泥质黏土；④弃渣填筑按照1:5.0填筑至标高2120.0m，每填高20m布置5m马道；⑤排水系统考虑在填土四周设置截水沟，填土中部及马道平台设置排水沟，原始地表层布置排水系统，总库容约530万m³ | 注意后续填方土料的质量控制 |

续上表

| 序号 | 项目情况 | 主要问题 | 原因分析与处理建议 |
|---|---|---|---|
| 4 | 博览中心：<br>项目位于天秀路以南，建设项目分为大理州规划展览馆、海东山地城市规划馆、白族民俗博物馆、音乐厅、美术馆、科技馆、全民健身中心、管理办公区以及中间部分的综合展览馆共9个部分，总建筑面积44903.15m²，其中：地上建筑面积40726.13m²、地下建筑面积4177.02m²，总投资约50621.08万元 | 需要大量高填方才能形成厂房桩基施工的场地，而填方均未采取措施压实，将对桩基的施工及承载性能造成严重影响 | 建议在场地形成的过程中，对填土进行分层强夯压实处理，以控制填土达到所要求的压实度 |
| 5 | 大理卫校：<br>项目位于蔚文街两侧，紧邻技师学院，大理卫校整体搬迁项目建设用地308682m²（463亩），建筑面积为13.9万m²，计划总投资5.5亿元（含土地价）。校区建设项目主要包括：4栋教师周转房、4栋学生宿舍、1栋学生食堂、2栋实训楼、1栋教学楼和1栋综合楼，共13栋建筑，以及校区道路、绿化、灯光亮化、体育运动场地等附属设施 | 卫校地基中有3层深埋的湖相沉积的厚淤泥层，致使建筑物的沉降远超标准控制的要求，且长期不能稳定，因此不符合验收标准而没有办法验收。但沉降比较均匀，不影响安全和使用，建筑物也没有出现倾斜与开裂。主要问题是对区域内管线造成影响 | 建议分别按区域内管线系统和房屋系统进行验收 |
| 6 | 上河片区上城：<br>项目位于海东新区蔚文街以南，大理卫校以东，用地面积20084.41m²，总建筑面积41196.1m²，其中地上建筑面积25239.9m²，地下建筑面积15956.2m²，容积率1.26%。项目由8栋独立的单体组成，1号楼为3层超市，2号楼为3层零售，3号楼为3层餐饮，4号楼为3层银行办公，5号、6号楼为3层零售，7号楼为10层酒店、办公，8号楼为10层洗浴、娱乐中心。地下室埋深4.8m，功能为车库及机房。局部车库区域结合战时6级人防设计 | 在围墙外面7m宽度的道路以外，将建造大底盘上的建筑群。这个大基坑的开挖是否影响卫校建筑物的安全和使用？如何对应？ | 建议在围墙外的道路下设置隔离墙以保护卫校的已有建筑物。隔离墙的深度应穿透淤泥层，插入下面的较硬土层中 |

## 九、以笔会友——为朋友的著作写序

为朋友的图书写序，自古以来就是我国知识分子之间的一种交往方式。读者通过序言可以了解该作品的基本内容、写序的人与图书作者之间的关系等。多年来，我为学界和工程界朋友的一些书写过序言，此处列出几篇，作为纪念。

### 《工程降水设计施工与基坑渗流理论》序

两年前，人民交通出版社曲乐编辑在选题组稿时，希望能请一位专家撰写工程降水方面的专著，征求我的意见。我毫不迟疑地说，写降水方面的著作非吴林高教授莫属。吴林高教授是同济大学的资深教授，长期从事水文地质学的教学、科研与工程实践工作。我与吴教授共事40余年，深知他的理论功底深厚、实践经验丰富，学优才赡，著书立说，正当其时。

2002年底，吴林高教授将厚厚的一叠书稿放到我的书桌上，使我有幸先睹为快，从中学到了不少新的知识，深感这是一本既有系统的理论论述又有丰富的工程实践经验的好书，相信读者在阅读以后一定会有同感。

20世纪80年代以来，我国的工程建设以超常规的速度和规模发展。高层建筑大量兴建，城市地下空间广泛利用，深基坑工程数量之多、规模之大、监测资料之丰富，堪称世界之首。然而，基坑工程事故率之高，也让人震惊，基坑工程问题已成为我国岩土工程中的技术难点和热点。在基坑工程事故中，由地下水引发的事故占比相当高，究其原因，莫不与对地下水治理缺乏理论指导、设计不当或施工措施不力等有关。在《岩土工程勘察规范》（GB 50021—2001）中，对地下水的勘察、参数测定和作用评价提出了较为严格的要求，一门被称为"城市工程水文地质"的学科正在我国悄悄兴起，吴教授的新作为贯彻国家标准提供了理论与方法，为这门新学科的发展做出了重要贡献。

这本书分为两篇共12章，在工程降水设计施工篇的4章中，论述了地下水对工程作用的基本概念、工程降水的设计与施工方法以及五个工程降水实例。根据基坑围护结构与含水层的关系，提出了地下水渗流特征的三种类型，为从事基坑工程降水的设计、施工人员提供了全新的理念与方法。对五个工程降水的实例从不同的侧面进行讲解,给出了解决工程问题的思路与方法,具有很高的参考价值。在基坑渗流理论篇的 8 章中,在论述渗流基本理论的基础上分别介绍了三类渗流问题的计算模型与计算方法,讨论了井的水头损失、渗流参数的计算方法,并讨论了降水对软土工程性质的影响和抽水引起的地面沉降的计算方法。这些都是工程降水中具有普遍性和前瞻性的理论问题和技术问题,也是做好工程降水的勘察、设计与施工所必需的理论准备和技术准备。

在我看到的出版物中,像这样集理论性与实用性于一体,如此系统地论述基坑渗流问题的著作,还不多见。相信本书能给读者提供启示和帮助。

时间已经进入 2003 年,在这新年伊始、万象更新的日子里,阅读这本充满新意的力作是一种享受,欣喜之余,写下一些看法,是为序。

高大钊

2003 年 1 月 3 日于同济园

## 《注册土木工程师(岩土)专业考试复习导航与习题精解》序

20 世纪 90 年代,我国决定实行注册工程师执业资格考试和注册制度,这标志着我国在工程建设领域中迈出了构建市场经济体制的重要一步。注册建筑师和注册结构工程师的注册制度实施以后,政府又决定举办注册岩土工程师执业考试,这是建立岩土工程体制的诸多措施中最根本的一项。

将注册岩土工程师执业考试定名为注册土木工程师(岩土)执业考试,体现了大岩土的概念。将岩土工程师定位为土木工程师,表明岩土工程是土木工程的一个分支学科,为各类土木工程提供服务,这是为岩土工程师正名的一项重要决定。

目前,从事岩土工程工作的工程师中,教育背景和实践经历存在着比较大的差异,他们分别来自地质学科和工程学科这两大类学科群。一般来说,从地质学科毕业的工程师,由于缺乏工程学科的基础知识和工作训练,对上部结构了解较少,即使从做好勘察工作的要求来衡量也有差距,更不要说做好设计工作了;从工程学科毕业的工程师,虽然比较熟悉设计工作,但由于地质方面的知识较少,缺乏对地质条件的深刻理解和正确判断的能力。这种现状影响了岩土工程体制的建立与运行，因此如何使这两种教育背景和工作经历的工程师相互靠拢，正是注册考试需要解决的问题。通过考试前的复习，希望来自不同学科群的工程师根据考试大纲的要求，巩固熟悉的知识，弥补自己的不足。考试复习资料的编写应充分考虑这种现实情况，才能有的放矢。

正是本着这个理念，同济大学地下建筑与工程系的部分中青年教师为应考的工程师撰写了这套《注册土木工程师（岩土）专业考试复习导航与习题精解》，由人民交通出版社出版发行。

同济大学在培养岩土工程师的道路上已经走了四十七年，风风雨雨、甜酸苦辣，有经验也有教训，为我国工程建设培养了几代岩土人。现在这个系里执牛耳的中、青年教师也分别来自上述两类学科群，他们在同济大学这座造就岩土工程师的熔炉中摸爬滚打了10多年，甚至20多年，经历了硕士和博士的基本训练，经历了工程实践的锻炼。应当说，对于按照岩土工程师注册考试大纲的要求，来自不同学科群的工程师缺少什么知识，需要补充什么知识，他们是有切身体会的，由他们来编写复习资料是非常合适的。自2002年以来，在上海地区的考前培训中，他们都承担了讲课的任务，对考试大纲的要求有比较深刻的理解，对参加考试的工程师的需求也有比较具体的了解。他们在讲课的过程中积累的经验也都反映在这套书中。

这套书不同于以讲解基本知识为主的一般复习材料，也不是纯粹的习题集。这套书编写的宗旨是帮助读者通过解题来巩固基本知识，来理解技术标准所依据的原理，在解题过程中让读者了解解题时需要注意的一些关键问题；不过多地重复一般教材中的内容，使书的篇幅得到了有效的控制。

以2~3个考试科目为一本书，便于读者选购，有利于减轻读者的负担。为了保持出版的机动性，成熟一本出版一本，确保为读者奉献的都是比较成熟的读物，符合《岩土工程丛书》的出版宗旨。

这套书策划时间较长，几经周折，在史佩栋教授和朱合华教授的关心下，在人民交通出版社的支持下出版了，是为盛事，故乐意为之作序。

高大钊

2005年5月

## 《英汉对照图示基础工程学》序

布洛姆斯（Bengt B. Broms）是国际著名的土力学教授，担任过国际土力学及基础工程学会的会长，曾访问过我国，与我国岩土工程界有密切的交往。近年，他在网上发表的 *Foundation Engineering* 是一本很有特色的读物，他独具匠心地用图示的方法展示和解读土力学和基础工程的主要原理，充分利用图像的直观性揭示现象之间的因果关系，给读者以深刻的启示。更为可贵的是，书中的图示全部由 Broms 教授亲自绘制并注字。他随手绘制，举重若轻，生动活泼，在有意无意之间显露真情，令人拍案叫绝。

去年，史佩栋教授考虑将其翻译成中文出版，并得到 Broms 教授的授权与支持。我非常赞成史教授的这一义举，并希望中文版早日与读者见面。

最近，史教授将书稿寄来，嘱我写序，给我先睹为快的机会。全书分 14 章，共 401 幅图，1400 余条专业词汇。通读以后，深感原著写得好，翻译得也很好，真是深入浅出、图文并茂。中文版附有英汉、汉英对照的术语索引，方便读者查询。全书涉及土力学和基础工程各个领域的知识，有理论的论述，也有工程问题的展示，内容非常丰富。这本书可以作为专业教材，对国内的学生可以起到英语专业词典的作用，也具有收藏的价值。

一位国际著名的大师，为什么要用这种方式撰写基础教材呢？我想，他在长年的教学与工程实践中积累了非常丰富的经验，能在理论与实践之间游刃有余，将复杂的理论问题和工程问题删繁就简，用简单的线条图来总结他对岩土工程的感悟，用轻松的漫画来解释深邃的力学理论，以此传道、授业、解惑。许多图中都留有想象的空间，启发读者继续思考。这是教学方法和学术论著相结合的一种创造，体现了作者对生活充满乐观的情趣，在岩土工程史上也留下了值得赞誉的一页。

谨将此书推荐给读者，希望读者能够从中学习到思考和处理岩土工程问题的基本方法。特别要推荐给大学里的教师，相信此书对于教师改进教学方法、提高学生的学习兴趣也有帮助。

高大钊<br>
2005 年 6 月

## 《沉井沉箱施工技术》序

甲申岁末，老友周申一教授离沪赴美之前，嘱笔者为《沉井沉箱施工技术》作序。此幸事也，欣然从命。

记得《岩土工程丛书》酝酿出版之初，周教授即参与策划，并率先承诺组织撰写《沉井沉箱施工技术》。两年来，他在工作之余积极组织上海市基础工程公司的老同事一起撰写，几经讨论，多次修改，终将书稿放在我的案头。捧读之际，百感交集。

沉箱是古老经典的深基础技术，有辉煌的历史。约110年前(1894年)竣工的由詹天佑先生主持设计建造的天津滦河大桥，即采用气压沉箱法建成桥基。詹天佑先生是我国第一批留美幼童，专习土木工程，他首次将气压沉箱这种近代基础工程技术应用于我国的工程实践。之后40余年(1937年)，茅以升先生在潮汐河流上采用沉箱基础成功建成了钱塘江大桥。但不久日军南下，为了抗击日寇，茅先生又挥泪炸毁了这座自己建造的大桥，甚是可惜。之后20年(1957年)，在我国第一个五年计划期间，富拉尔基重型机器厂采用的沉箱基础是二十世纪后半叶我国基础工程中具有标志性意义的建设项目。

38年前，我国第一座地铁试验车站04工程也采用了气压沉箱，当时我带着同济大学地基基础专业本科毕业班的学生在上海衡山公园04沉箱工程施工现场做毕业科研，但由于"文革"的爆发，这项工程也被中断。

以上的历史回顾足以说明，沉箱不仅是一种深基础技术，且其发展也与民族兴衰、国家安危休戚相关。回顾历史，怎能不令人感慨万分！因此本书所记述的沉箱技术，实具有"化石"和"标本"的意义，理应得到传承，希望它能在新的历史条件下得到进一步发展。

沉井具有完全不同于其他深基础技术的特色，它是一个永不过时的话题。大则可以为1300多米长的悬索桥提供锚墩(世界第一沉井)，小则可以成为建筑物纠倾扶正的施工通道。半个多世纪以来，沉井技术已为我国的矿山、电厂、水厂等建设项目解决了各种各样的工程难题，每年建造的大大小小的沉井也难以计数。沉井虽为配套工程，却是不可或缺的。它体现了我们岩土人所具备的一种精神：甘当配角、默默无闻，自己永远埋在地下，却托起了美好的上部世界。所以我常对学生说，岩土工程就是配套工程，它为主体工程服务，没有自己的纪念碑,我们要承认并接受这一点,为上部结构做好服务。

周申一教授在本书的前言中写了这么一段深情的文字:"当年初出校门参加工作的学生,后来大都转战南北,成为我国基本建设战线上的技术骨干和领导力量。"诚如斯言,本书的作者群体也都是当年初出校门的学生,他们把青春年华奉献给了祖国的建设事业,而今虽已年长退休,但依旧伏案写作,老骥伏枥,以传道为己任。在这本书中,我们看不到华丽的辞藻和深奥的理论,但字里行间洋溢着作者对事业的执着、对科学的追求、对技术细节的推敲、对工程措施的权衡。这种态度,这种作风,正是他们在数十年的基础工程实践中形成的,也是年轻一代岩土工程师所需要的。

我想,这本书带给读者的不仅仅是一门技术,更是一种精神的启发。对作者同时代的人而言,本书可以引起他们的共鸣,追忆往昔峥嵘岁月;对年轻人而言,本书有助于他们了解历史,继承传统,更踏实地工作。传播科学技术,弘扬人文精神,这既是《岩土工程丛书》的宗旨,也是本书必将发挥的作用。

笔者有幸在付梓之前阅读全部书稿,感触良深,草成此序,敬请读者、作者不吝指教。

高大钊

甲申岁末(2005 年)

## 《市政工程施工计算实用手册》序

两年前,段良策教授向我讲起编写《市政工程施工计算实用手册》的打算,对于他的这个写书计划,我是十分钦佩的。因为写书的经历告诉我,组织编写一部百万字以上的手册是非常不容易的,前几年曾有出版社邀我修订20世纪90年代主编的一些手册,但我都知难而退了。段良策教授早年毕业于同济大学土木工程系,比我年长,但仍雄心勃勃,非常难得。对学长的这一善举,我当尽力协助,遂推荐给人民交通出版社,希望能得到出版社的支持。

在人民交通出版社领导和曲乐副编审的支持与帮助下,这本手册几经修改,即将付梓。段教授来电告诉我这一好消息,并希望我为手册写个序。

我国的城市正在经历大规模的现代化改造,广大的农村正在进行新农村的建设,市政工程施工的规模和技术难度都是空前的。这部书的问世,为广大从事市政工程施工的技术人员提供了一部非常实用的工具书,可以帮助其解决施工过程中的各种设计和计算问题。有的人会误解,认为计算是设计人员的事,施工只需要经验就可以了。殊不知,许多工程事故的发生均是施工人员不重视科学技术,不执行技术标准,不进行必要的施工设计和计算之故。例如,在土工技术中最简单、最容易实施的填土碾压压实度控制,常常被忽略,成为土方工程出事故最多的原因之一。至于施工模板或脚手架的垮塌、机具的倾覆等施工事故,也大多是缺乏必要的计算分析论证所致。施工计算不同于一般的工程结构计算,而是为保证施工安全及施工管理需要的一种计算,具有实用性强、涉及面广、计算边界条件复杂、施工安全性能要求高的特点。现场施工技术管理人员,一般都担负着繁复的工程任务,无暇查阅各种专业资料,需要这样一本全面、系统而又实用的手册来处理工程施工计算问题。希望这部手册对市政工程施工技术人员的学习与工作能所有帮助。

  我们这一代人的经历是非常丰富的,经验也是很宝贵的,如果在退休以后能著书立说,将经验留下来传承给后代,将是非常有价值的一件事。但写书是很艰苦的工作,需要耗费很多的精力而又没有丰厚的报酬,需要坚定的毅力和一定的物质条件来支持。往往由于主客观条件的限制,许多人会力不从心而不能实现这个愿望。段良策教授长期从事土木工程技术工作,教过书,做过设计,更长的时间是担任工程建设的技术主管,这样丰富的经历,铸造了一位具有宽阔工程知识面和解决复杂工程问题能力的总工程师。他虽然年事已高,但有很好的身体和充沛的精力,仍活跃在工程建设第一线,与年轻的技术人员有着密切的工作协同关系。有作者群体和单位的支持,能够实现他著书立说的计划。从这个意义上说,段良策教授是很幸运的。这部手册凝聚着他在市政工程施工领域的丰富工程经验,体现了他对年轻工程技术人员的殷切期望。这部手册既是一部技术传承之作,也是培养市政工程施工技术人员基本功的继续教育教材,希望能够得到读者的喜爱。我想当读者阅读了这部手册以后,一定会深感由段良策教授来主持编纂实在是再合适不过的了。

高大钊<br>2008 年深秋于同济园

## 《岩土工程典型案例述评》序

顾宝和大师为所著的《岩土工程典型案例述评》一书嘱我写序,使我成为第一个读者,有机会先睹为快。这本书把我带进了一个五彩缤纷的世界,让我获益匪浅。那么,怎样阅读这本书?如何理解这本书?谈一点我的感受,供读者参考。

全书32个工程案例的内容极其丰富,其中,墨西哥特斯科科湖(Texcoco)抽水造湖与现场试验的案例让我了解到世界上著名的厚层软土墨西哥城的经验。除此之外,这本书涵盖了我国各类工程、各个地区的典型岩土工程问题。从中央彩色电视中心到田湾核电厂,从延安新区的建设到深圳前海的围海造陆,展示了我国各类有代表性的岩土工程项目,各具特色;从大理泥炭土到青藏高原多年冻土,从敦煌机场盐胀病害治理到杭州地铁湘湖路站基坑事故处理,详述了各种特殊的地质条件和特殊的岩土工程问题的经验与教训。

这些案例资料,有的是顾大师在长期的工程实践活动中积累起来的,有的是取自当代有代表性的大型工程的实录。有大量成功的工程,也有警示性的工程事故,极具代表性,集我国现代岩土工程案例之大成。正如表5-2的初步统计所展示的,本书各类案例所占的比例也从一个侧面反映了我国岩土工程实践中所遇到的各种工程问题的大体情况。

案例类别的初步统计　　　　　　　　　　　　　　　　表5-2

| 案例的大体分类 | 建筑物地基基础设计 | 特殊岩土的勘察与处理 | 工程事故与病害处理 | 特殊的岩土工程问题 | 地下水的工程问题 |
|---|---|---|---|---|---|
| 案例数量 | 9 | 8 | 7 | 5 | 3 |

这本书的特点是,既有各类工程项目的详细报道,又有顾大师画龙点睛的分析与点评,剖析入木三分,"述评"乃本书的精华所在。在每个案例的开始,都有一段"核心提示",告诉读者这个案例的核心价值是什么,阅读时注意什么问题,为读者阅读案例提供指导。介绍了案例的基本资料以后,在"评议与讨论"中,对每个工程案例,都有深刻的解剖和分析;有对成功案例的经验的归纳和提升;有对事故案例的教训的深刻思考和总结;有从具体的工程项目谈到某一类工程的主要问题与规律性的认识;更有顾大师对某些案例的评说与感慨,对当下一些

不良现象的抨击,以及如何进行改革的真知灼见。所有这一切,都反映了顾大师具有非常宽广的视野和知识面,是一位从业半个多世纪、阅尽人间沧桑的勘察大师的肺腑之言和经验之谈。

在这本书的附录中,列出了对出现在各个案例中的32条重要术语所作的释义。这个写法也是顾大师别具匠心的创造,既是为了帮助读者阅读理解书中有关的案例,也是对岩土工程中一些比较生疏的术语、甚至是有争议的概念,所作的精辟的解释与说明,有的还引经据典,进行了仔细的考证。这些词目是本书重要的组成部分,丰富了岩土工程名词术语库。

在这本书中,顾大师不仅作了许多深入的技术分析,而且还在很多地方提出了富有人生哲理的论述,特别是在"自序"和"跋"两篇文章中。在"自序"中,论述了岩土工程的科学性和艺术性的双重特征问题,这是站在一个很高的高度来看岩土工程所得出的感悟,也是顾大师对岩土工程整体认识的精髓所在。"跋"中的文字叙述比较轻松,但讨论的问题仍然是很严肃的"概念与计算的关系"和"如何正确对待规范的问题",严肃地提出了要防止"迷信计算"和"迷信规范"。这些提法都切中了当前我国岩土工程界问题的要害,也是我国老一辈岩土工程专家留给后代的金玉良言。

这本书为我国岩土工程师的工程教育提供了很好的教材。工程案例是学校工程专业教育必不可少的内容,相信这些案例一定可以丰富我国岩土工程专业教育的内涵,有的可以成为学校教材的实例,有的可以作为学生课外阅读的资料,能够开阔学生的视野,让青年学子养成重视工程实践、从工程实践中学习的好习惯。

工程案例也是工程师继续教育的重要内容,工程师从中可以学到丰富的工程经验,也可以吸取教训,增加阅历,快速成长。建议有关主管部门将这本书作为我国注册岩土工程师继续教育的教材,这必将有利于注册岩土工程师技术水平的提高。

顾宝和大师是我几十年的挚友,我们之间可以称得上君子之交。在物欲横流的当下,君子之交更显得弥足珍贵。我们见面的机会虽然不多,但对岩土工程体制的改革、岩土工程规范的现状和发展以及许多学术问题,我们的观点都是相近或相通的。近年来,我们通过写文章、通邮件,进行交流与切磋;在他的支持与关心下,十年前开始了网络答疑活动,尝试这种在工程师中普及岩土工程知识的活动,他为我所写的网络答疑的三本书作了序,推动了网络答疑活动的进一步发展。

业内人士都知道，顾大师是带病出差、带病工作的，这次他是带病完成了这本著作，更显得这本书的珍贵。希望读者不要辜负老一代岩土工程专家的希望，从这本书中吸取营养，在岩土工程实践中不断推进岩土工程体制的改革。

高大钊

2014年7月5日于同济园

## 《高切坡防护技术与工程实例》序

三峡工程库区的地形、地质条件比较复杂，环境容量有限，在大规模移民安置的建设过程中，形成了大量类型各异的工程边坡。在特定工程条件下，这类工程边坡被赋予了一个专门术语——高切坡。我国政府高度重视三峡库区高切坡的防护工作，安排了专项资金，制定了实施规划，采取了有效的防护工程措施，建立了专业监测和群测群防相结合的高切坡监测预警系统。三峡库区移民工程建设十多年来，高切坡防护工作取得了巨大的进展与成果，积累了丰富的经验，对保障移民安置工程的顺利实施及移民的安居乐业发挥了重要的作用。

本书的编著者来自水利系统，多年来一直在三峡工程库区和丹江口库区从事地质灾害防治和高切坡防护工程的勘察设计工作，具有丰富的工程实践经验。本书根据他们近年来从事高切坡治理的工程经验，结合典型的工程实例，系统地介绍了三峡工程库区和丹江口库区高切坡的地质环境、主要类型与变形破坏模式及其主要的防护工程措施，包括锚喷、格构、挡土墙、抗滑桩和桩板墙等，全面反映了我国高切坡防护技术的发展水平。对每种技术措施，既介绍了设计理论和设计方法，又提供了大量的工程实例，内容全面，紧扣相关设计规范，对从事边坡治理的工程技术人员有一定的参考价值。

在各行业几代研究者的共同努力下，我国边坡治理水平发展迅速，新理论、新方法和新技术不断涌现，并在工程实践中得到应用。但应看到，与其他工程领域相比较，边坡工程治理水平仍然比较低，理论上还存在不完善之处，实践中还有许多实际问题需要解决。边坡工程技术的发展，既要靠科学研究人员的不懈努力，也需要大量一线工程技术人员的积极参与。边坡工程是一门实践性很强的专业，只有从大量工程实践中发现问题、解决问题，才能推动技术水平的进步，新理论、新技术也只有经过实践的检验，才能得到不断完善、发展和推广应用。

通过此书，我欣喜地看到，越来越多从事一线生产的年轻同行投入到这项工作中来，尽管他们不具备高深的理论水平，尽管他们只是新理论、新技术和新方法的应用者，但他们的确是推动边坡工程技术发展的不可缺少的力量。我在此为其书作序，祝他们在今后的工作中取得更大的成就。

高大钊<br>
2017 年 1 月于同济园

## 十、工程项目研究的经历

本节记载的是对一些工程项目研究工作的回忆。这些项目的研究成果，在以往的一些出版物中已经公开发表了，这里主要回忆与工程项目研究工作有关的一些人和事。

这里提到的工程项目，大部分是上海的工程项目。从 20 世纪 80 年代后期到现在这 30 多年的时间里，上海建造了大量的住宅建筑，遇到了许多地基基础方面的技术问题，包括设计、施工中需要处理的问题和建筑物建成以后出现的问题，迫切需要研究解决。

当然，这类工程问题的研究需要协作单位的配合，特别是需要业主的支持。恰在那时，我们学校 20 世纪 60 年代毕业的一位校友——钟海中出现在我的视野里。他是地下建筑专业毕业的，在成都的设计院工作。20 世纪 80 年代，上海有许多工程项目，他们院就派了一支设计队伍常驻上海，后来发展成为分院，他担任了分院的总工程师。他退休以后，就被上海大华公司聘请负责处理住宅建设中的技术问题。那个年代，大华公司的主要工程项目都在上海，如果这些项目中出现地基基础方面的技术难题，钟海中总工一般就委托我组织力量研究解决，也为我培养研究生提供了非常宝贵的条件。

大华公司每年建造很多住宅建筑，在上海这样的软土地基上建造多层或高层建筑会有许多地基基础问题需要解决。这些问题有的是勘察、设计时出现的问题，有的是施工过程中出现的问题，也有使用过程中出现的问题。我们开展的研究项目，有大型现场试验和受环境影响的建筑物原型观测，也有建筑物结构损坏的分析及处理，还有大面积断桩工程事故的处理和沉桩挤土效应的监测，涉及上海地区工程建设过程中出现的主要问题。我们通过现场大型试验和建筑物原型观测等手段研究了上海地区软土的基本性质和影响工程安全性的主要因素。

**1. 工程研究的启蒙阶段**

从我到同济大学地基基础教研室工作开始,到我独立承接工程任务,相隔了比较长的时间,这段时间对我而言是工程研究的启蒙阶段。

在工作初期的那几年,我是地下工程系的双肩挑干部,既是教师,又是党政干部,担任地下工程系的党总支副书记,也负责教研室的行政工作,既要参加各种各样的会议,又要完成分管的工作,因此不可能有成段的时间待在工地上。

"文革"后,我重新负责教研室的行政工作,同样也是身不由己。记得承接了金山石化总厂的桩载荷试验的任务后,我们一起来到那里的海滩,计划制作和试验六组桩,要安装各种传感器,进行过去没有做过的大型试验。我本来要和大家一起做试验前的准备工作以及试验工作,但刚到工地才两天,就接到回校开会的通知,只能放下试验工作返回学校。在开展其他一些研究项目时也有类似的情况。这些项目的具体工作我完成得非常少,只是作为教研室的一个干部在项目中学习而已,所以我将这个阶段称为启蒙阶段。

对我来说,在启蒙阶段,也有比较深入学习的机会,那是三次比较专业的会议。一次是甘肃巴家嘴水库工程的技术讨论会,一次是上海张华浜码头工程事故分析的会议,一次是浙江舟山召开的海港工程的审查会。在那些会议上,我有机会了解老先生们对工程问题的真知灼见,学习他们研究工程问题的方法,这对我而言是很好的工程启蒙教育。我当时做了很详细的会议记录,记下了许多前辈对工程问题的判断和分析。

在启蒙阶段,还有一次在更大范围内直接向老先生们学习的机会,那是1964年我和余绍襄先生一起去北京、天津、南京等地进行的调查研究,前后加起来有两个多月的时间。我记录了厚厚的几本笔记。老先生们对专业的热爱,对学术问题孜孜以求的精神和画龙点睛般的论述,对于我这个刚进岩土工程大门的年轻人,都是重要的启发和帮助。

**2. 秭归县城搬迁新址的地基处理研究**

1995年,60岁的我从行政岗位上退了下来,得以将全部精力投入到科学研究和培养研究生的工作中去,一直到我68岁退休。那年我和刘特洪总工共同主持了一个大型工程的试验研究项目,经过半年的现场工作和资料分析,于1995年7月提出了"长江三峡水利枢纽库区秭归县城新址回填砂工程性状研究报告"。

1995年初的一天,我接到刘特洪的电话,他讲了三峡工程移民的事,希望与我合作进行工程研究。我感觉他的声音非常熟悉,知道是一位校友,就答应去武汉一趟。那时,武汉的机场还在汉口的王家墩,他到机场接我,我从接客的人群中,一下就认出他来了。这样,就开始了我们学校与长江勘测技术研究所多年的合作。

这个项目有大量的原型试验、工程监测和室内试验,非常适合研究生学习和锻炼,我有好几个学生都参加了这个项目的研究。那年的春末夏初,我们在火热的建设工地上开展了各种现场勘探和试验工作,做了许多载荷试验,持续进行观察和读数。

那年夏天,我和我的几个学生在长江勘测技术研究所进行内业资料分析、计算,编写研究报告。研究所的领导对我们师生非常关心,为我们创造了很好的工作条件。他们研究所的大楼是工作、吃饭和住宿一体的,我们住在六楼的招待所,在底层的办公室工作,非常方便。大楼里有空调,可以免受炎热天气的干扰。武汉的夏天非常热,走在外面的马路上,脊背都被烤得热乎乎的,与在上海的感觉很不一样。那时武汉的供电情况并不理想,当用电的负荷大了,就会跳闸,所以研究所备有柴油发电的设备。一旦市电跳闸,过一会儿,柴油发电的设备就启动了,电灯亮了,空调也启动了。但是,有一天,研究所的自备发电机坏了。那天晚上,当市电停电的时候,我们只能在黑暗之中,在炎热的空气中默默地等待市电的到来,哪里都不能去了。

当年我们师生与刘特洪总工及研究所的合作成果已经收入《岩土工程试验、检测和监测——岩土工程实录及疑难问题答疑笔记整理之四》一书中,分别为第一章的案例一"南水北调中线工程土工参数的统计研究"和第二章的案例一"长江三峡库区秭归县城新址建设场地的评价与处理"。

三峡工程是跨世纪的宏伟工程,而库区的移民工程也非常浩大,涉及面很广,影响着三峡工程的全局,举世瞩目。移民工程的成败关键在岩土工程,因为工程的标高都在淹没水位以上,地势高,山坡陡峻,地质构造复杂。在这种条件下建造村镇甚至城市,即使尽可能地减少大填大挖,也会诱发许多工程地质问题,如何处理好这些问题是岩土工程技术人员面临的重要任务。

秭归县位于大巴山和秦岭的东南麓,是屈原的故乡,已有3200多年的历史。三峡水库建成以后,原县城将被淹没。根据湖北省批准的秭归县新县城的总体规划,新县城将迁至距原县城42km处的剪刀峪,新址距三峡大坝仅2km左右。对县城新址的花岗岩风化砂回填地基的评价和利用是当时一个迫切需要解决的岩土工程问题。

1995年1月13日"秭归县迁建城镇新址选择暨新城建设会议纪要"提出，秭归县新县城建设的关键在于高家屋场、剪刀峪、周家湾、柳树坝等四条冲沟回填砂部位的利用。

长江水利委员会综合勘测局与同济大学受秭归县人民政府的委托，制定了对回填砂的研究工作计划，由我和长江勘测技术研究所刘特洪总工共同负责这项咨询工作。从1995年4月开始，我们进行了花岗岩风化砂回填土的现场与室内的各项试验研究，对回填砂的工程性状作了全面的分析评价，对回填砂地基的利用与处理的各种可能的方案提出了建议。秭归县新县城开发建设管理委员会在新县城建设过程中采用了我们建议的强夯方案进行大面积的处理，我们则对实施强夯处理以后的工程进行处理效果的检测和建筑物的变形观测，以检验咨询报告的合理性。

我的许多学生，如况龙川、徐奕、熊启东、安关峰和王大通都参加了现场工作和资料的整理、分析工作，尤以况龙川参加的工作最多。那时在做大量的现场载荷试验，需要日夜值班。他非常负责，工作的热情非常高，记录也非常认真，我现在还保存着当年他值班时的工作记录。况龙川是许溶烈总工推荐给我的，他在西安建筑科技大学读硕士时，指导教师是许溶烈总工。那时，许总在他们学校担任兼职教授。

实际上，除了三峡库区秭归县城新址建设工程的大型现场试验外，我与长江勘测技术研究所刘特洪总工合作的项目，还有南水北调工程沿线的膨胀土资料的综合分析和其他一些咨询项目。

### 3. 土的工程性质的非常规试验研究——润扬大桥北锚碇工程场地土的试验研究

在世纪之交的那段时间里，我和孙钧先生、史佩栋总工有较多机会在一起开会，进行一些项目的合作，见面的次数也比较多。

2003年，从镇江到扬州的长江大桥（桥名是润扬大桥）开始施工，受业主、设计单位和施工单位的委托，孙钧先生主持了一个很大的科学研究项目。孙先生将地基土方面的研究工作交给我负责。我对土的工程性质做了一系列非常规的试验研究，同时还研究了取土时试样的扰动程度对试验结果的影响。有些试验研究当时在国内还是第一次做。

那年，系里告诉我，有四个新入学的研究生，其中两个是赵春风招收的，由于他是第一次带研究生，没有太多经验，请我帮忙指导。于是，我就对这四个学生的一些教学环节作了统一安排。他们参加了润扬大桥北锚碇工程场地土的试验研究项目,包括现场工作和试验室工作。每个人负责其中一个方面的试验项目的设计、试验、资料分析和报告撰写的工作。对于硕士研究生来说,这个项目确实是联系工程实践开展试验研究的一个很好的机会。

这是一个实践性非常强的项目,对试验研究的能力要求比较高,需要动手做一些非常特殊的试验,并进行研究分析,这对读岩土工程的研究生是非常难得的机会,有助于提高他们的试验动手能力和研究水平。

常规的勘察试验没有充分考虑土样的扰动对试验结果的影响,得到的抗剪强度不能完全反映土的天然强度,从而影响设计的可靠性,使工程的实际安全度要么偏低,要么高于设计控制的安全度。因此,在润扬大桥北锚碇特大基础工程关键技术研究工作大纲中提出了三个方面的非常规室内土工试验的研究内容:

(1) 土体天然强度的测定及其与常规试验结果的对比分析研究。

(2) 开挖卸荷后软基土的不排水强度试验研究。

(3) 土样扰动对软土室内试验结果的质量鉴别与校正研究。

根据工程项目的试验要求与试验原理,我们确定了润扬大桥北锚碇"非常规室内土工试验研究项目"中各项试验所需的土样数量,给出了取土的总体安排,包括取土的地层、钻孔的位置、取土的方法与取土器的直径等。

取土钻孔的平面位置选择在扬州一侧,主要是因为此处地层中Ⅲ-3和Ⅲ-5土层的厚度比较稳定。取土孔放在原钻探孔N33和N19的外侧,距连续墙外缘10~15m(视现场条件而定),A、B两孔的间距也为10m左右。

分A、B两个孔按下列不同的技术要求进行取土:

A孔,按取土扰动最小的方法取土,用直径为100mm的薄壁取土器,严格按《岩土工程勘察规范》(GB 50021—2001)相关规定操作;在整个土层(包括黏性土和砂土)深度范围内取土。

B孔,按"工程地质报告"中采用的取土器(75mm薄壁取土器)和取土方法取土;原勘察没有在砂土层中取土样,此次试验研究的用土要求用原状取土器采取。

根据项目试验研究的要求,在试验阶段安排了7个项目的特殊试验(表5-3),开展了土样扰动程度的评价、天然强度的测定、扰动对天然强度影响的修正方法等方面的研究。

**特殊试验项目** 表 5-3

| 试验项目 | 试验内容 | 试验要点 |
| --- | --- | --- |
| 高压固结试验 | 测定土的前期固结压力、压缩指数、回弹指数，判别土层的压密状态，判别土样的扰动程度 | 试验时的最大试验压力为 3200kPa，最初 4 级的荷重率取 0.5，用快速法试验；采用原状土和重塑土分别作平行比较试验 |
| 静止侧压力系数 $K_0$ | 静止侧压力系数 $K_0$ 是在土样侧向不能膨胀的条件下，侧压力与竖向压力之比。用侧压力系数仪测定。侧压力系数可分别按总应力计算或按有效应力计算，得到不同的指标 | 以侧压力为纵坐标，以竖向压力为横坐标绘制试验结果，加荷段试验点连线一般通过坐标原点，其平均斜率即为静止侧压力系数 |
| 三轴不固结不排水试验（UU） | 用于测定土的不排水抗剪强度指标，即为土的天然强度 | 在应力—应变曲线上，达到峰值以前线段的斜率称为不排水模量。由于该线段不是完全的直线段，不同应力水平的模量是不同的，通常采用 0.5 倍破坏应力的模量，即 $E_{50}$ |
| 等向固结三轴不排水试验 | 等向固结模拟现场应力条件进行预处理，以研究恢复原始应力状态后的不排水强度的变化，并测定土的不排水模量 | 通过预处理消除了卸荷的部分影响，与未经预处理的不固结不排水试验比较，可以发现莫尔圆的半径增大了，增加量即为因卸荷产生的扰动对天然强度的影响 |
| $K_0$ 固结三轴不排水试验 | $K_0$ 固结预处理的方法可以克服等向固结三轴不排水试验应力均匀化的缺点，但对试验操作的要求比较高 | 除预固结为 $K_0$ 条件（竖向预固结压力为 $\gamma h$，侧向预固结压力为 $K_0 \gamma h$）外，其余均按"等向固结三轴不排水试验"的要求进行试验，按相同的要求整理试验结果 |
| 侧向卸载三轴不排水试验 | 模拟基坑开挖时，坑外主动区在竖向应力不变的条件下，侧向应力减少，直至破坏的应力路径对不排水强度的影响 | 按土样的原位应力条件进行预固结后，进行在竖向应力 $\sigma_1$ 不变的条件下减少侧向应力 $\sigma_3$ 的不排水试验 |
| 三轴固结不排水试验 | 测定土的抗剪强度有效应力指标和总应力指标、孔隙水压力系数，同时测定土样的体积随应力变化的规律 | 计算有效大主应力 $\sigma_1'$ 和有效小主应力 $\sigma_3'$，计算有效主应力比，绘制不同围压下偏应力 $\sigma_1' - \sigma_3'$ 与应变 $\varepsilon$ 的关系曲线、主应力比 $\dfrac{\sigma_1'}{\sigma_3'}$ 与应变 $\varepsilon$ 的关系曲线、孔隙水压力 $u$ 与应变 $\varepsilon$ 的关系曲线，按有效应力路径确定有效强度指标，计算孔隙水压力系数 $A$ 和 $B$ |

在这些特殊试验成果的基础上,可以进一步分析评价土样的扰动程度,研究对于不排水强度的扰动修正方法。

(1)按高压固结试验结果,将原状土与重塑土的 $e$-$\lg p$ 曲线画在一张图上(图 5-9),根据体积压缩的比例计算扰动指标 $I_D$,并按表 5-4 评价土样的质量。

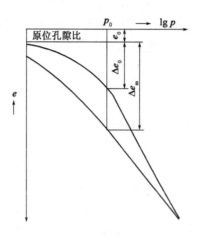

图 5-9　判别土样的扰动程度

$$I_D = \frac{\Delta e_0}{\Delta e_m}$$

$$\Delta e_0 = e_0 - e_u$$

$$\Delta e_m = e_u - e_d$$

式中:$e_0$——土样的原位孔隙比;

$e_u$——原状土曲线上对应于前期固结压力的孔隙比;

$e_d$——重塑土曲线上对应于前期固结压力的孔隙比。

**土样质量评价**　　　　　　　　　　　　　　　　表 5-4

| $I_D$ | 扰动程度评价 |
| --- | --- |
| <0.15 | 几乎未受扰动 |
| 0.15~0.30 | 轻微扰动 |
| 0.30~0.50 | 中等扰动 |
| 0.50~0.70 | 很大扰动 |
| >0.70 | 非常大的扰动 |

(2)按不排水模量评价土样的扰动程度。

根据扰动对不排水模量的影响,扰动指标由下式计算:

$$D_{\mathrm{d}} = \frac{[E_u] - E_{50}}{[E_u] - [E_{50}]}$$

式中：$[E_{50}]$——重塑土样的不排水模量，由试验测定，50%指在不排水试验的应力—应变曲线上，应力水平为50%时的模量；

$E_{50}$——实际土样的不排水模量，由试验测定；

$[E_u]$——"理想土样"的不排水模量，即只解除应力而没有遭受其他扰动影响的土样，近似地可由下式估计：

$$[E_u] = \frac{90(1+e)(1-2\mu')}{2k(1+\mu')}p'$$

式中：$p'$——原位有效平均应力；

$k$——自然对数坐标图中卸荷段的斜率；

$\mu'$——有效泊松比；

$e$——原始孔隙比。

(3) 按残余孔隙水压力法估计扰动程度。

根据扰动对土样中孔隙水压力变化的影响，可以分析土样的扰动程度。分析中需要由上述试验求得有效强度指标、孔隙水压力系数、静止侧压力系数和不排水峰值强度等。

按土样内孔隙水压力的保持程度，土样的扰动指标由下式表示：

$$R_{\mathrm{d}} = 1 - \frac{u_{\mathrm{r}}}{u_{\mathrm{p}}}$$

式中：$u_{\mathrm{r}}$——残余孔隙水压力，即试验前残留在土样内的孔隙水压力。根据试验达到极限状态时有效的大、小主应力之间的关系式解出残余孔隙水压力；

$u_{\mathrm{p}}$——正常压密土层的"理想土样"在取土时由于应力的变化引起的土样内孔隙水压力的变化，可按下式计算：

$$u_{\mathrm{p}} = -\gamma h [K_0 - A(1 - K_0)]$$

### 4. 建筑物增层的可行性研究

建筑物增层是指在已建成的建筑物上面再增建一层或几层的工程。如果经过验算，说明地基、基础和既有结构构件可以承受增层所增加的荷载，那就可以增层。如果需要对地基、基础和既有结构构件进行加固，那就表示增层是不可行的或者是不经济的。

1998年6月，对上海新华公寓从原设计的14层增建至15层进行了结构方面的可行性技术论证,为在建的五栋建筑物的增层优化设计提供技术依据。

论证工作根据工程地质勘察报告、工程检测报告、设计图纸以及现场调查资料进行。论证报告共分七个部分:工程概况、工程地质条件、桩基检测结果、承载力安全度分析、建筑物沉降分析、上部结构评估及分析结论。

经现场调查,调阅勘察报告、试桩报告及设计图纸,对增层以后的结构性状进行复核,对单桩承载力及建筑物桩基沉降进行分析计算,并综合考虑上部结构、地基基础和地质条件几方面的特点,论证结论认为,新华公寓从原设计的14层增建至15层,结构的强度和刚度均满足要求,桩基承载力的安全度是足够的,建筑物的沉降在设计规范的允许范围以内,因此在技术上是可行的,不需要采取加固或减载的工程措施。

### 5.住宅建筑纠倾的研究

在上海市区西南郊的地层浅部,存在大片的湖相沉积物,土质比市区的土层软弱。因此,即使是建造六层的居住建筑,建筑物的沉降也很大,建筑物倾斜的事故比较多,有的小区甚至出现大批倾斜的住宅。建筑物的倾斜或墙体的开裂也成为住宅投入使用后居民和开发商产生纠纷的主要原因。对于已经产生倾斜的建筑物,需要对建筑物进行纠倾并修复因倾斜而开裂的墙体。

为了修复由于不均匀沉降所引起的建筑物的开裂与损坏,首先需要消除不均匀沉降,对建筑物的倾斜进行干预与纠正,这种维修的方法一般称为纠倾。根据上海地区地下水位较高、地基承载力较低的特点,通常采用应力解除法进行迫降纠倾。迫降纠倾的成功关键主要在于设计、施工和监测等方面的密切配合,正确地判断建筑物产生倾斜的原因、建筑物所具备的承受纠倾的能力,正确地按纠倾方案实施。

这里总结了在对上海十余栋住宅楼进行迫降纠倾的施工过程中,实施建筑物变形监控的一些方法与经验。这些住宅建筑物均为6层高的砌体承重结构,平面上由三四个单元组成,长度为35~50m,大多建造于20世纪90年代初、中期,竣工时建筑物的沉降一般不大,但在3~5年后倾斜逐步显现,直至肉眼可以觉察到,倾斜值最大可达1%左右。

如果采用筏板基础,则建筑物整体性比较好,一般不会出现明显的结构性破坏,也为迫降纠倾创造了条件。如果采用墙下条形基础,则建筑物的整体刚度比较弱,有时墙体会出现一些裂缝。在采用迫降纠倾方法时,需要采取一些技术措施以保证结构物的安全。

### 6. 长兴岛凤凰镇新近沉积砂土的地基承载力试验与评价

在上海的北部地区，由于长江入海处的泥沙沉积，地层浅部分布着厚薄不等的由新近沉积的砂土层形成的一些岛屿。长兴岛就是其中一个比较大的岛屿，是当年上海转移造船工业的一个基地。由于其成陆沉积的年代比较短，地基土的压缩性比较高，承载力也比较低，而且那时缺少利用这类土层作为建筑物持力层的工程经验，所以一旦遇到这类土层，通常采用桩基础直接将荷载传到更深的土层中去。

上海的造船工业中心搬迁到长兴岛后，岛上需要新建大批的住宅建筑，如何利用浅层的砂土层就被提上了议事日程。大华公司准备在长兴岛建造一个比较大的多层住宅小区，在考虑基础方案时，认为采用桩基础是不经济的。对于多层住宅来说，采用天然地基上的浅基础显然是比较经济的，但如何利用砂土层的承载力，当时在上海地区还缺乏工程经验。因此，大华公司就委托我们做这个项目的可行性研究。

受大华公司的委托，我们做了论证研究，认为存在利用浅层砂土作为多层建筑持力层的可能性，但需要对砂土层做载荷试验以确定地基承载力的取值，然后再进行如何利用砂土层的论证。

在砂土层中准备利用的标高处，做了几个平板载荷试验，试验结果显示，砂土层具有一定的承载能力，具有作为天然地基持力层的可能性。载荷试验也为设计方提供了砂土层的地基承载力取值。经过研究论证，决定采用天然地基上的浅基础方案，并对设计和施工提出了比较严格的要求；在施工过程中，对建筑物的沉降和变形进行实时监测和控制，以保证工程的安全。

这个项目实施的结果表明，在多层建筑荷载的作用下，新近沉积的砂土层可以作为建筑物的地基，所产生的沉降虽然大一些，但还是在允许范围以内，建筑物并没有因此而产生明显的倾斜或开裂。后来，住宅建设的工程实践也证明了上述研究的分析结论是正确的。

### 7. 软土地基上的大面积堆载试验

通过现场大型堆载试验，研究大面积地面荷载作用下，试验区软土地基中超静孔隙水压力的积累与消散规律，各土层压缩量与水平位移的分布规律以及地面变形的分布规律。

对大面积堆山造景工程可能出现的问题，可以采用大型现场试验模拟和监测，以发现和处理试验过程中可能出现的工程问题，为拟建工程项目提供各种必要的技术预案。

同时,还采用桩基足尺试验研究在大面积地面荷载与建筑物荷载的共同作用下,建筑物下桩侧负摩阻力的分布、承台底面压力的分布、建筑物桩基的变形规律以及不均匀大面积堆载对建筑物和桩基所产生的不利影响。

**8. 沉降控制复合桩基的适用性研究**

沉降控制复合桩基的适用性研究是采用原型观测的方法进行的。原型观测是一种比例为1:1的大型试验研究,由于费用高、试验时间长,一般很少开展。

在上海的西北地区,地层中缺失第⑤层土,第⑥层土的埋藏深度又非常小,为采用纯桩基提供了非常好的地质条件。将桩支承在第⑥层土中,既解决了天然地基沉降过大的问题,桩的长度也在合理的范围内,能充分发挥硬土层的作用。

大华公司的一些工程,虽然将桩端支承在第⑥层土中,但仍按沉降控制复合桩基的方法进行设计。对此,岩土工程界存在不同的见解,主要是担心这种桩能否为桩土共同作用提供充分的变形条件,能否形成复合桩基,是否经济合理。

大华公司为了验证在上海西北地区这种特定地区采用沉降控制复合桩基方案是否具有经济性,开展了一项对两栋多层建筑进行原型对比试验研究的项目。一栋楼采用常规的桩基设计方法,另一栋楼则按沉降控制复合桩基的方法设计。对这两栋楼,在地基和结构两个方面进行了多个项目的全过程的原型观测,为了避免施工对量测元件或导线的损坏,精心设计了量测元件的埋设方案和线路的保护措施,而且将这些措施都纳入结构设计的施工图纸和施工交底资料。因此,在这个项目中,无元件、线路损坏的记录,非常难得。

原型建筑物变形观测的数据对比表明,担心不是多余的,在大华工程所在地区的地质条件下,采用沉降控制复合桩基并不是必要的,因为纯桩基可以提供比较经济的方案,使沉降符合规范的要求;同时,在技术上采用沉降控制复合桩基的理由也并不充分,这是因为桩端持力层的压缩性比较低,不能充分发挥地基土的承载作用;在经济上也是不合算的,因为减少用桩量获得的经济效益被增大的基础造价抵消掉了,至少并不节省多少造价,在有些情况下可能比纯桩基还要贵。

**9. 大华公园世家 D 地块软土地基多塔楼整体地下结构的实施与沉降计算方法研究**

多年前,大底盘非人防地库多塔楼结构形式得到广泛应用。该结构形式可以充分利用地下空间,为解决新建住宅小区日益突出的停车难问题提供了有效的方案。由于大地库与住宅楼的荷载差异大,可能引起地下车库与住宅楼地下室之间的差异沉降,从而引起结构次生应力,影响建筑物结构安全。为降低差异沉降及次生应力的不利影响,设计与施工中通常在主楼和大地库之间设置后浇带。上海地区的地下水位较浅,施工过程中需要维持工程降水直至后浇带封闭,还要解决混凝土分阶段浇筑和拼接处防水等难题,并且后期存在着渗漏水的风险;工程进度也会受到一定的延迟,不可避免地导致工程造价显著增加。这些问题都必须做充分的分析、比较,以权衡利弊得失。

在实际工程中发现,主楼与地库之间的差异沉降远小于按照现行规范推荐方法得到的计算值,按照实际情况可以不设置后浇带。但是,若不设置后浇带,设计时就需要分析大地库与住宅楼的变形协调问题,这在实际操作中又缺乏可靠的技术依据。

### 10. 堆山造景对别墅桩基影响的足尺试验

曾经有段时期,在一些平原地区采用人工堆土造山的方法获得比较丰富的地貌效果的做法比较流行。但是,即使在地质条件比较好的地区,堆了近百米高的人造山,也因沉降过大,几乎出现地基破坏的事故。

在上海这种软土地区,当然不可能堆那么高的山。开发商还是希望用一个山坡地形的效果来吸引购房者,所以也有一些高度不到10m的人造山出现。

大华公司也不例外,规划建设一个规模很大的别墅小区,希望将别墅建在山坡上。在上海这样的软土地基上能堆多高的山,成为小区设计中一个有待研究解决的问题。

为了应对堆山带来的建筑物沉降,可以采用桩基,但堆山的荷重又会产生作用于桩身上的负摩阻力,减少了桩的承载能力,产生了附加的沉降量。这样复杂的相互作用是难以计算清楚的,因此就提出了一个足尺试验的研究项目。研究的规模相当大,试验的时间跨度也相当长。

### 11. 沉桩挤土效应的监测与防治

沉桩的挤土作用对周围土体会产生不利的影响,危及既有建筑物和市政设施的安全,通常采用设置应力释放孔的措施来隔断孔隙水压力的传递,保护周围环境的安全。但是,目前尚缺乏充分的依据来确定应力释放孔的间距,应力释放孔的设置比较盲目,应力释放孔的效果也缺乏实测验证。为了揭示应力释放孔对隔断孔隙水压力的作用,研究不同间距的应力释放孔的隔断效果,大华公司委托同济大学结合大华河畔华城二期3号楼的桩基施工,进行应力释放孔隔断孔隙水压力有效性的现场试验研究。

此次采用孔隙水压力计现场实测应力释放孔两侧的孔隙水压力的响应,分析设置的释放孔对土体中孔隙水压力衰减和消散规律的影响,研究应力释放孔的不同设置间距对孔隙水压力消散作用的影响。之后进一步对观测数据进行理论分析,提出了工程控制方法的建议。

### 12. 地下室结构裂缝原因分析及处理

大华综合购物中心 B1-2 地块项目位于上海市宝山区南端,地处宝山、普陀、闸北三区交界处。由于在设计上存在着先天的缺陷,再加上施工过程中过早地停止了降水,也就是说在设计表达式中作为抗浮作用的结构及覆土自重尚未完全施加时就停止了降水,致使地下水形成的上浮力超过了已建结构的重力,产生了地下室底板的上浮。但是,由于下沉式广场四周建筑物的制约,地下室底板中部拱起,底板顶部钢筋出现塑性变形,致使混凝土开裂,地下室的一些梁柱也同时出现由过大的剪应力所造成的竖直裂缝、水平裂缝与斜裂缝。

在比较了可能采用的四种方案的优缺点之后,从这个项目的实际情况出发,从保护底板免受过多的伤害和缩短处理工期出发,选择了压重的方案。而且经过合理的布置,对地下车库停车位的数量也没有造成很大的影响,因此可以认为这个压重的方案是最佳的选择,具有技术、经济的合理性,同时也是比较容易实施的。

### 13. 单桩承载力随休止时间增长规律的研究

单桩承载力随休止时间增长的规律,是一个值得研究的项目。对这个研究项目,我做了历史资料的收集和分析工作,为开展这个项目的研究做了技术上的准备。但是,后来由于工程项目的变化,后续的研究工作就没有进行下去,没能得出明确的结论。

第六章

# 关于研究生培养工作的回忆

关于研究生培养工作的回忆,包括三个方面的内容:第一个方面是以我的经历为缩影,介绍我国研究生培养制度建立与完善过程中的一些事;第二个方面是对我所了解的,基层单位在研究生管理方面的一些事的回顾;第三个方面是对我自己培养研究生工作的回顾与总结,介绍我培养研究生的历程,记录我的学生的一些特点,讲一些关于他们的故事。

## 一、教研室早期培养研究生的情况

最早接触研究生的培养问题是在20世纪60年代初期,那时国家正准备建立研究生培养制度,当时采用的是在本科毕业生中选拔的方式。同济大学地基基础教研室的俞调梅教授和郑大同教授是最早带研究生的导师,俞调梅教授带的研究生是朱美珍和黄绍铭,郑大同教授带的研究生是易经武和魏道垛。但是,这一批学生还没有到毕业,"文革"就开始了,他们匆匆走上工作岗位,研究生培养工作也停下了。

由于工作的需要,我比较早地接触了有关研究生培养的一些教务工作,主要协助俞先生和郑先生处理一些事务工作。那时,地基基础教研室设有岩砂性地基、黏性土地基、基础工程和机器基础(动力基础)四个教学小组。岩砂性地基小组主要研究岩石力学和松散介质力学,黏性土地基小组主要研究黏性土的工程性质和软土的流变性质,基础工程小组主要研究浅基础、桩基础和深基础的设计与施工,机器基础小组主要研究土动力学和设备基础的设计与施工。我的业务方向是黏性土地基,因此在郑先生领导的教学小组里。

当年,我与郑大同、余绍襄两位先生在同一个教学小组,研究上海软土的流变性质。我曾经和余绍襄先生一起到北京、天津和南京进行调查研究,了解他们的研究工作,包括对土的流变性质的试验研究,这也是研究生易经武的研究方向。研究软土的流变性质,需要做很长时间的试验,怎么保持试样的含水量不变是一个需要解决的问题,正规的方法是在恒温、恒湿的试验室里做试验。我们曾经考察过天津港务系统的恒温、恒湿试验室。但是,我们不具备那样的试验室条件,只能把单轴仪放在恒温的大水浴中做试验,以保持仪器和土试样处在一个湿度和温度都保持不变的状态之中。这也是没有办法的一种办法,因陋就简地开始了研究生的培养工作。那时土工试验室的场地不够用,学校就将已经废弃的砖拱结构的电工馆拨了一部分给土工试验室。但拱的高度非常大,建筑平面分割以后就显得房屋的高度与平面不成比例,风的对流特别厉害,冬天特别寒冷。尽管不太实用,但聊胜于无,还是凑合着用了。易经武就是在这样简陋的条件下完成软土流变试验的。魏道垛研究上海软土的变形性质,他的研究试验是借用上海市政工程研究所的仪器完成的,因为当时我们学校的试验室还没有能测定侧压力的固结仪。从他们两位的研究工作条件可以看出,当年是在设备条件很差的条件开展研究工作和培养研究生的,哪怕是最简单的试验条件也是不完整的、十分简陋的。

由于研究生对于导师总是仰视的,不会轻易去见导师,因此在平时都与我们这些青年教师的关系比较密切(我们年纪也相仿)。研究生如果有什么具体问题,不论是学习方面的问题还是试验方面的问题,一般不大会去麻烦导师,如果实在自己解决不了,就会找我们协助解决。当时的几位研究生都是在这样的条件下,进行科学研究工作并完成研究生论文的。

在他们毕业分配的时候,也面临着许多实际的问题。我记得易经武的爱人夏丽卿是在上海城建系统工作的,同时他的父母年纪比较大,身体也不好,需要他照料,按理应该分配在上海工作,他对此也是充满期待。但是分配的结果却是去西安公路学院任教,完全出乎他的意料。直到改革开放以后,在办同济分校的时候,他才从西安调回上海。

最初,全校的研究生不多,所以在科研处下面设立了一个研究生科来管理研究生的事务,科长是汪应恒。我记得我们教研室的张守华老师曾经在研究生科兼职过,那是在20世纪50年代到60年代初期。这个研究生科后来随着研究生数量的增加,发展成为研究生院。讲起管理研究生的事,我与它还有擦肩而过的缘分。原来学校打算把我调去从事管理研究生的工作,但那年,住在我这里帮我带孩子的岳母生了重病,当时我难以去机关工作,所以学校就没有调我去做研究生的管理工作。直到第二年的春天,学校才把我调到机关去,不过那时是学校设置了一个新的机构——科技咨询服务部,将我调过去担任科技咨询服务部的主任,筹备这个新机构。

## 二、博士点和博士生导师

"文革"结束以后,拨乱反正,恢复了高考和培养硕士研究生的制度,而且开始了博士研究生的培养。

博导是博士生导师的简称,现如今博士生导师已经是一个非常普遍的称谓,可是在30多年前,还是一个十分稀缺的头衔。我国建设事业的发展需要博士,但培养博士的老师应当是博士才行。可是,我国还没有培养过博士。20 世纪 30~40 年代,留学回来的老先生中,限于当时各种条件,很多人拿了硕士学位就回国了。在岩土工程领域,大概只有黄文熙先生是留美的博士,其他几位老先生,例如我校的俞调梅先生、郑大同先生都没有读博士,在其他学科领域,也大体如此。在我们学校,除了李国豪校长,其他老先生也很少有拿博士学位回来的。当时,如果仅由具有博士学位的老先生带博士生的话,那根本不能满足发展的需要。于是从教授中遴选出一批具有带博士生条件的老师,称其为博士生导师,以解决燃眉之急。当时,教育部成立了专门的机构来处理这件事,负责审查和批准各个学校上报的博士生导师的名单。根据 1996 年 4 月出版的《同济大学教授录》的记载,当年,同济大学的博士生导师共 64 位,不担任博士生导师的教授和研究员共 464 位,总计 528 位,博士生导师的人数仅占教授总数的 12%。

我那时上报的论文中,一共有 15 篇公开发表的论文,其中,外文的论文 5 篇。大概还有科研的成果及成果所获得的奖励。为了带博士生,还必须有科学研究的课题。我没有找到当年的上报材料,已经记不住是怎么申报的了,总之是一件很不容易的事。

当年,申报的时候,还有一个报什么学科的问题。我们学校已经有岩土工程学科的博士点,因此增加导师人数的申请容易得到批准。在那个时候,对一个单位来说,博士点的数量也是一个评价的指标,因此申报新的博士点也是提升单位知名度的一种途径。对我们系来说,如果申请土力学的博士点,也是增加博士点的一个可取的选择。但是土力学的博士点大多设在科学院系统,而岩土工程博士点则设在高校系统。在当时,有的单位为了增加新的博士点,就引进其他单位的博士生导师,或者兼职也行。当然,付出一笔费用那是必然的,这就要得到领导的支持。但这种从外单位引进的兼职导师,要融入这个单位的教师群体,适应这个单位的体制与习惯,真正发挥作用也并不是一件容易的事。要知道,经过几十年的发展与变化,一个单位形成了许多不成文的规定和上上下下的关系,对于一位从外单位调入的博士生导师,不管他有多高的水平,不管是兼职还是专职,短时间内是很难完全适应的。鉴于这种认识,我们就放弃了增加新的博士点的追求。

当年,为什么想申报土力学的博士点?倒也并不是空穴来风,也是一个历史发展过程。郑大同先生的学术方向是在土力学和土动力学,他担任了中国力学学会岩土力学专业委员会的副主任,由他牵头申请倒也不是不可能,但是他于 1986 年 4 月突然因煤气中毒去世了,这个方向就留下了一片空白。郑先生去世以后,他已经招收的学生就分配给其他老师继续带,以完成学业。当时分配给我的是毛尚之。她是清华大学的毕业生,也是我带的第一名硕士生。在郑大同先生去世后,我们就彻底打消了申请土力学博士点的打算。

几十年以前,能够带研究生的也只是几位老先生,因为只有老先生有国外的学位。在20世纪40年代后期到50年代初期国内学校毕业的老师,都没有学位,而且都还不是教授或副教授,有的还不是讲师,即使是在做研究工作,但那怎么能够带研究生呢?所以,从培养研究生的需要来说,当务之急也是要赶快提升一批教授和副教授。首先要提升的是20世纪40年代后期和50年代初期毕业的讲师,先将他们提为副教授,过几年再提为教授,空出位置后,再把下面的讲师提升为副教授,等到这些副教授升教授了,下面的讲师才能升上来。我是1958年毕业的,在20世纪50年代毕业的教师中,我是比较年轻的,但幸运的是,我在1963年那一次提升一小部分人的职称时("文革"前唯一的一次),就已经晋升为讲师了。这样,在职称的提升上就可以少一个步骤。因此在1986年晋升为副教授以后就可以带研究生了。但是,那一年我也已经51岁了,如果国家不延长我们这些人退休的年龄,我也已经到了离岗的时间。

由于历史的原因,我们这一代人虽然并不是"大器",但都是"晚成"的,等到我们能够带研究生的时候,已经是五六十岁的人了。如果按照60岁退休的规定,高等学校里就没有多少人可以带研究生了。所以,国家就将我们这些人的退休年龄往后推了8年,就是推迟到68岁退休,以解决人才断层的问题。所以,我在50多岁时才开始带研究生。带了十几年,我也退休了。我一共培养了14名博士,13名硕士,最早的研究生毕业也已经30年了。

## 三、我培养的研究生

我是一个双肩挑的干部,一直担负着各种行政工作,学校可以不考核我的业务工作。做行政工作是很多人求之不得的事,无奈我们这些知识分子干部总希望不要完全脱离业务,因此就只好身兼两职。培养研究生是我自己要争取做的一种业余"爱好",因此带的学生不多。在这20多名学生中,在广州工作的是王大通和安关峰,在重庆工作的是熊启东和况龙川,在北京工作的是毛尚之和王新波。其余除了少数在国外工作的,大多数都在上海工作,但平时的来往也不是很多。

我的第一个研究生是毛尚之,她是清华大学毕业的,本来是推荐给郑大同先生带的。但因1986年4月郑大同先生突然去世,他的许多学生就只能安排给别的老师带了。在这样的情况下,我提前开始了培养研究生的工作。她的论文是桩的可靠度,是结合港口工程的桩基来做的。那时我与交通部第三航务工程设计院有着比较密切的联系,他们提供了一些工程项目资料。她毕业以后,我推荐给王锺琦总工,到建设综合勘察设计研究院去工作。由于她本科学的是结构专业,对于综合勘察设计研究院的改革和人才的专业发展是很合适的,充实了他们单位结构方面的人才。2018年10月,我到北京参加一次会议,主要是讨论如何把网络答疑继续办下去。建设综合勘察设计研究院考虑到我年纪大了,想让我从网络答疑中脱身出来,准备安排6位年轻一点的专家来接替我的工作,其中就包括毛尚之。她也已经退休了。最近,看到毛尚之已上网答疑,开始接上手了。

我带的最后一个学生是李韬,他在读学位的时候就参与了我与大华公司的几个合作项目的研究工作,毕业后在上海岩土工程勘察设计研究院工作。他刚毕业时,由于我的一些研究项目尚未结束而需要助手,他主动参与我的一些项目研究的收尾工作,继续发挥着助手的作用。由于他住的地方离我家也比较近,联系比较方便。他毕业后的十多年里,在环境岩土工程方面逐步打开了局面,有了他的一片天地。看到自己学生的成就,作为老师确实感到极大的安慰。

离我最近的学生是岳建勇,我们住在同一幢楼里。他本科读的是结构专业,硕士是力学方面的,我认为他的知识面比较齐全,让他做的博士论文的题目是"沉降控制复合桩基机理分析与可靠性分析方法研究"。由于他的力学基础比较好,让他参与了规范编制的一些工作。根据明德林(Mindlin)解,他对深层土的变形模量的计算公式进行了推导,发现了需要在半无限体表面的计算公式中增加一个反映载荷板设置深度的系数,这样就能够得到深层土的变形模量的计算公式。关于这个问题可以查阅《岩土工程勘察规范》(GB 50021—2001)(2009年版)第10.2.5条的条文说明。我认为他毕业后比较适合从事结构设计工作,因此在他毕业时,我就推荐给上海建筑设计研究院的黄绍铭总工。他在黄总身边工作了十多年,跟随黄总参与了上海许多重大工程的地基基础的设计、咨询与研究工作,直到黄总退休。这段经历对他来说,应该是十分重要和珍贵的。

这三个学生的工作单位分别是建设综合勘察设计研究院、上海岩土工程勘察设计研究院和上海建筑设计研究院,这三个单位与我们学校的关系都非常密切,与我们地基基础教研室的业务联系也是源远流长,这也许是一个巧合,也可能是历史的必然。

徐斌是清华大学丁金粟教授推荐给我的,是硕博连读的。应该说,清华大学给他打的基础是很好的,他也是一个很聪明的学生,学习好,与同学的关系也都很好。博士毕业以后,他继续做博士后。他的博士后研究方向是道路材料,所以毕业以后就在上海的市政系统工作,业务范围也比较广,说明他的适应性还是比较强的。他还会时不时地来看我,谈谈他的工作情况。

熊启东是重庆人,他的硕士和博士都是在我这里读的,我们相处的时间就很长了。他也参加了秭归县城搬迁新址的现场试验和研究工作。毕业时,他希望我能推荐他到上海市建委工作。我告诉他,上海市建委的干部都是从基层单位选用的,一般不直接从学校里招收。于是,他给重庆的市长写了封求职信,当时重庆刚建制为直辖市,需要大批干部,他就被安排在市建委工作。做了几年以后,他被调到市建筑科学研究院工作。我认为,他的选择是对的,按照我对他的了解,他实在是一个技术型的干部,不适宜在政府部门工作。他在工程技术方面还是比较活跃的,曾经在一些工程技术的专家会议上,我们师生见过面。他的父亲是一位大学教授,对他的要求是很严格的,我和他父亲也见过面。

况龙川是许溶烈总工推荐给我的,他是许总在西安建筑科技大学兼职带的硕士。他是四川人,但是从小在黑龙江长大,这个经历从他的名字可以看出来。他毕业以后,本来在上海工作,后来去了重庆,在大学里当教授。他是一个很能吃苦耐劳的人,在三峡库区做现场载荷试验时,他能够连续值班,工作认真。我还保留着他在三峡库区时的试验工作记录。但他的脾气不好,有时候不够冷静。很多年没有见了,现在年纪大了,涵养应该好些了吧。

王新波是山东人,读书时他的身体不是非常强壮。毕业后在北京工作,他的工作是需要经常出差的,我真担心他的身体能否扛得住。他是每年教师节总会给我打个电话来问好的学生,在春节、元旦这些节日也常会打电话来拜个年。他毕业已经20年了,虽然一直没有再见过面,但电话联系还是比较多的。不间断的电话联系,维系着师生之间的感情。

曾朱家(图6-1)是浙江大学毕业的,学习成绩是很好的。在读硕士学位的时候,他的一些大学同学,虽然没有继续读书,但工作也都不错,而且有的做了老板,收入就相当高。对比之下,他可能感到读研究生有点吃亏了,引起了情绪上的一些波动。他向我倾诉了他的苦恼,通过我的劝说,他还是把学位读下来了。毕业后我把他推荐给深圳的朋友,去了深圳从事工程检测工作。多年以后,我去深圳时,他已经在这个领域中工作得非常得心应手了。看到学生的成长,真的比什么都高兴。

汪建恒在读硕士时,我让他研究土的微观结构,利用我们学校才配备的高倍电子显微镜分析上海软土的微观结构,其对切片和制样的技术要求非常高,他做得很辛苦,也很努力。过去,我们只是从外国书上看到土的微观结构的照片。讲到上海软土,说不清楚究竟是什么样的结构。现在终于拍到了上海软土的细观结构的照片了(图6-2),是很高兴的事情。汪建恒毕业以后去了上海隧道工程有限公司工作,我还希望以后我们能够有隧道方面的合作。但是后来,他去了新加坡,有一次我从澳大利亚回国,途中在新加坡转机,见到了他。他在新加坡的工作实际上已经与土力学没有什么关系了。

图 6-1　与曾朱家合影(深圳)

图 6-2　当年拍摄的上海软土细观结构的照片

接汪建恒工作的是张军,他的学位论文题目是"土的细观结构理论分析及微观组构参数的试验研究",本来希望他能够接力将这个问题继续研究下去。他毕业以后去了学校的监理公司工作,虽然还是在同济大学工作,但再也无缘与细观结构接触了。我想,也许我们没有条件做这个领域的研究工作,所以后来,我不再安排学生研究土的细观结构的问题了。

回顾有关培养研究生的一些历史,能深刻理解建立研究生导师制对人才培养的重要作用。首先,不论是硕士生或者是博士生,都是一对一地按照导师的要求完成各项学习和研究的内容,而在这样的教学过程中,师生之间就会有许多互动,有学术观点的交流,也有为人处世的影响。导师的一言一行,对学生都有潜移默化的影响。当然,也有放鸭子式的导师,但那毕竟是极少数。当学生出现一些问题的时候,不论是他学习中的困难或者是情绪的波动,还是学生之间的一些矛盾或者纠纷,导师的关心体贴和正确引导就非常重要。对于有缺点的学生,也应该给予悉心的关爱和帮助。

对这些学生在毕业以后的发展情况我没有机会作专门的了解和分析,以反省自己当年教学工作的成败得失。

作为一个案例,2019 年的广州之行提供了一些相关的信息。王大通是 1998 年毕业的博士,最初在上海工作,不久后,他就去了南方。后来,他也常因为工作上的一些事到上海来,我们也有机会见面。在我 80 岁生日聚会时,他特地来到上海,参加了活动,同时他提出了在广州为我 85 岁生日组织活动的想法。时间过得真快,五年一下就过去了。2019 年 5 月 16 日至 19 日,应王大通之邀,我们到广州,度过了非常愉悦的四天。赵春风和张鹏自上海到广州来回全程陪同。

在王大通担任总指挥的广州南沙明珠湾开发区,组织了报告会。在王大通的主持下,我和安关峰两人分别做了学术报告。我的报告题目是"软土地基的处理技术",安关峰的报告题目是"广州南沙软土地基处理对策与工程实践"。我们这两个报告的内容,非常契合他们这里的建设发展的需要。南沙湾是广州南部的自然延伸,呈叶形伸向南海,这里为广州的发展提供了广阔的空间。但是,这里的陆地沉积的年代比较新,土层比较松软,给工程建设带来了许多困难,需要采取处理措施。王大通作为开发区的负责人面临着大片软土需要处理的场地。当年,他的博士论文的工程研究对象是软土地基作为机场跑道地基采用强夯处理。今天,他所负责的工程也正需要采用强夯这种方法来处理这一大片南沙湾的软土地基。不由地感慨,历史总是存在某种相似。

王大通在十分繁忙的公务中,抽出时间来陪同我们观看了他们公司的业绩展示以及公司附近的广场与海岸边的设施。下班以后,我们在海滨散步,蔚蓝色的海水清澈明亮,灰白的混凝土护坡、宽广的海滨广场及人行大道,显得非常开阔和宁静。晚饭是在他的一位朋友的家里吃的,那位朋友是维吾尔族,热情地款待了我们。看来,王大通和他的关系比较好,他也参加了我的生日宴,似乎还帮助王大通安排我们的住宿、宴会等具体的事务。

在广州,我们住在一个超高层宾馆的第 80 层,通过宽大的玻璃窗,可以瞭望那高楼林立的街区。那是在广州老市区的东边,靠近市区的边缘新建起来的一个商业区,那里高层建筑的密度是上海无法企及的。

周末,王大通全程陪同,直至送到机场的候机楼边。安关峰也多次陪同游览,到宾馆送行。

在我生日的那天晚上,王大通为我举办了非常丰盛的生日宴,他的夫人和孩子,还有他的妈妈和弟弟都来参加了,安关峰夫妇也参加了,聚会充满了浓浓亲情。

这是很难得的与四个学生同时相聚的一次(图6-3)。他们毕业已经超过20年了。在这20多年中,他们通过各自的努力,成家立业,在各自的领域中,都有一片天地,非常不容易。作为老师,没有比看到学生的成就更高兴的事了。

图6-3 与四位学生(张鹏、赵春风、王大通、安关峰)合影(2019年5月于广州)

王大通和安关峰是两种不同类型的学生,王大通具有很强的组织领导能力,已经成为能主持开发区工作的主要领导人;安关峰则是学者型的,已经出版了他的专著,形成了他自己的学术体系。他们两位的工作也非常符合他们的特点,可谓各得其所,能充分发挥他们的长处,也取得了为社会认可的业绩。

王大通告诉我,本来熊启东和况龙川也打算来广州的,但因为有事忙就没有来。

陪同我来广州的赵春风和张鹏都是和王大通差不多的时间在我这里读书的,他们在读书时就已经是关系很密切的同学了。毕业后,王大通和赵春风仍然保持着密切的联系,他来上海,大多是赵春风帮忙张罗的。

赵春风和张鹏是比较特殊的学生,他们不是按通常的规则来读学位的。

赵春风硕士阶段是读理论物理的,毕业后在物理系任教,而且已经是讲师了。有次他到我在开发公司的办公室找我,说想读我的博士生。我说可以的,但要按照工科的要求来考试,必须自学很多课程。我指定了材料力学、结构力学和弹性力学的教材,让他通过自学来考试。入学以后,我又让他到工地参加施工监理,让他了解建筑施工的过程,熟悉设计图纸,给他补了建筑工程这一课。他也很努力,很快转到了建筑工程和地基基础这个领域。

张鹏本科阶段是读建筑材料的,毕业时想考地基基础专业的硕士,也是转了专业。他来征求我的意见,我很支持他。因为,我听过黄蕴元先生的理化力学的课程,接触过材料的研究,而在地基处理中也涉及许多材料的理化性质。所以,就让他研究地基处理所用材料的理化性质和工程应用。他的论文题目是"水泥稳定高有机质土的力学性能",这样的课题可以发挥他的专业特长,也是一种跨专业培养人才的试验。

前几年,我把我带的学生的情况整理成一份材料(不是很齐全),见表6-1。

**我培养的硕士生和博士生情况**　　　　表6-1

| 姓名 | 学位 | 学习时间 | 论文题目 | 毕业去向 | 备注 |
|------|------|----------|----------|----------|------|
| 毛尚之 | 硕士 | 1985—1988 | 考虑打桩影响的岸坡稳定的概率分析 | 建设综合勘察设计研究院 | |
| 曾朱家 | 硕士 | 1987—1990 | 上海地区单桩轴向承载力的可靠性分析及分项系数设计研究 | 深圳市勘察研究院 | |
| 郑云 | 硕士 | 1985—1988 | 海洋平台地基稳定性及其可靠度的研究 | 同济大学 | |
| 孔晓洁 | 硕士 | 1986—1989 | Monte-Carlo有限元法计算软土地基固结变形 | 上海勘察设计研究院(后来去了美国) | |
| 汪建恒 | 硕士 | 1987—1990 | 上海软土细观结构本构模型及试验研究 | 上海隧道工程有限公司(后来去了新加坡) | |
| 张军 | 硕士 | 1989—1992 | 土的细观结构理论分析及微观组构参数的试验研究 | 同济大学工程建设监理公司 | |
| 吴建浩 | 硕士 | 1988—1991 | 软黏土中竖直单桩承受横向荷载研究 | 南京 | |
| 王立新 | 硕士 | 1991—1994 | 逆作法施工条件下地下连续墙及周围土体性状的预测 | 深圳 | |
| 熊启东 | 硕士 | 1992—1995 | 上海地区地基承载力分项系数设计研究 | 读博士 | |
| 张鹏 | 硕士 | 1996—1999 | 水泥稳定高有机质土的力学性能 | 上海隧道工程有限公司 | |

续上表

| 姓名 | 学位 | 学习时间 | 论文题目 | 毕业去向 | 备注 |
|---|---|---|---|---|---|
| 廖向东 | 硕士 | 1997—2000 | 桩基沉降理论的应用研究 | 温州建筑设计院 | 在职 |
| 李家平 | 硕士 | 2000—2003 | 取土扰动对土的抗剪强度的影响机理研究 | 读博士(毕业后去了上海隧道工程有限公司) | |
| 朱登峰 | 硕士 | 2000—2003 | CFG桩复合地基工作机理研究 | 回黄河水利委员会 | |
| 李镜培 | 博士 | 1986—1990 | 竖向承载桩的可靠性研究 | 同济大学 | |
| 徐奕 | 博士 | 1994—1997 | 软土深基坑支护性状的数值模拟分析 | 上海市政工程设计研究院(后来出国) | |
| 徐斌 | 博士 | 1994—1998 | 软土中地铁隧道与邻近建筑物相互影响的数值方法研究与应用 | 上海浦东路桥有限公司 | 硕博连读 |
| 况龙川 | 博士 | 1995—1998 | 软土基坑的可靠性研究 | 做博士后 | |
| 熊启东 | 博士 | 1995—1998 | 上海地区地基承载力可靠度分析及分项系数研究 | 重庆市建委 | |
| 王大通 | 博士 | 1995—1998 | 软土地基上动力固结法的理论研究 | 上海陈云纪念馆(后来去了广州) | |
| 赵春风 | 博士 | 1994—1998 | 上海地区桩基可靠性研究 | 同济大学 | 在职 |
| 王新波 | 博士 | 1997—2000 | 群桩体系可靠性分析 | 总装备部工程设计研究院 | |
| 安关锋 | 博士 | 1997—2000 | 桩基础对邻近隧道变形长期影响的研究 | 做博士后(后来去了广州) | |
| 秦建庆 | 博士 | 1998—2002 | 柔性桩复合地基的可靠性分析方法研究 | 上海市水务局 | |
| 叶观宝 | 博士 | 1998—2004 | 高速公路软基处理的理论与设计 | 同济大学 | 在职 |
| 王箭明 | 博士 | 2000—2003 | 上海软土地区房屋的长期沉降及地基变形允许值研究 | 浦东新区 | |

续上表

| 姓名 | 学位 | 学习时间 | 论文题目 | 毕业去向 | 备注 |
|---|---|---|---|---|---|
| 岳建勇 | 博士 | 1999—2003 | 沉降控制复合桩基机理分析与可靠性分析方法研究 | 上海建筑设计研究院 | |
| 李韬 | 博士 | 2001—2004 | 沉降控制复合桩基分析计算理论与可靠度研究 | 上海岩土工程勘察设计研究院 | |

从我的学生所做的论文题目可以看出,有12个学生的论文题目与地基基础的可靠性问题有关,几乎占了全部学生的一半。这也反映了我的研究方向和特点。我认为,由于土的工程性质的不确定性和试验结果的随机性,岩土工程应当重视可靠性的研究与应用。同时,在研究生选择研究课题时,可靠性问题也是一个不错的方向。

第七章

# 关于岩土工程体制改革的思考和展望

一般认为,我国岩土工程体制改革的大规模实践开始于 1986 年,以国家计划委员会发布我国岩土工程体制改革的文件为标志。

对于岩土工程问题的学术讨论与人才的培养,是从 1958 年开始的。当年,同济大学举办包含地基基础专业、工程地质专业和地下建筑专业的专业群,开始了岩土工程人才的大规模培养。后来,这个办学实践因故中断了十多年。到 20 世纪 80 年代,同济大学又以进修班的形式,对在职人员进行了前后近十年的培养,为我国岩土工程体制改革储备了人才。在学术界,开展岩土工程体制的讨论和编制岩土工程规范的实践,进一步推动了岩土工程体制改革。

我作为土力学与地基基础课的一名教师,有幸自始至终参与了岩土工程体制改革的实践,参加了几本重要规范的最初几个版本的编制工作及其先行的研究工作。几十年过去了,在整理我的手稿时,发现了一些历史文件,可以见证这个伟大的变革。

本章选用的两篇文章,前后相距 14 年,读者可以从中看出这十多年里的一些变化。

# 一、对岩土工程体制改革的思考

编者按:本文写于 2002 年。

## 1. 引言

近五十年来,我国岩土工程取得了巨大的发展。随着我国加入 WTO,注册岩土工程师执业制度的实行,岩土工程体制将会在我国大地上迅速推行。如何适应我国加入 WTO 以后的发展形势,做好应对和准备工作,谋求更大的发展,是各单位需要考虑的问题,本文提出一些个人看法,与同行讨论。

## 2. 对我国岩土工程体制的简要回顾

新中国成立以前,我国尚未建立工程勘察设计的体制。20 世纪 50 年代初,一些工业部门的主要勘察设计单位都有苏联专家帮助和指导,在一些院校也有苏联专家讲课和培养技术人员,当时主要是按照苏联的工程地质勘察体制来建立和发展我国的工程地质勘察体制,成立各行业(系统)的工程地质勘察单位,承担自己行业的勘察任务,为专业的设计单位提供勘察资料,供设计人员使用。勘察单位的任务是从地质的角度查明工程地质条件,勘察人员对上部结构设计的情况很少了解,也不需要了解,因而所提供的资料不一定符合设计的需要,而设计人员对岩土工程方面的问题亦不甚了解。在经济恢复时期和以后的几个"五年计划"建设期间,这种体制与当时的计划经济是大体适应的,但技术上一边倒所引起的矛盾和勘察设计处于分割状态的弊端也不断地显示出来。

20 世纪六七十年代,在总结工程实践经验和开展科学研究的基础上,我国的工程勘察技术逐步走向成熟,特别在区域性土、地震地质、测试技术等方面都取得了丰硕的成果,在当时编制的一批技术标准中将这些成果推广应用于工程建设,标志着我国的工程勘察技术已经达到了比较高的水平,但十分明显地体现出想摆脱苏联技术的影响而又无法完全摆脱的无奈。至于工程勘察的基本内容、主要方法,特别是管理体制仍保持在从 20 世纪 50 年代已经形成的按照苏联的模式建立起来的体系之中。

20 世纪 80 年代初期,打开国门之后,为了了解已经隔绝了 30 余年的国外情况,在岩土工程领域中,也陆续派出去一批学者,到西方工业发达国家留学、合作研究或组织代表团出国考察访问,同时也通过各种渠道邀请国外的专家到我国进行学术访问、讲课和技术合作。

通过这些交流活动,了解了国外岩土工程领域的技术发展情况,也接触到国外的岩土工程咨询业务体制,得到的总的印象是,我国的技术装备,包括勘察设备、试验仪器等方面确实落后于国外,施工的机械化水平也比国外差;认为在某些方面我国的学术水平与国外相比,各有千秋,有些可能处于相同的水平,但总体上落后于国际岩土工程业。通过考察发现,在三个方面,我国与工业发达国家存在比较大的差距,这就是技术标准不同、管理模式不同、体制不同。这三个都是属于大环境方面的问题,但它对技术的发展有控制性的作用,大环境不行,会制约技术的发展,也会制约先进技术的推广应用。

如何改变我国岩土工程技术总体落后于国外、游离于国际岩土工程主流的状况,我国岩土工程界的有识之士当时提出了推行岩土工程体制的设想。

1979 年底,国家建工总局组织了一个代表团去加拿大考察,了解到西方工业发达国家的岩土工程技术体制与我国从苏联沿用过来的工程地质勘察体制相比,有明显的优势,遂于 1980 年初举办了一个历时 3 个月的研究班,收集和阅读了美国和加拿大等国的许多岩土工程报告、规范和各种技术资料,并与我国勘察单位的情况进行分析对比,研究了在我国实行岩土工程体制的必要性、可行性和工作步骤,提出了报告,得到了领导部门的支持,在全国勘察行业中得到广泛的响应。但经历了 20 年的体制改革,岩土工程勘察、设计、施工仍处于分割状态,行政部门的垄断依然存在,技术人员的专业适应性没有根本变化,由于缺乏外部市场条件和内部的个人执业制度的激励,还没有建立起统一的岩土工程咨询业,岩土工程体制的改革步履艰难、收效甚微。

如何在市场竞争中保证工程质量,如何在市场竞争中提高从业人员的技术水平,如何在市场竞争中发展岩土工程,这些都成为人们疑虑而又无奈的问题。岩土工程的出路在何方?

### 3. 世贸组织与我国岩土工程

我国加入世贸组织以后,世贸组织的一系列运行规则将越来越深刻地对我国的经济管理和运行模式产生影响。根据我国对世贸组织的承诺,入世后勘察设计咨询市场三年部分开放,五年全部开放。所谓部分开放是指国外的岩土工程咨询公司可以在国内成立合资企业,允许外资拥有多数股权,所谓全部开放是指允许设立外商独资企业。

加入世贸组织后,国外的岩土工程咨询公司将进入我国,同时也为我国的岩土工程业走向世界打开了大门。当然,这两个方面是绝对不对称的,引起不对称的原因主要是我国长期与外界隔绝,无论技术上还是管理上,对国外的技术发展和管理规则都不熟悉,同时由于我国长期不重视外语的教育,在岩土工程领域,能直接与外方人员沟通的技术人员也不多,更增加了适应期的困难。在我国的承诺中,逐步开放的期限也是为了我国技术人员和管理层有一个适应世贸组织规则和国际岩土工程习惯做法的过渡期。

国外岩土工程咨询公司将进入我国意味着国内的市场竞争将更加激烈。一些大的工程,特别是国外投资的工程,他们可能具有更大的优势,失去一部分市场空间是可以预见到的事实。从另一个侧面来看,国外岩土工程咨询公司进入我国,他们带来国外的经营理念和国际的通用规则,可以促进我国的体制改革,有助于建立我国的岩土工程咨询业。

根据世贸组织的规则,在世贸组织成员之间,咨询业互相开放,并给以国民待遇。所谓国民待遇是提供服务者不受国籍或所在国的限制,但必须是所在国从事勘察设计的注册工程师。注册工程师执业资格制度是工业发达国家岩土工程体制的核心,我国如果不建立注册工程师执业资格制度,便不能对进入我国的国外工程师的资格进行准入认定,我国的工程师也没有进入国际岩土工程市场的通行证。

世界上大多数国家对那些涉及公众生命财产安全的职业,都制定了严格的个人执业注册制度和相应的管理制度,其中对建筑师和工程师实行执业注册已成为国际上的一种惯例,以法律形式将注册制度固定下来,明确规定只有注册师签字的设计文件才具有法律效力。这种注册制度已成为各国政府加强工程勘察设计行业管理,保障国家及公众生命和财产安全,维护公众和社会利益的一项有效措施。

我国政府关于工程设计资质改革的基本思路是向社会主义市场经济过渡,逐步实现与国际惯例接轨,在强化个人执业资格的同时,逐步淡化单位设计资质。个人执业资格管理是以个人业务素质为基础,从强化个人质量意识、落实质量责任入手,达到提高全行业设计人员的整体素质、提高设计水准和设计质量的目的。

我国实行土木工程师(岩土)执业资格考试与注册制度,为岩土工程咨询业的发展提供了条件,是我国岩土工程体制改革的重大契机。

注册工程师执业资格制度适应市场经济体制要求。市场经济体制建立以后,在工程建设领域中已经出现工程承包和个人开业的问题,为保证市场运行的秩序和质量,实施专业人员"准入"管理显得更加重要。

注册工程师执业资格制度是保证工程质量的需要。按照执业制度规定,用于工程的重要技术文件和图纸都必须要注册工程师签字,注册工程师不签字,技术文件就不能实施。法律赋予注册工程师很大的权利,同时注册工程师也要承担很重要的法律责任。

注册工程师执业资格制度符合提高队伍素质的需要。注册工程师考试标准是要得到国际上互认国家的承认的,根据国外岩土工程咨询业的要求,注册工程师的专业知识面相当宽,因此考试大纲规定了比较宽的考试要求,这个要求与我国目前的技术状况有较大的差距。是迁就现状,还是下决心与国外的惯例接轨?迁就现状就失去了注册考试的意义,不如不考。注册考试进一步暴露了我国教育体制的弊端,在计划经济体制下,我国学校的专业教育培养的是专才而不是通才,特别是各行政部门主管的学校,其专业知识面更加狭窄。执业资格制度作为教学改革的一个指挥棒将推动教育制度的改革,推动高等教育围绕市场培养人才。

注册工程师执业资格制度适应世贸组织的要求。在工业发达国家都有完整的执业制度,世贸组织的重要原则之一是国民待遇原则。如果我们没有执业制度,别的国家的技术人员进入我国市场可以通行无阻,因为人家有执业制度而我们没有。我国的技术人员进入别的国家就要遵守人家的执业制度,如果我国的技术人员没有执业资格就只能打工,没有签字权。因此如果我国不实行执业注册制度,实际上就变成我们的市场单边开放,这当然有损我国的根本利益。

国际主流社会所采用的执业注册制度为什么是一项有效的工程建设管理制度呢?这是因为执业注册制度强化了注册工程师的社会义务和法律责任,在这一制度下,注册工程师有选择约束自己行为目标的技术标准的权利,注册工程师有作出技术决策的权利,同时注册工程师有取得高额报酬的权利。注册工程师为了保持其社会地位和履行社会职责,必须不断地提高自己的技术水平。

国外的岩土工程咨询业的基础是注册工程师制度,是建立在注册工程师个人的责、权、利统一的前提下的工程管理体制。

有了注册工程师执业资格考试与注册的制度,20多年前提出的岩土工程体制改革的建议才有实现的可能。

### 4. 我国与国外岩土工程习惯做法的差异

由于计划经济体制的影响,我国岩土工程领域的体制与国外岩土工程体制存在比较大的差距。改革开放以后,随着外资企业大量进入我国,经济上、技术上与国外的合作不断发展,由于体制不同带来的矛盾日显突出,我国难以融入国际上占主流地位的岩土工程技术体系,也难以进入国际岩土工程市场。

我国从20世纪中叶开始,实行计划经济体制,工程建设计划列入中央各部委和地方政府的具体管理,从计划的制定、经费的拨付到项目的验收,权力都集中于政府部门;工程勘察、设计与施工等环节都由中央部委下达任务;各部委都有一整套的勘察、设计与施工的队伍,形成了行业分割非常突出的技术体系,这种按苏联的勘察设计体制建立起来的体制的特点是政府既管经济又管技术,行政条块分割,技术封闭,勘察与设计截然分离。与之配套的是各行业都有自己的工程标准体系,不仅因为行业特点比较明显(如荷载、与使用功能有关的构造等)而不相同,即使是最基本的问题(如材料的强度、岩土的分类等)也常不同,相互之间很难沟通,形成了许多大体重复而稍有差异的工程标准;技术标准各自为政,互不协调;各行政部门还设立了各种学校,按部门要求培养人才,在部门内部分配,实行体内循环,使技术人员专业面非常窄,跨专业非常困难。

西方工业发达国家在发展的过程中,特别在第二次世界大战以后的经济持续发展过程中,逐步形成了一整套与市场经济相适应的岩土工程体制,其特点是由岩土工程咨询公司或事务所承担岩土工程勘察、设计、施工监理、监测等任务,其专业面比较宽,适应性比较强,可以适应不同主体工程的技术要求;与之配套的是技术标准不单独具有法律作用,技术标准的覆盖面很宽,岩土工程标准一般不按主体工程划分为不同的标准。

在我国,由于技术法规与技术标准不分,统称为技术标准。在技术标准中,强制性标准占75%,达15万条之多,使技术标准本身就具有独立的法律效力。技术标准不仅规定了应当做什么和不应当做什么,而且必须采用标准规定的方法、公式和参数;政府不仅管工程质量,还管技术细节,其目的是加强监管的力度,但这种管理的理念与市场机制是不相容的。

按国际的习惯做法,技术标准与技术法规是分离的,采用不同的技术控制的方法。技术标准本身并不单独具有法律效力,只有被合同采用的规范才具有法律效力,规范之间也是相互竞争的关系,规范要经受工程实践的检验,规范的权威是在被使用过程中形成的。这种体制也是处理规范的普遍性与工程的独特性之间矛盾的一种方法,规范的原则应当是普遍适用的,但具体的工程项目又是千变万化的,通过合同来规定其法律约束作用正是体现了法律作用必须是具体的,而不应当是抽象的,没有具体的工程也就谈不上什么法律约束作用。同时,技术标准只规定应当做什么和不应当做什么,不硬性规定方法、公式和参数,也就是说技术标准大多是指导性的,具体的方法和参数应当由注册工程师全权负责选用,不是由规范来指定。

在考察了西方国家的标准化体制与注册工程师体制以后,不难说明为什么西方的岩土工程标准的规定仅限于原则,比较宽松,其侧重面与我国的标准有较大的差别。西方国家的岩土工程标准的制定并不是政府的行为,而是具有权威性的民间机构,如协会、标准化委员会等,他们都有自己的运行机制和游戏规则,并能长期稳定地发展。

对于工程质量、工程经济方面的纠纷,对于工程建设的技术控制中的问题,按国际的习惯做法并不是由政府进行仲裁,而是通过独立于政府的仲裁委员会或法院来进行调查、判断、调解或仲裁。

在我国,合同只有经济层面的内容,技术和质量问题依据技术标准或行政法规进行判责,由政府或政府指定的准政府机构进行监督、判断或仲裁。政府既制定技术标准,又负责对技术标准的执行进行监督,对纠纷进行仲裁,集立法、司法于一体。有时候,政府还是投资的主体,既是当事人的一方,又是仲裁人,这就会影响执法的公正性。

在我国计划经济年代,投资的主体是政府或由政府主持的企(事)业单位,由政府设立勘察设计单位来承担政府部门指派的任务,再由单位指派给所属的工程师来完成任务。而工程师完全受技术标准的支配,绝大部分的技术工作都必须按照技术标准的具体规定去做,出了工程事故,就由政府主持仲裁,由于投资主体就是仲裁人,尤其是对影响政府政绩的工程质量问题就采取政府包、单位兜的方法处理,工程师不具备承担民事责任的条件,也无法追究当事人的法律责任。改革开放以来,投资主体已发生了很大的变化,但工程质量控制的运行模式并没有本质的改变,政府对于工程质量纠纷和质量事故的仲裁职责没有改变,加上部分权力部门存在"寻租现象",工程建设中的腐败已经成为工程质量事故的一个不容忽视的原因。

在市场经济比较成熟的国家,承担勘察设计任务的当事人是由注册工程师主持的专业事务所,注册工程师选用技术标准,在标准的指导下工作;出了质量事故,注册工程师具有不可推卸的法律责任;经济上则由保险制度保障。

在我国,从社会条件来看,技术没有得到足够的重视,咨询业没有地位,勘察设计任务大部分是计划任务或者为部门所垄断。改革开放以来,在形成市场的过程中,不同规模、不同性质的单位之间的竞争并不是非常公平的。从勘察设计单位本身来看,由于单位性质单一、人员技术单一,争取市场的空间十分有限,非常不适应市场经济的要求,再加上上述社会条件,就很难争取任务;有时为了取得任务,有些单位被迫采用不正常的手段来获得生存的机会,进而又对"寻租现象"起了推波助澜的作用。

反观市场经济高度发达的国家,其技术咨询业也高度发育,独立的当事人——咨询事务所或咨询公司以技术优势从市场中获得任务。为了得到更多的市场份额,咨询事务所根据市场的需要不断扩充自己的业务领域,不断提高自己的技术水平,以获得更大的生存空间。

**5. 加快我国岩土工程体制改革的建议**

2002年开始实行注册土木工程师(岩土)执业资格考试,并在总结经验的基础上逐步完善考试制度。在注册工程师达到一定人数以后将实行注册工程师执业制度,逐步强化个人执业资格,淡化单位设计资质,直至完全以个人执业资格取代单位资质。此时,必然是以注册岩土工程师领衔的岩土工程专业事务所或岩土工程专业公司成为我国岩土工程执业的主体。

在建筑领域,已有170家由执业工程师领办的个人事务所试点。岩土工程事务所的发展是必然的趋势。建议由勘察设计大师和特许注册工程师牵头组织岩土工程咨询事务所,进行岩土工程咨询事务所的试点,推动岩土工程体制改革。这种试点可以在北京、上海、西安、重庆和武汉等岩土工程技术力量比较强、条件比较好的城市进行,取得经验后再推广。

建立起技术法规与技术标准相结合的技术控制体制,是十分迫切的,特别在岩土工程领域,现有的技术控制体制已严重不适应市场经济的发展与岩土工程体制改革的要求。

在改革我国技术控制体制的同时,引进国际通用技术标准,以适合我国自然条件、经济条件与工程经验为目标,经过磨合,使外标准与我国标准相互协调,形成新的岩土工程标准化体系,解决目前标准化体系中存在的问题。

岩土工程标准化体系改革的目标是打破行政部门对标准的垄断,改变按行政体系人为划分岩土工程领域的现状,促进技术标准与技术法规的分离,加强岩土工程技术标准的原导性。

标准化体系改革的重点是在加强国家标准原导性的前提下给地方标准在方法和参数确定方面以发展空间。

我国岩土工程界能进入国际市场、参与国际竞争的前提是人才的竞争,但我国岩土工程专业队伍尚缺乏参与国际竞争的经验,也不适应国际岩土工程的习惯。

我国岩土工程人才的知识体系和专业能力与国际竞争的要求有较大的差距,主要反映在专业面比较窄,不了解国际上通用的游戏规则(法律、合同),不熟悉国外通用技术标准(标准的内容与使用方法)以及外语能力较弱等方面。

这次注册工程师考试显现出的专业面过窄的矛盾依然突出,岩土工程专业人才的培养是发展这一学科,使其在我国经济建设和社会发展中发挥更大作用的重要条件。

有计划地对现有从业人员进行培训,在第一年考试的基础上对人员的现状进行分析,提出培训的要求,落实培训措施,改善技术人员的知识结构。按对象分门别类地提出不同的要求和培养大纲,有重点地委托高等学校举办各种系统的进修班。20 世纪 80 年代的实践证明,现有从业人员的继续教育是提高技术水平非常现实而又有效的途径。

对已取得注册工程师资格的人员,在法律和国际通用标准方面加强培训,为参与国际竞争做准备。

对全日制教育要按通才的目标进行培养,在教材中应加强基本原理的内容,不应局限于某一行业的技术标准,使学生毕业后能适应各种工程建设对岩土工程的要求。

通过最近 20 年的人才培养,各单位已经补充了大量技术人员,在人才结构上已跨越了"文革"所造成的断层,基本完成了技术层面和管理层面的新老交替,大量的年轻人正在各个岗位上发挥着生力军的作用。

但是,目前年轻人的成长环境使人忧虑,主要有两个倾向值得注意,即过度依赖计算机带来的危险和盲目依赖规范带来的危险。

20 世纪末,信息技术的发展给人类带来技术的进步和效率的提高,青年工程师与老工程师比较,其显著的特点是掌握了计算机技术,设计效率的提高是过去的手段所无法比拟的。但是,青年工程师的经验和判断力不足的缺陷也非常明显,如果明白这一点,可以积极向老工程师学习,在工程实践中增长才干,弥补自己的不足。但如果过度依赖计算机,盲目相信计算机的结果,对计算机的输出没有判断能力,那也是非常危险的。我想起20年前俞调梅教授留给我们的一句名言"Garbage into, garbage out"(无用数据输入,无用数据输出),至今仍是振聋发聩。某大桥桩基承台盖板少配一排钢筋的事故为我们敲起了警钟,过度依赖计算机的危险并不是危言耸听,工程师仍然需要具备对计算机计算的结果进行判断的能力和经验。

在岩土工程领域内,国家(或行业)标准的底线究竟在哪里?在计算、评价方法与参数的确定方法上,国家(或行业)标准与地方标准有矛盾时,是遵守地方标准还是服从国家(或行业)标准?

某省的一座大桥,采用钻孔灌注桩,需要估计砾石层的侧壁摩阻力,按行业标准《公路桥涵地基与基础设计规范》,钻孔桩桩侧极限摩阻力为120~180kPa;按省的标准规定,该砾石层桩侧极限摩阻力只有90~120kPa。勘察、设计单位按行业标准《公路桥涵地基与基础设计规范》取值,但在施工了一部分工程桩后,进行的静载荷试验表明,实测的极限摩阻力仅为80kPa左右。由于承载力不够,需要大量补桩与扩大承台,延误了工期,造成巨大的经济损失。

对这样的事故,原因究竟是什么?设计单位却坚持认为,因为是大桥,在采用行业标准还是地方标准的问题上,应当采用行业标准,他们这样做并没有错。

这就是"盲目依赖规范带来的危险"的一个实例。

**6. 结束语**

2002年9月,我国首次进行注册岩土工程师考试,对我国岩土工程界来说,这是一件大事,标志着我国岩土工程体制的改革进入了一个新的阶段,是我国岩土工程发展的重大契机。

我们需要总结20年来进行岩土工程体制探索的经验,利用我国加入世贸组织的有利时机,按照我国政府对于勘察设计体制改革的总体框架和政策,结合岩土工程界的实际情况,采取措施,推动岩土工程体制的快速发展。

## 二、展望我国岩土工程回归世界技术体系之路

编者按:本文写于2016年,纪念1986年国家计划委员会关于我国岩土工程改革发文30周年。

30年前,国家计划委员会颁发了关于我国岩土工程体制改革的文件,这个

文件是我国老一代岩土工程专家积极推动体制改革的结果,体现了我国工程界和学术界对岩土工程体制改革的关切,也为我国岩土工程的改革之路提供了基本思路和探索方向。对比30年来我国岩土工程的发展状况,业界发生了很大的变化,但距岩土工程体制改革的目标还有很漫长的路要走。但无论如何,这个时间节点是值得纪念的,回顾过去是为了更好的未来,希望在不久的将来,我国的岩土工程体制改革能有一个崭新的面貌。

**1. 我国现有岩土工程体系的形成历史与主要特点**

我国的改革开放已经走过了三十多个年头,这三十多年的巨大变化,反映在各个领域、各个方面。

我们所从事的岩土工程领域,同样也发生了历史性的变化。回顾这不平凡的三十多年,我们打开了与国际岩土工程界交流与联系的大门,进行技术交流与技术合作,参与国外的工程也日益增多;引进国际岩土工程的理念与经验,开始了岩土工程体制的改革,编制了一系列岩土工程技术标准;高等学校开展了岩土工程专业教育,培养了大批岩土工程师;实行了注册岩土工程师的考试与注册制度。许多勘察单位都不同程度地扩展业务范围,开发了一些新的业务领域,如地基处理和桩基工程的施工、基坑工程的设计、检测与监测等业务。

我国从事岩土工程工作的除了勘察单位之外,还有分散在各个设计、施工、科研和教学单位从事地基基础工作的人员。但这个改革是以我国的勘察行业为主起步的,是以勘察单位体制改革为主要内容开展的,因此这部分从事地基基础工作的同行参与改革的并不多,从勘察与设计的融合上进行探讨和试验的也不多。但如果岩土工程体制的改革仅从勘察单位的发展着眼,深层次的改革可能难以在岩土工程体制的核心问题上展开,目前的状况与改革初期的设想和改革目标的差距还比较大。

总体上看,岩土工程体制改革可能存在以下3个方面的问题。

(1) 如何实现岩土工程体制改革的核心价值目标

岩土工程勘察与设计是密不可分的工程技术工作,勘察工作的目的是为设计与施工提供建设现场的工程地质条件和设计计算的参数。设计工作的技术需要,是勘察工作的技术目的,离开了岩土工程设计,岩土工程勘察就失去了存在价值。勘察应按设计工作的需要来做,设计应将勘察工作的结论自然地融于设计工作中。

太沙基所创造的岩土工程咨询体制,其核心价值也就在于将岩土工程勘察与设计置于一个完整的过程中,由岩土工程师统一完成这个核心技术工作,设计方案由岩土工程师拟订,勘察工作的要求由岩土工程师提出,勘探、试验工作的质量由岩土工程师检查和验收,岩土工程评价与设计都由岩土工程师来完成。因此,在市场经济发达国家,有勘察工作但没有勘察行业,只有岩土工程行业。岩土工程事务所与建筑、结构、设备这三个事务所并驾齐驱,分工合作,是工程设计的四支主要技术队伍。

当初提出岩土工程体制的改革建议时,正是出于对这个目标的憧憬与期待,当改革的建议得到政府的重视与支持时,对实现这个目标充满信心。30多年过去了,但审视现实,这个改革目标远未实现,目前勘察与设计的人为分割依旧,岩土工程体制改革距离这个最核心的目标,路途还非常遥远。看来,提出改革的目标是不容易的,而实现改革的目标更不容易,可能需要几代人的努力。

(2) 过分强调深化勘察报告定量评价的负面作用日益明显

因为改革是从勘察方面起步的,设计方面的响应并不十分强烈,因此技术层面的改革主要放在勘察阶段工作的深化上。对勘察资料的分析评价,对勘察报告的结论提出了许多比较高的定量评价的要求,例如确定地基承载力,计算建筑物的沉降(或不均匀沉降),选择基础方案等,而且把这些定量评价放在改革的重要核心技术位置上。相对而言,现场勘探测试、取土试验技术等勘察的关键环节却有不同程度的边缘化。

毫无疑问,正确地确定地基承载力和计算建筑物的沉降(或不均匀沉降),正确选择基础方案是岩土工程设计的重要内容,也是岩土工程勘察工作的重要目的。但在勘察阶段,设计的深度还不够,不可能得到正确确定地基承载力和正确计算建筑物沉降所必需的前提条件,如基础的类型和刚度,基础的埋置深度、平面形状与尺寸,桩的平面布置等关键的技术要素,都还没有完全确定。在勘察阶段的定量评价要求太高了,被过分强调了,就出现了一些莫名其妙的、经不起推敲的做法。例如,对深层土,以假定的浅基础宽度和埋置深度用规范公式计算地基承载力,将其作为勘察报告的结论,要求设计人员根据实际工程条件对其进行深宽修正后使用,于是就产生了桩端阻力和地基承载力孰大孰小的困惑;又如计算沉降时,用估计的平均压力,按不同的钻孔压缩试验资料进行计算,再将不同钻孔之间的沉降差除以钻孔间距作为建筑物的倾斜值提供给设计人员,或者将建筑物的两个角点为假定基础的中点计算沉降,然后以角点间的差异沉降作为评价建筑物倾斜的依据,于是产生了按各钻孔资料的压缩模量建立所谓"地质模型"的分析。这类脱离了建筑物基础实际条件进行的地基承载力计算、沉降计算和指标分析计算,违背了地基基础设计的基本原则,也违背了当初在规范中要求深化定量评价的初衷,这是改革初期所始料不及的后果。

这类定量计算评价的负面作用十分明显,从表面上看,计算精度非常高,勘察报告中对地基承载力问题和沉降计算问题都已解决,设计人员只要根据这些结论设计就可以了。但是,建立在虚拟条件基础上的这类定量计算的结果不仅对提高岩土工程勘察质量毫无帮助,而且造成了设计人员对勘察报告的过分依赖,弱化了设计人员对地基基础问题的敏感性与判断力,放弃了土木工程师对地基基础设计的根本职责,可能引发工程设计的隐患或浪费。

(3) 岩土工程队伍的整合缺乏凝聚力

按照太沙基的咨询模式组建岩土工程事务所,需要对岩土工程队伍进行整合,体制改革的过程也应该就是队伍整合的过程,包括学校人才的培养为这种整合创造条件。但在勘察、设计工作仍然人为分割的情况下,目前岩土工程勘察队伍的组成与在勘察工作中的加强定量评价的要求之间存在比较大的矛盾。在一些人才结构比较合理的大院,正在努力减少上述负面的影响,跨越勘察、设计的人为分工界限,通过与设计的长效沟通机制,艰难地探索在现行体制下如何开展岩土工程咨询工作的试点,他们的经验是非常宝贵的,能够为今后岩土工程事务所的组建提供经验。但在目前大多数勘察单位的人才结构还很不合理的情况下,大面积推广这种经验的条件并不完全具备。

如果勘察单位的技术人员,在技术上能够适应深化勘察报告定量评价的技术要求,而且具备与设计人员在技术上沟通的必要基本条件,那么可以在一定程度上减少上述负面作用。但不可否认,还有相当一部分勘察人员与设计人员存在沟通障碍,对设计工作知之甚少,力不从心地去做那些没有价值的定量评价,虽然明知这些定量评价的结论经不起实际工程的检验,但又要对勘察工作的结论负责。他们对这种状况感到很无奈,既对当前勘察单位的处境感到困惑,又不知道如何改变现状,对岩土工程体制的改革前景缺乏信心。

进入勘察单位的一些土木工程师,对于改变勘察单位的人才结构起了很重要的作用,有利于在勘察与设计之间建立沟通渠道,有不少人已经成为兼通结构与地质的新一代岩土工程专家。但限于目前勘察单位的业务较少涉及岩土工程设计,有些人的特长一时也得不到充分的发挥,他们对岩土工程体制的改革可能插不上手,感到起不了作用,因此有些人在激情消耗殆尽之后也就退出了。

还有为数众多的在勘察行业以外的工程师,他们从事着另外一大堆岩土工程体制所应包含的地基基础设计、施工、检测、监测及科学研究等工作,他们也是岩土工程师。岩土工程体制改革的目标是勘察工作和这些工作的有机结合,这部分工程师应当也是改革的主力。当然,他们之中有不少专家与从事工程勘察的专家建立了良好的工作互动关系和个人的关系。但由于缺少某种机制,也可能由于观念上的偏差,在以往30多年的岩土工程体制改革过程中,他们还处于旁观者的位置,他们的积极性还没有被有效地调动起来,目前还没有很好的办法将这个群体的力量整合到体制改革中来。

**2. 对岩土工程体制改革的外部环境条件的认识**

20世纪80年代,提出岩土工程体制改革建议时,大家对前景充满着信心和期待,比较乐观。但改革的实践道路并不平坦,旧的问题还没有完全解决,又出现了新的问题。20世纪90年代,我国加入世贸组织,开始准备注册岩土工程师的考试工作,似乎又能前进一大步,大家又一次充满了信心,但实践的结果证明改革的进程是非常缓慢的,也会有曲折。两次充满期待和随之而来的步履维艰,究竟是什么原因?是我们对客观环境认识不充分,因而主观期待太高,还是我们的工作上存在疏漏?

反思改革思想的形成与改革的渐进过程,我经常在想这样的问题:为什么一个很好的工程技术体制,不能很快地在我国建立起来?

通过改革实践,才使我们认识到,太沙基所倡导和建立的岩土工程体制是在成熟的市场经济条件下逐步发展和完善的。也只有在市场经济的环境里,这种体制才能产生和发展,离开了市场经济的大环境来讨论和推行岩土工程的体制改革,进展必然是非常艰难的。在我国,市场经济还不成熟,推行岩土工程体制必然会碰到各种因素的约束,在大的体制和各种配套的政策还没有建立和完善时,岩土工程的体制改革可能很难在短期内完成。

与我国目前实行的勘察设计体制相比,市场经济发达国家的体制具有两个十分明显的特点:一是没有将勘察和设计截然地划分为两个工作阶段,由两种不同性质的单位来分别承担;二是设计工作的最终文件并不是施工图,无论建筑或者结构,施工图都是由施工单位来完成的。

在我国的体制中,对设计而言,勘察成果是一种指令性技术文件,设计人员只有执行的义务而无更改的权力;对施工而言,施工图也是一种指令性技术文件,施工人员只有执行的义务而无更改的权力。在计划经济体制中,这种技术性非常强的工作也具有明显的计划经济的色彩,勘察、设计和施工三个阶段之间不是平等探讨的关系。但对勘察人员来说,并不因为勘察报告的指令性而能提高他的技术权威性,相反,由于勘察阶段工程条件的不确定性,勘察的评价和结论就需要在设计过程中不断完善,而这种分隔的体制不容许技术上交叉作业,不容许在设计的过程中不断地加深对地质条件的理解,从而正确地选用地基设计参数、分析评价各种可能出现的风险,研究应对的技术措施。

在市场经济发达国家,岩土工程勘察和岩土工程设计是由一个单位、一个工种来完成,就避免了我国这种体制所带来的结构性矛盾。

在市场经济发达国家,在工程建设的开始也需要进行工程地质条件的调查,但并不是由专门从事勘察工作的单位来承担,也不成为工程建设的一个独立阶段,与设计工作之间更没有以勘察报告作为工作交接的分界线。我国的勘察设计体制是从苏联引进的,勘察一词的英文术语翻译成"Investigation",但并不完全达意。在英语国家的体系中,没有我国的这种勘察行业,也没有专门做勘察工作的单位,因此"Investigation"一词并没有我国勘察行业的这种"勘察"的词义。"Investigation"的原意是调查工作,仅是为设计收集资料(资料的范围比较广,当然也包括地质资料),是设计工作的一部分,由岩土工程设计人员主持,包括提出调查的大纲,组织实施。钻探和试验工作一般发包给钻探公司和试验公司去完成,集中资料后由岩土工程设计人员进行综合分析,提出判断和结论,并进入设计工作。从事这种工作的工程师,就称为岩土工程师。地质条件调查和岩土工程设计工作,在同一个单位,由同一个工种来完成,就可以避免我国体制中存在的弊端。

在市场经济发达国家的建设工程体制中,工程设计,无论是建筑设计、结构设计,还是岩土工程设计,设计的深度不要求达到施工图的深度。以结构设计为例,设计的深度只与我国的扩大初步设计的深度相仿。在设计图纸中,构件的尺寸和截面全部已经确定,节点的构造也已经明确,截面的内力和需要配置钢筋的截面面积都已经求得,但不包括钢筋的布置和模板的设置,也没有考虑施工阶段的临时荷载的要求,这些涉及施工条件和施工工艺的技术要求均由施工单位根据扩大初步设计文件的要求,在施工图设计中解决。目前,进入我国的一些国外的建筑设计事务所和一些国内的建筑设计事务所,在建筑设计中已经将建筑方案和施工图工种明确地分开,由两部分人员或两种不同性质的单位来完成。

在市场经济发达国家,建筑、结构、岩土和设备工种之间的关系和技术文件的传递,均通过合同来处理与调节,并不存在指令性的关系。当然这些工种之间也可能会产生矛盾,如果发生技术要求或工期违背了合同的规定,就应该通过协商、仲裁或诉讼等经济、法律手段来解决,而不是由行政部门来处理。

就目前的认识而言,岩土工程体制所需要的市场经济条件,可能需要以下配套的工程建设制度:

(1)改变目前实行的三段论的工程建设分工体制。
(2)建立和完善技术法规和技术标准相结合的技术控制体系。
(3)建立和完善工程保险制度。

(4) 建立和完善注册岩土工程师执业制度。

(5) 建立和完善个人执业的设计事务所制度。

而现在,这五个方面的问题,有的还未提上议事日程,有的一波三折,好事多磨,还有漫长的路要走。

### 3. 对岩土工程体制改革的内部制约因素的认识

我国的岩土工程体制改革是在勘察单位改革的基础上起步的,这个改革是以勘察行业,特别是建筑勘察行业的发展前景为动力的,是以勘察单位的技术人员集体转向为特征的,得到了勘察行业的积极响应。

但是,岩土工程领域的从业人员,除了勘察行业之外,还有大量的设计人员、施工人员和科研人员,包括高等学校的教师,这些人都应是岩土工程体制改革的积极倡导者、参与者;除了建筑行业人员,土木工程各个领域从事岩土工程工作的人员积极参与,才能形成一股巨大的改革力量。岩土工程体制的改革需要岩土工程勘察、设计、施工、监测、检测和研究等各个领域的人员共同努力才能实现。

反思改革的进程,是否有些孤军奋战的味道?可能在指导思想上,一些提法和做法不利于更广泛地联合建筑勘察行业以外的岩土工程同行一起参与改革。例如,技术人员在报名注册考试时,发现其单位要有勘察资质才行,这种规定让地基基础设计与施工单位的很多技术人员无法以正常的手续报名;又如在网络答疑时有网友说为什么结构人员把持了岩土工程设计,而岩土人员不能做设计,流露出一种不满意的情绪等。这些说法与做法显然是不利于壮大岩土工程师队伍的。既然认识到岩土工程是大岩土的概念,岩土工程的工作包括勘察、设计、施工、检测和监测等方面,那么如何将上述内部的制约因素化解为动力因素也就显得非常重要了。

在我国,很多从事岩土工程工作的工程师的专业面是比较窄的,适应能力比较差,这是因为过去学校教育的专业面太窄,为行业之间的沟通和交流造成了障碍,工程师缺乏跨行业工作的能力。其实各个行业之间在解决岩土工程问题的基本原理与处理方法上并没有太大的差别,只是由于各个行业的上部结构各有特点,对岩土工程的要求各有侧重,在一些具体处理经验上存在差异,反映在不同行业规范之间存在一些具体的差别。但这就使一些工程师无所适从了,因为他读书时只学习过某个专业的知识,而对于土木工程中的其他专业的工程则见所未见,闻所未闻,自然就不敢问津了。最近十余年,学校的专业目录有了调整,扩大了专业的覆盖面。但我们看到,由于各个学校的相关学科条件的局限和学校历史的影响,学生从学校里学到的知识与专业的名称并不都是非常相符的,还带有比较强的专才教育的特点。

目前,在勘察单位从事岩土工程技术工作的工程师中,其教育背景和实践经历存在着比较大的差异,总体来说,他们分别来自地质学科和工程学科两类学科群,当然各个学校的学科条件和培养方法也存在不少差异。一般来说,从地质学科毕业的工程师,由于缺乏工程学科的基础知识和工作训练,对上部结构了解太少,即使从做好勘察工作的要求来衡量还有差距,更不要说做设计工作了;从工程学科毕业的工程师,虽然比较熟悉设计工作,但由于地质学的知识较少,缺乏对地质条件的深刻理解和正确判断的能力。这种现状影响了岩土工程体制的建立与运行,是内部制约因素。

**4. 如何从现实出发,逼近改革的目标?**

我国在计划经济时代所形成的勘察设计体制的弊端,在初级市场经济的混沌状态中被不断地放大,在形式上十分严格的监管下,却出现弊端丛生和作假泛滥的现象,部门分割、画地为牢又以新的面貌出现,岩土工程体制的发展面临着极大的困难。岩土工程要不要改革?岩土工程向何处去?怎样推进岩土工程体制改革?20世纪80年代初积极倡导从市场经济发达国家引进岩土工程体制的一批专家大多已经进入高龄,岩土工程事业需要一批中青年的技术中坚来继续努力,从现实出发,充分认识改革的困难,采取积极的措施,推进岩土工程体制的改革。

面对现在的形势,我们能做些什么呢?下面主要从技术及技术管理的层面提出一些想法,供同行参考。

(1)整合和凝聚岩土工程体制改革的力量

将岩土工程体制改革的认识和行动从以勘察单位为主扩展到整个社会,以形成政府各部门和土木工程各个领域同行的共识,建立一种推进岩土工程体制改革的机制。

开展对现有岩土工程师队伍的继续教育,我国注册工程师的制度规定了工程师继续教育的要求,每年要接受规定数量的继续教育。对我国的岩土工程师来说,继续教育有更深层次的含义。

按照一般的意义,继续教育是为了让工程师不断地接受新的技术,更新知识,适应工程技术不断发展的要求。但对于岩土工程师,还有一个补课的问题,通过继续教育,弥补原来大学教育的不足,扩大专业知识面,适应大岩土的需要。

现有岩土工程师的教育背景存在着比较大的差异,他们分别来自地质学科和工程学科两类学科群。如何使这两种教育背景和工作经历的工程师相互靠拢,正是岩土工程师继续教育需要着力解决的问题。

因此,注册岩土工程师的继续教育应包括三个方面的内容:一是技术的新发展与新经验;二是结构设计的知识;三是地质学的知识。

不同教育背景的工程师可以在后两个继续教育的内容中选择自己所缺少的知识,有针对性地选学一些课程,扩大专业知识面。

(2) 开展岩土工程的技术咨询试点

按照岩土工程体制的工作要求和工作方式,在现行体制下开展岩土工程的咨询工作是很有意义的一件事,通过实践来探索和验证开展技术咨询的必要性和可能性,也是对现行体制的一种挑战,逐步积累技术咨询的经验,争取建立岩土工程咨询业务的资质体系。

可以在勘察单位内部建立岩土工程咨询机构,整合专业人才,开展咨询业务,在条件成熟时进一步将其社会化。

也可以采取勘察单位和设计单位合作开展岩土工程咨询业务的方式或建立联合机构的方式来推进岩土工程咨询业的发展。

(3) 强化勘察环节的工作

开展岩土工程体制改革,不等于降低对勘察工作的要求,甚至需要重新加强勘察技术工作,特别是加强野外和试验室两个第一线的工作。要研究取土技术、原位测试技术和试验技术,严格执行钻探、取土和试验的技术标准。

勘察工作质量的基础在现场,在试验室,技术人员要上钻机,要到试验室。强化勘探基本环节的技术保障,是提高岩土工程勘察质量的关键,同时要研究在市场经济条件下钻探队伍和试验室的建设。

在资料分析和报告编写环节,可能要加强对区域地质资料的利用与分析,做好地质单元的判别与划分,在探明地质条件的基础上遵循数据统计的基本原则进行参数的分析评价,提供岩土层最基本的设计参数。定量分析和有关基础设计的方案建议,应针对重要工程,在专门研究的基础上进行,而不能作为一般工程勘察项目的普遍要求。

# 第八章

## 网络答疑十五年

2004年，中国建筑学会工程勘察分会秘书长徐前同志在中国工程勘察信息网上开辟了"高大钊教授专栏"，请我为广大岩土工程技术人员进行网络答疑。当时，我还没有这方面的实践经验，对网络答疑的社会影响和可能产生的问题都没有充分估计到，就试了一下，反响很好，就这样开始了网络答疑的工作。答疑工作持续了15年，一直到2019年我因年龄原因退出。

网络答疑为我开启了一扇了解业内技术状况的窗户，拓展了与工程实践一线人员的沟通渠道。网友提出了各种各样的问题，涉及面之广，讨论之深刻，是出乎预料的。为了尽可能地答复网友提出的问题，我需要查阅各种资料，考虑产生问题的原因，这无疑可以促进我不断地思考，不断地学习。尽管如此，有些问题我还是无法回答，即使是回答了的问题，也不一定都是合适的。回答之后，我还常常回味，总感觉有不尽如人意之处。

由于是在网上进行讨论，网友都没有留下真实姓名。我们在网上讨论得热火朝天，但回到现实世界，我可能并不认识大家。有很多网友和我一起坚持了15年，我也没有机会向他们致谢，这不能不说是一种遗憾。

"网络答疑"是本书的重要组成部分，但写起来却感到有些困难。对于回忆性质的书，应该同时写事、写人、写情，但写到"网络答疑"时，会因为缺少人情味而显得有些乏味。

首先要提到的人是徐前。网络答疑专栏是由徐前一手创办起来的，他是建设综合勘察研究设计院（简称综勘院）的领导，分管行政、学会、协会、《工程勘察》杂志和综勘院的网站，是一位埋头做实事、做好事的领导。其次要提到的人是王长科、陈轮、李镜培和岳建勇，他们都是行业专家，都有繁重的工作，也都抽出时间帮助我进行网络答疑。

在进行网络答疑的十多年里，我一直在思考如何使网络答疑长盛不衰。当然，网友的积极参与是十分关键的，但如果不能很好地回答网友的问题，满足网友的需要，那也无法持久。我年事已高，总有退出的时候，担心因此耽误了网络答疑的发展。所以在前几年，我就希望有中年的同行能够主持答疑工作，以便将接力棒传下去。我曾在兄弟单位和我的学生中，请过几位来主持答疑工作，但都因种种原因而不能坚持下去。

前些日子，我想请北京市建筑设计研究院的孙宏伟副总工来主持答疑工作，因为从近年来的交往中，我感到他是一位很有责任感的中年干部，再干三十年应该没有问题。我发出邀请之后，他慎重地考虑了很长时间。后来，知道他在和各方面商量如何处理这个问题。最近,徐前给我发来了短信,告诉我他们几位商量的结果,即准备成立一个小组来主持网络答疑。他们已经考虑了几位专家:王长科、孙宏伟、介玉新、毛尚之、杨光华。他们希望我推荐一位同济大学的老师参加这个答疑小组。我和同济大学地下工程系领导商量后,推荐周健教授参加。

网络答疑为什么如此活跃?参与的网友为什么如此之多?为什么能坚持这么长的时间?这说明,我国的岩土工程师在职业发展方面,在岩土工程实践方面,会遇到各种各样的问题。这15年的网络答疑涉及的问题量多面广,归纳起来,大致有10个方面。下面分别从这10个方面,对《岩土工程试验、检测和监测——岩土工程实录及疑难问题答疑笔记整理之四》交稿后的一年多的时间里在网上讨论过的一些问题,进行综合分析与归纳,以此作为我主持网络答疑专栏15年的一个总结。

# 一、大型工程项目的咨询

在网络答疑中,关于大型工程项目的咨询虽然不是很多,但网友每次提出的问题都比较丰富,既有工程项目的内容,也有地质资料和工程中出现的一些问题。我的回答自然也比较详细,其他网友的回复和讨论也比较热烈,很多时候会有几个来回的讨论。但是,由于技术条件的限制,很多工程图纸没有办法上传,技术信息就不太齐全,影响讨论的深度。前几年,关于大型工程咨询项目的答疑资料,大多已经收录进四本《岩土工程疑难问题答疑笔记整理》之中了。写书时,对于这类问题,我通常会补充一些我所掌握的其他工程项目的资料,以使信息较为全面,能从各个角度进行分析。

最近两年,也有几个比较典型的项目,列举如下。

### 1. 堆山造景的项目

**网友:**

淮北某地区有一人工扩挖的景观湖,由于湖体开挖产生大量土方,消纳困难,最终决定在湖体东侧偏北的区域堆山造景。周边地势较为平坦,地面绝对高程在31.0m左右,地下水位在地面以下0.5m。景观湖设计水位28.50m,湖体设计深度2.0~2.5m。以设计水位为基准,山体最高峰高58.0m。高铁线东西向横穿北部湖体,山体设计边界距离高铁线边界50.0m(暂定,未与铁路部门沟通）。

地勘资料不是特别完善，现在业主正在委托地勘单位进行勘察工作。根据其他项目，了解到此场地的地质情况如下：场地内地层分布较为均匀，上部土层主要为素填土、粉质黏土，素填土承载力较低，强度也较低，稳定性较差；②、③层粉质黏土强度较高，承载力高，较稳定；局部分布有$②_1$层粉质黏土，强度一般。

湖体开挖土层绝大部分为①素填土和②粉质黏土，对应的堆山土方也主要是这两种土，其中粉质黏土又占很大比例。

我们单位要做山体设计，我有以下几个问题要请教：

（1）山体设计的关键是稳定计算，包括边坡滑动稳定计算和沉降计算，沉降计算包括山体本身沉降和地基沉降两部分。不知我的理解是否正确？沉降计算采用哪种方式较为精确？

（2）山体对高铁的影响主要是堆山产生的附加应力可能引起高铁沉降，那由堆山引起的水平位移是否会对高铁产生影响，又如何计算呢？

（3）山体滑动稳定计算时，地基土的抗剪强度指标应该采用三轴固结不排水剪或直剪固快，山体部分由于是回填土，地勘单位做试验时采用的土样应该为重塑土样，且压实度应与设计单位提供的山体土方设计压实度一致。山体部分滑动稳定计算采用的抗剪强度指标应与施工速度有关，施工速度快的话可采用三轴不固结不排水剪或直剪快剪，施工速度慢的话可采用三轴固结不排水剪或直剪固快。不知这样处理是否合适？

场地平面图见图8-1，土层情况见表8-1。

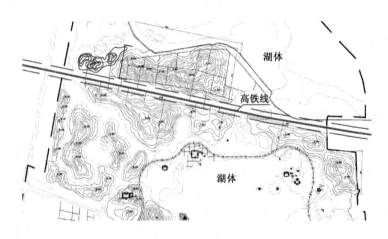

图8-1 场地平面图

场 地 土 层 情 况　　　　表 8-1

| 层号 | 土层名称 | 含水量 $w$ (%) | 湿密度 $\rho$ (g/cm³) | 干密度 $\rho_d$ (g/cm³) | 孔隙比 $e$ | 塑性指数 $I_p$ | 液性指数 $I_L$ | 压缩系数 $a_{1-2}$ (MPa⁻¹) | 压缩模量 $E_{s1-2}$ (MPa) | 剪切(快剪) 黏聚力 $c$ (kPa) | 剪切(快剪) 内摩擦角 $\varphi$ (°) | 承载力基本允许值 $[R]$ (kPa) |
|---|---|---|---|---|---|---|---|---|---|---|---|---|
| ① | 素填土 | 26.0 | 1.80 | 1.48 | 0.950 | 16.4 | 0.50 | 0.32 | 5.00 | 15 | 6 | 80 |
| ② | 粉质黏土 | 24.0 | 1.99 | 1.58 | 0.750 | 16.0 | 0.30 | 0.20 | 8.50 | 50 | 12 | 210 |
| ②₁ | 粉质黏土 | 30.0 | 1.96 | 1.50 | 0.850 | 16.0 | 0.50 | 0.32 | 5.50 | 30 | 8 | 110 |
| ③ | 粉质黏土 | 25.0 | 2.02 | 1.59 | 0.730 | 16.0 | 0.30 | 0.19 | 9.00 | 55 | 13 | 240 |
| ④ | 粉土 | 24.0 | 2.02 | 1.64 | 0.700 | 7.0 | 0.15 | 0.13 | 12.00 | 18 | 25 | 210 |

**答复：**

这个工程的地基问题是有一定技术难度的。我同意你的基本看法，需要重视地质工作。

（1）堆载的稳定性包括边坡的稳定性和地基的稳定性两个方面。首先，填土的坡度要符合稳定性的要求；其次，考虑地基的稳定性，还包括填土和地基一起滑动的稳定性。这里比较困难的问题是填土的抗剪强度，因为稳定性与填土的抗剪强度有关，而填土的强度又与施工方法和控制的压实程度有关。我国工程领域对填土碾压还不够重视，随意乱堆，根本就没有压实度的控制，造成不少工程质量问题，甚至引发不少工程事故。关于沉降的计算，包括填土压缩变形和地基的固结过程，也包括最终沉降量计算、沉降与时间关系的计算，后者的难度比较大。地基的压缩过程可以用饱和土的固结理论计算，但需要测定土的固结系数，即做正规的固结试验(不是快速固结试验)。沉降计算方法还是用分层总和法，只要测定指标的方法正确，计算的结果还是可控的。

（2）对于山体对高铁的影响，需要从平面位置和时间两方面考虑。高铁如果已经存在，那么影响就无法避免，关键是两者的相对位置与距离。做堆山设计时，应尽量将两者之间的距离拉大。位置确定以后，则堆山施工的进度计划就取决于对高铁位移与沉降观测获得的数值以及对变形的控制要求。如果最终的沉降量过大，高铁无法承受，那么堆山的位置，或者说堆山山峰的平面位置将受控于高铁的承受程度。堆山时，应该以沉降和水平位移的实测数值作为堆山速度和能否继续堆山的控制依据。水平位移可以用《土质学与土力学》(第 4 版，人民交通出版社，2009)第 64 页的式(4-13)和式(4-14)，编程序进行计算。但 $E$ 和 $\mu$ 的测定是非常重要的，如果数据不准确，就难以控制施工的质量。

(3)进行山体的地基稳定性计算时,是否可以用三轴固结不排水剪指标取决于施工的速度,如果堆载的速度过快,则是不安全的。为了加快地基土的固结,在山体填筑前,地面要做好排水设施,并铺设砂垫层或碎石填层,以利排水固结。你对抗剪强度指标的选用考虑是对的,可以做几种指标以适应不同的情况。地基土的指标还好办,可以在对勘察单位的要求中提出。对于山体的抗剪强度,则与土的压实程度有关,而在施工过程中如何实现要求的压实程度,可能会有一些困难,这与施工的管理有关。

还有什么问题,欢迎继续探讨。

### 2. 回填土的自重固结与负摩阻力

**网友:**

我们这边是丘陵地区,最近有个项目,场地存在大面积的半挖半填情况,填方高 50~60m。回填过程中,设计单位要求压实系数达到 0.90,在施工中花了一千多万元进行检测,都达到要求(其实无论怎么检测都能达到,因为实际回填是很厚的一层,而只检测每层的表面)。现在回填时间大概有两年了,最大沉降可能有 4~5m,我的问题是:

负摩阻力要回填多久后才可以不算?如果算的话,回填土中的负摩阻力系数怎么取?按照规范,我们这边的经验值是 0.30。做桩的话,把负摩阻力减小了,那桩的承载力基本上就没有了。如果先进行处理,如强夯,强夯影响深度最多 10m,那么强夯影响深度范围内及强夯影响深度范围下各取多少呢?这个没有经验值(规范没有明确规定)。深度小的时候,体现不出来;深度大了,这个问题就很明显了。我做的勘察一般是在强夯后整体取 0.25 或 0.2,这样合理吗?如果这样取出来,桩的承载力还是很小,而且回填已经两年了,现在看来填土的沉降量越来越小了。回填土的自重固结沉降与时间的关系,有比较合理的计算方法吗?

**答复:**

(1)这个工程还是挺典型的,那么厚的回填土,能分层碾压并检测质量,是难能可贵的。

(2)不知道建筑物有多高,规模有多大,准备采用多长的桩,桩端支承在什么土层上,因为负摩阻力与桩端支承条件有密切的关系。

(3)对于这个工程,不能采用桩基规范的公式计算负摩阻力。因为是压实填土,不是一般的未压密填土,性质不同,对工程的影响程度也就不同,不能照搬规范的公式,不然分层压实就白做了。

(4)已经回填两年了,只有填土尚未完成的沉降才可能造成负摩阻力,因此负摩阻力的控制数量应该是不大的。

(5) 如果你们测量了填土面的沉降,有沉降与时间关系曲线的话,就有办法估计还有多少沉降会在桩基施工后继续发生,再研究建筑物下桩基的沉降,从而可以估计能产生多大的负摩阻力。

**网友:**

这是一个冶金建筑的场地,单桩载荷很大,部分桩的长度为40~50m。在实际钻探过程中,发现和那个试验资料并不完全一致,有很多跨孔的地方。当然现在要好点了,因为毕竟有两年时间了。如果不采用桩基规范的公式计算负摩阻力,我们又用什么方法来确定这个负摩阻力呢?我们工程技术人员是搞应用科学的,很难通过研究得出负摩阻力是多少。

**答复:**

负摩阻力并不是只取决于土的工程性质,而是同时与桩、土的相对位移有关。因此,负摩阻力并不是土的一项工程性质指标,它既与地质条件相关,又与桩、土相对位移密切相关,是土与桩相互作用的一种结果。

负摩阻力给工程带来许多不利的影响,需要加以研究和防范。

## 二、对技术难题的讨论

这类问题通常是岩土工程中还没有得到很好解决的问题,也是广大网友很感兴趣的问题,所以通常会引起广泛的讨论。通过集思广益,相互补充,对于提高大家的认识会有帮助。但既然是难题,就不可能那么容易解决,所以网上的讨论是为大家提供一些思考问题的角度和一些现成的技术资料。

举例进行简要说明。大家经常接触土的抗剪强度,但我们对抗剪强度的理解还十分肤浅,处理方法也比较粗糙,因为它既涉及材料的强度理论,又无法回避取土深度和取土卸荷过程的影响。这是岩土工程中的一个技术难题,要正确、全面地理解是不容易的。又如,对于几十米深的基坑工程,在验算坑底隆起时,应该采用什么样的抗剪强度试验指标?我们在做常规抗剪强度试验时,用的是加载路径的试验,适用于地基承载力的计算。而对于深基坑,应该用卸载应力路径的抗剪强度试验的结果。但是,这是一种特殊的试验,在土工试验规程中还找不到这种试验的方法。这类问题可以在网上开展讨论,以提高岩土工程界对这类技术难题的关注度,探讨解决问题的思路与方法。

还有一个关于固结不排水(CU)试验压力取值问题的讨论。

**网友：**

现场的正常固结土，取样到试验室做固结不排水三轴试验。因取样卸荷，试样实际上成了超固结土，抗剪强度包线在有效覆盖压力两侧不同，左侧为超固结，右侧为正常固结（图8-2）。

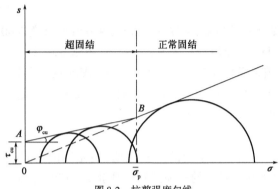

图8-2 抗剪强度包线

为了计算土压力和地基承载力，试验压力应如何取？显然不能跨越两侧，用左侧还是用右侧？

如用左侧，似乎不符合实际，因为计算地基承载力时加载，土经受的压力大于 $p_0$ 或 $p_c$，跨到了右侧；如用右侧，则 $c=0$，对黏性土似乎不合理。

工程上应用土的强度指标时，黏聚力是固定的值，与内摩擦角有关的强度随法向压力增加而增加。试验室总应力法给出的强度指标怎样与实际受力一致，感觉不易掌握。

**答复：**

网友提出的这个图包括超固结和正常固结两个阶段，分别针对不同的工程情况，更多的是从概念上做前景式的展示，而实际工程的情况往往是其中的某一段。

联系实际工程活动，取土样做试验时，实际上只用到左侧的那一段，即超压密的一段。

以工程上经常遇到的情况为例进行说明。钻探取样时，如果取样的最大深度是20m，则20m处的自重压力的最大值是400kPa，没有超过一般抗剪强度试验时的最大竖向压力值。如果取土深度太大，那就应该相应加大试验的最大竖向压力值，例如加大到500kPa或600kPa。总之，这个最大竖向试验压力的取值原则就是要将试验压力可能出现的数值都包括在里面，就是为了能保持在超压密这一试验段，以符合卸载加载的工程条件。

至于网友讲到的"因为计算地基承载力时加载，土经受的压力大于 $p_0$ 或 $p_c$，跨到了右侧"这个问题，是否可以这样来认识：土的自重压力随着深度的增加而增大，但建筑物的荷载所产生的附加应力随深度的增加而降低。因此自重压力和附加压力之和，随深度的增加变化就不明显。可以认为，总压力的变化能大体保持在超压密阶段。

当然，这种分析是非常初步的、概念性的，只适合分析一般工程的试验。如果是重要的、加载条件复杂的工程，那就需要做试验设计，根据试样的实际工程荷载条件来制定专门试验的加载计划。

## 三、对注册考试的一些疑难试题的探讨

每次注册岩土工程师考试之后，就有网友把一些有争议的试题发到网上。有的试题确实存在一定的问题，但网上的讨论不可能得到"是"与"非"的结论。

对这类问题，我一般不发表意见。当我还在考试专家组的时候，是不方便发表意见的；我退出专家组以后，也不便对试题发表什么议论，以免影响专家组的工作。这些问题需要过了时效之后，我才可以参加讨论。这样处理可能有负网友的期望，但也是无可奈何的事。

从准备注册岩土工程师考试算起，时间已经过去了20多年。第1阶段是参与考试的准备工作；第2阶段是参与出题与评分工作；第3阶段是退出专家组以后，与李广信老师一起，编写《注册岩土工程师执业资格考试专业考试复习教程》，以期用我们两人几十年来教授土力学与基础工程课程的一些经验，结合注册考试的特点，帮助大家掌握土力学与基础工程的基本概念以及解决工程问题的要领。

在网络答疑的十多年中，出现过一些有争议的试题。当然，这些题目都是网友提供的，是不是真正的试题，还无法考证。但讨论这些题目，对于提高解题能力还是有帮助的。

具体试题的讨论参见第四章第二节，此处不再赘述。

## 四、对一些规范条文的理解和质疑

在执行规范的过程中，对规范条文产生不同的理解，或者提出异议，都是很自然的。在网上讨论规范，是一件好事，可以帮助读者正确、全面地理解规范。

在网络答疑过程中，涉及规范条文的问题可分为两种情况。

**1. 我参编的规范**

对于我参编的规范,我对规范条文的来龙去脉自然比较了解,因此我也有责任向网友进行讲解和分析,帮助大家了解规范条文为什么这样制定,什么样的理解是不对的。

**网友:**

上海市工程建设规范《地基基础设计规范》(DGJ 08-11—2010)第 10.1.4-2 条和国家标准《建筑地基基础设计规范》(GB 50007—2002)附录 L,都列出了 $k_a$ 的计算公式,但是两个公式计算的结果差很多。请高老师解答一下。

**答复:**

这两本规范关于土压力系数($k_a$)计算公式的前提条件不同,采用的公式不同,再加上所用的符号规则也不同,所以读者就不容易看懂了。下面就按照我的理解,分别加以说明。

(1)国家标准《建筑地基基础设计规范》(GB 50007—2002)附录 L 的公式,其适用条件是均质土(也就是说不适用于层状土);不能考虑地下水位(因为有了地下水位,就等于分成了两层土);采用库仑公式计算,但由于库仑公式不能考虑土的黏聚力,所以这个公式是在库仑公式的基础上加以改进的公式,将黏聚力折算在系数 $\eta$ 之中;这个改进的公式计算非常麻烦,因此规范给出了适用于四种土类条件的诺莫图查用。公式中的 $\theta$ 角,是破裂面与水平面的夹角。

(2)上海市工程建设规范《地基基础设计规范》(DGJ 08-11—2010)公式可用于层状土,可以考虑地下水位;可采用库仑公式计算,但当计算黏性土的时候,采用了等效内摩擦角的方法考虑黏聚力;公式中也有 $\theta$ 角,但这个 $\theta$ 角是挡土墙面与竖直面的夹角。

**2. 我未参编的规范**

对于我未参编的规范,可以根据我对规范编制说明的理解,进行分析和讨论。作为教师,本来应该对这些规范条文有一个正确的理解,也有讲解的责任,至于理解得对与不对,则取决于自己的水平和能力。

**网友:**

《高层建筑岩土工程勘察标准》(JGJ/T 72—2017)第 6.0.4 条指出:验算边坡整体稳定性和抗隆起稳定性宜采用不固结不排水试验(UU);计算土压力宜采用固结不排水试验(CU)。《建筑边坡工程技术规范》(GB 50330—2013)第 4.3.7 条及《建筑基坑支护技术规程》(JGJ 120—2012)第 3.1.14 条指出:无论是边坡整体稳定性计算、抗隆起稳定性计算还是土压力计算,均采用固结不排水试验(CU)。这几本规范都是比较新的,为何规定不一致?

**答复**:

(1)各规范都基于编者自己的工程经验,作出一些规定,因此常出现一些不同的规定。

(2)不同地区、不同行业、不同类型的工程,积累的经验可能是不相同的。但是,在编制规范时,应当参考其他行业类似的规定,如果采取了与众不同的规定,需要取得一定的协调,在条文说明中加以解释。

(3)从数据上说,采用 UU 指标是偏安全的,但对某些情况也可能是偏保守的。

## 五、对某些规范个别错误条文的指正

在网络答疑过程中,有些网友将其发现的某些规范存在的疑似错误的条文发到网上,问我条文是不是错了。

这种情况发生过几次,具体的规范名称和内容我就不说了。有的是条文的概念错了,有的是图件错了,当然也有排版、印刷的错误。起初,我会将发现的问题写信告诉该规范的编制组。但是,这些信都石沉大海,没有任何反馈,可见并不受欢迎,后来我也就不转告了,只是在网上开展讨论,希望能得到一个比较正确的意见。

有一次,一位作者从某一本刚刚实施的规范中发现了不少错误,就写了一篇文章,准备发表。杂志社编辑部要我审稿,我认为可以发表。但我多说了一句话:"为了利于讨论,是不是在发表前,先寄给规范的编制组,请他们看一看。"哪知道,该规范的编制组大发雷霆,不准发表这篇文章,理由是规范已经被国家批准,就不能说有错。因此,杂志社也就不敢登载这篇文章。应该说,在这十多年中,这是唯一的一次,这种听不进不同意见的规范编制组是不多见的。

对规范的内容,允许不允许讨论?

网友对规范提出了意见或建议,对于规范的编制者来说,应该虚心听取。如果意见不合理,也不一定要马上反驳,顶回去。这里有一个问题需要说清楚,就是规范允许不允许读者提出不同的看法。规范是需要执行的,这没有错。但如果人家对规范的一些条文有看法,就不允许人家说,不是太霸道了吗?规范的权威性应该建立在规范本身正确的基础上,如果规范本身有错误,而不允许读者提出来,那就是不讲道理了。

假如某本规范的编制组对读者提出的问题一概不予理睬,理由是规范已经被批准了,不允许对即使是错误的内容提意见,那不成了笑话吗?主管部门颁布一本规范,只是说明该规范经过了法定的手续,可以实施了,但并不能对规范的内容正确与否打包票。批准手续并不是规范编制者的护身符,错的内容总归还是错的。

网友发现了一些规范的条文存在错误,在网络答疑中提了出来,我看了这些帖子很感动。这些网友阅读、使用规范时非常用心,也很负责任,他们的行为应该得到鼓励。

## 六、关于工程中普遍性问题的讨论

### 1. 软基上路堤的沉降计算

**网友:**

浙江软土地区有一条一级公路,路基宽40m,填高多为3~4.5m;表层硬壳层厚约2m;下部淤泥质黏土层厚度多在28m以上,最深可达50m(典型土参数:天然含水量44%,天然孔隙比1.247,液限39%,塑限21.5%,饱和度96.2%,直剪快剪12.5kPa,内摩擦角2.7°,承载力容许值50kPa,竖向固结系数$1.236 \times 10^{-3} cm^2/s$,水平向固结系数$1.341 \times 10^{-3} cm^2/s$)。设计采用15~20m长的水泥搅拌桩,等载预压了6个月。实际施工过程中,预压超过9个月,每个月沉降量仍然有几厘米,多的更是超过10cm。而根据勘察单位提供的e-p曲线、重度、固结系数等参数,采用理正软件计算,预压3个月与预压6个月的施工期沉降量差别是很小的,也就意味着理论计算上,预压一定时间后沉降就趋于稳定了,这与实际情况相差甚远。对此,我产生了几点疑惑,恳请高教授和各位网友赐教:

(1)做了几年软基设计,我也深知软基理论计算与实际情况很难准确对应,勘察单位提供的参数是否贴近实际,施工是否有偷工减料等都影响计算精度,甚至软件本身计算模型也可能存在纰漏。我想这个计算理论本身是不是还不够贴近实际,分层总和法考虑的是竖向变形,那么对于淤泥质土层来讲,其承载力比较小,上部填土后引起的侧向变形导致的沉降是不是也很大?(这个问题我请教过一位前辈,他认为40m宽的路基已经足够宽,侧向变形引起的沉降是很小的,主要还是竖向固结沉降引起的。)

(2)关于固结系数的影响。固结系数对预压期间的沉降和工后沉降的影响应该是非常大的,我们设计人员只能依赖地勘资料,但试算过程中我发现一个有意思的情况,由于公路有设计年限,一级公路是15年,所以对建成后的要求也是针对竣工15年内的沉降情况,那么当固结系数越小的时候(一般而言其性质也往往越差吧),工后沉降反而越小,因为固结比较慢,15年也沉降不了太多!这跟那些已建成的道路情况不太相符,所以我现在对理论计算越来越没信心了,也可能是我考虑得不够全面。

**Aiguosun 回复：**

(1) 沉降计算公式中的经验系数是经验总结,系数不能概括所有工程,尤其像这样深厚软土的宽路基公路更是缺乏沉降观测数据。经验系数不一定适合本工程。

(2) 试验得到的固结系数由于采样、制样的涂抹影响,不一定能真实反映实际的固结性能。

(3) 天然含水量44%,天然孔隙比1.247,液限39%,塑限21.5%,饱和度96.2%,直剪快剪12.5kPa,内摩擦角2.7°,承载力容许值50kPa,可能有些冒进。填高至3~4.5m后,荷载可能超过了容许值,路基下软土可能产生了侧向挤出。预压超过9个月,每个月沉降量仍然有几厘米,即说明了这可能是事实。

(4) 固结系数越小,一般而言其性质也往往越差,工后沉降越大,因为固结得慢。那些已建成的道路情况与计算不符是因为:其一,地质情况与你这个工程不一致;其二,在15年内道路经过不断地维护,有些沉降在维护过程中被不断填厚的路面消除了;其三,本工程的深厚软土沉降计算厚度和附加应力存在偏差。

**答复：**

这个帖子发布有些时日了,现在回过头来再想一想,感到有些问题值得关注,也值得进一步讨论。

这个工程,路基宽40m,下部淤泥质黏土层厚度多在28m以上,最深可达50m,但设计采用15~20m长的水泥搅拌桩。即使施工时没有偷工减料,都按照设计做了,但这些水泥搅拌桩也都悬浮在厚厚的淤泥质黏土中。即使不考虑施工扰动的影响,在加固的土层下面还有相当厚的软土层,如何承受上面传下来的荷载？当时对于沉降的估算值是如何过关的？计算的资料能不能看到？

现在既然已经有了工程数据,能不能利用这些实测的数据来进行反分析,反算土层的指标,看问题究竟出在什么地方。

## 2. 如何控制差异沉降

**网友：**

拟建场地篮球场一侧挡土墙出现开裂、倾斜现象,距拟建物3m左右。据调查,该裂缝主要由"4·25"地震作用引起,当前裂缝长约3m,宽约10~20cm,可见深度约20cm。目前未见明显加剧现象,周边未见其他变形迹象。该挡土墙变形主要是由地震作用下地基土沉降所致。在暴雨、地震作用下,变形裂缝会进一步加剧。该挡土墙若出现倒塌,会对拟建物造成安全隐患。建议对变形段的挡土墙拆除重建或采取必要的支挡措施。

向高老师请教：

(1)您提出，上部结构对差异沉降的敏感性不高。设计并没有提出变形控制的要求，该怎么解决？差异性沉降的敏感性的判别标准是什么？

(2)您的书中提到：①能在设计时进行计算和控制的不均匀沉降是非常有限的，只有框架结构和排架的相邻柱之间的沉降差可以计算出来(分别计算两个柱基中点的沉降，然后相减得到沉降差，再除以柱距)，其他的一些变形指标是难以在设计时计算的。②框架结构的受力条件比较明确，也是对不均匀沉降比较敏感的一种结构类型，当相邻柱基的沉降差过大时，可以产生构件的次应力，引起柱和梁的开裂。请问：这个沉降差该由谁确定？

**答复：**

这个项目是4层的框架结构，对于框架结构，是由相邻柱基的沉降差控制的。按照《建筑地基基础设计规范》(GB 50007—2011)表5.3.4 的规定，地基变形的允许值是$0.002l$($l$是相邻柱基的中心距)。

要计算可能发生的相邻柱基的沉降差，就要将框架结构的最大的相邻柱基的沉降差计算出来，看是否满足规范的要求。

计算框架结构的每根柱子的荷载，根据柱子下的地质条件计算沉降，再计算相邻柱基的沉降差。

应该由荷载差最大而且地质条件也最差的柱位控制设计。这些工作都应该由岩土工程师来完成。

### 3. 如何克服在岩溶地区制作灌注桩的困难

**网友：**

位于岩溶地区(广州闹市区)的一单体工程，详勘时没发现溶洞和土洞，采用钻孔灌注桩基础，没做超前钻。施工时发现有少量桩灌注的水泥方量多出来不少。桩施工完成后，往下挖了5m深的基坑，发现其中一根桩没有成桩——钢筋犹在，水泥没了！然后在桩的两边钻两个孔进行勘察，其中一个孔钻至岩面处(此时钻孔深约8m)，孔口就冒出大量的水(没发现溶洞)；第二个孔钻入中风化石灰岩约2m处(此时孔深亦是8m)，发现有溶洞(洞高90cm)，此时孔口亦冒出大量的水。经检测，水体是相通的。承压水头约高出基坑底1m。

现在有两个棘手的问题急需解决：一是这根桩如何才能成桩？二是这么大的承压水该如何治理？有办法封堵吗？

**答复：**

我记得广州过去曾经发生过类似的事故，但一下子没有找到当时的资料。

采取结构跨越是一个可行的措施，即放弃这个位置，不掏马蜂窝。好在这个项目的荷载不是很大，有跨越的可能，但需要探明溶洞的确切范围。

对溶洞进行灌填是最直接的办法，先抛大石块，再灌水泥砂浆，灌填以后再钻孔，但这种办法的工程量可能会很大，也没有办法确切地预估。

不能抽水，水越抽越多，而且孔会不断地垮塌，会进一步扩大事故的范围。

### 4. 如何考虑负摩阻力的影响

**网友：**

一个大挖大填的场地，填土厚17～27m，场地原状土岩性为强风化硅质岩，填料也取自本场地，风化硅质岩土方挖掘后类似于角砾土，设计要求填土时分层碾压（每层为20～30cm），压实系数不小于0.95（地面下5m范围内不小于0.97）。据了解，实际填方时是2～3m碾压一次，碾压后未进行任何检测。填后即进行建筑，地面建筑是5～6层的学校教学楼、宿舍楼，拟采用桩基础，旋挖桩施工工艺。

由于填土较厚，设计时要考虑负摩阻力的影响，按《建筑桩基技术规范》（JGJ 94—2008）公式（5.4.4-1）计算的负摩阻力较大，设计桩长较大。业主提出：填土碾压过，是否可以不考虑负摩阻力或者负摩阻力可以减多少？委托我们勘察单位进行专项勘察论证，但我查了相关规范，无这方面的规定。请问，如何对填土引起的桩负摩阻力进行论证？用什么规范或书籍？

**答复：**

这个工程的情况是比较典型的，用强风化硅质岩回填，没有按照要求很好地碾压，情况和30多年前，我们在三峡库区秭归县城建设中遇到的在花岗岩回填土地基上建造多层建筑的问题非常相似。怎么办？

我认为5～6层的学校教学楼不需要采用桩基础。当然，在建筑场地勘察的时候，应该比对原来的地形图，弄清楚建筑物下填土的成分、分布及厚度的均匀性，并在基础底面做一定数量的载荷试验，测定天然地基的地基承载力，作为设计的依据采用，应该是可行的，也完全符合要求。

至于在这种地基中采用桩基础，对多层建筑而言，可能是不需要的，有点小题大做。多层建筑不需要那么大的承载力。

### 5. 如何测定砂土的压缩模量

**网友：**

我们这边是黄河冲积平原地区，砂土层较厚，现在做一栋楼，35层，高150m。设计方拟采用钻孔灌注桩基础，现在算沉降量，根据我们提供的砂土层在0.1～0.2MPa下的压缩模量（25MPa左右）算沉降，不满足要求，设计方认为砂土层在较大压力下的压缩模量应该修正一下，但是这个修正系数怎么取值呢？我们这边土工人员认为密实砂土层的压缩模量即使在较大压力下变化也很小，所以我按照《工程地质手册》提供了一个建议值(35MPa左右)，但是设计方说沉降还是不满足要求。他们说上海地区同样规模的建筑都可以满足要求，而我们这边(河南地区)不满足要求，没道理。我想问一下密实砂土层的压缩模量可能会达到多少？

**答复：**

问题不在于这个压缩模量的数值是大了还是小了，而是应该怎样得到这个指标，应该得到什么样的指标。

我不知道你们提供的压缩模量(25MPa左右)的根据是什么，有没有积累砂土的压缩模量的试验资料。

对于砂土，由于切原状土样比较困难，一般采用载荷试验以求得变形模量；当然，可以用特殊的取样器或者用冻结法采取原状砂样，但需要花很大的代价。

对这个项目，建议你们做些载荷试验以测定变形模量，然后进行沉降计算。

前几年，兰州地区要建一个超高层建筑，也是厚层的砂土，他们做了几个载荷试验，还做了模拟基础埋置深度影响的特殊载荷试验，不仅求得了变形模量指标，还通过试验求得了地基承载力的深度修正系数。

# 七、如何适应国外工程的要求

有些承担国外工程的网友，在网上提出过一些疑难问题。

**网友：**

最近参与了一个非洲的项目，是一个高路堑边坡(挖深20~30m)。

勘察阶段按我国习惯进行了勘察，边坡岩性主要为全风化的第三系砂岩与泥岩($SPT=20~30$)，进行了快剪试验($c=40, \varphi=15°$)，按规范建议的坡度1:1.75进行了设计，施工开挖后不久发生浅层失稳并逐渐扩大。

其后咨询方请欧洲的公司进行了勘察和取样，试验结果表明泥岩塑性指数为50~80，液限接近100，三轴UU测得$c_u=90~120$kPa，有效抗剪强度则很低：$c_d=3$, $\varphi=20°$。咨询方按欧洲的习惯进行了边坡短期计算(采用不排水指标)和长期稳定计算(采用有效抗剪强度指标)，并认为长期稳定坡度应采用1:3这样一个非常低的值，同时咨询方还列举了该国另一个同类泥岩全风化边坡工程实例(也是我国的单位设计，采用1:1.5的坡度后垮塌，多次治理后最终采用了1:3的坡度)。

在此想请教两个问题：

（1）国内边坡长期稳定性计算采用固结快剪指标对于高塑性黏土是否偏于不安全？

（2）在一些资料中看到有人提出，对于超固结土，边坡开挖后的排水强度远低于不排水强度，这种说法是否有道理？

**答复：**

这个案例是值得我们关注的。随着"一带一路"倡议的提出，我国的工程技术人员将有更多机会接触不同国家、不同地区的岩土工程问题，也有更多机会与国外同行一起工作，向他们学习，扩大我们的视野，适应国际化的技术要求，形成一支能处理不同国家、不同地区工程问题的专家队伍。

关于土的抗剪强度试验，国外早就不做直接剪切试验了。可是在我国，直接剪切试验还是大行其道，这是 30 年前，技术决策失误造成的。在国内，我们可以关起门来，不让人家进来，花多少钱都是我们自己承担。现在，我们出去做工程，就有了比较，真是"不怕不识货，就怕货比货"。这个项目中出现的问题，在 30 年前，不是没有讨论过，不是没有预料过，不是没有建议过。你们现在用"直剪"去比人家的"三轴"，不是一个起跑线，必输无疑。

建议做国外工程的同行，要了解国外的技术发展状况、国外的技术标准、国外的试验设备，这样才能站在同一条起跑线上去竞争。

## 八、对业界一些不良现象的分析与批评

在网上与同行交流、探讨时，可以看到，有些网友会对业界的一些不良现象提出批评，并进行探讨和分析，提出看法和建议。这种行为是很好的，可以弘扬正气，抵制不良现象。

## 九、改进管理制度的建议

### 1. 关于岩土工程体系的问题

**网友：**

请教高老师，国际上岩土工程咨询的具体操作方式是什么？请展望一下我国岩土工程咨询业的发展。

**答复：**

我国的工程勘察、设计、施工体系是在20世纪50年代初从苏联引进的，这个体系与目前国际上的咨询体系是不同的。

国际上的咨询体系是建筑、结构和岩土三类事务所分别完成这三个方面的设计工作。岩土工程事务所的主要工作是正负零以下的设计工作，设计所需的地质资料，也由岩土工程事务所通过勘探获得。勘探和土工试验的计划和要求由岩土工程事务所提出，一般委托勘探公司和试验公司来操作，事务所从技术上把控。在施工阶段，事务所还负责工程质量的控制和监督。

我国是设计和勘察分离，设计包括上部结构和地基基础的全部设计工作，而勘察只负责勘察工作的外业和内业，提交勘察报告给设计单位，不参与设计工作。

1986年，国家计划委员会发布了关于我国岩土工程体制改革的文件。那个文件是我国老一代岩土工程专家积极推动体制改革的结果，体现了我国工程界和学术界对岩土工程体制改革的关心，也为我国岩土工程的改革提供了思路和方向。30多年来，我国的岩土工程已经有了很大的发展，但距岩土工程体制改革的目标还有漫长的路要走。希望不久的将来，我国的岩土工程体制改革能有一个崭新的面貌。

## 2. 关于评标的问题

**网友：**

（1）现在评标是得分制，有点像考试，会不会误判？能不能量化？

（2）搞标书论证有没有必要？要搞得像学术论文一样吗？因工作时间有限，做这些事觉得意义不大。

（3）标书中的技术部分和商务（经济）部分是不是要与公司实际情况配套呢？是不是更应该关注公司解决工程问题的能力？排名有没有意义？

**答复：**

评标采用得分制，是一种评定标书优劣的方法。评分取决于评标专家的水平和公正性，采用得分的方法可以防止个别因素的干扰，是一种比较公正的方法，但不可能做到绝对公正。

标书不是学术论文，技术部分只需要说明所采用方法的合理性，商务部分是评定的主要依据，也是争议的焦点。

标书内容与公司实际情况配套是最基本的要求，是根据工程的需要来评定哪个标书合适。公司是执行单位，需要说明能否承担这个项目，是否具备解决这个工程问题的能力。

如果没有干扰因素，评标是一种合理的方法。如果有作假，就另当别论了。

# 十、对人才培养的讨论

**网友：**

高教授您好，我是一名普通高校的教师，主要讲授土力学试验、建筑结构试验、土木工程材料试验、道路建筑材料试验以及一些理论课。我有6年多的勘察设计经历和8年的教学经历。对比学校教学与工程实际，我发现，当前本科试验教材绝大多数是试验指导书，而实际工程中的试验是以规范为依据的。试验指导书是根据试验规范编写的，但是与试验规范有较大差别。我的体会是，在大学虽然学过试验，但参加工作后我对试验一点印象都没有，连试验如何下手都不知道。其他同事也有同感。另外，工程重视试验数据的处理和分析，但是学校试验教学要求学生写很长的试验报告，这占用了学生大量的学习时间，而学生的收获却很小。

综上所述，我认为高校试验教学存在一定的问题。工科院校要更好地培养工程技术人才，本科试验教学就应该与工程接轨。试验教材应该采用试验规范，而不应该采用试验指导书。应该取消试验报告，改成数据处理与分析。我设想，改革后的试验教材可以这样编写：从现行试验规范中抽取相关的试验项目及条文说明(一字不改，但注明出处)，汇编成一本书，并附上必要的名词解释。

请问高教授，您觉得我关于高校试验教材改革的想法可行吗？

**答复：**

看了你的问题，使我想了很多，也想起我读书时的一些试验课的情况和工作以后遇到的试验问题。你是学校的老师，关心这些问题是很重要的。下面谈谈我的一些想法：

(1) 高校试验课的主要目的是让学生更好地理解课程理论部分的内容，而不是为了让学生毕业后能够直接从事试验工作(学生毕业后直接从事试验工作的毕竟还是少数)。而且，在短短的两个课时中要学生完全掌握一个试验也是不现实的。

(2) 从上面讲的这个目的出发，高校试验课的内容既要与生产单位的试验密切联系，但也不能完全按照生产的要求来设置高校的试验课。试验讲义是做了很大精简的，这个精简是必要的。直接采用试验规范的话，学生可能没有那么多的时间和精力来学习。

因此，高校的试验教学是值得研究的，你可以做些研究工作，探索试验教学的规律。写一些有关试验教学的书是很有必要的，但要研究试验教学工作的特点，它不是为生产单位组织培训的。

## 告别网络答疑

2004年，徐前同志在中国工程勘察信息网开辟了网络答疑专栏。当时，我还没有这方面的实践经验，对网络答疑的社会影响和可能产生的问题都没有充分地估计到，就试了一下，反响良好，于是就这样开始了网络答疑的工作。

十几年来，网络答疑受到了同行的欢迎，参与讨论的网友很多，讨论也非常热烈。根据网络答疑所积累的资料，我在人民交通出版社先后出版了四本《岩土工程疑难问题答疑笔记整理》，共计三百多万字，具体包括：

第一本，《土力学与岩土工程师——岩土工程疑难问题答疑笔记整理之一》，2008年出版；

第二本，《岩土工程勘察与设计——岩土工程疑难问题答疑笔记整理之二》，2010年出版；

第三本，《实用土力学——岩土工程疑难问题答疑笔记整理之三》，2014年出版；

第四本，《岩土工程试验、检测和监测——岩土工程实录及疑难问题答疑笔记整理之四》，2018年出版。

在第四本书中，我还收录了十多篇工程研究报告，都是在我退休以前，培养硕士生和博士生的教学工作中所积累的一些资料，对工程勘察与设计人员还有一些参考价值。

网络答疑是一种很好的社会教育形式。十几年的网络答疑，是我退休以后，教学工作的延续，使我从学校教学转向社会教学。感谢中国建筑学会工程勘察分会和徐前秘书长给我这个平台，使我的退休生活更加充实；感谢王长科、陈轮、李镜培和岳建勇帮助我进行答疑，他们为网络答疑贡献了丰富、准确的技术资料；感谢主办单位为我安排的几位版主，虽然他们在网络上没有使用真实姓名，但不能掩盖他们为网络答疑付出的努力；感谢广大网友对网络答疑的支持；感谢大家对我的关心。

我的年纪已经不允许我继续为大家服务了，但我仍然会关心这个网站的发展，会时不时地过来看看大家。

祝大家身体健康、事业有成！祝网络答疑越来越兴旺！

高大钊<br>2018年12月

第九章

# 对我国土力学研究状况的一次社会调查

整理同济新村旧居的藏书时,发现了几本 1964 年我出差学习与开会时写下的笔记。时间已经过去了半个多世纪,我求教与采访的一些专家,那时还是中年人,现在都已是高龄老人了,有的可能已经作古。采访过程中,他们的介绍、讲解和分析是那样的认真、那样的细致,宛如昨日。他们对我的帮助和指导,我永远铭记于心。

这些访问笔记,从一个侧面反映了我国岩土工程早期的发展状况,是有益的学习材料,可以让后来人了解老一代专家在物资匮乏的年代是如何开展科学研究的。

1964 年 6 月 23 日至 7 月 29 日,正值暑假,余绍襄先生和我到京津两地进行学术考察。我们访问了不少兄弟单位,并到北京图书馆和北京科技情报站等单位查阅了岩土工程方面的科技资料。此次考察,使我们对京津两地岩土工程研究工作的进展有了比较全面的了解,为我们学校的地基基础专业的建设提供了重要的参考资料。

同年,我还先后 3 次到南京、无锡两地学习考察。第一次是 1964 年 5 月 15 日至 6 月 6 日,第二次是 1964 年 10 月 27 日至 31 日,第三次是 1964 年 12 月 8 日至 12 日,共计 32 天。

那年我 29 岁,前后用了两个多月,密集地进行考察,是为了落实我校土工试验室的发展计划,提高学校土工试验室的技术装备水平,开展原位测试的研究。因此,考察的内容都包括技术和经济两个方面,请受访的专家介绍他们的试验研究计划和装备情况,参观试验室和原位测试现场,了解仪器设备的技术指标和采购价格。遗憾的是,受政治运动的影响,业务活动难以开展,试验室的改造计划很难实施,考察行为甚至还遭到一些人的责难。

现在回头看,这些资料对于了解我国当时的土工试验和测试设备的整体情况还是很有帮助的。至于管理和经济方面的数据,由于时过境迁,参考价值不大,这里不再介绍。

这里提到的访问单位的名称都是当年的名称,这些单位在之后的几十年间,经历了很大的变化,无法一一核实现在的名称,请读者谅解。

"京津两地考察笔记"摘录如下。

## 一、考察的单位

京津两地考察的单位包括：
天津航务工程局科研所土工研究组
天津市建筑科学研究所
天津大学水利系
天津大学土建系
铁道科学研究院路基土工室
水利水电科学研究院土工所
建筑科学研究院地基研究所
中国科学院力学研究所三室
建筑工程部科技局
建筑工程部综合勘察院
北京中国仪器厂
北京地质学院
北京市地质地形勘察处

## 二、拜访的岩土工程界人士

根据当年的笔记,我先后拜访了二十余位岩土工程界的专家。笔记中有具体姓名的专家共16位,他们是：
钱征,天津航务工程局科研所
范恩锟,天津大学
张祖闻,建筑科学研究院
周镜,铁道科学研究院
张肇伸,铁道科学研究院
蒋国澄,水利水电科学研究院
陈愈炯,水利水电科学研究院
朱思哲,水利水电科学研究院

黄熙龄,建筑科学研究院
钱寿易,中国科学院力学所
丁金粟,清华大学
黄强,建筑科学研究院
张国霞,北京市地质地形勘察处
王烈武,建筑工程部科技局
陈永光,建筑工程部综合勘察院地下量测组
杜长兴,建筑科学研究院科学秘书室

遗憾的是,天津市建筑科学研究所、天津大学水利系地基教研室、天津大学土建系地基教研室、北京市建筑设计院、北京市地质地形勘察处地质科地基组、中国科学院力学研究所三室、北京地质学院等单位的几位专家,我没能记下姓名。

当年,我只是一个才工作五六年的青年讲师,怎么能访问到那么多专家？一个重要原因,是我的老师俞调梅先生提前做了安排,并为我写了介绍信。俞先生对后辈的关爱和帮助,可见一斑。有了俞先生的帮助,我比较顺利地拜访了京津两地岩土工程界的领军人物,得到他们多方面的指点与教诲。

在北京期间,我们还到北京图书馆和北京科技情报站,写下了大量的图书、资料的卡片记录;走访了北京自动化仪表厂,收集了有关土工试验仪器和量测设备的规格和报价的资料。

## 三、请教的问题和参观的设备

京津两地考察的主题是土的工程性质的试验研究进展。下面分别介绍天津和北京两个城市的访问经历。

### 1. 天津市有关单位的访问经历

**时间**:1964 年 6 月 25 日
**对象**:天津航务工程局科研所,钱征工程师
**笔记**:

(1) 从 1960 年开始,在现场用十字板,并用室内拖板式单剪仪,后来改为有侧限的盒式单剪仪。十字板测点相距 20cm,坚持测了半年多,后改为平行两孔,

其中1孔测 $S_\infty$（长期强度）。

（2）6台单剪仪，法向压力不同，在每级法向压力 $\sigma$ 下作分级加剪荷载，找 $f_3$，再画 $\sigma$ 与 $f_3$ 的关系曲线，找抗剪强度指标。做了两套，规律性存在。

（3）开展衰减型 $\tau$-$\gamma$ 关系的研究，以解决码头位移的问题。

（4）1964年4月，法国开了应用力学会议，土流变专业委员会邀请陈宗基出席。会议主要研究了理论和试验方法问题。欧洲土力学趋向于现场试验。

（5）陈宗基打算在新港做一个大型试验，并提出一个理论，采用剪切固化系数、渗压固化系数和固化固结系数。用电容式测室内孔隙水压力，证明他的理论是正确的。采用室内固结流变试验确定固化系数。一套试验要四个月，每一级荷载持续两个星期。采用一个试样做，可以避免土样的不均匀性和仪器之间的误差。但是，叠加原理是否适用？如采用不同土样，则不存在叠加原理是否适用的问题。

### 天津新港软黏土剪切流变特性的研究（中间报告）

研究了用拖板式单剪仪和盒式单剪仪做试验的成果。

土样高2cm，截面6cm×6cm，取自新港三码头、标高 −7m 的土层中，含水量为48%~61%，天然重度为 1.68~1.77g/cm³，饱和度为95%~100%，塑性指数为26~36。

试验时，竖向荷载分别为 0.18~0.20（拖板式）、1.00（盒式）。水平剪力分6级施加，作用历时为7~24天。盒式在恒温25℃±1℃条件下试验。土样浸于冷冻油中，冷冻油不吸水。

用两种方法整理 $\gamma$-$\tau$ 关系，在半对数坐标纸上得到两段直线构成的折线，转折点的时间几乎是一致的。不同的线段可以用下式表示：

$$\gamma = b + a\lg t$$

在双对数坐标纸上呈线性关系：

$$\gamma = mt^\beta$$

在双对数纸上，$\eta$ 呈线性关系，

$$\eta = At^C$$

$A$，$C$ 是与土的种类有关的系数，而与剪应力无关。

文中得出9点结论：

（1）盒式单剪仪虽然避免了拖板式单剪仪有侧胀的缺点，但仪器本身的摩擦影响比较严重，无疑会影响试验成果。

(2) 用原状土试验是可行的。

(3) 温度对土的蠕动性质有影响,曾观察到试样的剪切变形速率随温度的升高而加大的现象。关于这种影响的实质及定量的描述,应作为今后的研究内容。

(4) 在剪应力较小的情况下,仪器本身对试样变形规律性的影响较为严重。因而,应适当加大最小一级剪应力。

(5) 在半对数及全对数坐标纸上,变形与时间关系曲线都是折线,且在半对数坐标纸上,折线的转折点几乎都发生在同一时间。对于这些现象,还没有找到合理的解释,留待今后继续研究。

(6) 天津新港软黏土有明显的流变特性,在恒定的竖向压力及水平压力作用下,试样的变形在长期过程中随时间而发展。在所加剪应力之下,试样的变形是衰减的,蠕动的规律可用对数函数或幂函数表示。

(7) 在所加的垂直压力和剪应力之下,变形速率与时间呈幂函数关系减小。

(8) 在一定的剪应力范围内,试样的 $\tau$-$\gamma$ 关系曲线为直线,剪应力对角变速率有影响,但这种影响随荷载作用时间的增加而减弱。

(9) 在衰减性变形的情况下,$\eta$ 随时间 $t$ 呈幂函数关系增加。

**时间**:6月29日
**对象**:天津市建筑科学研究所(未记录接待人的姓名)
**笔记**:

天津的地基问题很多,其造价占比平均为15%,个别高达35%,单价为48.55元/m$^2$。

天津市建筑科学研究所是地方单位,与天津大学合作密切。天津大学偏重理论研究,天津市建筑科学研究所偏重解决生产问题。共同作用的中心问题已安排给天津大学,正在写方案与大纲。共同作用在1952年就已经提出,在1959年开始受到重视。1959年调查了两个月,收集资料,并做了室内模型试验。但突击任务来了,就放下了。从简单房屋开始,研究裂缝的形式、砖砌体的变形、应力和接触压力。做过两跨三支座的连续梁试验,梁高为1/8跨长。

关于最终沉降量和沉降速率的试验已经做了一年。大型固结试验用90cm×90cm方形的土样,使用本单位研发的土设备。

圈梁的计算,圈梁的合理位置,结合共同作用问题研究。

今年要研究杂填土上建筑物的共同作用问题。从实效和解决问题的角度出发，将调查、试验和理论研究结合起来。最近写了一篇关于建筑物的沉降推算的文章。

在土的动力影响方面，仪器正在研制，尚未配套。

粉煤灰吹填土上建筑物的地基问题正在研究。

范恩锟先生关于相对刚度的文章写了八篇。

**时间**：6月29日

**对象**：天津大学水利系地基教研室（未记录接待人的姓名）

**笔记**：

1958年搞过振动液化方面的研究。

三轴试验改装，设备已经装起来了。

做有效强度试验及孔隙水压力的消散试验。用原状土和扰动土，结合天津地区土的特性，做不同密度的强度试验。

关于初始条件问题，原状土的试验成果分散，分散度大于10%。吹填土比较均匀，但分散度也大于10%。结果符合规律。从强度包线的转折点找原先的固结压力。偏差应力差为0.1，包线的坡度差很大。寻找$Q$与$c$、$\varphi$的关系。有规律，符合有效应力原理。

孔隙水压力系数$B$随孔隙水压力的消散而逐渐减小，认为主要是土样的饱和度问题。北京方面建议加反压力来解决。

经费问题、与生产结合的问题，生产下马了就结合不上了。

仿波兰三轴仪的改装问题，测孔隙水压力的系统用肥皂水冲洗后再用清水冲洗。

一些研究生在研究剪胀性对孔隙水压力的影响。

水可能从皮膜中透过。

**时间**：6月29日

**对象**：天津大学土建系，范恩锟教授

**笔记**：

对于无侧限试验，日本主要是村山溯郎一派在搞，苏联是维雅洛夫一派在搞，我国是陈宗基先生在搞，还有荷兰的一些学派在搞。

日本主要采用单轴、三轴试验（曾经搞过拖板试验，有侧胀）。

我们攻单剪仪（盒式），做了两年多。陈先生那边也用了单剪仪。苏联近年来也发展了单剪仪，与天津航务工程局科研所（钱征那边）近似。

扭剪仪在软黏土方面的应用并不成功。

南京水利科学研究所在搞环剪。科研所搞几种仪器是对的,学校最好先吃透一个。

对数据有三个要求:多、长(时间)、精。出了数据,发现了问题,螺旋式上升。对现象要从头到尾地观察。

精确度的问题,土样的应力均匀吗?拖板的应力不均匀。盒式似乎均匀一些。但试样扭曲破坏时的变形无法知道。

直剪仪,应力小时剪切区呈透镜体,应力大时剪切区呈带状。

有些土看起来均匀,但实际的均匀性很差。考虑采用中子法测含水量。武汉方面采用冰冻法测土样的均匀程度。打算采用超声法进行检验(非破损检验)。

仪器的摩擦力有多大,几台仪器是否均匀,无从知晓。

国外的试验以不排水为主,即使包膜,也不能完全不排水。固结5天已经差不多稳定了,但剪切时还有水出来(2%),不知是什么原因。

受剪初期孔隙水压力有波动,孔隙变大还是变小?后期不显著,相当小,不灵敏的仪器测不出来,后期是骨架的蠕动。

温度的影响很大,固结仪也有这种情况。

可能由于时间长了,结合水量变小,排水量就多了。水的黏稠系数下降了,有部分水脱出,振动影响也很大,促进排水。

试验中碰到的几个问题:温度关已经过去了,摩擦力及孔隙水压力关还未过去。

试验时间足够长,还是很必要的。半对数不全面,概括不了两个规律性。

$\tau<\tau_\infty$时,变形渐止;$\tau>\tau_\infty$时,变形定速以后变为加速。

渐止的本质是什么,是固化,还是剪硬(即剪缩)?

含水量2%的变化,对强度的影响应当不大(根据马斯洛夫方法的试验结果)。

单剪控制固结度,事前相当于总应力法的不排水剪,很慢的剪切速度,打算以$E$改变法向荷载,然后再快剪,找一个界限值。

第一个界限值可以测出,可能原因是土的含盐量大,有一定的刚度。

关于长期强度,有几派观点:一派认为强度降低,另一派认为强度提高,还有一派认为变化不定。可能是因为没有搞清长期强度的条件。

应该是,剪缩使强度提高,剪胀使强度降低。当然也与剪切速率有关系。

我们给蠕动下的定义是:土在剪应力作用下,有长期变形,以后会停止。

流动有破坏性,流动速度很慢,山区大面积残积土下移。这方面,日本有报道,英国也有报道。10°以上的地面,在几米范围内移动。滑坡开始时是蠕动,定速流动,以后会加速。

码头位移,土蠕动时桩群有一定的移动,但又有一定的刚度。土压力并不是不变的,而是逐渐减小。如果桩留出一定的量,可以不破坏。

主要是进行变形分析,计算变形随时间的发展。流变不见得不能应用,不过我们没有摸到窍门。流变只是组成部分,当然不能过分强调土的流变。

协作得好,目标一致,有专职机构,条件有保证。

日本的村山溯郎认为,小压力下用单轴比较好,压力大了就会偏离规律。苏联有人做三轴试验,认为应力小时,应力简单,破坏时,应力很复杂。

叠加法建立在定速变形的基础上。如果客观上不是定速变形,则有误差,我们有保留。

对次固结,国际上整理方法不同,在半对数纸上呈直线变化。

我们认为次固结可能是由于骨架蠕动,不能灵敏反映孔隙水压力。

次固结与剪切流变之间有共性。主固结完成后,骨架与外力相持阶段,骨架未坏,但发生扭曲。

研究土的微观结构,水对微观结构的影响。

模型如果抽象不当,就会走上唯心主义的道路。

快速试验后来被大量采用。用仪器做长期试验,发现七天未稳定。

有一工程建了五六年,出现裂缝,原打算粉刷,但裂缝在发展,长期变形不小,做长期试验,次固结占70%。用半对数方法,比例不同,差异很大。

据说,墨西哥火山灰堆积区,针状、棒状土粒,次固结占60%。

共同作用,是从建筑物开裂引出来的。开裂以后想补救办法,加固梁,有成功,有失败,讲不出道理来。

不均匀沉降是时间的函数,砌体应力调整发展。墙的刚度随时间在变化,又反过来影响接触压力。做过模型试验,现趋向于多元量测。模型试验更重要些,可简化条件。建立模型设备。

先解决民用建筑,土用泡沫橡胶,先不管土。先研究共度对建筑物变形、应力分布的影响。同时,搞现场调查。

关于成果,研究生的论文正在印。

**时间**:6月30日
**事项**:天津市土工研究组学术活动,讨论港64型单剪仪
**笔记**:
在试样水平面上施加竖向压力 $P_y$,在水平拉力 $P_x$ 作用下,试样的断面由矩

形变为平行四边形。设剪力施加的方向为 $x$，则位移和剪应力为：

$u_x = ky, u_y = 0, u_z = 0$

$\gamma_{xy} = \frac{1}{2}\left(\frac{\partial u_x}{\partial y} + \frac{\partial u_y}{\partial x}\right) = \frac{1}{2}k, \gamma_{yz} = 0, \tau_{xy} = \tau, \tau_{yz} = 0$

认为仪器符合单剪条件，$f_1$ 与 $\sigma_u$ 相当。认为可以求 $\gamma$-$\tau$-$t$ 的关系，但不能做回弹试验。

在顶板与端部之间、侧条之间、侧条与槽之间都存在摩擦力。

为了保持试样的湿度，采用甘油。但甘油会吸水，含水量最大相差 10%。如果用水，则会使仪器生锈。所以，采用冷冻油的效果最好。

认为仪器的缺点是不能测孔隙水压力。

总结：

(1)可做流变及长期强度试验。

(2)土可能从侧条之间挤出。

(3)要研究销钉的摩擦问题。

(4)各台仪器影响摩擦的因素，还需研究。

**时间**：7月1日

**事项**：参观港61型十字板流变仪

**笔记**：

(1)构造。

①扭力与观察部分，钻孔 $\phi$42mm，壁厚 5.5mm。

②十字板头。

(2)应用。可测定 $f_1, \eta, \pi$(松弛时间)。

(3)讨论。

①变形测量精度为 (1/20)mm，相当于 (1/90)°。[度盘直径为 50cm，加大直径，使其为 (1/100)°]。

②摩擦校正用活络接头。

③假定破坏圆柱面、上下两面的 $c$ 均匀分布。

④应力分布，十字板四个头的形状不同，应力集中程度不同，陈宗基做过光弹性试验。

⑤杆的扭矩问题，用材料力学公式计算。

⑥武汉岩土力学所做过试验。

(4)结论。

①推荐使用。
②十字板头试验需进一步研究。
③塑性破坏时,剪应力的分布比较均匀。

时间:7月1日
事项:参观恒温试验室、野外测定孔隙水压力装置
笔记:
(1)恒温试验室。
恒温试验室分自动控制、供热和安全保险三个部分。
自动控制:导电表—电子继电器—两个电子继电器—供热,基本电热线及由电子开关控制的电热丝。
使用范围:只适用于升温,不适用于降温。温度保持在20℃左右。
(2)野外测定孔隙水压力装置。
量测系统原理与三轴仪相同,连接管路用紫铜管,比聚乙烯管好。采用两种方法,即采用零位计与不采用零位计。
采用零位计时,孔隙水压力变化与潮位相对应,但最大值滞后 5~30min。
假定 $\Delta\sigma_1 = 0.2\text{t/m}^2$,求得 $\overline{B}_{cp} = 0.92$。

$$\overline{B} = B\left[1 - (1 - A)\left(1 - \frac{\Delta\sigma_3}{\Delta\sigma_1}\right)\right]$$

涨潮时,$\Delta\sigma_1 > \Delta\sigma_3$,$\overline{B}_a < B$;
退潮时,$\Delta\sigma_1 < \Delta\sigma_3$,$\overline{B}_a > B$。
因此,$\overline{B}_f > \overline{B}_a$。
比较两种方法的结果,认为用零位计较好。滞后的原因是温度因素,管路排气。
流变试验,$\tau_{max} < f_3$,如 $\tau_1 \cdots\cdots \tau_n \cdots\cdots \tau_n f_3$。
长期强度试验,从 $\tau_{max}$ 开始,$\tau_{max} > f_3$。
两种试验的应力有重叠,但前者认为 $\gamma\text{-}t$ 是定速流动,后者认为 $\gamma\text{-}t$ 是减速流动。

时间:7月2日
事项:考察测斜仪新设计方案
笔记:
为了进一步完善现场试验,新设计的测斜仪方案有几个特点:最大量程为

25°，在量测表的面板上，安置了100个接触点，每个点相当于0.25°的精度。整个装置浸于油中。

考虑改变十字板剪切仪测头的形状，测量测头处的孔隙水压力，自动记录。

**2. 北京市有关单位的访问经历**

时间：7月4日
对象：建筑科学研究院地基研究所土工组，张祖闻工程师
笔记：

关于同位素的应用，测大量的数据是值得的，因为要做标准试验来校正，数据太少就没有意义了。但是，现在大家对同位素的兴趣不大了，工程上的应用也不多。一般用于无法直接量测的情况，如模型试验。厚度40~50cm，精度0.02~0.03g/cm$^2$，密度变化较小，不到这个精度。

用于测含水量，除了从地质方面搞之外，意义不大。

时间：7月8日
对象：北京市建筑设计院（未记录接待人的姓名）
笔记：

人员已定，一室由林孝亮负责，现在可与技术室张国栋联系。
北京市地质地形勘察处张国霞先生，在三楼北头的主任工程师办公室。

时间：7月9日
对象：北京市地质地形勘察处地质科地基组（未记录接待人的姓名）
笔记：

1961—1962年，与北京市建筑设计院一起，做了单砖墙试验，对墙体刚度给出结论。根据文克尔假设作了简化计算。结合工程做了观测。处长陈志德，1941年从同济大学毕业，也参加了这个专题研究。

砖墙灰浆逐渐硬化，下沉逐渐发生，严格的理论分析十分复杂，故着重观测。去年，北京市建筑设计院有7个技术员来这里进修，写过材料，用自由变形法解弹性地基梁。

用力矩分配法虽然简单，但刚度大时收敛慢。

用金宝桢的五弯矩公式解弹性地基梁（见金宝桢所著《结构力学》），尚未写出材料。

绝对刚性解法，先给倾角、变位，再解反力。

北京市的沉降观测材料可以提供。土压力盒未解决，希望能解决，埋设一些，能有完整的数据。

张国霞总工程师负责天然地基、变形测定和计算方法。

进行不同面积的比较试验，已经做过的压板尺寸是 $1.5\mathrm{m} \times 1.5\mathrm{m}$。打算做压板尺寸为 $2.0\mathrm{m} \times 2.0\mathrm{m}$ 的载荷试验。

过去编过北京市的规程，都不成熟，只能作为内部资料。

做研究没有经验，题目定得过大，总是做不出成果来。

可以搞协作。

**时间**：7月10日
**对象**：铁道科学研究院铁建所路基土工室，周镜主任
**笔记**：

三轴仪目前可以满足使用要求，加应力环可达到国家标准的规定，作为研究是可行的。阀门的垫圈可以达到5个大气压。科技情报部门可以提供图纸。

压力室是复合的，结合英国的和挪威的，配合起来用。

模型试验是路基方面的承载力试验，采用应力囊（为了避免量测时因压力盒的刚度大而形成应力集中所采用的一种辅助装置）进行量测。应力囊主要在野外使用，可使压力均匀，避免偏心的影响。例如，岩块比较大的时候，接触就不好，通过应力囊可以扩大接触面积。应力囊在隧道方面的应用效果比较好，在横断面上满布可以减少应力集中。

钢弦式（压力盒）是一种比较好的形式，挠度较小，刚度较大。铁路系统一般采用扁平式的钢弦式压力盒（建筑科学研究院采用立式的钢弦式压力盒）测量基坑支护结构的应力。室内试验的土压力量测技术还没有解决，用钢弦式压力盒比较困难，因为压力盒的体积小，刚度大。现在一般采用电阻式压力盒，但应变仪有限制，放大系数不够。薄膜软一点，变形就大一点，但刚度就小了。标定、加载、卸载时与实际工作有差别。尤其是在卸载时，影响更大。对室内试验，压力盒用什么形式，还未得到解决。测房屋还可以，但标定的介质不同，结果就不同。测土中应力，刚度的影响不同，测大压力容易解决，用于野外量测时刚度还不够大。

关于流变，还没有具体搞。用什么方法搞？软土产生的蠕变，用什么仪器测定？怎么做才能反映真实情况？这些问题都还未解决。

现场测孔隙水压力，研究时间、剪切速率对强度的影响。

现场测孔隙水压力，设备是薄膜式，也用过电阻应变式，看来麻烦。应变仪

本身质量未过关,电阻丝零点漂移较大。

测振动用两种方法,一种直接测加速度,另一种测振幅。

学科规划中的工作未正式开展。

在现场测孔隙水压力的变化,将现场工程实测与室内非等向固结消散进行比较,考虑如何用于实际工程。研究砂井的孔隙水压力的变化规律,也在模型中测孔隙水压力。

关于剪切速率的影响,主要是在考虑时间和速率的情况下,如何选择和使用指标。

进一步研究蠕变。先用三轴试验,研究在一定的侧压力作用下,与实际问题结合,比做单剪、纯剪好一些。试验方法还不成熟。

流变方面的资料在生产中如何用?用什么手段测定指标?由不同的仪器得到的数据有差别,除了说明应力、应变和时间的关系外,如何应用?在设计中如何与现有方法、指标联系起来(一般设计中用 $c$、$\varphi$,很少用总强度)?

长期强度究竟对哪一部分影响大?可能对有效内摩擦角影响不大,主要影响有效黏聚力。挪威学者主要从剪切速率方面着手。

长期强度的定义很多,不同方法的含义也不同,在何种工程观察下,何种物理概念,在什么样的试验条件下能反映出来?在工作中逐步明确这些问题之后再继续搞。

饱和土的体积变形用试样的排水量来测定,侧向变形用环来测定。

根据荷载和强度之间的关系,看滑动面的特征、变形和加荷速率的影响,并考虑其他因素(如侧向摩擦)的影响。再进一步研究砂垫层。

用插针、压力平衡等方法测孔隙水压力。

用贴侧向纸条的方法来量测侧向变形。过去用过标点,但不易固定位置。纸条遇水会软化,可不计其对强度测定误差的影响,对侧向变形的影响不大。

量力环的设计应力与一般试样的破坏应力之比至少为 5:1。

**时间**:7 月 14 日
**对象**:水利水电科学研究院土工所,蒋国澄工程师
**笔记**:
三轴仪:英国三轴仪,是 1958 年订购的;建筑科学研究院的三轴仪是后来进口的;南京(仪器厂)制造的仿波式三轴仪,是 1950 年的型式。

在三轴仪上做流变试验,改成应力控制式。配备了测体积变形和孔隙气压力的装置。南京生产的仿英三轴仪,性能尚可。

在英国三轴仪上配备了施加侧压力的设备、测非饱和土的孔隙水压力和孔隙气压力的设备。最近准备研制测孔隙水张力的设备。

采用空心圆桶形的试样,可改变中主应力。

关键的部件是开关的垫圈和插针。

测孔隙气压力的关键器件是用陶瓷板做的透水板,在透水的同时能阻隔孔隙气体,使其不能进入管路。

关于零位指示器,做了塑料块的,但使用的次数不多。

南京三轴仪的管路漏水,与装配粗糙有关。

活塞式恒压器存在滞后现象,同时有摩擦,尤其在剪切过程中起不到恒压的作用,用水银补偿器比较好。美国土木工程师学会(ASCE)1961年的期刊上有报道。

对于非饱和土的孔隙水压力,研究中主应力对强度的影响。

研究变形模量及泊松比与应力条件的关系。

对于蠕变试验,主要研究长期强度及剪切速率对强度的影响,试验过程中测孔隙水压力、强度随时间的变化,研究孔隙水压力对强度的影响。

参观试验室,抄卡片资料。

**时间**:7月15日
**对象**:水利水电科学研究院土工所,陈愈炯工程师
**笔记**:

水利工程经常遇到非饱和土,需要研究非饱和土的有效应力。

不能用非饱和土的公式(Bishop),因为涉及孔隙水和孔隙气的压力,某些土能测,某些土不能测。参数 $\chi$ 无法确定,也不能用。目前仍用饱和土的公式,该公式用于非饱和土究竟有多大的误差,还需要研究。

在侧压力 $\sigma_3 = 0.5 \text{kg/cm}^2 (1 \text{kg/cm}^2 \approx 100 \text{kPa})$ 的条件下,测定非饱和土的孔隙水压力。再用饱和土(条件和非饱和土一样)测孔隙水压力。比较两种试验的结果,可以大致看出误差有多大。

测孔隙水张力 $v$,测体积变形 $\Delta V$,都用测外部水头的方法。管路防漏用的是蓖麻油,因为蓖麻油的黏滞系数大一些。水管的上部用蓖麻油可以防止水管中的压力水蒸发。

由于干土中孔隙水有张力,干土要吸水,同时发生气泡与管路中水的交换,用细透水板,浇在土样座里面,加8~9个大气压,需要几天时间才能充满水。

用一般设备只能测到一个大气压(负的),不用橡皮膜,打压缩空气进去,但

是无法适应更复杂的应力状态。

黏土无法达到完全饱和,上面抽气,下面进无空气的水。先从饱和土中抽气,再加 70N/cm² 的侧压力。

从孔隙气的体积、挤入水的体积及土的体积变化量三个指标来计算饱和度。

用放入压力库内的压力表来提高量测精度。

有了细透水板,孔隙水压力就比较均匀。陶土板用高岭土制作,在液限含水量时制板,在固结仪上固结,再放入高温炉内煅烧。

仪器设计时零件要标准化。

专题研究围绕土坝、坝坡和坝基的稳定问题进行。研究非饱和土的固结特性,目的也是为了测稳定和强度。

研究三向应力不同的条件下土的性质。

**时间**:7 月 15 日

**对象**:水利水电科学研究院土工所,朱思哲工程师

**笔记**:

接触土坝地基比较多,现在研究长期强度。原来是从非饱和土开始研究,后来改为从饱和土开始研究,因为简单些。

研究对象是击实土、饱和、不排水。

有四台仪器,其中的两台能测孔隙水压力。

在长期变形条件下测孔隙水压力有很多方法,但用时较长。

下一步,准备用新港的土来做试验。用三轴仪做,有把握一些。

先加 $\sigma_3$,求标准强度,再加 $x(\sigma_1-\sigma_3)$;之后改变 $\sigma_3$;$\sigma_3$ 能恒压,保持 3~4 个月,10~20N/cm²;温度控制在 20℃,最低控制在 18℃。

用不同的剪切速率,范围是:0.7%/min(历时 5~10min)~0.008%/min(历时 40h)。

关于蠕动强度,加荷重,蠕动不同时间再剪切,强度是增加的。

采用液体石蜡,因为不吸水,土样不包橡皮膜。

**时间**:7 月 16 日

**对象**:建筑科学研究院地基研究所,黄熙龄工程师

**笔记**:

介绍研制的试验仪器。

侧向压力与轴向压力分开施加,轴向与侧向一样,就加静水压力,橡皮膜与

三轴套法相同。用铁砂加荷,比较平稳,但卸荷不易。土中水的排出量用量管来测,但麻烦些。水能从土样帽边上排出,故采用双层橡皮膜。

可以双面排水,也可以不排水。用水银恒压器补充的水量并不大。

流变不是主要问题。滑坡时无固结情况。

软土地区调查过程中,没有发现因流变而损坏的房屋,或因长期强度降低而破坏的房屋。

大量建筑物的破坏不是后期变形引起的,而是初期变形引起的。沉降速率后期很小,不会形成很大的沉降差异。房屋大概是在一年以内破坏的,几个月内破坏得最多。

关于"十年规划"的想法:三向应力课题主要解决沉降计算问题;找到合理的承载力(结合变形条件)。软土不可能无限制地下沉,下沉到一定程度之后,增加 $10kN/m^2$ 的压力,会发生很大的沉降。荷载增大之后,固结比较小,流动很大,发生等速沉降。

研究装配化以后,沉降速率对强度的影响。

关于长期强度,研究排水条件的影响,长期恒载的影响。

关于重复荷载,主要研究仓库、谷仓、大面积堆料。介于静力和动力之间。反复荷载作用的结果是沉降增大。

对软土的调查,今年结束,要提出解决办法(在塘沽、舟山,80%的建筑物都开裂了)。把基本问题弄清之后编规范。

建筑长高比的影响:小于 2.5 不会破坏,大于 3.5 总是破坏,2.5~3 之间不一定,1.5 以下沉降是均匀的。

房屋不能按现行方法设计,要考虑软土特点。破坏是由差异沉降引起的,但只能由平均沉降控制,因为算不出差异沉降。破坏的地方常常是局部突破点,但平均沉降却看不出问题。

根据软土的特点来提沉降计算的方法。只要高低层控制住了,沉降缝绝对起作用。

装配式结构破坏得很严重,因此这类结构对设计长度要求很高,宁可高一点,也不能太长,长高比不能超过 2。

**时间**:7月16日

**对象**:建筑科学研究院地基研究所,张工(未记录接待人的名字)

**笔记**:

应力应变关系用一个原状土样做一条包络线。

强度与变形不能分家,要放在一个物理概念里。

黄土在小荷载时,$\mu$ 很小,可用分层总和法。

考虑应力应变关系的非线性,算出来的土层压缩区要小得多。

应力按弹性理论解,再以试验曲线关系代入算变形。

选题要具体一些,小一些,才好做。

时间:7月17日
对象:中国科学院力学研究所,钱寿易教授
笔记:

关于微观结构的研究,要设法测电导、电势、水膜厚度、电渗,以观察结构,解释现象。研究要结合任务来做。在哈尔滨曾经搞过一套,但难以深入。

微观结构研究应该是一个方向。今后的研究计划是:微观物理化学;天津软土的抗剪强度指标,上海软土的沉降计算,沉降速率,分层计算和整体计算;应力分布,通过现场孔隙水压力测定及试验室测定;动力方面,先搞设备,再摸情况。

先期固结压力,用毛细张力恢复到零的办法来测定比较合理,但需要测土样内部而不能测表面。是否有胶结的存在,需根据实际情况判断。

时间:7月17日
对象:中国科学院力学研究所三室(未记录接待人的姓名)
笔记:

现有仿英三轴仪(1963年南京制造)一台,并买了南京的图纸,正在哈尔滨加工,有专人在搞。

用原状土、重塑土和沉积土三种土做抗剪强度试验。用固结仪研究渗透力的影响。在先期压力下固结稳定以后,从上至下抽真空。准备与双面排水、单面排水的固结进行比较。

用4cm高的浮圈式固结仪和8cm高的浮圈式固结仪进行比较。

用透水石制成的针测土样中部的孔隙水压力。针平放,试用尚好,还没有正式用。

时间:7月19日
对象:建筑工程部科技局,王烈武工程师
笔记:

华东地区软土的布点,原有打算,在上海和杭州。

同济大学主攻两个方面:软土和特种结构。

搞理论需要结合实践,例如大面积堆载、大筒仓、机器基础。实用科学更要结合具体对象进行研究。

重点项目可通过上海市科委组织起来,一般项目由负责单位在地方上组织起来。制订研究计划任务书,由专业组组长负责安排。建工部抓重点项目,其余的由项目组管。

进行事故调查,抽出问题来探讨,通过这些具体问题有针对性地搞理论研究。

以软土为主,问题不大。大型试验要结合工程。

新产品试制,7月底和8月份,安排在建工部内部工厂进行。

研究题目要量力安排,短期内不可能有突破性进展,最近一两年侧重人才培养和队伍建设。

**时间**:7月20日
**对象**:建筑工程部综合勘察院地下量测组,陈永光工程师
**笔记**:

野外深层载荷试验,孔底用刮刀清底;用放射性同位素量测;下半年开始做,用直流定标器。与北京综合仪器厂合作研制试验设备。

国内的多点量测设备接触点不稳定,影响结果,主要原因是电阻丝零点漂移。钢弦式压力盒的工艺要求比较严,检验以后可达到长期稳定。

比较全面地介绍了钢弦式土压力盒。一定的弦长给一个最佳的工作频率($500\sim2500$Hz)。希望压力盒的弹性模量比土大10倍,此时压力与弦的频率关系比较稳定。

固有频率与弦的频率一致时产生共振,尚不知固有频率是多少。振荡器的频率,随温度、电压而变化。

标定设备,测压力与频率的关系。用压缩空气检验是否漏水。

接线处的漏水问题,用两层接头加长的方式处理。

钢弦式的示波仪,自装价格大约为1000元,重量为150N。PB1型十进频率仪价格为2933元,上海劳动仪表厂生产。

埋设问题很大,压力盒的厚度/直径不大于1/5,挠度/直径不大于1/2000。由于土的弹性模量只能估计,所以算不准。用于细颗粒塑性土效果还比较好,用于坚硬土则应力不易调整。在四川德阳,有铺设20cm的细砂来调整应力的例子。

今年底,在四川德阳,一个 30m 的沉井,要埋设 80 多个压力盒,用冻结法施工。

同位素在地基方面的应用:一是野外快速勘察;二是土力学方面。两方面都探索过,1958 年就搞过,写过书。

有两种方法:双管吸收法,适用于浅层;单管散射法,适用于深层。

**时间**:7 月 21 日
**对象**:北京地质学院(未记录接待人的姓名)
**笔记**:
土力学课程 52 学时,岩石力学课程 32 学时。土力学课程不讲土的物理性质,没有试验课。岩石力学课程的试验,压力机可以做抗压、抗剪试验。

目前在做土的物理性质试验方法和各类土的研究。稠度界限方面,用锥代替搓条,已经做了两年多。取了全国各地的 60 多个土样(没有上海的土)。研究生在做粒度成分分析的研究。不同分散剂的比较,用山东的土在做。以后要研究不同物理指标与不同力学指标之间的关系。

对于土质学的内容,学生反映乱、难。教学方法有问题,练的机会少。

出了一些简单、灵活的思考题,集体讨论。讨论课允许学生自由参加,事先公布题目。学生基本上都来了,自由结合,分成若干小组,一起学习和讨论。例如,按粒度分类,教师提出要求,学生查表和图,回答出土的名称。学生反复练习以后,对知识的掌握程度比以前显著提高。列表记各项指标,明确哪些需要实测,哪些需要计算,哪些重要,哪些次要。

水理性质的讲法、内容与讲义上不同。

从电离子的层面来分析,走微观分析之路。毛细定量计算是第一章的具体应用。

对于力学性质,把复杂的内容都删除了。之前授课,先讲浓缩性、概括性高的内容,概括性低的内容一带而过,实际效果不好。现在授课,先讲砂土的性质,临界孔隙比等都不讲了,再进一步讲黏土的性质,学生能很好地掌握。

对土壤有关的内容,要不要取消,有争论。

对于各种作用(包括形成各种土的工程地质作用),明确了要讲。

成壤作用和流水作用,要讲。

土质改良这部分共 4 个学时,内容与普里克朗斯基的著作相同。

科研围绕教学来搞,大规模的科研还没有搞。科研要解决教学中的问题,或者发现书上没有的知识,或者在已有知识的基础上进一步探索。

今后主要走微观分析的道路。通过宏观来定土名,手段是宏观的,观点是微观的。对水理、力学性质与矿物成分的关系,以微观来分析。

把岩石学的研究方法带入土质学,用显微镜并不能解决问题。

**时间**:7月22日

**对象**:水利水电科学研究院土工所,陈愈炯工程师(第二次接待)

**笔记**:

三轴试验的若干注意问题:

测体积变形,要校正容器。校正时,用3个螺帽定位。之后,扭至定位点为止。

往压力室注入无空气水时,皮管必须插到底,以免空气进入。

当压力室盖下部有气泡时,放入细铁丝,引出空气。

考虑橡皮膜厚度的影响,做比较试验时用相同厚度的橡皮膜。

饱和器用三片铜瓦,外面呈瓦形,上下用夹具夹住。

当紫铜管中的气泡排不尽时,将容器放入大水盆中,从接压力室的根部拆开,循环排气。

测补充水体积的管的水面必须与土样中部齐平。

率定孔隙水压力零点时,应保持排水管水面与土样中部齐平。

土样从饱和器中推出时,要用竖向向下推的办法。

土样捣实,先用小棒,再用与土样面积一样大的物体,静力压实以控制体积。

**时间**:7月24日

**对象**:清华大学,丁金粟老师

**笔记**:

在应变式直剪仪上改装剪力盒,左右两侧为空腔,内装皮膜囊,外有刚性片。内充压缩空气,可产生中主应力。后侧开缝,插薄钢片,测侧压力。

在直剪仪上改装,用皮囊装土,加含压缩空气的水。下部抽气,产生负压,使皮囊紧贴土样,水不会在土样四周流动,同时可以增加压力梯度。

大型三轴仪,内尺寸为$40cm \times 60cm$,厚度为$2cm$,设计压力为$100N/m^2$,活塞直径为$5cm$。

放在混凝土架上,用千斤顶加荷,$4000N/m^2$,有$1.9m$的净空。

用三块有机玻璃弯成(如果只用一块有机玻璃,内部的次应力太大),故有三条焊接的缝,外面绕玻璃丝保护。

在做砾石强度的研究,大型直剪的平面尺寸为50cm×50cm,高度为40cm。

研究生现有四人,研究生的论文与教研室的科研活动要有直接关联,不然,辅导有困难。两者一致,对研究生有利,对辅导教师也有帮助。

土力学Ⅰ是本科课程,听了一遍,感觉要求高一些,要写读书笔记。

土力学Ⅱ与论文结合起来,指定参考文献,看后写选题报告,教研室讨论。

将答辩作为考试,并评分。

学生的课程为:数学、外语、哲学、弹塑性力学。

**时间**:7月25日

**对象**:建筑科学研究院地基研究所,黄强所长

**笔记**:

研究院的科研活动要结合生产进行,压力很大。

产业部门都有专门的设计院,我们部(指建筑工程部)强调科研为生产服务,但任务不明确。工程承包单位的任务都是零星的。

需要自己与生产单位联系,不能坐等部里下达任务。部里的任务以后可能会有。

与生产单位合作(如在软土地区搞大型板材,参加重点项目),估计会有,设立基地比较好。大的任务,在沿海地区还没有。

华东院(指华东建筑设计院)提出了比较难的问题:大面积堆料。

设计院遇到的技术问题比较多,例如四川德阳松砂地基的振动沉陷问题,要做调查和大型现场试验。

有些问题在理论上并不容易解决,要采用量测方法,例如岩石边坡的问题。

因为有生产任务的压力,很多问题不一定能搞得很透,可逐渐积累。有的问题比较复杂,做起来有困难。

"十年规划"有些缺点,当时没有全国各地的规划,基本都是学科性的规划,目标不明确,尤其是建筑工程部。

从为生产服务的角度看,还存在不少问题。十年内要解决这些问题,不然就谈不上追赶国际先进水平。现在人手不够,只能先服从生产任务。可以考虑与高校联合开展一些工作。

一部分人搞长期的研究项目,一部分人搞生产任务,两条腿走路。

15个专题中,11个专题是与生产结合的。

高校要开展一些探索性的研究,涉及基本性质的研究也要搞一些。联系工程单位,共同解决特殊工程的技术问题。

"十年规划"的落实方案要写得详细一些,有步骤地开展工作。研究项目要具体一些,时间短一些。以"年"为单位列明具体要求,把今后八年半的工作定下来。

制订学科性的规划要系统且具体。研究要结合生产任务,统一组织,才容易出成果。

理论性的研究项目,讨论时发现问题比较大,不容易搞,怕拿不出成果。

不同的专题项目,人员有多有少,有二三十人的,也有两三个人的。

任务定了以后,编写专题大纲:研究目的、国内外研究情况、研究内容、成果、鉴定。部分项目,设经费和进度。讨论之后,批准。

现在一线的人少(指工人、中级技工)。有许多零碎的工作,需要人做,配套很重要。

科研秘书每个月检查一次,研究室一个季度检查一次,研究院半年检查一次。

进展情况:鉴定,去年才开始。组织鉴定委员会,研究室内部通过,写出鉴定意见,鉴定委员再开会提出意见。鉴定的结论:有独创性,或解决了生产问题,或发现了一些规律。研究室内部下卡片,限期要完成。鉴定分为四级:通过、基本通过、修改、不行。研究成果要与生产结合,创出国内没有的新技术;成果要有独创性或有独立的见解。

思想工作:出成果后,对于名次排列,矛盾比较大。资产阶级名利思想依然存在,个体生产、搞自留地也发生过。应对措施是,不在专题内的,不给鉴定。探索性题目要先确定下来,可以没有具体的实施计划,但要规定完成时间。苏联那边规定,三年不见成果,就要退职。有人以"十年规划""五定"为挡箭牌,阻挡生产任务。为生产服务的要求不易贯彻。

地基研究所共110人,技术人员79人,实际工作的是60多人。

一共8个研究组:天然地基、土动力学、桩(降水)、加固、黄土、软土、土工试验、岩石力学量测。许工组有15人,其余每组八九个人。

振动、岩石方面有些设备,黄土方面主要是野外设备,冻土方面并入哈尔滨建筑工程学院。西北地区、西南地区都有建筑研究所,都设有地基研究室。

**时间**:7月27日
**对象**:建筑科学研究院科学秘书室,杜长兴工程师
**笔记**:
总体来说,研究题目的来源有3个:一是"十年规划",二是部里(指建筑工

程部)下达,三是生产单位的实际需求。

以前的研究题目是自己提的,今年由部里下达任务。

部里提出任务初稿,征求意见,看条件是否具备。

编制计划,包括:课题研究计划、基本建设、人员补充、新产品试制、成果鉴定等。编制后报部审批。

当年能拿出成果的,首先保证其实施条件。

院下达科学技术研究专题任务书,增加责任性和严肃性。

实施时,先把专题大纲搞出来。

研究报告,经室评议合格,通过院鉴定后,才能上报科委。

"十年规划"中的专题,由部科技局通过专业组和专业分组来抓。

科学技术成果文件主要包括:

正文:国内外的情况、研究过程、研究方法、结果分析、结论论述、成果的生产实践意义、学术价值评价、参考资料目录。

附件:原始资料、图纸。

全文 1000~2000 字。

鉴定通过以后,填写科学技术成果登记卡片,一式六份,一份存档。

科委公报每月 20 日出版,要求 10 日前上报。

**时间**:7 月 27 日

**对象**:北京市地质地形勘察处,张国霞工程师

**笔记**:

问题分为两类,其中一类为自由变形,目前问题很大,还没有解决。主要是面积和埋深的影响,还不够清楚。不考虑协同作用的变形,往往只能估计,反而比计算更准确。

有一份研究不同面积影响程度的统计资料,与实际更近一些。解决实际问题可以,但科研上问题很大。有十多个工程,可用建筑物的总平均沉降。

研究协同作用,只有单幢建筑物的总结。沉降观测资料,这里也有。

对于地质资料,原报告比较简单。后来重新整理了,采用倒算模量。

第十章

六旬风雨,蓦然回首

在过去的几十年间,我断断续续写过一些散文、诗词和游记,也写过一些回忆故人的文章,记述了当时当地的所思所感。这些文章,淀积了我大半辈子的感情,反映了个人生活的一个个片段。本章收录了其中比较有代表性的文章,它们与前面九章的学术类文章既有区别,又交织融合,共同反映了我这一生的工作和生活经历。

# 一、诗　词

我喜欢写点诗词,借以表达当时的心情,即所谓的"诗言志"。但是,我并未受过古诗词方面的基本训练,甚至连平仄押韵都可能处理不好,写诗词仅是自我感情的抒发而已。

本书收录的这些诗词按照创作的时间先后来编排。这些诗词,一定程度上体现了我的人生经历和思想发展的脉络。

### 迎1950年
（1949年岁暮）

一九五〇年是我们的全面胜利年,
一九五〇年是反动派的灭亡年。
它给我们带来了喜悦,
给反动派敲响了丧钟。
在一九五〇年,我们人民力量更强壮,
在一九五〇年,我们民主阵营更巩固。
一九五〇年的元旦,我们庆祝全中国的解放将来到,
我们欢迎这全面胜利年来临,
我们欢呼民主团结万岁。
光明的红旗,在一九五〇年将插遍中国,
永远飘扬。

注:发表于《中华少年》1950年第1期,时年15岁。

## 岁寒梅花瘦

（1950年4月）

记去年,岁寒梅花瘦,浓霜严夜月似钩。
朔风飕飕,月光悠悠。群聚闻歌喉,与君携手。
春光悠,春光悠,春风拂面月如旧。
怅年华不倒流,往事不堪回首。
彷徨多愁,何日再作此游?
唱片奏,歌声幽。

## 战　斗

（1950年6月22日）

狂风越过原野,暴雨打着山头;
那战斗的地方,雷声大炮在咆哮;
刺刀和电光闪耀,战士们的热血沸腾,
枪口在笑,战马嘶叫;
战士们的心啊,战士们心在跳。

注:1950年2月,我初中毕业后,备考在家,解放军的学习班住在我家,对我帮助和关心很多,为纪念他们而作。

## 无　题

（1951年5月）

春老日渐暮,庭前植花才罢,
洗手理书斋,阵阵凉风入襟。
吹动窗前刚修竹,潇潇飒飒,
微微花香入鼻,发自新植玫瑰花。

## 1952年春天

（1952年4月5日,清明节）

抬头望,天色青青,浑身温暖气觉爽,疑是春已到,
但不闻,燕语蜂鸣檐前绕,岂是都市春色少?

低头思,往事茫茫,遍地空空满腔愁,屈指已三春,
　无一天,心安意达遭遇好,是否逢春兴必少?
想前途,也觉渺渺,厂已停工腹要饱,生活少不了,
　为工资,终日匆匆忙奔跑,到得用时可道少?
记从前,似水流年,欲把往事记心头,记得心也疼,
　何不如,写下多少离别事,情长纸短稿多少?
为环境,忧忧愁愁,本是体弱更怎当,近日常心痛,
　本应该,延医就药早日愈,袋中余钱知多少?
为自己,心头常痛,懊悔自己少主见,尽为感情留,
　怎禁得,三春空度心乱撩,时为杞人乐多少?
春天到,春光如旧,欲与春处去心愁,春光何处找?
　但听得,公园郊区春色好,门票车费知多少?
新词写,四月五号,手抚心头成一稿,此苦谁知晓?
　写成后,欲就小词赠友好,别后友好有多少?

注:时年17岁,在上海工作。

## 春　来

(1953年3月8日)

浮云在天空里奔跑,
燕子从遥远的地方又飞回来了,
春天已经来到了人间,
　但是,那……
绿衣使者,我始终没有见到你,
已经是三次秋去,两次春来,
树叶枯了又生,绿了又黄。
每当金风吹起的时候,
我总盼望着与落叶一起飘向我的面前,
但次次都成为空幻。
今年,我又重望在春天。

## 我们的一天

（1955年2月13日于同济大学学四楼）

风，虽然还吹得人发抖，
但春天毕竟已经来到了人间；
枯黄的草地上，点缀上一小块一小块的绿色；
树枝上吐出丝丝的嫩芽，大地如酣梦初醒；
在她的身上，开始蠕动着微小的生命；
花草在阳光的抚爱下，慢慢地成长；
青年人在春天里，更显得朝气蓬勃。

初春的早晨，夜晚的寒冷还未消去，
水塘里结着薄薄的一层冰；
空中响起了美妙的音乐，青年人认真地早操着，
新的一天开始了。

梯形教室是我们增长知识的地方，
年迈的教授，把他丰富的知识，
传授给年轻的一代；
谁也没有吭声，生怕漏掉一个字、一句话；
谁都明白，没有知识的人，怎能建设祖国。

站在实验室的外面，谁都会觉得里面没有人；
可是，哪一个实验柜前，不站着我们的同学？
注意现象的变化，正确地记下结果。
我们都懂得，科学只有通过实践，
才能牢牢地掌握它。

午饭后的间隙，阅报室里挤满了人；
谁都想争先看一看，今天报上有什么好消息。
大型农场的建立，康藏公路的通车，一江山岛的解放。
喜讯跟着捷报，捷报紧随着喜讯，
鼓舞着青年人的心。
谁都想，马上走向生活，投入工作。

大广场上，到处插满了花杆；

经纬仪不停旋转,司尺员来回奔跑;
年轻姑娘的脸上,浮起了笑容;
从望远镜里,她仿佛看到了,
祖国美好的明天;
她挥着手,指挥着花杆;
顽皮的春风,把她的头发,吹在颊前;
在她的心底里,有一个真诚的愿望:
运用课本的知识,
培养自己成为会说、会做的人。

夕阳西下,各处升起了炊烟;
操场上、健身房里,活跃着朝气的小伙子;
球在空中打转,人在杠上翻滚;
锻炼身体,为了祖国。
谁都知道,没有强健的体魄,
怎么能翻山越岭,把公路造到共产主义。

春天的傍晚,令人陶醉;
优美的音乐、激情的诗歌,
歌颂英雄的事迹,赞美幸福的生活。
感谢祖国对我们的关怀,
用歌声唱出我们心底的话;
弯弯的河畔,软软的草地上,
年轻的人们,在散步谈心;
把自己伟大的理想,告诉同伴;
把久藏心头的话,倾吐给心爱的人;
有共同的理想,共同的愿望;
愿公路密布全国,让共产主义早日到来;
平坦的道路旁,密密的灌木林边;
响起二郎山的歌声,伴随着年轻人的笑声。

我们多么自豪,
我们的事业是最艰苦的事业;
我们要跨过滚滚的金沙江,
越过终年积雪的昆仑山;

我们的帐篷,搭在没有人烟的地方;
　　经纬仪将在雪线上瞭望;
　　我们是幸福之路的建造者。

　　　　夜深了,
　　怀着丰收的喜悦,跨着轻松的步伐,
　　　我们从自修室出来;
　　　看,工地上,灯光辉煌,
　　教学中心大楼,一天比一天高;
　　再过一年,这里将是宏伟的教学楼;
　　祖国为我们创造了多好的环境,
　　美好的环境培育着青年人高尚的品德;
　　　每个人都愿早日成为,
　　　　建设祖国的战士。

注:时进入同济大学刚半年。

## 病　中　吟
（1958年4月15日于杭州）

病中医嘱可起床,凭窗欣奇好眺望;
远处一抹葱翠绿,枝条大片好春光。
犹记病发卧床时,柳未抽芽树空枝;
月余才如南柯醒,桃李争妍唯恐迟。

### 闻姐姐生跃进有感
（1958年4月20日于杭州）

时逢戊戌春,喜报临门,欣闻阿姐已临盆;
　　大人婴儿均安康,煞是高兴。
全国跃进声,春色满城,跃进声中"跃进"生,
　　祖国前途无限好,诞此良辰。

犹记孩提时,无限往事,年华虚度鬓有丝;
　　且喜一代又新生,岁月易逝。
姐哺"跃进"时,寒衣饥饲,务宜小心莫轻视;

我辈自幼娇弱身，欲悔已迟。

注：1958年春节以后，我们班级到浙江孝丰山区毕业实习。在实习中，我因胃溃疡出血而被送到杭州，进入浙江医学院附属第一医院住院治疗，父亲来杭州探视，告知姐姐已分娩的消息。

### 题于赠国本之画
（1958年6月）

凛风屹立大青松，竹报平安常翠葱；
寒梅尚有一两枝，三友相依度残冬。
铁骨冰心半枝梅，飞舞相嘻白头翁；
相伴皆老自古语，莫道他俩春意浓。

### 从南通归来
（1959年5月）

江水滚滚入大海，革命既往又开来；
惊涛拍岸千尺浪，晨风薄雾映狼山。

### 赴京学习时，电传慈母病故
（1960年2月）

北国初春寒夜长，游子他乡思亲娘；
家书才发传噩耗，疑是南柯梦一场。
犹记春节团聚时，娘儿促膝话衷肠；
谁料一诀成永别，人去楼空太凄凉。

### 巴家嘴水库
（1965年5月17日）

经三天旅程，昨晚七时抵达甘肃省庆阳专区巴家嘴水库，沿途领略祖国山河的无限风光，颇有感慨，小吟以志。

昨夜慷慨渡长江，今日激昂指华山；
黄河咆哮三门峡，陇海直泻过潼关。
五楼远眺夜西京，路宽楼高万户灯；

盛唐旧都称豪富,怎及今日人民城?
纵横八百好秦川,无限风光在高塬;
欲止泥沙清黄河,几千行程不算远。
驱车直上向陇东,西兰险径重又重;
千佛岩旁大佛寺,花果山边水帘洞。

又记:今天是20日了,4天已经过去。昨天、前天参观了附近的几处天然堤坝及水土保持试验场,收获颇大,对黄土的认识更深入了。

## 小 诗 一 首

(1976年6月16日)

把酒问天浪滔滔,喜怒哀乐知多少?
千秋功过谁定论,大雁南归凤返巢。
高山青松腰不弯,和风岂能知劲草?
儿啼催白中年头,雏羽未丰余已老。

注:女儿高崧问世,我已四十有二。

## 抒怀:重看红楼梦有感

(1978年秋)

潇湘秋来阵阵雨,洒向人间尽是泪;
且看荣宁不平事,史如浩瀚泪空垂;
生离死别时时有,谁知此时又是谁。

## 老家的回忆

(1979年1月28日,己未年正月初一)

青烟一缕祭先父,无限往事忆当初;
每逢辞岁合家聚,恭贺新年欢喜多;
而今天竺伴灵盒,庭前泡桐枝柯疏;
杜仲香椿荒无主,苦瓜再不见婆娑。

注:老家天井中,天竹常青,冬天结籽,深红可爱。父亲(图10-1)种的泡桐树长得非常挺拔,所种的杜仲、香椿有很强的生命力。主人不在了,无人照料的苦瓜,已经不再茂盛了。

图10-1　父母旧照

## 无　题
（1979年6月14日于北京）

昨夜送客归，闪电风乍起；
但闻乒乓声，冰雹满天飞。
今朝花篱下，手挥琵琶时；
残枝吊落叶，只笑花太痴。

## 心　声
（1979年6月20日于北京）

京都遇故人，无言相对坐；
流连知迷返，当年两行书。
岁寒风雪夜，初遇当惊殊；
试约信竟至，春日漫漫步。
和风拂面时，月夜花丝絮；
年少志气纯，衷言好读书。
心地无他事，但愿常相处；
无暇惊碧玉，唯恐伤枝柯。
轻语心有情，却有无情处；
精心育两载，飞走又如何？
岁月催人老，往事留不住；
吾有吾所爱，君有君归宿。

鸟啼不惊巢,根断枝叶枯;
默默祝安好,怡愿心事无。

### 思 乃 翁
(1979 年 10 月 5 日,中秋节)

年年今日八月中,倚门望月思乃翁;
行书互告节日兴,春节故乡每重逢。
今年又是八月中,天涯何处觅乃翁?
吴刚才宴解暑酒,人间遍地是秋风。

### 青 岛
(2008 年 8 月)

1956 年的初夏,
我们在甲板上,
迎着海风,
眺望蔚蓝的海平线上,
白云与蓝天之间,
翠绿的远山,
点缀着点点红色的建筑,
这是我第一次看到,
那样美丽的青岛。
五十多年来,
多次来到青岛,
漫步在八大关,
宛如置身于欧洲;
漫长的栈道,
将海滨的景点,
弯弯曲曲,
串成一株美丽的项链。

# 广　州
### （2009年）

岭南的五羊城，我并不熟悉；
这里曾经生活着，我的一位老师，
余绍襄先生。
1956年，他将我引进了土力学这片天地。
1970年代初的一天，我来到广州，
为先生调回老家有个合适的工作。
1980年代的一天，又来到广州，
教育路，九曜坊，探访老师的家。
他的女儿告诉我，先生已经去了美国。
我感觉先生不会回来了；
永不会忘记，和老师相处的日子。
我的两个学生，王大通和安关峰，
留在广州，为我老师的故乡工作。
滔滔珠江水，倒映着参天的大树；
树丛中的爱群饭店，声名赫赫。
悬在大堂里的条幅，民国名人的墨迹；
显示着这座建筑物，昔日的风光。
从爱群饭店往西，沿江而上；
沙面呈现在面前。
珠江中的一座小岛，
一幢幢别具风情的建筑，
记录着这座城市的历史。

## 二、散　文

### 我　的　病

（记述我第一次病倒的情景，时年仅 16 岁）

1951 年 8 月 3 日这一天，我病倒了。

为了庆祝"八一"建军节，我们居委会的干部与驻军连队的干部在七月下旬就举行了几次座谈会。为了加强军民团结，根据石连长和管指导员的意见，我们计划在"八一"建军节前后开一次军民联欢晚会。由部队和地方行政机构共同负责办理。我负责居委会的文艺工作，准备参加联欢晚会的演出，另外部队要我画幻灯片，因此我就特别忙。本来，我的胃病就常发，时常胃痛。但关键时刻，不得不忍痛工作，有时候不得不在长凳子上躺一会儿，以减轻一些痛苦。有时候，痛得厉害，冷汗直流，别人还认为是我太热的缘故。

晚会是在 8 月 3 日的晚上开。那天早上，我们还要排练一次。我一早就到了居委会，当时胸口非常不舒服。可是，我要扮演一个比较关键的角色，从头到脚都被一块白床单罩住。当时，我感到非常难受，发晕，恶心，想呕吐，就不顾一切地拿掉床单，跑到桌子边，坐在一个凳子上，无力地靠在墙上。一阵发晕，感到一股酸溜溜的味道冲上喉头。涌上来的东西，一部分流出了嘴巴，淌到了手臂上，一部分还含在嘴里。我冷汗直淌，眼睛发花。突然，有人叫了起来："哎呀，有血。"我努力站了起来，说："我回去休息一下。"我摇摇晃晃走到楼梯口时，已经迈不开步子了，腿一软就坐到了地板上，眼前一片墨黑，失去了知觉。

恍惚中，我好像远远地听到了大家的讲话声和母亲的呼叫声。声音起初很轻微，渐渐地清晰起来。随后，眼睛也渐渐看到了光亮。我睁开眼睛，发现自己坐在楼板上，母亲站在我旁边，同志们都围着我，四周灰蒙蒙，好像是黄昏将至。实际上，那时正是上午。等了一会儿，清醒了一些，我就勉强站起来。同志们要扶我，但我坚持要自己走。一步一步，看着很轻松，其实是脚发软的缘故。

回到家里，姐姐吃惊地问我病况，为我整理床榻。我躺了下来，母亲也回来了，同志们都劝我好好休息，工作他们自会料理。姐姐出去找父亲。邻居们闻讯都进来看我。有的人认为，把吐出来的血炙成灰，吃下去可以治病。有的乱猜我的病，也有人叫我吃云南白药。这时候，我心里明白，这是胃出血。我很镇静地让母亲去请严先生来。

## 为了永恒的纪念

（1952年11月1日，时年17岁，在丰裕里上海国光科学仪器厂工作）

三年前，你是个青年学生，我们在一起学习。

两年前，当祖国面临危险的时候，你马上离开了依恋的家乡，辞别了爱你的爹娘。你从温暖的南方，奔向抗美援朝的战场。

你抓起了枪，插上锋利的刺刀，枪口指向敌人的心脏。从鸭绿江边、长津湖畔，把敌人赶到了"三八线"。

在冰天雪地里，在遥远的前线，你已坚持了两年。

两年，虽然不是悠长的岁月，但也不是短促的时间。

当我记起你的时候，美丽的眸子，晕红的脸，依稀闪耀在我面前；你坚定沉着而有力的声音，永远响在我的耳边。

你的鼓励，坚定了我的意志，使我有信心，顽强地工作，顽强地学习。

记得三年前，毕业前夕，我们相互倾诉自己的意志和愿望。你说，你要做一个医生，拯救生命受到威胁的人们。

现在，你已经是一个伟大的医生，你在拯救祖国人民的生命，你在拯救全世界人民的生命。

你是中华的好儿女，我们最可爱的人，因为你在保卫和平。你本是一个普通的青年，平凡的人。正因为毛主席教育了你，党培养了你，伟大的爱国主义和国际主义教育了你，使你成为一个热爱和平的战士，一个勇敢的人。

记得，当你背上背包，踏上征途的时候，我们挥着手说，等待你胜利归来。是的，你出国的两年，不仅是我们，全中国人民都在盼望你们早日归来。

我相信我们一群年轻人，一定会在明天重逢。

在祖国建设的岗位上，我们再见。

## 一次深刻的教育

（1952年12月，我的同学张家伦从抗美援朝前线来了信，我把这个消息告诉她在华东医院工作的姐姐张维，却得知她的姐夫已在前线不幸牺牲。那天见到了张维和她的妈妈，以及两个幼小的孩子，回来后写成此文。时间已经过去了60多年，这两个孩子现在也已经是60多岁的老人了）

我怀着兴奋的心情，走进了华东医院的宿舍。我来找我的同学张家伦的姐姐张维同志，告诉她张家伦从朝鲜来信的消息。

我走上二楼，楼梯旁边有一个正在打电话的女同志。我问她："张维同志在家吗?"她指着甬道尽头的一扇门对我说:"她恐怕出去了,你去看一下。"我推开了房门,见一个保姆抱着一个孩子,坐在南窗下。她招呼我坐下。

"张维出去啦?"

"是啊,刚才回来过,又出去了。大概去了银行,你去华东医院找过她吗?"

"我刚才到那边,在传达室里等了老半天,他们叫我到这里来。"

我问保姆:"你们什么时候从平湖出来的?"

"上个月17号。"保姆指着孩子说:"他妈妈在平湖住了一个月就出来了。上个月17号,他妈妈来信说,他爸爸在朝鲜牺牲了。老太太怕他妈妈伤心,就赶到上海来了。"

这个消息使我震惊万分:"他爸牺牲了?老太太呢?"

"刚才出去了,去百乐商场买个灯芯,乡下托买的。我们大概不久就要回去的,你等一下,老太太很快就会回来的。"

一会儿,老太太回来了,她很热情地招呼我。我告诉她,家伦在上个月15号写了回信,我在这个月2号收到的。她在前线一切都很好,身体健康,他们那里上个月还下过一场大雪。这个消息使老太太很高兴。因为她的小女儿已有好几个月没有来信了。忽然,我感到老太太的脸色有些异样,大概是她听到小女儿的消息而想起了大女婿来了。所以,她讲话的声音有些颤抖。张维的爱人是在3月15日牺牲的,这个消息给他们全家带来了无限的悲伤。老太太又为大女儿担心,她说:"……,抛下了年轻的张维,两个这么小的孩子,以后的日子,叫张维怎么办呢?"接着,老太太告诉我张维的爱人去年北上的时候,曾经说过今年夏天要回国一次。因此他们都盼望着他夏天会回来,想不到这么快就牺牲了。老太太的眼睛里噙满泪水,讲话也有些口吃。我连忙把话题岔开了,并找了些话题安慰她。老太太点头说,话是不错,一个国家,如果没有人来保护当然是不行的。这时门突然开了,张维快步走进来,她精神饱满,右臂上围着黑纱,看上去,她的身体状况比上次在轮船上看到的好多了。她向我招呼了一下,站了一站,就匆匆走进里面的小屋去了。里面睡着出生仅仅3个多月的孩子,她一回来就马上去照看,温存一下失去了爸爸的孩子。

"叫爸爸,叫妈妈。"张维逗孩子的声音从里面小屋传出来,是那么的熟悉,和两个月前在轮船上听到的一模一样。我忽然感到一阵酸楚,张维失去了自己的爱人,现在她更爱这两个孩子,更加关心这两个孩子,她这样逗孩子也许对她是一种安慰。至少在片刻间,好像回到了一年前。那时,她的爱人还没有出国参战,第一个孩子也是这么大,他们逗着孩子叫爸爸、叫妈妈。张维此时的心情,我不可能深刻体会。但是,我知道她绝不会消极下去。她把爱人献给祖国,为了祖国千千万万的母亲和孩子。所以,当她知道爱人已经牺牲的消息时,她会继承爱人的遗志,化悲痛为力量。

老太太抱着平平,逗着平平叫我叔叔。老太太说:"快叫叔叔,还认得吗?"刚巧张维从里屋出来,笑着说:"怎么会认得呢?究竟只有16个月,两岁还没有到,哪有那么聪明?"听了张维的话,我很难过,这句话中,似乎包含着深深的伤感。

张维去了办公室,我坐了一会也告辞出来。走在南京西路上的时候,我一直在想这样一个问题:革命者是痛恨厌恶战争的,但他们愿意牺牲自己,让以后不要再有战争,让下一代不再遭受战争。所以说,革命者的感情是世界上最深厚的感情。张维的爱人为什么离开她和孩子,到遥远的前线?张维为什么宁愿牺牲自己家庭的幸福,把爱人献给祖国?一句话,他们都希望以后不要再有战争,避免下一代再经历他们这样的不幸。英雄的牺牲是与和平紧紧联系在一起的。英雄的牺牲教育了我们。

## 故 乡

(这篇文章的写作日期是2月23日,但没有记载年份,估计是1953年,是我到上海当学徒后第一次回家的感受)

深夜里,船靠上了岸,我背上简单的行李,踏上了家乡的土地。在码头上站了片刻,就匆匆离开。别了年余的家乡,看来一切都好像变了样。石板路又窄又滑,泥泞难走。大街上隔三五丈才有一盏昏黄的路灯,街道两旁的屋檐好像都要碰到一起了。过去在这里生活惯了,而现在连走路都不习惯了。这里终究是我的家乡,我在这里度过了整整十六年的光阴。虽然是小城陋巷,但怎么不叫人留恋呢!爹娘在等待游子回来打门,姐姐在想弟弟何时到家!故乡的朋友也在等待我回来!

母校,像母亲一样,培养了我们。母校是值得留恋的地方,在母校我们度过了幸福的一年,那难忘的1950年。每一个天井,每一条走廊,每一间教室,每一棵花草树木,都能勾起我的回忆。太阳照在第一排教室的南窗下,在那条狭长的廊阶上,我们挤着晒太阳温书。我常依着廊柱看你姗姗来校。你和我常是最早到校的同学。在这间教室里,我们上了在平湖中学的最后一课,我们在这里度过了难忘的惜别之夜。那一排排冬青树已长得很高了,记得当年我们目睹树苗被栽下。枇杷树下的音乐教室里,有一架钢琴,我们在钢琴旁边一起唱歌;在大礼堂里,我们排演过节目,练过健身舞。一切的一切,都已成为过去,只有时钟还挂在老地方,毫不动情地计算着时间的流逝。它送走了一群一群的青年,它看着淘气的孩子们成长起来,它看见分别了多年的校友站在它的面前惆怅。景物依旧,人非当年,再也看不见淘气的振中、温柔的运梁、调皮的家声和神气的润身;再也看不见活泼且大气的毓仙、美丽且用功的风林和雪晴。他们都已离开了家乡，有的为祖国而学习，有的为了祖国奔驰在战场上。

### 怎样使我们的生活过得更有意义

（这篇文章写于1953年6月28日，那时我正在工厂做工，同时在读夜校高中，一年后，我考入同济大学，开始了新的生活。本文使我立下了学习的决心，开启了60多年的努力征程）

生命只有一次，我们应该怎样来度过这宝贵的生命？

怎样使我们的青春过得更有意义？

我们要努力忠于革命事业，不要使将来回忆往事的时候，因青年时期庸庸碌碌、一事无成而感到懊悔和羞耻。

生命是最宝贵的，怎样使我的生命更加宝贵？

今天是1953年6月28日，农历是5月18日，是我的生日。到今天，我已经整整度过了十八年的光阴；明天，我将开始第十九年的生活。从十九岁开始，我应当怎样使我的青春生活更有意义。我将通过学习来实现我的理想，学习学习再学习。

我努力学习专业技术，努力学习政治、时事。我希望通过学习实现我的理想，我将来要当工程师。在过去，这是不可能想象的事。在今天，这是可以做到的，苏联的许多工程师不也是从工人中培养出来的吗？今天，祖国在培养我，我怎能在学习上掉队呢？从今天起，还有五年，五年是多么悠长的岁月，在这五年中，我要全心全意地把时间投入到学习中去。绝不让其他事情来消耗我一点点宝贵的时间，绝不可能在这五年中放弃学习。青年时期是人生最宝贵的时期，我应当把全部的力量用在学习上，为以后更好地工作打下坚实的基础。

如何完成我的学习任务？首先必须具备的重要条件就是身体健康。以前，我的身体很弱。从今天起，我要锻炼身体。具有强健的身体才能担负艰巨的工作。在这五年中，我一定要抓紧时间，加紧学习。我不能为个人的生活而生活，为个人而生活是渺小的，为革命事业而生活才是真正有意义的。这是我今后努力的方向。

### 当我踏上故乡的土地
（1954年2月）

1954年1月31日清晨，我再度回到故乡——平湖。初踏上故乡的土地，熟悉感和陌生感同时涌现。码头上很黑，看不见对面走来的人。我背起两只网袋，向码头外走去。

故乡的街道是用石板铺成的,高低不平。月亮刚从东方升起,街道上还是一片漆黑。四周是多么清静啊!

我怀着兴奋的心情,在晨曦中,回到了我的故乡。

东方渐渐泛白,远处传来了鸡鸣。当我走到韩家棣的时候,月亮已经升得很高了,照得那一排矮墙泛着青白色,沿河的老榆树只剩下寥寥几棵,摇着光秃秃的树枝,好像在叹息同伴一再减少。

河里流水"哗啦啦"地响着,从河里跳出来的鱼又落回水中,发出"啪啦啪啦"的声音。四周很静,又很冷,脸上有点刺痛。

在家门口,我停住了脚步。那饱经风雨侵袭的门板,显得苍老而衰朽。门前的河滩越来越窄了。

我放下行李,徘徊了一会儿,多少思潮在脑中起伏。

我走到门前,伸手敲门,沉重而又有些闷哑的敲门声,传向四方,惊醒了酣睡的邻居,也叫醒了我的爹娘。

## 脚印:《土质学及土力学》脱稿记
(1979 年于北京)

人活着为了什么?这是一个不难说清楚的问题。但是,前几年我却被弄糊涂了。记得有一位老演员曾经说过:"清清白白地做人,老老实实地演戏。"但这句话也被批判了。对此,我感到茫然,迷惑不解。难道一个人不应该清清白白,光明磊落?难道不应该在自己的工作中埋头苦干,不务虚名?

人不应该虚度年华,更没有权利只享受前人创造的物质财富与精神财富而不给社会留下点什么。生活的道路是崎岖不平的,正因为路不那么好走,更应该一步一个脚印地前进。这脚印不仅是自己艰辛历程的见证,也可为后来者提供方向。

《土质学及土力学》这本书写了一年半的时间。一年半的时间,对于人的一生来说是短暂的,也算是征途上的一个脚印吧!由于十年的荒芜,这一年半的耕耘更显得可贵,何况在这一年半中,又经历了一场生离死别,在我生活的道路上,留下了深深的伤痕,因而这一年半更值得纪念。我把这本书,献给我去世的父亲,纪念一位忠厚善良的老人。

1978 年的春天,我在去西安开教材会议的前一天,突然接到父亲病重的消息。我匆忙赶回故乡,仅仅在他的病榻前守了几个小时。父亲知道我为了写书要去西安开会,他微笑着对我说:你来看过我了,就放心地去开会吧!会后我忙着写书,竟没有抽时间再看望父亲。炎热的夏天,父亲再度病重的消息传来,我不得不中断写书,回去探望。父亲的神志已经不那么清醒了。我告诉他,我正在写书。他笑着点点头。这点头是对我的鼓励和鞭策。我准备回去料理一下工作,然后带着编写资料回去陪伴父亲。然而,这一别,留下了永久的遗憾。

无法阻挡的新陈代谢,无法形容的悲伤,我唯有以更紧张的写作来填补心灵上的创伤,来纪念逝者。这本书的写成,是我前半生的一个总结,是四十多年艰辛曲折经历的一个纪念。

父亲和全家辛勤劳动,也无法供我读完中学。我离开家的那一年,父亲的年纪正好和我现在的年纪相仿。十六岁的我离开了父母,游子如飘萍,无法侍奉二老。在社会的发展中,我逐渐成长;在社会的动荡中,我经受折磨。离开故乡的二十八年,故乡和父母始终萦绕在心头。他们将激励我在今后的岁月里,更加努力,一步一个脚印地迈步向前。

补记:2017 年,我在整理书稿时,发现了这篇写于 38 年前的短文。现在,我已经是 80 多岁的老人了。回顾我的过去,这篇文章也许可以作为一个分水岭,这本《土质学及土力学》教材,是我主编的第一本书,是先师俞调梅教授给我压的担子。他把他在 20 世纪 50 年代主编的《土质学及土力学》书稿送给了我,对于如何主编一本教材,他给我讲了许多他的经验和教训,给我莫大的帮助。

## 足乐居随笔

(1991 年 12 月 25 日作,2007 年 2 月 19 日录入)

近日内室患疾住院,家务归于我一人,但思维自由,遐想颇多,随想随记,故名随笔。

足乐者知足常乐也。忆儿时父亲以此教诲,终生难忘。幼时家居陋室,三间平屋而已,与父母同室憩息。乃至稍长,后半间辟为我的卧室。十岁左右,得一小卧室,欣喜不已,请父亲书"足乐"二字,张贴于斗室之门楣以示书卷气。此事已过近半个世纪,但记忆犹新。"足乐"二字伴随我大半生,为座右铭,处事以此自勉,方能自安。

今年春夏之交,得一新居,三室一厅,东窗面向航校,视野颇为开阔。与早年一床一桌之卧室,与 20 世纪 70 年代后期四口之家蜗居于 $7.6m^2$ 斗室之困境相比,知足矣,故命名曰"足乐居"。在此居笔耕,谓之"足乐居随笔"。

今天是西方圣诞节,铅色的天空,灰且沉重。早上醒来已六点五十分,急为崧儿买早点,匆匆行走之间,忽得此奇想。如能坚持数年,蝇头小文或可自成一体,然能否持之以恒,尚难料。

## 春 华 秋 实

(1997年8月1日)

在京时,顾宝和总工告诉我,他退居二线后不时写些回忆文章,并从箱中取出几份给我看。他写的文章范围较广泛,题材不拘。例如,他写了1954年刚参加工作时第一次参与洛阳第一拖拉机厂工程勘察的情况,叙述了当时的人和事,很有意思,也很有价值。这引发了我写回忆文章的念头。以前,我也断断续续写过一些类似的文章,但没有加以整理。现在也要抽些时间写回忆文章了,希望留下一些有价值的材料。

在回沪的列车上,我开始考虑回忆文章的框架思路。首先是立题,题明其意乃文章之本。脑海里出现了"往事如烟"这个题目,但一想不好,这个题目有点伤感;而且,往事是指过去了的事,是过去式,实际上回忆的往事大多与现在有着密切的联系,是过去完成时,并不是完全过去了的事。继而想到"春华秋实"这个题目,感到这个题目的含义比较好,表明秋天是收获的季节,是金黄色的季节。秋天的收获是春天耕耘的结果,春天的花,秋天的果,一分耕耘,一分收获。

文体应当是杂文和记叙文,不拘一格,信手拈来。就事论事也好,借题发挥也好,都是真实的写照,是历史的脚印,写给自己回味,留给后人评说。

回顾自己大半生走过的路:一个生长在江南小城的孩子,一个偶然的机会闯进了上海这个世界闻名的大都市,又进入了颇有名望的同济大学,才成为今天的自己,平凡也幸运。个人的历史是自己写就的,但也折射出社会的发展脉络。人离不开社会,社会也是由人组成的。我的人生轨迹从一个侧面反映了我们这一代人的成长历程,具有一定的代表性,或许能为后人了解我们这段历史有所帮助。这也算是促使我写点东西的一个动力吧!

我们这一代人是幸运的,在青年时代遇上盛世。新中国成立后,一派生气勃勃。在那个年代,我学习科学技术,奠定了做事的基础。我十分怀念在国光厂当学徒的那段岁月,既学习了做工的技术,又在夜校里完成了高中的学业,而且开始懂得了生活。我也怀念大学年代,我的做人的准则、处世的方式是在那时形成的,并且终生践行;我能取得一些成绩,也是大学里学习的知识和方法给我打下了良好的基础。我们这一代人的经历比较坎坷。正当我们学成报国的时候,却遇上了"大运动三六九,小运动年年有"的时代,蹉跎了青春年华。在可以为国家、为社会做点事的时候,已有力不从心之感了。当然,比起我们的老师,那迟到的春光还是长了很多,能多做一些事,就很开心了。

## 北 京 杂 感

(1999年9月20日)

中华人民共和国成立50周年前夕,我来北京开会。9月20日晚,会后无事,外出逛街。

有些街道已发生巨大的变化,有些胡同依旧狭窄拥挤。新与旧,形成明显的反差。

我第一次来北京是40年前,1959年的元旦。抵京是在前门火车站,住在阜外大街的交通部招待所。北京初春的早晨,寒风凛冽,冷气逼人,我们在沙滩换车,在晨雾中遥看远处的大屋顶,它们在朦胧中显得格外神秘庄重。

1970年之后的3年间,我断断续续在北京住过相当长的时间,每天匆匆来往于羊坊店和百万庄之间,住在小土坡上的周转房内,在那里生下了我的儿子。

北京留下我生活中太多的记忆,太多的挂牵,太多的无奈。

我漫步在建成为步行街的王府井大街上,东安市场已没有老北京的风味,只是多了一个现代化的大商场。

北京的公共汽车票是5角一张,月票是15元,一如往昔。

北京是八百年的古都,具有深厚的文化积淀和独特的城市风景。北京的魅力在于她的华贵与厚重,大街又宽又直,大楼四平八稳,望之心生庄重。

上海有十里洋场,是中外文化碰撞、融合的地方,也形成独特的里弄文化。上海的魅力在于她的干练与精明。上海的道路曲曲弯弯,一眼望不到头,显得高深莫测。

1999年9月19日,《北京日报》刊载:北京人民的生活质量居全国第一。出于好奇,将一张对比表(表10-1)摘录如下:

**生活质量对比** 表10-1

| 指 标 | 北 京 | 上 海 | 其 他 |
|---|---|---|---|
| 人均预期寿命 | 71.07岁 | 72.77岁 | 欧美发达国家75岁;<br>日本78岁 |
| 就业人口受教育程度 | 9年 | ? | 我国平均5.7年;<br>欧美发达国家大于10年;<br>日本13~14年 |
| 人均GDP | 1.174 | 1.777 | |
| 人文发展指数(HDI) | 0.628 | 0.676 | 天津0.605;<br>全国平均0.515 |
| 人均竣工面积 | 1.3m² | 1.1m² | 天津0.6m² |
| 社会安全能力 | 83.6 | 69.3 | 天津66.5 |
| 区域生活质量指数 | 55.0 | 53.3 | 天津31.6;<br>广东48.1;<br>浙江40.0 |

## 高 考 舞 弊

(2000 年 7 月 24 日)

7月4日,《南方周末》刊载:在湖南郴州、广东电白等地发生大面积高考舞弊。

过去常说,清朝科举考试腐败,虽然按《大清律例》主犯可判斩立决,但舞弊案仍层出不穷。

记者从考场附近的楼上用摄像机拍摄,镜头中的考场秩序之混乱,确实触目惊心。根据报道,这是有人举报而事先有准备的采访与揭露。如果没有举报,没有用摄像机拍摄,也就"死无对证"了。人们不禁发问,难道这是孤例吗?

深层次的问题是什么?这是"假"的东西泛滥成灾的必然结果。考场舞弊,主要是考生偷偷摸摸的个人行为;即使上下勾结,也不过是几个考生买通考官舞弊,或考官关照少数行贿过的考生。而如今的某些考试管理者,竟然让监考老师在考场上网开一面。舞弊的目的是什么?行为总是由利益驱使。考生集体行贿考官,似不可能。而考官的行为动机,是剖析考场舞弊案的关键所在。

据说考场舞弊是为了提高地方的升学率。升学率是地方领导(如市长、教育局局长)和中学校长的政绩,而政绩与官员的前程直接相关。这是一个社会生物链,一环扣一环,形成了高考舞弊案的内在机制。

于是有人反思"千军万马过独木桥"的现象,说是"应试教育"使然,如果不是以高考成绩录取,则……言下之意,舞弊案的原因在于目前的高考制度。

升学率是一种高考录取情况的统计数据,和统计局发布的经济统计数据一样,都是客观存在的数值反映。对于地方领导政绩的考核,升学率和经济统计数据的作用是一样的。问题不在升学率本身。将高考舞弊归咎于高考制度之说将会引出错误的结论。如果不是高考,不是以成绩定录取,没有升学率的指标,恐怕会天下大乱。

万物一理,如果能控制经济统计数据上的造假行为,也必然能控制考试舞弊行为。

## 教育的投入与产出

(2000 年 8 月)

今年高校的学费大幅度上涨,一般专业 5000 元,紧俏专业超过 7000 元,据报载涨幅超过 30%。《南方周末》有专门报道,农村学生拿到入学通知书,又喜又愁,有的家庭卖了家畜家禽也是杯水车薪。

这使我回想起50年前的情景:我拿到了中华工商专科学校五年制机械制造专业的录取通知书,通知书上写明了报到时应交的费用,看了也是又喜又愁。眼看赴校的日期临近,父亲对我说,先拿一半的钱去,以后再给你寄。我知道这半年的学费、住宿费和生活费对我家来说是天文数字(学费是半年50元,加上住宿费和生活费,大约相当于我父亲3个月的工资)。近来家里的饭桌上已经显示出明显的拮据,而这半年的费用仅仅是五年费用的十分之一。如果我去上海读书,就意味着全家要为我熬过那漫长的五年艰难岁月。虽然那年我才15岁,但我已知道父亲持家的艰难,怎么办?在上学与放弃读书之间必须取其一。尽管我渴望读书,但我更爱我的父亲,他操劳了大半辈子,我怎么忍心让他为我而背上沉重的债务。于是我对父亲说,我不去读书了。父亲默然点点头。那时的我发狠不再读书,走上茫茫的求职之路。

也许由于我有过那样的经历,《南方周末》的报道使我陷入深深的思索与无限的惆怅。

有人写文章为高学费辩解,说高等教育不是义务教育,应当收费,还举了国外的例子,非常理直气壮;还说,收这点学费还抵不过实际的教育成本。言下之意,再涨价也是无可非议的。

诚然,上述观点也不无道理,但并不全面。关键是学费的水平大大高于我国国民收入的平均水平。教育成本(如果确实需要那么高的成本)与国民收入的平均水平为什么有如此大的差距?也许问题的症结就在这里。

社会不可能做到完全公平合理,由于每个人条件的差异,收入总是有差别的。但对于一个学生来说,读书的机会应当是平等的,没有上学的平等,就无法保证就业机会的平等。目前的情况,不要说高等教育,即使在义务教育阶段就有许多孩子失学。这是中国教育的悲哀。

为了解决录取学生入学交费困难的问题,政府也想尽了办法,银行向学生发放贷款,不需要担保,以解燃眉之急。

大批的钱通过学生贷款进入了教育部门,作为一个长期在学校工作的教师,我深知学校财政的困难,能有办法从银行借到钱,当然是好事。但我还是有一种淡淡的忧虑,学生毕业后如何来归还这笔债务呢?

我并不认为所有的学生都无法归还贷款,但我相信有相当一部分学生在毕业后的很长一段时间里是缺乏偿还能力的,或者说是资不抵债的。算一笔账便可明白:学费每年5000元,学生公寓每年1200元,学生的伙食、书籍、生活用品每月得花400~500元。从农村来的学生,如果家庭无法负担,要靠贷款上学,每年至少要贷款10000~12000元,4年读书负债(4~5)万元。目前按照国家的工资标准,大学毕业生的工资不过几百元,一年的总收入不会超过1万元。吃了饭就还不起债,银行要收回本金尚需时日,弄不好,成为坏账,如同向亏损的企业放贷让其发工资一样,很多都是有去无回。城市下岗工人的子女,情况并不比农村好多少,同样存在毕业后如何还债的问题。只有大、中城市在岗的职工,夫妇两人月收入2000元左右,尚能倾其所有为子女的教育投资。至于中产阶层,包括外企的白领、个体经营者,尚有能力为我国教育的发展做贡献。年收入在10万元以上的家庭,花(1~2)万元进行教育投资,还是比较从容的,在我们国家这不过是少数人家而已。

  子女教育是一种投资,是目前比较时髦的说法,也是高收费的一个理由。教育投资的说法,讲起来非常轻松,其实轮到哪一家,都不轻松,它必然引发人们思考大学毕业生的经济待遇问题。说到投资,就有一个投入产出比,就不能不涉及知识分子的工资待遇问题。在很长一段时期内,我国知识分子的工资都比较低,使知识分子的经济地位,与其对社会发展的作用严重不匹配,这不利于我国教育、科技的发展。在我国,是否受过高等教育,在工资待遇上没有明显的差别。在大学不收费的时期,矛盾还不突出;在大学收费以后,特别是在高收费的情况下,在强调所谓教育投资的情况下,这个问题就突显出来了。

  20世纪50年代初,我在一家私营小厂当了三年学徒,厂里管吃管住,工资从每月12元涨到24元,到我离开时是48元。厂里工资最高的8级钳工是每月120元左右。读大学时,我申请的甲级助学金是每月15元,吃用开销基本够了。大学毕业时正碰上反右派斗争,对大学毕业生工资打8折,第一年每月48.5元,转正后每月60元。同时期,我的师兄弟在厂里的工资也和我差不多。20世纪80年代,工资几次调整,曾将学历作为一个区别的标准,但工资变动的浪潮早就淹没了这点可怜的差别。我和我工厂里的师兄弟们,还是不相上下。现在我每月实际拿到的工资是2000元,我相信他们只要还在职,也会有这个数。我不是说,他们的工资比我低才合理,而是从我们的对比中可以看出中国的工资状况。当不当教授,读不读大学,都是一样的。目前国家确定的工资标准仍然保持这个特色,与大学的高收费是何等的不协调!

  如果要计算教育的投入产出比。假如中学同班的两个同学,毕业后一个上了4年大学,大学毕业后每月700元的工资,一个中学毕业后直接就业,4年后的月工资也会到700元。此时两人处于同一起跑线,但经济情况相比,上大学的同学不仅背了四五万元的债,而且还少收入3万多元的工资。如果以后上大学的同学的工资比不上大学的每月多500元,按静态计算,这个投入产出的平衡点大概要到毕业后第12年。按动态计算,时间还要长得多。

我们这一代人,上大学是免费的,第一年国家还提供伙食;对家庭经济困难的学生,国家提供助学金。对应于免费读书,拿低工资为国家服务,也是一种投入产出观。我们这一代就是在这样的自我宽慰、自我勉励中走过来的,用一个豪迈的词,就是"青春无悔"吧!

## 扬 帆 远 航
（2001 年 2 月 6 日）

2001 年 2 月 6 日,新世纪第一个元宵节的前夕,我的女儿高崧 25 岁生日的第 2 天,她的理想实现了,要扬帆远航去澳大利亚阿德莱德大学(The University of Adelaide)攻读建筑学硕士学位。

下午,一行 12 人到虹桥机场为她送行。目送她背着背包,推着行李车进入海关大厅,办理登机手续。因行李超重,由友人为其张罗,办理托运,她可以提着一个不算太重的旅行袋登机,我紧张的心情才放松下来。高崧回到玻璃隔断的前面和我们告别,我看见她的眼睛润湿了,我的眼睛也有些模糊,梦如也流下了眼泪。然后,我们走到边防旁边的玻璃隔断的外面,看到她在填写出境单。她又来到我们面前,隔着玻璃用手势问我填表中的一些问题;她进入边防时回身与我们挥手告别。跨入边防的门就离开了祖国的怀抱,开始了她新的学习和生活。

应当为她高兴,但离别总是难过的。我回家后感到若有所失,无所事事,就整理书房。春节后集中精力准备女儿的行装,其他的事能推迟的就尽量推迟。女儿一走,该干事了,但一时不知从何下手,只能通过整理东西的办法让自己平静下来。

老伴说,高崧出国圆了你的外语梦。这话勾起了我的回忆,那些自己成长的路和对女儿的关爱与期望一一浮现。

我学习外语的经历,从一个侧面反映了我国一段历史时期内相当一部分知识分子的情况,对自己的外语水平始终不甘而又无可奈何。20 世纪 40 年代末我在家乡的初中学习英语时,没有很好的学习环境,之后几年一边在工厂做工一边在夜校高中学习,没有机会认真学习外语。进入大学后,学了两年俄语,60 年代初曾报考公费留苏,但当时中苏关系已经恶化,留学一事也就不了了之,但母亲为我可能到来的远行担忧过一段时间。后来俄文资料也不进口了,俄语用处逐渐少了。当我刚改学英文一两年,"文革"就开始了,一搁又是 10 年多,重拾英语已经是 40 多岁的中年人了。改革开放后,打开了国门,要了解外面的世界,外语就显得尤为重要,必须从头开始学起。当时同济大学的政策是向德语倾斜,若是学习德语,可以从字母教起,一直培养到出国,而对英语采取了一定的歧视政策,必须有了出国的目标才能学口语,原定学习一年口语的计划也半途而废。当时我已是快50岁的人了,没有走再学第3门外语的路。对此,我至今不悔,只能将出国深造的梦留给孩子去完成了。

高崧在小学毕业进初中时,并没有显示出过人之处,但可以看出她的志气。那一年,她离重点中学鞍山中学的录取线只差半分,我们都为她惋惜,并设法让她进鞍山中学。当时中学留有一定的照顾名额,我们也找校长谈过。对一般的孩子,能通过政策照顾进入重点中学,正求之不得,但高崧表示不愿接受照顾进入鞍山中学。我们尊重她的选择,她最后进了铁岭中学,一所普通中学。

第一学期期末,她问我:"爸爸,我如果考了全年级第一名,怎么奖励我?"我脱口而出:"奖你500元。"500元在80年代可不是一个小数字,我是准备重奖她。她笑着告诉我:"爸爸,我已经考了全年级第一名。"我高兴地为她在银行里存了500元的定期,其实这笔钱她也从来没有向我要过。从那以后,她每个学期都是全年级第一名,直到初中毕业,直升复旦附中。她用自己的行动证明了当初自己的升学选择是正确的。

我对女儿的期盼,表现在她被同济大学建筑学专业录取时。我给她谈了很多,希望她能成为一个著名的建筑师,希望她有广泛的艺术素养,绘画、书法和篆刻等都要涉猎,甚至陪她去朵云轩选购了篆刻刀之类的工具。大学五年,她经常为赶作业开通宵,在电脑前一坐就是一天,我也不再提那些过高的要求了。六年多来,女儿逐步地成长和成熟起来,掌握了计算机技术和建筑设计技巧,具备了一个建筑师的基本素养,但距离高水平的建筑师,还有一段漫长的路要走。

大学快毕业了,每人都在考虑就业或升学,我们也提前一年为孩子的工作做准备,她也在联系用人单位。一天,她征求我的意见:"爸爸,我出国去读书好不好?"在这种问题上,我一向是尊重孩子的,我说:"你想出国,爸爸支持你;你不想出国,我不会动员你出去。"我问她:"你为什么以前没有提出这个问题?"她说:"我怕你舍不得我出去,怕你难过。"是的,她知道我十分喜爱她,她在我生活中占有重要的位置;我头疼时,她会给我在前额的阿是穴上推拿,用毛巾热敷,会削苹果给我吃;当我心情不好时,她会劝慰我;我使用电脑碰到问题时,一叫她,她很快就给我处理好了。我确实离不开她,但不能因为我而影响她的前途,她前面的路还很长。她希望出国深造的想法也是对的,学建筑的人更需要到国外增长见识。

我和她妈妈都支持她出国,而且都认为应当集中精力准备外语,不要再找工作单位。因此毕业后她就开始了外语的增强训练,准备"非英语国家留学生的英语考试"(TOEFL)和"研究生入学考试"(GRE),上前进学校,去北京新东方学校,经过一年的努力,通过了外语考试,为选报学校准备了条件。

在出国的去向上,她也有慎重的考虑,原来准备去美国,后来怕美国签证不容易通过,耽搁时间,提出去澳大利亚。我赞成她的选择。现在看来这是对的,澳大利亚有比较好的学习环境,对外国留学生比较热情,对各种文化的包容性比较强,有利于她的学业。

对于她的未来,得到硕士学位后是继续读博士还是工作;如果读博士,是在美国读还是在澳大利亚读;如果工作,是在国外发展还是回到国内发展,现在还无法设想。我告诉高崧:"将来怎么发展,完全取决于你在国外所处的环境和条件,不必强求,只要对你的前途有好处就可以了,不要顾虑爸爸妈妈有什么要求。"

在办签证手续的时候,她对我说:"爸爸,我在想,花那么多钱出去读书是不是值得。如果我不出去,爸爸妈妈就不用那么辛苦做工程了。"我知道她是十分体谅父母的,知道钱来之不易,用父母那么多钱会感觉比较沉重。我劝慰她:"我们做工程,也是一种乐趣,并不是为你留学在挣钱,给你读书的钱已经准备好了。你只要好好读书就行了,不要背沉重的包袱。"

从她的好友茅岚那里得知,高崧想在出国前做些工程,挣些钱来减轻父母的负担。她也告诉我,在澳大利亚每周可以打工20个小时,能补贴些生活费用。我对她说:"打工不要影响学习、身体和安全,这些才是第一位的。而且要尽可能找些技术性的工作,如画图、设计等。"我们给了她足够的钱,让她能集中精力学习而无后顾之忧。

25年前,高崧给我们家带来了新的欢乐和希望。1975年以前,我们并没有一个真正意义上的家,凤英在北京工作,我带着高翔住集体宿舍,一年一度的探亲才能让全家团聚。办对调手续耗时两年左右,凤英在1975年的"五一"国际劳动节终于回到了上海。对于办对调手续的紧张与无奈,没亲身经历过的人是难以体会的。如果凤英没有调回上海,高崧就不会出生。凤英的回沪和高崧的诞生意味着分居状态的结束,我们有了一个完整的家,有了真正的家庭生活。为孩子取名为高崧,从字义上说,崧与嵩同义,嵩山为五岳之一,为名山;从字形上说,高山之松,取其挺拔之意境;从字音上说,崧与松同音,表达当时我的轻松心态。从起名字这件事也可以看出我对高崧的喜爱和期望。

高崧出生那一年,我国发生许多大事。我的孩子在这个时刻来到了人间,时代带给她无限美好的前程,她带给我们家无限的希望。

一晃眼25年过去了,高崧出生那一年我41岁(虚岁42岁)。高崧进大学时,我已经到了退休的年龄。她曾经对我说过,她小时候我陪她外出时,有人认为我是她的爷爷。40多年的年龄差、兴趣爱好的差别，高崧从我这里得到的关爱相比其他家庭的孩子要少得多。她小时候，我很少陪她出去玩，也很少给她讲故事，留给她的总是严格的要求。在我心底，我也许是一个慈父而不是严父，但作为慈父的实际行动实在太少了。

## 得而复失的读书机会

（2003年3月21日）

之前，对于大学收费高昂的现象，写了一些个人观点，不由得联想起50年前自己的经历，我因家庭经济困难而失学。

1950年春，我15岁那年，在平湖中学春季班初中毕业。初中毕业后是升学还是去工作，这个问题摆在每个同学的面前。当时班里的同学大概有这么几条出路：一部分同学在1949年年底已陆续参加中国人民解放军第九兵团的湖嘉公校，那是一所吸收知识青年培养部队干部的学校，是参加革命的道路；一部分同学的家长在上海工作，家庭经济状况容许他们到上海升学；一部分同学家庭经济条件不容许升学，但自己很想读书，只有进入嘉兴师范学校，是不收学费的学校；最后一种是就业。我很想升学，但不希望做教师，希望做个工程师，就没有进师范学校。我准备进专科学校读书，由于学校春季不招生，就在家准备应考。

1950年6月的一天，父亲送我上了去松江的船，那是我第一次独自离家外出。先到松江我的同学胡运梁家，第二天，由他的姐姐胡运琪带我们两人乘火车去上海。同行的还有他姐姐的几个同学。在徐家汇车站下车，他姐姐是去交通大学报名，因此我到上海的第一个地方是交通大学。报名以后，我们一行人去胡运梁父亲工作的银行，在九江路一带。午饭后，胡运梁的父亲问我到什么地方去，我说到曹家渡找亲戚，于是他送我上了20路电车。那是我第一次来上海，从此开始了求学、失学、就业、再升学、再就业的人生道路。我的堂兄和堂姐住在梵皇渡路1300多号，在曹家渡五角场附近。当我从车上看到梵皇渡路的路牌时，急忙下了车，后来才知道，那是梵皇渡路的起点，在静安寺附近，我下错了站，距我要去的地方差1000多号。可是我的通信录上却写成130多号，正好和下错站的地方相吻合。很容易找到那个号码，却是百乐门，并不是我亲戚家。对于第一次到上海的我，这无疑是个打击，也是粗心大意造成的后果。怎么办？幸亏我还有另一家亲戚住在安福路，其实就在附近，可当时我不知怎么走，只好叫三轮车，很快就到了，总算有惊无险，找到了落脚的地方。次日，六阿叔陪我到了堂姐家，住了几天，由堂兄陪我到了浦东二姐家。后来的一切都由锡田姐夫帮我安排了。我在他们家里住了一个多月，报名参加了两个学校的考试。

一个学校是上海高级机械职业学校,在复兴中路陕西南路口。当时,报考这个学校的人很多,有不少人是读了一年普通高中再去考的,录取的比例是1∶10。我报的是三年制机械制造专业。另一个学校是中华工商专科学校,是黄炎培办的著名私立学校,我报的是五年制机械制造专业。

考试的结果是上海高级机械职业学校没有录取我,中华工商专科学校录取我了,但由于家庭无法负担学费而放弃了。用现在的词语来形容,我就是"待业知识青年"。

升学的梦破灭了,我发狠不再读书。可是,就业谈何容易,托了许多人,都没有回音。在1951年的春茧上市时,父亲的朋友带口信说有个收茧的临时工作,明天上班。虽然是临时工作,但总比没有工作强。第二天一大早,父亲带我到了西门外白马堰的茧行。吃过早饭后等着开秤收茧,但好事多磨,茧行未能开秤就关门大吉,我也打道回府。

在同学中,很大一部分人进了嘉兴师范学校。我们班年纪比较小,也是比较要好的五个同学中,胡运梁在上海读普通高中,潘润身读师范学校,陈家声在杭州读交通中专,刘振中报考了沈阳来上海招生的干部学校,就我一个人尚未有着落。感到前途迷茫,精神压抑。不久之后,1951年的8月,在居委会的楼上排练节目时,大口吐血而昏了过去。因胃出血而病倒之后,开始了一段养病时期。

希望终于出现,大姐和姐夫从东北回到了上海,准备和几个朋友开一家仪器厂,答应招收我去当学徒。又等了几个月,在1951年的10月,父亲陪我来到了上海。用现在的话讲就是到上海做"打工仔",好在当时没有户口限制,就成了上海人,在这繁华的大都市中开始了新一轮的奋斗。

## 从舟曲泥石流的发生说起

(2010年8月10日)

今年,我们国家灾害不断,玉树地震、南方干旱、各地暴雨不断、舟曲发生泥石流,多少人的生命财产受到威胁。今天,《东方晨报》刊载,温家宝总理改变行程,再赴舟曲灾区。截至8月9日下午2时,泥石流已致337人死亡,1148人失踪。这可能是我国有记载的泥石流灾害之最。

《东方晨报》刊载,国土资源部部长分析灾害产生的五大原因:一是地质地貌原因;二是"5·12"地震震松了山体;三是气象原因;四是瞬时的暴雨和强降雨;五是地震灾害自有的特征。有专家认为,人的活动导致水土流失,泥石流不只是天灾;也有专家说建设水电工程是减轻地质灾害的主要手段。舟曲泥石流是天灾还是次生灾害,专家意见不一。

也许是媒体的报道不确切,国土资源部部长的分析中,第五条不能成为原因,第三条原因中就包括了第四条原因,因此部长的讲话中,只讲了三个原因:地质地貌、地震和气象,都是老天的问题。自然的因素,人们无能为力。

问题是这些认识是在发生泥石流以后才想起来的,还是在"5·12"地震以后就想到了,或是在下暴雨时就想到了。如果是前者,能说明自然现象,已属不易,那是亡羊补牢,未为晚也;如果是后者,那是体现了国土资源部的大智慧。可是,光是想到而没有采取措施,责任更大,但愿对其他类似的地区能够起到亡羊补牢的作用。

我们希望国土资源部这样专家云集的权威单位能从舟曲泥石流灾害事件中总结出原因、预防和应对措施,以利于指导其他地区的灾害防治,而不是仅仅说明这场灾害的原因。说明原因的目的是为清查责任作铺垫,国土资源部在地质灾害上是不负什么责任的,因为国土资源部面对的是自然界,这就没有质量问题,地震无法准确预报,地质条件不能制造,气象更是变化莫测,这些问题都不是人力所能控制的,因此不需要追查责任。

况且国土资源部在每天的气象预报节目中都有地质灾害预报,告诉人们什么范围内地质灾害发生的可能性大。因此,无论哪里发生地质灾害,都在预报范围以内,国土资源部尽到责任了。可是,每天当我听气象预报员说某个地区"地质灾害发生的可能性大"时,总感到有些滑稽。地图上指甲那么大的一块,可能涉及几个地区或半个省,里面的地质条件是千变万化的,不知道什么地方该预防,也不知道该怎么预防。这样的预报等于没说,起不到什么预警的作用。就拿这次舟曲泥石流来说吧,也早就在这种预报的范围内,可是不该发生的事还是发生了!

舟曲泥石流灾害的发生给我们什么启示呢?我们没有资格说是天灾还是人祸,没有条件说谁该负什么责任,但我们可以讨论如何减少这类灾害对人类的危害。一个知识分子,一个技术人员,应该本着良知,本着对人民负责的态度,不隐瞒真相,不掩盖错误,勇于揭示客观规律。

事情也真凑巧,在舟曲特大泥石流发生之后不久,汶川的映秀镇也发生了泥石流,汶川人民又遭殃了。从照片上看,一排排新建的住宅外观很漂亮,我想在结构上也肯定能抵抗强地震作用。对灾后的重建工作,如何评价呢?民居的建筑和结构做得很好,可以打5分(满分),但重建的勘察工作、地质工作只能打2分,不及格。局部很结实,但整体十分脆弱。不知道重建工作中的建筑设计是哪个单位做的,勘察又是哪个单位做的,有没有地质工程师,地质工程师为什么不考虑山体的稳定性,为什么没有想到部长的那些考虑呢?

救灾工作做得非常好,但为什么灾后的重建工作做得不那么好,这就是我们知识分子的事了。养兵千日，用在一朝，部队在救灾中的表现非常感人。对我们技术人员，也是养兵千日，用在一朝啊！为什么这支队伍的素质就不那么过硬！

## 从日本大地震想到的

（2011年3月14日于长春）

这次到武汉出差，从电视里看到了日本大地震的报道，里氏9.0级这样巨大破坏力的特大强烈地震，在历史上也是罕见的。地震发生在高度工业化与城市化的日本，对其经济的打击和人民生命财产的破坏都是巨大的。人们难以抵御这样大的自然灾害的袭击，说明人类的生存环境还是那样的脆弱，人类的科学技术还无法防止这样的灾害发生，也无法逃避灾害对人类的威胁。

灾害发生后，各国都对日本施以援手，这是人性善良的体现。都是地球村的居民，人同此心，心同此理；一方有难，八方支援。

自然灾害、战争与恐怖活动都威胁着人类的生命安全。自然灾害是非人为的，但战争和恐怖活动是人类自己发动的。人类能否从抵御自然灾害的艰辛中得到启发，避免相互残杀，那该多好啊！

地震是瞬时的，很难记录那巨大破坏的一幕。而海啸是滞后一些时间的，过程也比较长，能够记录长达几十分钟甚至几个小时的破坏过程。这次大地震引起的海啸是触目惊心的，镜头里人们开着汽车拼命逃，但海浪奔得更快，一下子就将汽车吞没了。地震、海啸显示了大自然无比巨大的威力，在大自然面前，人类确实是非常渺小的。当海浪涌来的时候，军事基地的战斗机被冲进了大楼，港湾的巨大轮船被冲上了屋顶，停车场中的汽车漂在水中，奔驰的火车侧向翻滚，建筑物轰然倒塌。在巨浪的表面，漂浮着人类文明的结晶，它们互相冲击着，翻滚着。人们眼睁睁看着，却束手无策。

这次日本大地震的次生灾害，除了海啸，还有核泄漏。日本福岛核电站发生核泄漏后，已经检测出部分居民受到了核辐射，这引起了人们的恐慌，核电站周围大量民众开始撤离。核电站的建设和核电的应用，也被人们广泛讨论。报道说，当年日本建设核电站时，有专家提出，在日本这样多地震的国家建设核电站，一旦遇到强烈地震，不易保障核电站及周围居民的安全。这次大地震中出现的核灾害验证了专家的预言，也为今后论证核电站建设条件提供了案例。

日本位于地震断裂带上，四面环海，其狭长的国土，对地震灾害的防御，没有什么纵深可言。这次地震就将日本拦腰截断，地震、海啸与核辐射，几个灾害叠加在一起，使救灾工作变得异常困难，灾后重建的工程量也非常大。

这次日本大地震给人类带来沉痛的教训，我相信会改变人类的防灾观念和防灾政策。过去的抗震防灾,强调将建筑物建造得牢固以抵抗地震作用,或者将建筑物建造得有韧性,即使发生很大的变形也不会破坏。但最近两次大地震的惨重伤亡说明,除了房屋倒塌会造成人员伤亡之外,还有两种次生灾害比房屋倒塌更厉害,一种是海啸,一种是泥石流。这两种灾害的不同之处是,海啸发生在地震后几分钟或十几分钟内,与地震几乎是同时发生的;泥石流不是与地震同时发生的,在地震后遇到暴雨,便有可能发生。这两种灾害的后果有许多相似性,泥石流是自上而下,一泻千里,摧枯拉朽;海啸是巨浪冲上海岸,汹涌澎湃,无坚不摧。它们把人埋在土中或淹在水中,使人迅速死亡,无法救援,即使在非常坚固的建筑物里也很难幸免。

## 城 市 记 忆
(2011 年 12 月)

在飞往南宁的飞机上遐想,我到过许多城市,这些城市留给我值得记忆的东西有多有少,但对每个城市,总有一些值得写下来的记忆,如果把这些点滴记忆写下来,也许可以成为一篇有点意思的文章,那不是一件很好的事吗?

我究竟去过哪些城市,闭上眼睛数一数,还是可以算得出来的,但问我哪个城市去了几次,那就说不清楚了。

20 世纪 50~70 年代,出差是有一些,但屈指可数;到了八九十年代,出差多一些,除了学术会议,主要是教育行政主管部门召开的高校科研处处长的会议,每年也有那么几次,再就是学校对外合作的联络工作,但那些出差也是数得清的。最近十年出差的次数比较多,由于参加全国注册岩土工程师的考试命题工作,每年照例至少有 5 次会议。从 2002 年开始,今年是第十年了,这五十几次出差,可把全国一些主要城市都跑了个遍,有的地方去了几次。特别是最近 4 年,到各个地方去讲课,几乎每个月都有那么三四次,加起来可能超过 100 次了。有些城市去的次数就比较多了,如厦门、青岛和成都等,但究竟去了几次,也记不清楚了。

我不是一个特别喜欢旅游的人,这些城市的名胜古迹去了一些,留在脑海里的东西不多。但每个城市的特点,我还是留意观察的,所以称为"城市记忆"可能比"城市游记"要贴切一些。到了某个城市,我喜买一张城市地图,有的城市积累了好几张,而且是不同年代的,能看出一个城市的变化。我喜欢看地图,每次去之前,我还找出地图来神游一番。现在网络上查地图特别方便,我常在三维地图上找到会议的地点,看看附近有什么特殊的建筑物,等到了那里就核对一番,看看地图上标得准确不准确。

我曾经吃过盲目相信地图的亏。那是 20 世纪 80 年代初,参加全国土力学及基础工程学术会议,在武汉青山区武钢开会。会后组织代表去东湖游玩,汽车送去后,让大家自己回来。从地图上看,乘车回来要绕很大一个圈子,而东湖到青山的距离好像不远,我就和王天龙商量步行回武钢。结果走了很长时间才回到青山,实际距离比地图上远多了。从此我明白,不能相信城市的地图,这些地图并不严格按比例画,也许是为了保密,也许是比例尺变化了,总之不能按图索骥。这是武汉给我留下的非常深的一次记忆。

去某个城市的次数多了,总会留下这个城市的点滴印象,不同年代的记忆叠加起来就成为具有一定厚度的历史记忆了。

时代在变化,价值观也在变化,人们的物质生活也在变化。早期出差,一方面是当时生活水平较低,也由于我身份普通,只能住客栈、旅店,入住的宾馆等级太高是不能报销的。最狼狈的一次经历发生在20世纪70年代,那年我在西安联系好学生的实习工作后,取道郑州去广州,想找广州市革委会人事组协商,希望余绍襄先生调回广州后能有一个比较合适的工作。因为要转车,得在郑州住一晚。我在郑州火车站附近找了一个小客栈,房间里黑乎乎的。服务员给我安排了一间双人房,我就放下行李,出去吃晚饭。饭后回到房间,发现房间里有其他人的行李,显然是服务员又安排了一位客人进来。那位客人也出去了。我突然发现那几件行李不像男人用的东西,连忙到柜台查问。一查吓了我一大跳,居然安排了一位女客人和我住同一个房间。好在我与那位女客人没有打过照面,也避免了许多尴尬。后来服务员把我调到另外一个通铺房间,凑合了一夜。

20世纪70年代,物资比较匮乏,我因参加规范的编制,出差比较多,来往于北京和上海之间。两个城市的物资供应办法有些不同,人们就利用这种差别来弥补一些不足。例如,上海对绵白糖是定量供应的,有孩子的人家需要在奶粉里加糖,就不够吃了。而北京的副食品商店里规定买两角钱的绵白糖可以不记卡,一个小三角包的绵白糖就轻易地买到了。于是,我往往受人之托,一路去找副食品商店,见一个商店就买一小包绵白糖,积少成多,以满足孩子用糖的需要。有些东西则属于当时的奢侈品,例如巧克力,上海只有一颗一颗小包装的巧克力,价格比较贵;在北京可以买到一大块一大块不拘形状、比较原始的巧克力块,价格也比较便宜。于是有人就托我们代购这种巧克力。其实在北京,要买到这种巧克力也并不容易,只有王府井商场有供应,但只是早上开门时供应一点,卖完即止。所以必须一大早去排队,排在前面的人才有希望买到这种巧克力。

1972年,我的儿子高翔出生在北京。原来是准备回上海生产的,哪知预产期提前了,只好住进了医院。孩子很顺利地诞生了,但在北京没有做准备,连小孩的衣服都没有,手忙脚乱,相当尴尬。在北京住了三个星期才回上海。

# 三、各地风情

## 捷克斯洛伐克见闻

（20 世纪 80 年代后期，我参加欧洲一次学术会议时访问了捷克斯洛伐克，在布拉格住了四天，由地铁公司接待。这篇文章是当时写的一篇未成稿，从一个侧面记述了在布拉格听到和看到的一些情况）

第一次到捷克斯洛伐克，住了四天，却换了三个地方，从非常好的弗鲁姆旅店（Frum Hotel）到地铁公司的招待所都住过。接触了捷克斯洛伐克的教授、工程师和经理，也和旅店的服务员打过交道。我的印象中，捷克斯洛伐克的经济状况和人民的生活水平在社会主义国家里是比较好的，但也存在一些问题。人民既希望改革，又怕改革带来的一些新问题，打破原有的平衡。我问过一位 59 岁的工程师，他是一个工程地质勘探公司的技术负责人，参加过捷克斯洛伐克规范的编制。按当时国内的职务来说，他大概相当于主任工程师或副总工程师。他的月薪是 4000 克朗。捷克斯洛伐克的食品很丰富，也很便宜。在餐馆里吃一顿比较丰盛的饭，包括饮料，大概 40 克朗，相当于他月工资的 1/100。在国内，像我这样的教授，工资加奖金补贴，也就 250 元左右，1/100 只有 2.5 元，是进不了餐馆的。我买过 1 千克苹果和一瓶橙汁，只要 13 克朗，相当于他月薪的 1/300。在国内，我的月工资的 1/300 只有 8 角，够喝一瓶雪碧。可见，他们的生活水平还是不错的。对此，捷克斯洛伐克人民也是比较满意的。捷克斯洛伐克的工业品比较贵，一件好衣服要几百克朗，他一个月的工资可以买 10 件好衣服。一般衣服的价格从 100 克朗到 300 克朗不等。在国内，月工资的 1/10 只有 20 多元，是买不到什么好衣服的。据说，捷克斯洛伐克的物价是一贯制，和几十年前的水平相当，但工业品比农业品贵。据说，食品价格要上涨，工业品的价格要下降，不知是否办得到，希望他们不要遇到我们遇到的困境：缩小了剪刀差，但价格又同步上涨。

捷克斯洛伐克人很关心我们国家的改革，上层人士谈得比较含蓄，但一般技术人员则谈得很坦率。他们问我们中国人现在想的是什么，对东欧的变化怎么看。他们也谈到了捷克斯洛伐克改革中碰到的困难。由于资金短缺，他们地铁公司不得不裁员，人心很不安。捷克斯洛伐克的政治改革步伐很大，也碰到民族矛盾的麻烦。斯洛伐克族要求在国名上并列而不是从属的提议，在议会中吵了一个星期。相比政治方面，经济方面的改革步伐不快。捷克斯洛伐克原来的工业基础比较好,现在平均每户有一辆汽车。街上的汽车很多,与西欧国家的城市没有太大的差别,但人民不满意,因为捷克斯洛伐克在欧洲工业中的位置在下降,他们希望工业有更大的发展。

布拉格是一座美丽的城市,老城区的建筑都是很古老的,很漂亮,保护得也很好。新住宅则建在近郊,成片地建。老城中很少有成片的新住宅区,都是风格各异的老建筑,保持了布拉格的风貌。捷克斯洛伐克人民因此而自豪。

捷克斯洛伐克朋友告诉我,历史上有位宗教改革家胡斯,因发动了一场宗教改革而被烧死在老城区广场,后来人们把这个广场称为"胡斯广场",以纪念他。

## 翻 译 小 汪

(1990年3月31日早晨,离开布拉格前)

在异国他乡听到中国话是十分亲切的。到布拉格的第二天早晨,早点后我正在等待格兰先生(Mr Gran)的消息,电话铃响了。"您是同济大学的高教授吗?请下来,我们在大厅里等您。"当我走出电梯间时,见一位中国姑娘和一位捷克斯洛伐克人在等我。他们是格兰先生派来接我的,并帮我处理了旅店的结账问题。我整理好行李到大厅等候塞米克教授(Prof. Semik)时,与那位中国姑娘交谈了一会儿,知道她姓汪,在这里学习捷克语,今年毕业了,6月份回国,是公司请来当我的翻译的。

这一天,小汪陪我参观了地铁工地。当公司技术科的几位技术人员和我谈起改革问题时,我真感到翻译是必要的。一是捷克斯洛伐克人中懂英语的似乎也不多,和我国差不多;二是谈到社会问题时,即使对方会讲英语,我可能也难以用英语确切表达。下午参观之后,我请小汪吃了顿晚饭。她送我到住处才分手。这个住处是地铁公司的俱乐部,住房宽敞,但平时没有什么人,附近有座剧院正在大修。小汪告诉我,当她刚来布拉格时,这座剧院就在修,已经五年了,现在还没有修好。前天,理查德(Richard)的朋友陪我参观时带我看过一座正在做加固(Underpining)的剧院,我就将这两者联系了起来。由于活动都由翻译小汪陪同,而且进出都是汽车,公司还要她陪我去参加国际标准化组织(ISO)的会议。我知道公司多请她一天,她可以多一天的收入。我就说既然公司请你陪,你就陪吧。有了拐棍是好事,我方便多了,不用去记路名和门牌号了,也不用去记剧院的名称,更不用去辨认住处与附近的交通、商店或广场的联系了。这就使我第一次陷入失去目标的窘境。这位姑娘出生于1964年,与小燕同年,在我面前究竟还是个小孩子。同时,我也不会用翻译,当她在会议室里无所事事,要求出去放风时,我也同意了。于是,她进进出出,最后一次说过半小时回来。散会后,东道主请我们参加晚宴,而且是一起步行去的,而她还没有回来。我只好贴一张字条在门上,请理查德写上餐馆的地址,请她即刻过来。但这位粗心的女孩子未发现这个字条,而与我失去了联系。

晚宴以后,我告诉主人,我没有记下住处确切的地址,只记得附近有个在施工的剧院。塞米克说他知道这个地方,就用汽车送我去。汽车行驶一段时间,他远远地指着一座剧院说:到了,就是这座。我下车后,他就开走了。当我走近这座剧院时,发现不是我住处附近的那家剧院。我兜了几个圈,找不到住处的标志。因为大门口的标志我是非常清楚的。这下子我可傻眼了,不知怎么走。就盲目地到处找,第一次在异国他乡迷了路。走了一个小时,还是没有找到俱乐部。只有小汪知道那个地方,而她的住处和电话我都没有记下来。我知道她将信息留给了理查德,而我手中还有理查德的名片,只有打电话给他了。于是,到处找投币电话,布拉格的投币电话不是很多。又到处问,有两位估计是来自我国台湾的学生帮我找到了电话,可是那个电话只认硬币,不能用。在盲目的寻找途中,看到了一家旅馆,很高级的,就进去请求帮助打电话。他们很热情地帮我接通了理查德的电话。理查德非常热情,打电话找小汪,但小汪不在(后来知道,小汪在住处的门口等我,等到九点半才回去,此时尚未到宿舍),他就自己开汽车来接我,而且他夫人也一起出来,便于问路。其实,汽车转了几个弯就到了。他俩还陪我用钥匙打开了房门,才放心地回去。我深深地感谢他们的帮助。对于小汪,我也毫无责怪之意,尽管她在留条中再三说抱歉。作为一个翻译,她是失职了。但她毕竟还是个孩子,我怎么忍心责怪她呢。我这个常出门的人,这次没有做好失去拐棍的最坏打算,又怪谁呢?

## 济南的公园

(1990年12月)

1990年12月,在济南西北郊山东省城乡建设勘察院小住。某日天晴,精神甚好,下午便独自出游市区。十余年前曾来过济南,印象不深,但记得趵突泉已无泉水。后来,听说经过治理,恢复了涌泉,故欲一睹真容。

趵突泉和黑虎泉都在济南的南门外,一东一西遥相对应,两泉都流向护城河,成为护城河的源头,故济南有"泉城"之称。

近年来,许多城市都在疏通、整修已淤塞的护城河或市河,在河的两岸修筑公园、绿地,布置亭台楼阁,与小桥流水相映成景。前年,在合肥游览了护城河公园;在杭州,中东河修整后也布置了沿河岸的公园。今天,在济南也见到了同样的景色。尽管是北国的冬天,已看不到多少绿色,只见稀疏的树干枝杈,灰蒙蒙的天际,白茫茫的叠石,不像合肥之夏景那样浓翠可爱。但这里毕竟是修整得相当考究的街心园林,用条石整齐砌叠的驳岸,石板筑成的路,卵石砌成的小径,层层叠叠的假山,拱桥和亭榭飞檐,颇具匠心。

这里,一群群退休的老人在下棋,在聊天,在打拳。河边垂钓的人也很多。在幽静的小亭子里,河边的假山上,可见情侣双双,或漫步,或对语,为冷清的冬天添了一抹温暖的色彩。在护城河东端是一座宏伟的建筑物——解放阁,为纪念济南解放而建造的,由陈毅题写阁名。有些景色不错,我本打算拍照,但在桥头路边,有一售货亭,造型笨拙难看,与这么美的景色非常不协调。我兴趣索然,几次拿起相机又放下了。

黑虎泉算是街心公园,免费开放,除了垂钓、下棋的人之外,河边还有三三两两的洗衣姑娘。唯我拿了个相机,十分不相称。趵突泉公园则是另外一种情趣,都是花了五角钱来游园的人,带相机的很多,都在规规矩矩地拍照。这两个公园的反差,使我颇有感触,这是否也是一种市场心理状态,越贵的东西越有人买,要抢购。不管是好的还是坏的。而对降价的东西,总认为是不好的。对公园可能也是如此。

## 厦门之行

(2004年12月28日)

这是第四次来厦门了,之前的三次都没有到老街看看。厦门的街景留给我的印象并不太深,多是千城一面的高楼大厦和宽阔的道路。

第一次到厦门是十多年前,陪同江景波校长访问福建时到过厦门,参观过厦门大学,校舍十分漂亮;也到集美看了,建筑物都很精致,陈嘉庚先生的陵墓十分气派,但那时进出都有汽车,没有机会随处走走。

两年前,老同学聚会,来到厦门。鼓浪屿浓郁的文化氛围,以及在船上观察金门的经历都给我留下了深刻的记忆,其余都是高楼、宽街、山和海。都说厦门很美,但老厦门的面貌是什么样,我不清楚。

一个星期前,我来厦门上课,没有时间走远,只在饭后散步时沿着酒店附近的街道走走。那是一条窄而曲折的旧街,两旁是各种小店,没有人行道。汽车开得非常快,特别是公共汽车,好像把整条道路都挤满了似的,人走在路上真是提心吊胆,这是典型的南方杂乱纷繁的旧马路。我不相信这就代表了厦门的街景。

这次来厦门开会,住在音乐岛酒店,位于湖滨南路。在上海时,我在地图上找到了湖滨南路,但不知究竟在东端还是西端。从地图上看,如在西端,环境应当是不错的。那天下午到酒店,住在六楼。进房间一看,窗外不远处是一片湖水,湖对岸高楼林立。放下行李,童心大发,出去遛了一圈,出门两个左转弯,就来到了湖边。湖面十分开阔,夕阳西下,照得湖面金光闪烁。当我回首时,发现几幢高层建筑就在不远处,一幢是电力公司的,一幢是工商局的,还有一幢是质量检测局的,三个部门占据了湖滨的好地方。湖滨南路只有虚名,却看不到美丽的湖水。如果当时在湖边不建造这几幢高层建筑,而是开辟一大片公共绿地的话,这一带的风光是非常值得来观赏的。

会议提前结束了,我偷得半天闲,出去遛大街。从酒店出来,有一条故宫路,可以一直走到厦门最具代表性的老街——中山路。中山路的西端就是轮渡口,鹭江的对岸就是著名的鼓浪屿。

从酒店到轮渡,我大约走了一个小时。中山路是一条典型的具有南国风光的马路,两旁都有骑楼。这骑楼很有人情味,夏天可以让行人躲避炎炎烈日,雨天可以给行人遮风挡雨。广州的很多道路也有骑楼,上海的金陵东路也有这种建筑物。

按张总的指点,我找到了黄则和花生汤店,一碗花生汤只卖1.5元,很便宜。汤很热,喝得浑身暖洋洋的。喝了花生汤以后,又买了4包饼,价格也很便宜。

在一些地方看到有推广普通话的宣传,可见厦门这个地方普通话的推广还存在问题。

会议结束以后,主办方组织我们进行厦门一日游。其实在两年前,老同学聚会时就游过这条线路了,不过这次与专家组的朋友同游,别有一番风味。早上先去南普陀寺,一座金碧辉煌的庙宇,这次登上了最高的山。随后到胡里山炮台参观。那是19世纪末从德国克虏伯工厂买来的大炮,长13.6m,是目前世界上现存的最长的海岸炮,有东、西两门,但西炮台毁于1958年。大家听了,不胜感慨。

## 青 岛 之 行
(2006 年 5 月 29 日)

2006年5月底,到青岛住了两天,住在海滨太平路安徽路口的华能宾馆,从房间里能看到海滨的栈桥,下楼就是海滨大道。

今天一早,我下楼散步,感到天气很凉。我穿了一条单裤,凉飕飕的,只能快步走,希望能暖和些。沿着海滨的路向东,绕着青岛湾走,远远看见几艘军舰,泊在海湾的尽头。后来才知道,这是海军博物馆的展品。从海边的一条弯弯曲曲的小路走到莱阳路,然后又从大道折回宾馆,路过天后宫的门口,步行大约一个小时。

上午上完课后,下午出去走走,一开始是步行到天后宫,进去参观。老人是免费的。下午的天气非常热,衣服穿多了,只好回宾馆脱衣服。第二次出去是搭公共汽车三站路到海滨浴场,然后步行回来。先在沙滩上看看,再到海底世界看看。海底世界有各种各样的鱼游来游去,隔着玻璃看,距离非常近。这些鱼作为观赏品,免遭杀生之灾,也算是幸运的。三点半时还有一场表演,是潜水员用饲料诱使大量的鱼追随着他,在海水中翩翩起舞。鲨鱼、锅盖鱼都是很大的鱼,它们围在潜水员的周围,上下游动,煞是好看。对70岁以上的老人,海底世界的门票优惠到5元钱,我的老年证派上了用场。

再到海军博物馆参观,海军博物馆对老年人是免费的。室内有图片展览和海军军服展览;广场上有装备展览,都是退役的飞机、导弹、大炮;海面上有舰艇展览,包括潜水艇共有五艘。印象最深的是"鞍山号"驱逐舰,是1954年从苏联买来的。该舰于1940年下水,排水量2580t,100余米长,参加过二战,立过功,苏联在战后淘汰下来,卖给了我们。

整个博物馆没有讲解员,没有太多的说明,一片荒芜的景象,不能给人太多鼓舞,也增长不了多少知识。另一个感觉是把历史割断了,中国的海军历史应当从清末的两支舰队开始,甲午海战虽然失败了,那毕竟是中国幼年的海军啊!

50年前,即1956年6月,我第一次到青岛,印象非常深刻,至今难忘。

那是二年级的实习,参加从潍坊到荣成的潍荣公路的施工,是接触专业的开始,称为认识实习。带队的老师比较多。我们从上海乘轮船到青岛,再从青岛乘火车到潍坊。

在轮船上,许多同学都晕船了,我也有些晕,好在住的是五等舱,躺在底层的地铺上,颠簸少多了。

船进港的时候,我们这些二十来岁的青年都兴奋极了,站在甲板上眺望越来越近的青岛。那蔚蓝色的大海,在我们轮船的四周激起阵阵雪白的浪花。在远方,地平线已经出现,陆地在天海之间显现了,大陆越来越近,看见了一抹青山。山上点点红屋顶的别墅,在蓝天白云下分外惹眼。船离青岛更近了,我们看见了海滨的道路和建筑物,也看见了来来往往的车辆,看见了停泊在港口的银白色的游艇和迎风飘扬的红旗。真是终生难忘的美景!

今天,当我站在青岛的海滨,沉思往事,那50年前实习时的一幕幕浮现在我的眼前。潍坊的朝天锅在别的地方是看不到的,也许现在已经没有了,只留在我的记忆里。我们从潍坊出发,沿着正在建设的公路,基本上是步行,将行李装车运走。我们一路走,老师一路给我们讲解。

## 南京玄武湖畔
（2004 年 3 月 1 日）

今天上午从上海出发，中午抵达南京。会议安排在人口宾馆。这个宾馆的名字有点怪，可能是人事系统办的三产。饭后稍事休息，即外出漫步。宾馆右侧为龙蟠路，想必是取龙蟠虎踞之意。穿过马路，有一情侣公园，其中几对情侣在拍婚纱照，景象有些荒凉。穿过公园，是玄武湖之环湖东大道。沿湖向南，从阳光路折回龙蟠路，回到宾馆。一圈约公共汽车 4 站之距，约三刻钟。步行较慢，亦不太累。

47 年前,1957 年 5 月底，我们班级来南京实习，住在南京工学院的学生宿舍里，在四牌楼。那时我们年轻，常约伴步行到玄武湖拍照、游玩，在玄武湖上划船、嬉水。那时，我刚在摄影社里学会了拍照，向月玲借了照相机，正好大显身手，为同学拍了不少的照片，得意之作颇多。例如，在下午四点左右，太阳已经基本平射时，在湖边可以拍成十分漂亮的夜景照，那快下山的太阳在照片上就成为十五的月亮;在湖面上可以拍出月亮的倒影;如果湖边站着一两个人，就可以拍背影或侧影，很有意境。我们这些同学都在玄武湖畔留下过青春的印记。

今天，我在玄武湖畔漫步的时候，看湖中碧波万顷，远处水上运动员在奋力划船，激起阵阵白花，洋溢着青春的活力，那是在我们身上已经消失的活力。他们是幸福的，没有经历政治运动的干扰，可以专心做自己喜欢的事。当我的记忆中折射出那段历史时，岁月已经远去，那花季年华犹如水中的层层浪花，消失在远方。

补记:2010 年 11 月 29 日又来到南京，住在一所部队学校的宾馆里。这个宾馆位于明故宫南面的御道街。从它的名字"锦绣长城大酒店"可以看出它的出身。我出差住宿的很多宾馆，都是这种类型。杭州、西安、北京、南京，都有部队、机关单位开的宾馆。这类宾馆的管理和运营是否和民营宾馆一样，不得而知。

## 西湖抒怀
（2008 年 10 月 2 日）

2008 年秋,来杭州开会，住在解放路新侨饭店。清晨步行至湖滨锻炼，云层低压，浓雾缭绕，远眺天际宝俶山的轮廓，别有一番风味。几艘游艇，从西向东，在远处的湖面缓缓驶过，静中有动，那么和谐。云雾中的西湖，格外美丽。我想起了许多关于西湖的往事。

第一次到杭州,是1955年的初夏。我们到杭州实习,在城站(杭州站)下了火车,再坐上接我们的汽车。当汽车开到湖滨时,大家为窗外的美丽景色所折服,不约而同地大声欢叫了起来。驾驶员似乎理解我们的心情,汽车沿着西湖缓缓行进,开到位于黄龙洞的浙江大学。

1958年,我大学毕业那年,年初在浙江孝丰做毕业实习时,胃溃疡病复发。开始住在县医院里。当时的县医院没有输血的条件,于是就连夜把我送到杭州,在浙江医学院附属第一医院里住了一个月。虽然看不到美丽的西湖,但不论医生还是护士,一口温暖的杭州话,给病中的我以无限的希望。我的主治医生,大我五六岁,他要求我少食多餐。我很听医生的话,每次只吃2片饼干。那时我还年轻,身体恢复得比较快。他也非常高兴,对其他病人说,你们看他进医院的那天是什么状态,现在恢复得这么快,大家一定要遵从医嘱。是他让我的胃病断了根,从此没有再复发。几十年来,我还时常想起这位医生。

## 珠 江 之 滨

—2009年10月26日—

这次来广州,住在爱群大酒店。它位于江边西路,珠海大桥的西侧,大楼建于20世纪30年代,是历史保护建筑。酒店有悠久的历史,大堂里还挂着于右任、居正、孙科和李宗仁等民国要人的题词,显示这家酒店在民国时期的显赫地位。我的房间面对珠江。珠江比黄浦江窄,但比苏州河宽一点,对岸离得非常近,整个珠江尽收眼底。我不知道珠江其他段的情况,仅就这一段来看,没有经过近年改造的"大手术",没有十车道的大马路,没有21世纪中国大城市的气派。但是,河岸整齐,古树成荫,沿江人行道很宽,也不喧闹,有点20世纪初中期的风情。上海黄浦江畔已经找不到这样的风景了。

沙面,过去曾经听说过,沙面大罢工就发生在这个地方,但没有去过。据资料记载,沙面是一个小岛,面积 $0.23km^2$,有西式建筑150多栋,其中42栋为新巴洛克式、仿哥特式、券廊式、新古典式及中西合璧式的建筑,是广州最具异国情调的建筑群。这次住在爱群大酒店,离沙面很近。今天晚饭后,我漫步向西,走大约20分钟,近处几栋建筑物已清晰可见。一家德国饭店,颇有异国风味。远处仍十分朦胧,整体印象是比较破旧。见行人匆匆,几辆汽车进出,不是十分繁华,也不是十分幽静。

—2010年7月30日—

昨天再次来到广州,飞机因航空管制而晚点,本来应该14时到达,但晚了两个小时,进入广州市区又遇到下班时间,道路严重堵塞,到爱群大酒店已经快18点了。

近年来经常坐飞机,不时遇到航空管制。旅客都已经登机,时间也到了,就是不起飞,理由就是航空管制。这是对群众的宝贵时间的漠视,对群众利益的漠视。真的遇到特殊情况,群众也能理解,但经常使用这个理由就说不过去了。

今天一早到珠江边上锻炼,看到水位很高,水质混浊,是前些日子南方大雨之故。江面上漂浮着一些水生植物,可能是上游大水冲下来的,植物最多的一段,延续了500多米长。远远看去,有人在江心游泳,头不时露出水面,这也可以说是广州一景。

珠江之滨空气新鲜,视野开阔,也不喧闹;江中不时有渡轮驶过;对岸的建筑物高低错落有致;近岸有多层建筑,色彩黄白相间,几幢高层建筑位置稍后,散落其间,错落有致,不像上海的黄浦江对岸,高楼林立,拥挤不堪,层次也不分明,连建筑物的布置也有点浮躁。

这次的培训班有73名学员,是比较多的一次。听秘书小董说,原来只报名了40来人,后来有人打电话询问是谁来讲课,得知是高老师讲课,一下就增加了30多人。学员们听课非常专心,对于课堂上提出的问题,都有很好的响应。在讲课的间隙,许多人咨询工程中遇到的疑难问题,讨论很热烈。

—2010年8月26日—

时隔一个月,今年第二次来到广州,住在位于江南大道中的海军华海大厦。

今天是11:45的飞机,登机后,又说是航空管制,不过只管制了大约20分钟就起飞了。到白云机场是14:20,还算不太迟。

在酒店住下后,看时间还早,就出去走走。这个地方有地铁2号线通过,江南大道往北过了珠江,就是珠海广场,一直往北就可以达到广州火车站。这里的街道还是比较热闹的,有不少商店,我终于找到了要买的东西,但因为没有带包,只好晚饭以后再去买。上次买的鸡仔饼,她们都说好吃,因此想再买一些回去。晚上还买了其他的食品,广州的食品是比较精细的。

酒店的对面有一个万松园市场,我好奇地过去看看。里面都是一些小店,包括烧鹅店、水果店、药店、杂货店,这些小店和商品集中在一起,也能反映广州市民的生活状态。我每到一个城市,凡有可能,都会去看看市场情况,了解当地居民的生活状况,因此增长许多社会见识。

从去年10月到今年8月,我连续三次来到广州,频率是比较高的。之前也来过广州几次,其中一次是为余绍襄老师调回广州安排工作,与广州市相关部门协商。当时广州方面准备将余老师安排在黄埔化工厂工作,不能发挥余老师的特长。我那次来广州是希望改变他们的计划,将余老师安排在华南工学院地基教研室工作。事实证明,我的想法还是太天真了,我的那次广州之行没有任何效果。

后来,余老师不得不到化工厂工作。"文革"结束后,他调到了华南工学院地基教研室,恢复了教师的工作。又过了几年,我出差到广州,抽空去拜访余老师,但只看到余老师的女儿。她告诉我,余老师去了美国,帮助他的姐姐料理产业,因为他姐夫去世了。

余老师去美国以后,一直没有什么联系。几年前,听说他去世了。这个消息引起了我无限的思念,思念这位在我刚入行的时候,在技术上给我很多帮助和指点的老师。

## 太原的印象
(2009年11月27日)

今天下午,我再次来到太原,之前我来过太原五六次。

先说今天,飞机飞过吕梁山上空时,我透过舷窗看到一片白雪皑皑的山脉,很是壮观。从机场往市区的道路也还不错,上迎泽大街往西,再往北不远,就来到了住宿的梨园大酒店。以梨园为酒店命名,也体现了太原深厚的文化。刚走进大堂,我感到似乎来过。稍事休息以后,我就到酒店的外面走走。

迎泽大街是太原的一条主要的城市干道,从东到西,横贯全市。东端是太原火车站,西端是环路(指太原早期的城市最西端,现在已不是最西端了)。

为什么叫"迎泽大街"?有人说是为了迎接毛主席视察太原而命名的。我的记忆里,毛主席似乎没有到太原视察过。这条大街非常宽,需要快步走才能在一个绿灯的时间里穿过。

太原有我的三位老同学,韩守中在省交通厅工作,陆庆年在吕梁地区的公路局工作,郭玉玲在太原理工大学工作,也是教土力学的,和我是同行。

太原的一些街道,路面很宽,但没有分车带,汽车乱哄哄地开着,路旁还堆着垃圾。有的路段上,一地泥水,连脚也踩不下去。我在外面随便走走就回宾馆了。宾馆附近,一辆面包车的边上,几个穿黑色衣服的大汉在推推攘攘,一个妇女在恳求他们,可是这帮人强行把她的车开走了,她也被推上了旁边的一辆汽车。我隐约看到车上写着"城市管理执法局"的字样,就问旁边的人,他说面包车拉了水果在卖。原来是农民进城卖水果。我茫然地看着,想起了前些日子上海的张晖与孙中界,想起了以前在上海自己家附近看到过的片段。是啊,城市应该管理,但应该怎么管理呢?我环顾四周路边的垃圾与黑乎乎的积雪,陷入了迷惘!

## 在北京的生活体验

（2010 年 8 月 1 日）

2010 年 5 月 29 日下午，我从天津乘坐城际列车到北京，只用了半个小时。但从北京南站到我入住的安定门外的江苏大厦，市内交通也用了半个小时。

早晨，出来锻炼，漫步在安外大街。这里已经变得很陌生了。20 世纪 70 年代，编制全国地基规范的时候，以及后来与建筑科学研究院（建研院）联系工作的时候，常到这一带来。这里是蒋宅口，往北就是小黄庄，那是建研院地基所在的地方。大概是在 20 世纪 80 年代，有一次我到地基所看望黄熙龄先生，他正在和别人准备一篇英文文章，估计是为出国用的。那次，黄所长似乎特别高兴，他陪我观看地基所周围的环境。他很得意地基所周围的绿化，满是树和花，确实非常好。那时他还没有当院士，还没那么忙。

我第一次到北京，是 1959 年的元旦，是到北京参观教育展览会，那时的火车要在南京浦口摆渡，开一天一夜外加几个小时才能到北京，北京火车站还在前门。火车抵达北京时是清晨，天蒙蒙亮，乘坐无轨电车在晨曦中缓缓穿过北海前的马路，车到阜成门外，住在交通部的招待所。

在北京期间，与刚到北京工作的几位老同学会面，还参加了市政研究所的联欢会。那时北京还可以跳交谊舞，而在上海早已禁止跳交谊舞了。北京的同学还请我看了梅兰芳先生的戏，那是我生平第一次，也是唯一的一次。那次我们几个同学还拍了一张照片。

除了平湖和上海，我在北京住的时间最长。北京也是与我很有缘分的一座城市。

1958 年，劳瑞芬考取北京钢铁学院，到北京上学。1959 年初，我第一次去北京，曾经到北京钢铁学院看望她，她也来交通部招待所看过我。当时我希望能挽救我们之间的关系，但两人远隔千里，相见困难。就这样，我们刚建立的朋友关系也只能停留在一般朋友的状态了。这算是我与北京的第一次缘分。

1962 年，劳瑞芬大学毕业，我们没有再联系。17 年后，有一次我到平湖探望父亲，返回上海时，在嘉兴火车站，我们重逢了。真是不可思议。她告诉我，她已经结婚，丈夫是在北京钢铁学院读书时的老师，现在家安在北京，住在甘家口黄瓜园。她在第一机械工业部出版社工作。此后的几年里，我们一直有往来。后来，他们家搬到西直门外大街，直到她去世。

无独有偶，到 1964 年，范凤英毕业了，也分配到北京工作，这算是我与北京的第二次缘分。我弄不明白，为什么我的女朋友一个一个都被拉到了北京。这次是否又会产生危机呢？只能说"天晓得"。之后我们就开始了长达 11 年的两地生活，中间的甜酸苦辣，不可尽数。也许正因为如此，我与北京的关系更密切了。我来往于京沪之间，在北京住的时间累加起来就很长了，对北京也更为熟悉了。当年，我们住在北蜂窝，北京市地质地形勘察处附近。那幢6层高的楼就是勘察处的办公楼，办公楼的东边，有一个大约3m高的土坡，上面有一幢平房，大约有五六个开间，是勘察处的招待所，也被称为"周转房"。我们就住在那里。

## 大连的观感与联想

（2010年8月10日）

今天下午再次来到大连。我到大连的次数不算多，但也有五六次了。

最早的一次要追溯到20世纪80年代，参加教育部科技局的会议，住在棒槌岛。那是一个很著名的疗养胜地，里面有许多别墅，有些别墅是领导人疗养住的。那片区域是有警卫的，我们只能远远地张望一下。

大连在辽东半岛的南端，面临大海，如果走陆路去南方的城市，就要从山海关绕一个大圈子，但乘飞机就直接多了，因此大连有发展民航的特别需求。然而，天气条件又是一种制约，不利于民航的发展。

那次会议中，复旦大学的科研处处长有事，要提前回上海，没有开完会他就离开了会场。我们散会以后，赶到机场，发现他还没有走。因为大雾飞机不能起飞，把他困在机场宾馆里了。我们散会那天晚上，北京一些学校的同志在晚饭以后就去机场了。到了半夜，突然人声嘈杂，原来他们又都从机场回到宾馆了。原来，北京来的飞机已经飞到大连上空，但因为雾太大不能降落而不得不返回北京。从这两件事可以看出，大连的雾对航班的影响是非常大的。

复旦大学的那位处长，后来担任复旦大学管理学院院长。前几年，在报纸上，偶然看到一个讣告，是那位院长去世了。虽然我们之间没有太多的交往，但总是相处过，心里也比较难过。

今天，到大连的行程还比较顺利，虽然上了飞机以后又是航空管制，等了大约半个小时，但由于登机时间提前，所以晚点还不算太多。到机场出口处，有人来接我，一路也比较顺利，没有堵车，行程大约半个小时。住在老虎滩的大连市干部疗养院，一幢四层的老式建筑。

住下后，才16点，离晚饭还有一个多小时，就出去看看。疗养院在半山腰，场地比较大，有很多建筑物。沿路下山，坡度不算小，昨天这里下过暴雨，水还没有完全排走，在山路上还有水在哗哗地淌着。

山下的大路是解放路，前面不远处的丁字路口就是大连海洋公园，是著名景点，非常热闹。有几家小超市，许多城市都有这种小超市，其实已经不是原来意义上的超市了，只是个体老板开的杂货店。超市进入我国已经有20多年了。记得 20 世纪 80 年代出国时,逛超市也是一桩新鲜事,那时国内还没有。看见那么大的商场,里面什么东西都能买到,而且是自己亲手挑选,感觉真是好。那时国内的商店,将顾客与商品隔得远远的,顾客看不清也摸不着,如果顾客要售货员拿出来看了觉得不满意而不买的话,那遭受售货员的白眼算是最轻的待遇了。

后来,国内有了外资的超市。上海的第一家外资超市是法国人开的家乐福,也挺气派的。在国内可以逛超市了,感觉也非常好。一晃 20 年过去了,我国不仅有外资超市,也有国营和民营的大超市,也很有气派。但我们具有很强的同化能力,连"超市"这个国际通用的概念也能中国化,现在满街的超市已经不是真正意义上的超市了。上海好像还可以,超市没有泛滥化,很少看到杂货店式的"超市"。

海洋公园对面,临街一幢大楼上写着"海军大连舰艇学院外训系",估计是这所部队学院为社会培训人才的部门。

晚饭后,在疗养院的院子里走走,基本弄清楚了疗养院的规模和布局。疗养院是中等规模的,建在半山腰,最高处有几幢四五层的楼房。我们住在东边,是一幢老式的楼,清水墙,算是宾馆,也是培训中心。西边是新建的养护中心,是老干部用的敬老院,门前有老人锻炼的器械,墙是橘黄色的,十分显眼。

有三条路可以下山,中间的一条用条石铺成,也可以走汽车。这条路一直延伸到大门口,两边布置了十来栋别墅,高低错落。别墅的周围是一块块依地势修成的园林,面积大小不同,别有风情。

东边的一条路沿着院子的边缘,有栏杆为界,外面是坡下的建筑物或者是其他的院子。有的地方已靠近解放路,下面是陡坡,修建了一个不太高的木质平台,可供登高远眺,能看到海滨和老虎滩的海洋公园,别有一番趣味。

最西边,在养护中心处有大门,一条沥青路直通山下,汽车一般都从这里进出。这条路是沿着院子的西边界墙下山的,路的另一边是居民的住宅区,是一条巷子,名为合欢巷,直通解放路。

院子不算很大,三四百亩的样子,但环境比前几次住的地方要好,也安静,里面有许多地方可以锻炼,是个好地方。

几年前,建设部执业资格注册中心举办的一个会议在大连第二浴场附近的一个宾馆召开。那个宾馆的条件还是挺好的,伙食也不错。后来有一次到大连讲课,住在那家宾馆对面山上的一个宾馆,也要登一段山路。记得第一次来大连时,看见道路宽广、干净和整齐,两边青山前的白色建筑物十分漂亮,汽车呼啸而过,宛如置身异国他乡。那两个住处离海滨都很近,走一刻钟就可以到海滨第二浴场。虽然两者条件都不错,但都没有这次的环境好。

大连、青岛、厦门都是海滨城市，都有山有海，非常漂亮，都有历史文化积淀，也都有辛酸的历史。大连和青岛都曾被帝国主义国家侵占过，相比之下，厦门的命运似乎好一些，留下了很多抵抗外来侵略的历史遗迹。

大连虽然是海滨城市，但与青岛相比，离海似乎远一些。青岛离海很近，几十千米长的海滨栈道绵延在海平面之上不过几米，似乎可以摸得到海。而大连的海滨，只有几个景点在海边，其余的道路都在半山腰里盘旋，离海平面可能有几十米，有的地方甚至看不到海。

在大连住了三个晚上，这个疗养院给我留下了比较深刻的印象。

### 凉爽的贵阳
（2010年8月23日）

2010年在贵阳开工程勘察大会，住了五个晚上。以前来过贵阳四五次，这次的时间比较长，而且是在炎热的8月，更觉得贵阳凉爽。因为有了鲜明的对比，贵阳的天气给我留下了特别深刻的印象。

今年上海的天气特别热，去贵阳的前几天，最高气温是40℃，最低气温也比贵阳的最高气温高。前些日子去昆明，那里也是非常凉爽的，有18~26℃，几乎整个夏天，都是这个气温。贵阳的气温比昆明稍高几度，有20~28℃。

这次住在喀斯特酒店，这个酒店是贵州电视台的产业，在遵义路和瑞金南路口。酒店的建筑是一幢近30层的高层建筑，但只有3个电梯，而且速度比较慢，300多人的会议一散会，上楼吃饭时，电梯就成为竖向交通的瓶颈，拥挤不堪。酒店附近有一个比较大的广场，是大南门外的一个次中心。早晨，这里也是人们锻炼的地方。

在贵阳这个城市里，也有一些我认识或熟悉的朋友。同班同学钟伦盛，当年毕业时分配到沈阳的铝镁设计院工作，后来他也到了贵阳，也是在铝镁设计院工作。他改行从事结构设计，在贵阳生活、工作了大半辈子，贵阳有他的事业和家庭。他的夫人沈老师是一位热情好客的人。那年，我们班同学到贵阳聚会，可忙坏了他们俩。那次聚会的内容非常丰富，给我留下了极为深刻的印象。

### 哈尔滨的风光
（2010年9月13日）

我到哈尔滨的次数不算多，具体有几次也记不清了。前几年为了注册岩土工程师考试命题工作到哈尔滨开过一次会，住在秋林公司的那条街上，去了太阳岛，去了松花江边的步行街，看了大教堂，印象比较深。步行街那边的街道比较整齐，路边的建筑物都很有特色，有俄罗斯风情。不仅房屋的造型和装修有俄罗斯的元素，还有一些卖俄罗斯商品的店，服务员也是俄罗斯人。那几天正好赶上哈尔滨啤酒节，哈尔滨人举家出游，街上人山人海，体现了哈尔滨人在生活上的潇洒态度。

　　哈尔滨的街道名称也颇具特色，有些街道还保持着俄式名称，如"果戈里大街"。有些街道名称留有"二战"结束时的特点，如红军街。有些街道名称体现了特殊历史时期的特点，如红专街。现在，像哈尔滨这样还保存着这种街道名称的城市不多了。

　　最早一次来哈尔滨是20世纪70年代，是来解决哈尔滨重型机器厂的一个工程问题。已经记不起住在什么地方了，唯一的印象是哈尔滨人站在酒店柜台边喝白酒的情景。那次开会时，记得是第一次见到傅世法（就职于陕西省冶金勘察设计院），似乎是他们勘察院做的勘察工作。在那次会上，我的头晕病发了，弄得会议的主持单位很紧张，请了医生来给我看病。

　　说起哈尔滨，我想起了老同学许承保的一些往事。

　　许承保毕业以后到哈尔滨中国林业科学院的研究所工作，大约是1964年，他到上海外国语学院进行出国留学前的外语强化训练，我们都为他有这个机会而高兴。那时候，选拔出国留学的机会是不多的。他大概是1965年去芬兰留学的。1966年，他回国后，随单位迁到伊春。后来听说他生病了，得的是慢性肾炎。因为伊春的医疗条件有限，他想到上海治病，希望我能为他安排住宿。那时候，我虽然成家了，但没有自己的房子，还住在解放楼集体宿舍里，就向招待所申请一间能长租的房间。招待所的管理员老张很帮忙，为我解决了这个难题。

　　许承保来上海看病，他的单位安排他夫人王秀英到上海照料他，两个可爱的女儿也一起到了上海。他们一家住在招待所里，待了大概两年的时间。那是物资匮乏的年代，买什么都要票，我是集体户口，只有一个人的供应量，很难接济他们。我就把我在集体宿舍里用的一些简单的炊具都给了他们，让他们勉强在上海安一个临时的家。王秀英是一位非常贤惠和能干的主妇，在那样简陋、困难的条件下，把临时的家调理得井井有条，将两个孩子都送进幼儿园和小学，将许承保照顾得非常好。

　　大概是20世纪80年代中期，王秀英托人带东西过来时带来消息，许承保去世了！

　　这次住在火车站正对面的龙门大厦，面对着喧闹的广场和熙熙攘攘的人群。从机场到这个地方，经过很多狭窄的街道，印象很深。

结束了今天的授课,晚饭后,去秋林公司,一个留着俄罗斯印记的公司。我按照地图,顺着红军街走到东大直街,再沿东大直街到果戈里大街口,就看到秋林公司了。这个公司内部的陈设已经发生了很大的变化,底层是首饰店,基本没有俄罗斯的特征了。

秋林公司的一个角落,是卖俄罗斯食品的,我买了一个大面包和俄罗斯红肠。这种大面包很有俄罗斯的特色,一个面包2斤多。上次来哈尔滨就买了一个,大家很喜欢。离开秋林公司,沿原路回龙门大厦,一个来回走了大约50分钟。

## 乌鲁木齐城市的印象

(2010年9月)

上次来乌鲁木齐,已经是十多年前的事了。那次一共走了四个城市,从上海到重庆,从重庆到乌鲁木齐,又从乌鲁木齐到西安,在西安期间还去了趟北京。那是我行程最长的一次出差。

那次是开岩土工程师的系列研讨会,还出了论文集。应该是10月份,乌鲁木齐的天气还比较好,但在我们的会议结束后不久,那里就下了一场雪,我们没有遇上。

这次是第二次来乌鲁木齐,住的宾馆靠近市西部,在机场进入市区的地方。附近有一个比较大的土特产市场,但档次不是太高。新疆的红枣真是够大的,三颗红枣可以盛一碗。

上完课的那天晚上,会务公司的老板请王桦和我吃饭。他是学电影导演的,也拍过片子,现在主要经营旅游公司和会务公司。他公司有一些少数民族的员工,都会弹琴、唱歌,晚餐的气氛非常热烈,富有民族气息,很感人。

回上海那天上午,会务公司陪我们去大巴扎市场参观、购物。市场很大,商品比较齐全,很有维吾尔族特色。

补记:2011年6月底,我再次来到这个城市,是来讲课。

## 一别银川三十年

(2010年9月6日)

今天再次来到塞上江南的银川,阔别已经30年了。30年前的8月底,我从北京坐火车来到银川,说得准确一点,应该是从北京一直站到银川的。那一年,陇海线的铁路被大水冲断了,西行的乘客只能绕道北线到大西北。8月底是大学生返校的日子,北京火车站人山人海,根本买不到火车票,排了两天队,无奈之下,只能买了张站票,一天一夜站到了银川。为什么不乘坐飞机到银川来,是不是有点傻? 但在当时,压根儿就不会想到飞机。

那是一次特殊的出差,是到宁夏农学院水利系上课。宁夏农学院新办了农田水利专业,但没有人上土力学课,就到同济大学请求支援。当时,派遣教师去西北上课是有困难的。20世纪60年代初,上海曾经派人去支援西藏,同济大学土工试验室的许品荷随她的丈夫钟先生一起去了西藏,但一去就是十多年,所以不少教师对支援工作有顾虑。学校这次没有惊动大家,只安排了我和魏道垛两个人,我上前半学期的课,魏道垛上后半学期的课。我在开学前动身前往银川,但上海到银川没有直达的火车,只能从北京中转。到北京,就住在建设部招待所。到北京的那天,在建设部大院的东门口巧遇张启成,他刚从四川调回北京,安排在建设部工作。那年,我们才46岁,到现在也已经30年了。启成病倒也快一年了,处于持续性植物状态(俗称植物人)。想起这些事情来,感慨万分。

当年的宁夏农学院并不在银川城里,而是根据指示从银川城搬到了永宁县的乡下,离县城还有十来里路,长途汽车正好一站。我在北京火车站买好站票之后,赶快到西单电报大楼发了一个电报给宁夏农学院的水利系,告诉他们我到银川的车次和时间,以便他们派车接我。

我站到银川的那一天下午,下了火车后,到出口处找接我的人,但找来找去就是没有看到农学院来接站的人。那时还没有手机,也无法联系。于是就采取了第二方案,乘长途汽车前往,到永宁县前面一站下了车,远远看到了农学院的大门。向门卫打听到水利系的大楼,就直接到水利系报到。系主任是一位非常清瘦的老先生,大概是解放初期毕业的老师。他问我怎么不发个电报通知他们派车去接,我说已经发了电报。也真凑巧,我的电报刚刚送到水利系。电报到达农学院的时间居然比我乘坐火车、汽车需要的时间还要长,可见当时银川的发展程度。其实,当时在上海也好不到哪里去,打通一个市里的电话,有时得花半天的时间。

系主任向我介绍了情况之后,就安排我住的地方,在办公楼里给了我一间办公室。我就住在办公室里,工作和生活都比较方便。系主任指定两位老师做助教,希望他们以后能够自己讲课。在宁夏农学院的几个月中,我在王伟老师和孙老师的协助下,比较顺利地完成了教学工作。

教学安排中,有参观青铜峡水电站工地的内容。我事先通知了总务处派车,还调了那天的课。早上,学生都在操场集合,准备上车。但一件不可思议的事发生了,总务处说,按规定那天正好要去验车,没有车可派了。学校对此也没有强烈的反应,说明这种事是司空见惯了。可是,我接受不了,就找系主任反映,认为学校以教学为主,不允许发生这样的事,如果总务处派不出车,就应该设法租车,不能说没车就不安排车了。系主任非常支持我的意见。在我们的坚持下，还是安排了车去参观，没有影响教学安排。

王伟是一位工农兵学员留校的老师，学习很努力。大约是20世纪90年代，她调到了无锡的江南大学，当了教授。她的先生是她读书时的同班同学，是做行政工作的。他们一家子很热情，在银川的时候，生活上对我有很多的照顾。王伟在江南大学的时候，做了几个科研项目，立项和结题时都请我去评审。他们现在应该也到了退休的年龄。

孙老师是20世纪50年代的大学生，年纪比我稍小一些，是读工程测量的。孙老师常到我的住处和我聊天，我才得知他那曲折的人生经历，为他经历苦难而不丧失生活的热情而感到高兴。多年后，孙老师和我还有联系，他一直在农学院讲土力学的课，承担了土力学方面的一些研究课题，成为这方面的专家，还曾经请我为他的研究成果写过评审意见。

王老师和孙老师给我讲了当地的许多风俗人情，例如，这里是朝穿棉袄午穿纱，围着火炉吃西瓜。说明这里的气温早晚变化很大，也说明这里的西瓜成熟得比较晚，到了深秋时节，西瓜才大量上市。这里的水果是非常好的。当年黄蕉和红蕉苹果比较盛行，但现在已经见不到了。

这里食堂的饭菜偏辣，考虑到我可能吃食堂口味不对路，他们就借给我一些炊具。好在我也喜欢烧饭，就自己开伙了。新鲜素菜在农学院的大院里就能买到，附近的农民会来卖菜。我每个星期到县城去一次，买些荤菜回来就能过一个星期。农学院的大米是不错的，"塞上江南"名副其实，物产比较丰富。农学院也养奶牛，所以每天可以买到新鲜的牛奶。

这样，我就在农学院里过上了田园般的生活。时间的利用率比较高，每个星期上四节课，给学生和农学院的老师答疑，帮他们建立土工试验室，进行仪器的校准和试验课的准备，此外我还能花些时间构思那本关于土力学可靠度的书。

虽然在宁夏农学院待了两个多月，但究竟是在乡下过的，到银川市的次数很少，印象中银川与北方的一些城市差不多，没有明显的特色，记得比较清晰的是看到街边上有小摊卖烤羊，是整只小山羊，一块一块割下来称重来卖。还去过介绍西夏历史的博物馆，是一个老的建筑物，规模并不很大。

今天再次来到银川，而且就住在城里。晚饭后，出去走走。我住的地方在北门外，上海路中山路口，上海路是东西向的。乘43路公共汽车沿中山路向南到解放路口下车，这里是银川市中心。我从解放街走到玉皇阁，一座古建筑，前面有一个广场。玉皇阁南街直通新华东街，非常繁华。华灯初上，流光溢彩，满街的汽车来来往往。确实，与30年前比较，这里也发生了很大的变化。新华百货是银川最大的百货商场,地下是超市,我进去买了些枸杞制品。

第二天上完课以后,一位校友(徐超的同学,在这里担任协会的秘书长),请我在他们单位对面的沙湖宾馆吃了一顿饭,并将几个勘察设计院的院长、总工请来了。吴忠市水利院的许总,与我年纪差不多,杭州人,一位文文静静的学者,1958年北京水利学院毕业后来到宁夏工作,在宁夏工作了一辈子。另一位吴总,也七十多岁了,是地质队出身的,身体很结实,一看就是地质界的前辈。这次来听课的有好几位老人,都是做审图的。其他几位是20世纪80年代毕业的中年人,一位公路设计院的院长是同济大学道路专业毕业的。他说自己是张南鹭的学生,或许张南鹭做过他们的班主任。饭后,他们开车陪我在新城区兜兜,道路两旁的公共建筑,市政府、自治区政府、国宾馆等,在夜色中显得庄严肃穆。

## 海南杂记

(2010年9月16日)

来海南好几次了。第一次是在20多年前,海南建省的时候,我们学校派了个代表团,由黄鼎业副校长带队到海南访问,为海南作旅游规划,进行合作洽谈。当年,海南旅游局才刚成立,接待我们的好像是一位副省长,双方谈了许多客气的话,具体的合作协议是与旅游局签订的。那时飞机场在海口市的边上,而现在机场遗址是位于城市中心了。由旅游局陪同,我们进行了海南旅游点的考察。我们从中线南下三亚,在五指山短暂停留,参观了少数民族的民居。在三亚住了一天,参观了天涯海角、鹿回头和亚龙湾。沿东线北上,参观了热带植物园、猴岛和万泉河,在文昌参观了宋庆龄的祖居。

海南建省已经20多年了,发生了翻天覆地的变化,也经历了许多曲折,海口市的一些烂尾楼似乎在诉说20世纪90年代的风云变幻。

这次,我们住在海口的老市区,尽管海口有豪华的高楼和宽敞的大马路,但这里狭窄的街道和拥挤的人群似乎在告诉我们这里还比较原始。由于原始,海南岛的天然景色保持得不错,从海口出去的高速公路,沿线的风景非常好,两旁看不见建筑物,看不见人,有点像澳大利亚那样空旷、原始的山野风光。

在我们居住的宾馆附近,有一所老年活动中心,门口有量血压的诊所,我和凤英都去量了血压。说来也奇怪,冬天在上海时,即使服用降压药,血压还是比较高,但到了南方,血压就降下来了。记得前几年,我出差去深圳,测量的血压也不高。看来,人也真要做候鸟了,冬天到南方过。北京就有很多人在海口买了房子,准备冬天来住。

## 西安记忆

（2010年10月）

西安是我较早出差到过的城市。大约是1962年，去巴家嘴水库开会，第一次来到西安。巴家嘴在陇东高原，我们坐车去工地，在路上我第一次领略黄土高原的风光。

那次以后，我陆陆续续来过西安，不下十次，时间一般都不太长。

西安给我的印象不如北京那么清晰，也不像杭州那么亲切，我对这座城市的了解还很不够。

今年上半年来过西安，住在兰装宾馆。那天从杭州飞到西安，已经是晚上了。汽车开到宾馆门口，我发现宾馆的墙上有一块铭牌，上面写着"军事管理区"，非常醒目。原来是部队的产业。10月14日凌晨到达这里，还是住在这个宾馆，看来这个宾馆经常举办会议和培训。

之前去昆明途中，刚上飞机，接到狄红的电话。她说14日在西安有一个培训班，想请我去讲课。我说12日和13日两天都在昆明上课，是很早就确定的计划，14日不可能到西安上课的。她一再恳求我去西安讲课，说很多单位听说是高教授来讲课才报名的，如果我不去，无法向学员交代。我不好再推辞，让她查一查13日晚上从昆明飞往西安的航班。

我刚到昆明，一下飞机，狄红就来电话了，告诉我航班的时间是晚上10点，到西安是凌晨。无奈之下，我答应了她的请求，13日的晚上从昆明赶往西安。她到机场接我，这是我们第一次见面。到宾馆已经是后半夜了。

宾馆位于一个住宅区，有七八幢高层建筑，区域内的场地和道路上停满了小汽车。上次我散步时发现里面有停车场，停满了汽车，道路的两侧也都停了车，四车道变成了两车道。每当上下班时，就会发生拥堵，混乱不堪。据驾驶员说，经常如此，没有人管理。早上，从宾馆房间的窗口往下看，在一些堵塞路口，要等待很长时间才能开过去。从这里可以看出西安的管理水平还有待提高，也可以看出西安老百姓的耐心之好。这里的有车一族，天天忍受着混乱，消耗着自己的精力和时间，怎么没有人提意见呢？

这次来西安上课，有好几位年长的同行来听课，他们的精神是值得学习的。有一位同行是1938年出生的，是苏州人，退休后做设计审查，还是很有经验的。他说他看了许多我出版的书，可见他是一个很重视学习的老工程师。另有一位同行说他是同济大学毕业的，学的是工程地质专业。出来讲课经常可以遇到校友，对从事教育工作的我来说，是莫大的快乐与安慰。

## 沈 阳 小 住

(2010 年 11 月 17 日)

一年之内，三到沈阳。第一次只住了一晚，回程时因下雪而被困机场，到后半夜才起飞，回到家已经是凌晨 5 点了。那天，雪下得并不大，而且上午就停了，但机场从上午一直关闭到晚上 6 点才开放。我们这个航班居然被"遗忘了"，据说飞机被调配到飞往新加坡的航班了。眼看其他航班一个一个起飞，唯独我们的航班不知所终，旅客们愤怒了，有人咆哮了，于是警察来了。大家都调侃警察，弄得警察也很尴尬。

第二次来沈阳，住了 3 个晚上，因为去呼和浩特的航班是 19:50 起飞，白天也在沈阳过了。入住的宾馆离沈阳故宫和大帅府都不远，但这两个地方以前去过，不想再进去。于是，就在外面走走，上午走了一个小时，下午也走了一个小时。

沈阳故宫的四周都是高楼大厦，在这样的环境里，故宫就显不出它的雄伟庄严。到沈阳的那天，与接我的驾驶员赵师傅聊天，他说沈阳的汉族人占 50% 多，满族人将近 30%。很多满族人，既不会讲满语，也不识满文了，让人感到惋惜。

大帅府前的广场上立有张学良将军的雕像，联想起这位将军被幽禁的大半生，感叹"风流倜傥今何在，权位美色俱往矣"。

宾馆附近有大东农贸市场和大东副食品商场。大东者，大东门也，这里有沈阳人的自豪。进去看看，规模虽然很大，但很乱，很黑。

今天第三次来沈阳，住在惠工街北辰大酒店。由于没有带地图，不知在沈阳的哪个方位，我感觉应当是位于沈阳城区的东北角。住下后，从室内向外眺望，右前方是长途汽车站，再远的地方是沈阳北站，我的判断不错。

前几天，从气象预报中了解到沈阳的气温已低至零下，我便带了大衣和羊毛衫，但看来都是多余的，不到室外是用不到的。在室内，穿得比上海还要少一些才行，否则会出汗。昨天早上，到大门口站了片刻，感到了寒意，就在大堂里锻炼，今天也在大堂里锻炼。北方的冬天，老人不适合在户外锻炼。

今天晚上，去中街吃晚饭，中街是一条步行街，比较繁华。这条街以前来过，那时正在修地铁，如今已经有 3 条地铁的车站在中街的下面。回来时，顺着出租车的走向，我发现，北辰饭店不在沈阳的东北方向，而在中轴线的西北方向，这可以在地图上得到验证。

## 在南昌的日子

（2010 年 11 月 9 日）

这次来南昌，住在火车站北面，二七南路冶金商务酒店。附近没有太多的绿化地带可供锻炼。有一些高层建筑，但大楼前的场地非常局促，汽车停在本来就不宽的人行道上，行人只好绕过这些汽车，来去匆匆。附近有一个超市，进去看了一下，似乎与 6 年前南昌航空工业学院附近的超市差不多。街道上的各种小店，也和 6 年前差不多。

6 年前，我在南昌航空工业学院任职，常来南昌，常住南昌。

那时姜安龙刚毕业，他到南昌航空工业学院工作，希望我能到他们学校做兼职教授。那年我已经退休，就答应了，与南昌航空工业学院签了一个合同，规定我每年在他们学校的时间不少于 3 个月，发表一些论文，申请岩土工程的硕士点。

当时，南昌航空工业学院的土木系成立的时间并不长，而且是在原来力学系的基础上成立的，刚有土木工程专业的学生毕业。试验室的建设才起步，土工试验的仪器刚运到，需要安装。前一年申请力学专业的硕士点，但没有通过。请我去了以后，就改为申请岩土工程的硕士点，于是将我的一些成果和论文都移植过去，还让我和许多同行进行了沟通，终于在几个月里拿到了岩土工程的硕士点。

那年，请孙钧先生来南昌航空工业学院给师生做学术报告，并请他对学科和系的建设进行指导。随后，我陪同孙先生上了一次庐山，在山上住了 3 天。

我在南昌航空工业学院待了一年就回上海了。学校后来的变化也比较大，张少钦不再担任系主任，土木系也变成土木学院了。（在后面的"日记残稿"一节中，记录了我在南昌航空工业学院工作和生活的一些情况）

这次来南昌是讲深基坑工程，住在抚州大饭店。饭店位于孺子路，离八一广场不远，早上可以到广场锻炼身体，还是不错的。昨天晚上，姜安龙请我吃饭，他的夫人小郭和孩子都来了，女儿已经读小学二年级了，时间过得真快。

## 对昆明的第一印象

（2010 年 12 月 22 日）

我第一次到昆明是在 1982 年。那一年，我调到学校机关工作，担任科技咨询服务部主任。那年秋天，大概是 10 月份，我第一次到昆明，副校长徐植信率团访问云南省，讨论同济大学与云南省合作的事，主要讨论西双版纳橡胶园的周恩来总理与吴努总理会谈纪念馆的设计、地震监测点的设置和大理白族自治州的环境治理等几方面的合作。同行的有建筑系、结构所和环境系的几位老师,还有市高校开发中心的同志,十来个人乘飞机到昆明。

出差的联系与准备工作都是我在操办,从学校财务处借了十多个人的差旅费,很大一笔款子。当时没有银行卡,也没有办法先汇到昆明,只能由我一个人带着。我把钱缝在一条带子里,兜在身上。上海的天气比较凉爽,但到了昆明,天气很热,只能穿衬衣,那一大包钱就无处遁形了。于是我将钱分给大家,分散着带,解决了这个问题。

我们一行人由云南省计划委员会接待,住在昆明圆通寺饭店,好像是省政府的招待所。谈成合作协议后,在昆明参观了西山龙门和石林两个地方,然后就分成两拨,下去与地市一级有关部门商谈落实事宜。

我们这一拨人是去西双版纳。从昆明到思茅有航线,但当时的飞机票非常难买,没有办法,只能向云南省计划委员会借一辆面包车和一位驾驶员,沿着公路开去。白天行路,晚上住宿,当时走了三个整天。徐植信为了路上的安全,要求派年纪大的驾驶员。云南省计划委员会满足了我们的要求。当时,我们才四十多岁,徐植信比我们年纪大一些,但也就五十多一点,所以体力和精力都能胜任,能一路欣赏大自然的风光,这是乘飞机无法比拟的。

我们所走的路并不是现在的高速公路,虽然也是国道,但线形复杂,路面崎岖不平,汽车只能以不超过 60km/h 的速度顺着高原地形一路往南而去。我们朝行晚宿,饱览山水。

从思茅到景洪,进入了深山,路弯弯曲曲,更难走了。不知谁说,有一个日本的旅游者统计过,这条山路有一千多个弯。有人说没有那么多,有人说比一千还要多。于是,我们就开始了记录与统计。余敏飞拿出一个本子,画了格子,车子转一个弯,打一个勾,就这样一路统计过去。大家嘻嘻哈哈,为旅途增加了欢乐。我已经记不得结果如何,但这个情景还是历历在目,尽管已经过去 28 年了。

西双版纳傣族自治州的首府是景洪,我们到达景洪以后就和自治州政府进行了商谈,安排了访问的日程。一个重要的项目就是设计纪念馆。当年,周恩来总理和缅甸的吴努总理在橡胶园里进行了重要谈判,为了纪念这个事件,地方准备建造一个纪念馆。当地有一个设计方案,省里也有一个设计方案。后来趁中央领导到云南视察之际,汇报了这个问题。根据中央领导的意见,决定请省外的单位来设计,所以找到了我们学校。通过会谈,签了合作协议书,并且安排我们到橡胶园现场考察。

橡胶园靠近两国边界,非常大,橡胶林也非常稠密。采集橡胶的桶,一个一个挂在树干上,橡胶汁一滴一滴流向橡胶桶。我国种植橡胶的时间并不长,是在

20 世纪 50 年代开始的。西双版纳一带的气候条件,非常适合橡胶的生长。

通过实地考察,我们感受到当年两国总理会谈的情景和气氛,这有利于设计师创作灵感的形成。这个工程是我负责学校科技开发工作后的第一个重大项目。

景洪位于澜沧江边上,我们曾经到大江岸边,观赏自然风光。江上有渡船,可以摆渡到对岸。

美丽的西双版纳,有各种各样的花卉。临走时,我们都买了一些花带回上海。我买了一盆扶桑,开着很大、很绚丽的花。带回上海以后,第二年还开了很多花,可是后来就不再开花了,不服上海水土的西双版纳扶桑花终于凋零了。

这次到昆明开会,记不清是第几次了,但入住的怡景园度假酒店,环境是最好的。住在酒店的怡缘楼,通过大玻璃窗,可以看到前面的草地和树木,绿荫丛中的小桥和亭子也若隐若现,几幢墙面为白色的三层小楼错落其间。园子其实并不大,但站在园中似乎看不到园子的边界,这是设计者营造的一种意境。

前天和昨天,去了一次弥勒县(现为弥勒市)。弥勒是一位笑口常开的佛,常见于寺庙的山门,他的职责似乎就是欢迎每一位来访者,但在这里,弥勒佛是大雄宝殿中的主人。以弥勒作为一个县城的名字,也是绝无仅有的。

印度的弥勒佛原型并不是笑口常开的模样,但传到中国以后,就产生了本土化的弥勒佛形象,即笑口常开的形象。这个形象传说是一位名为布袋和尚的僧人,布袋和尚就是在这一带圆寂的。但还有一种说法,这个县的名字叫弥勒,是由于这里的彝族首领的名字叫弥勒。

县城的北面有一座山,名为锦屏山,这座山的形象犹如弥勒佛,因此就在这座山上建造了一座弥勒佛像,高 19.1 m。由山下往上,共有 1990 个台阶,通过山门和大雄宝殿才能到达弥勒佛的台座。弥勒佛身用玻璃钢制作,在阳光下光彩夺目。台座上有南汉宸写的"弥勒大佛"四个字,繁体的"弥"字缺两点,"勒"字竖笔短了一截,导游说竖笔不通过口字意味着笑口常开。对"弥"字少了两点,却解释不通。我提出一个说法是"法力不二",表示法力之大。

弥勒县有温泉,为云南几个著名的温泉胜地之一,游客颇多,设施比较现代。温泉面向远处高山和近处湖泊,风景秀丽,据说是人工开挖而成,甚为难得。

### 对天津的一些记忆

(2011 年 4 月 11 日)

这次来天津讲课,与天津的同行相处了两天。听众有 100 多人,气氛是比较好的。

天津是我国沿海的大城市,与上海可以说是姐妹城市,是较早开埠并接受西方文明的城市。新中国成立后的几十年,天津的重要性一直没有显示出来,发展比较缓慢。最近十余年,这个直辖市的变化比较大。

30多年前,王肇民教授在设计天津电视塔时,需要地基基础方面人员的支持,我到过天津几次,住在天津大学附近。

改革开放以后,也来天津开过几次会,印象最深的一次,是国家自然科学基金会的一次会议。那年上海正流行甲肝,人们对上海来的人唯恐避之不及。我到天津的那天,天津大学的几位研究生来接我,他们说昨天上海交大一位老师来天津,坐了汽车以后,驾驶员就把汽车的坐垫全部洗了一遍。他们提醒我不要说是从上海来的,我说明白了。上了汽车后,在行驶途中聊天,我无意中说了一句"最近上海天气很热"。驾驶员听了,吃惊地问:"你是上海来的?"我立刻意识到自己失言了,就赶忙补漏洞,漫不经心地说"前些日子到过上海"。到天津大学招待所登记住宿时,我填写来自南京工学院。

当时天津在建造食品一条街和服装一条街,有一次会议的主持单位还组织我们去参观。所谓食品一条街,是一幢体量很大的二层建筑物,中间是一条很宽的通行道,两旁是商店,楼上也是同样的回廊结构。整个一幢楼里,全是饭店,一家挨着一家。我原来以为食品街里是食品店,按照南方的风俗,食品店是指购买糖果、点心、饼干这类食品的店,而不是指饭店、餐馆,这是南北方的差异。

在食品一条街里,底层通道的两侧摆了很多小摊,也很热闹。看了那个景象很有感触,人类的生活需要是多样化的,吃了饭还需要买用的东西,一条街里全是饭店,就单一化了,吃了一家饭店以后,就没有兴趣再看其他饭店了。将那么多的饭店集中在一条街上的设计思路并不高明。

有一次在天津一条马路上散步,看到一幅很奇特的景象,这条街是一条比较典型的北方街道,两旁的房屋是简单的单层瓦房,非常简陋,但所有的外墙都用油漆刷得漂漂亮亮的,显得很不协调。据说当时天津市的领导要求整顿市容,让天津漂亮起来,这个想法并不坏,但有点作秀的味道。如果有钱,帮市民把居住条件改善一些,不是更好吗?

## 我差一点成为重庆人

(2011年7月)

2011年7月,炎热的夏天,我来到这个著名的火炉城市——山城重庆。住在杨家坪的一个宾馆里,不远处是重庆西部的一个比较热闹的地段。昨天晚饭后,我出去散步,从高架的人行桥下去就是杨家坪步行街。其实这里应该是一个步行街区,几条街道汇集成一个广场,高架的轻轨从中部穿过,周围是大的商场和餐厅,是人们休息和购物的地方。山城的广场也并不平坦,但起伏不算大。这里应该是近几年才建成的比较繁华的地段,或者是城市的一个副中心吧!

我第一次到重庆,应该是 20 世纪 70 年代的后期,是到重庆交通学院参加我主编的那本《土质学及土力学》教材的审查会议。我们是坐火车去的,与洪毓康老师一起。路上我的头晕病犯了,呕吐得比较厉害,使会议的主办单位很紧张,以为我生了什么大病。头晕是我的老毛病了,那时经常发作,也是很麻烦的。

当时,教材的主审漆锡基先生在重庆交通学院工作。他是新中国成立初期毕业的,20 世纪 50 年代中期在我们教研室进修过,与同济大学有一定的历史渊源。这个教材的另一次审查会议是在上海开的,漆锡基先生到上海参加会议时还专门到俞调梅先生家拜访。他的女儿大学毕业后到上海江南造船厂基建处工作,他托我多加照料。但几个月后,那孩子就到北欧的一个国家留学去了。再后来,从重庆交通学院其他老师处得知漆锡基先生退休以后回老家贵阳去了,以后就一直没有再联系过。他现在是接近 90 岁的老人了,不知道他可好,很是想念他。

20 世纪 80 年代,我到重庆开过几次会。有一次是开土力学方面的会议,从武汉乘船上行到朝天门码头,在船上待了几天。除了欣赏长江及沿岸的风光外,还利用在船上的时间开学术会议,到重庆后继续开会,也算是一次"创造"。然后,我从重庆到乌鲁木齐参加力学学会的一次全国性的学术会议。乌鲁木齐的会议结束之后,我又到北京参加了一个会议。那是我参加会议最多的一次出差。

我与重庆,还有一段历史渊源,在 20 世纪 60 年代,我差一点成为重庆人。那是 1966 年的上半年,同济大学的地下工程系正在进行紧张的迁系准备工作。各教研室的人员已经划分好了,我是指定要去重庆的,而且还负责全系试验室的仪器设备的装箱和运输工作。

当时,基于可能会发生战争的考虑,许多重要的工程项目都在西南山区进行,工程都是靠山、隐蔽和进洞的。我们学校的地下工程系自然是搞地下工程的,当时认为在沿海地区没什么可搞,应该去大西南搞。那时学校归建工部管,建工部所属的许多单位,早在 60 年代初就已经调往大西南了,考虑我们学校内迁已经是比较晚了。那年春节刚过,我们的系主任张问清教授就陪同李国豪校长去重庆建筑工程学院讨论地下工程系迁系的具体安排。他们回来后立即作了部署,开始了搬迁的具体准备工作。各个试验室把需要搬到重庆和留在上海的仪器设备分开,将需要搬走的仪器设备装箱待运。砍了校园内的许多树木,锯成木板,钉成木箱,工程试验馆内一片繁忙的景象。按计划,要在暑假进行搬迁。

教工人员也分为两部分,大部分内迁,少部分留在上海。但当年 6 月,"文革"

开始了,地下工程系内迁的事也无人过问,不了了之。我最终没有成为重庆人。

## 福州的点滴

(2011 年 11 月 29 日)

我到福州的次数不算多,留下的仅是点滴记忆。

最近几年到福州讲课大约两次,以前到福州作规范调查一次,同学聚会一次,陪江景波校长访问一次,算起来一共是五次。也可能漏了一些,记不清了。

这次住在温泉公园附近。今天早上到公园锻炼,步行约 20 分钟就到了。公园的面积不太大,而且北侧已经建了几栋大楼,压住了公园的风光,使这个公园像一个街心绿地,不那么开阔了。公园里锻炼的人不少,大多是步行,沿着公园里的绿荫步行道,急速行走。今天是星期六,也许人更多一些。这是一个好现象,公园免费开放,是一项惠民措施,经济的意义不是主要的,主要在于对民生的关注。

第一次来福州,大概是 40 年前,编制全国地基规范时作调查研究,是与付世发一起来的。那次走访了一些单位,收集了一些资料。我们是乘火车来的,看到鹰厦铁路穿越崇山峻岭,沿途开挖了很多隧道和半山洞,可知当年修建鹰厦铁路时的艰难。

20 世纪 80 年代,江景波校长带了一个代表团访问福建省,首先到福州。项南同志(时任福建省委书记)在省委招待所接见并宴请了我们。项南非常支持福建省与同济大学的合作。江校长是华侨家庭出身,早年归国读书,有"牧马人"之称,这次到福建访问,别有一番意义。

## 圣诞在深圳

(2011 年 12 月 25 日)

今天是西方的圣诞节,我从昆明飞抵深圳。我到深圳很多次了,但对这座城市的了解并不深。

20 世纪 80 年代,中央决定建深圳特区之后,各单位和人员纷纷涌向深圳。在我们这个行业里,北京的许多研究单位,都先后在深圳建立了分院。我的老朋友中,也有不少人到深圳发展,有的人干了几年又回去了,有的人在深圳留了下来。当时,到深圳发展,似乎有一种"准出国"的感觉,同意某人去深圳也成为领导给予特殊照顾的体现。

西安第一机械工业勘察院(现机械工业勘察设计研究院有限公司)的张旷成是在深圳扎了根的,从他主持深圳的一些规范的编制就可以看出他在深圳岩土工程界的影响。他身体不错,听丘建军说,他仍然每天去单位,对技术工作孜孜不倦。

综勘院(现建设综合勘察研究设计院有限公司)的范颂华,在20世纪80年代初,组织了土的分类与地基承载力课题的研究,后来他向单位提出去深圳发展的要求,去了以后就没有再回北京。后来顾总告诉我,范颂华已经走了,是在一个风雨交加的夜晚,从外面回家时,突发心脏病去世的。

冯遗兴是我的学生,1966届地基基础专业的毕业生,他毕业后分配在中科院武汉岩土力学研究所。改革开放后,他去美国做访问学者。20世纪90年代,一次偶然的机会见到了他,知道他已经离开了武汉岩土所,到了深圳,在做地基强夯。在崇明机场建设时,他承担了强夯施工的任务,我们有了比较多的接触。此后又因为几个项目而时有接触。前几年为了温岭的项目,我想找他,但他的手机号码变了,一直没有找到。后来听说他的夫人生了重病,也许他因此而淡出工程界了。

曾朱家是我的硕士生,毕业后到深圳从事工程检测工作。20世纪90年代,有一次我在深圳见过他。他本科是浙江大学的,成绩不错,读研究生时,看到以前的许多同学下海发了财,有过思想波动。我做了一些工作后,他的思想稳定下来,坚持到了毕业。

## 长　春
**(2015年12月)**

最近十几年,来长春很多次。

有一年,注册岩土工程师考试命题的会议在长春召开,那似乎是我第一次来长春。当时,长春留给我们的最深刻的印象是没有高架路,在省会城市中还是比较少见的,我们对此大加赞赏。

那次会议后,相关单位组织我们去长白山旅游,来回两天。第一天下午来到长白山下,第二天上山。长白山的海拔很高,但上山的路并不很陡,也不算崎岖,比较好走,没有那种翻山越岭的感觉。一路上,随着海拔的不断提高,我们发现道路两旁树木的品种不断变化,可以说这是一个在竖直方向树的品种不断变化的植物园。到了一定的海拔,就可以发现有常年积雪的现象,就是雪线。越往上走,积雪越厚。到了山顶,已是白茫茫一片了。虽然积雪很厚,但感觉不是很冷,带的大衣也可以不穿。

长白山天池位于长白山主峰火山锥的顶部,是一个火山口,经过漫长的年代积水成湖。长白山天池海拔2189.1m,天池略呈椭圆形,南北长4.4km,东西宽3.37km,总蓄水量20.4亿$m^3$。天池水温为0.7~11℃。天池是中国最高最大的高山湖泊，是东北三条大江——松花江、鸭绿江、图们江的发源地。

此次又来到长春，飞机晚点一个小时，到长春已经是下午3点多了。接我的汽车走了一个半小时，才到宾馆。汽车进入市区后就走走停停，穿一个红灯路口，要经过几次的红绿灯变换。在一个地方，停了一辆工程铲车在除雪，占了两个车道，还能不挤吗？路上看见这里也建了高架路，与十多年前到这里的情况完全不同了。造了高架路的城市肯定是挤得不得了，这个城市也有了高架路，进入了道路拥挤的城市之列。

长春有我的同班同学佘应麒，他的夫人很年轻，可能是我们班男同学夫人中最为年轻的一位了。她非常活跃，是同学聚会的积极分子。他们一家，现在是我们班同学中居住在最北方的一家了。佘应麒生长在上海，毕业那年来到了遥远的长春，在这里成家立业是很不容易的，他的夫人功不可没。

大概十年前，我们同学在长春聚会，我正在哈尔滨上课，没有来参加，也没有去过他们家。后来，我几次到长春讲课，但时间安排都比较紧，来去匆匆，没有时间与老同学见面。所以，尽管我有机会去全国很多城市讲课，但很少利用这些机会去看望老同学，当然也是怕打扰他们。记得有一次我去太原讲课，韩守中来看我，还送了很多东西。我很感动，也很不安。

有一次来长春讲课，大概是学会办的班。也是冬天，下过大雪，天气非常寒冷。主办方组织我们参观溥仪的伪皇宫，特地为我们准备了很厚的皮大衣，一出门就裹在我们身上。那真是北国的大雪，北国的风景啊。

## 长　沙
（2015年1月）

长沙，我来过很多次，但对她的全貌了解得还不够。

2015年初，我来到长沙，住在五一大道的银河大酒店。这里邻近长沙火车站，酒店的隔壁是一家民航酒店，有直达机场的大巴车，交通非常方便。我来长沙时，曾住过这里多次，也多次住过隔壁的民航酒店。马路对面有一个微型公园，比我家附近的松鹤公园稍大一些，昨天下午我过去走了两圈，是一个锻炼的好地方。

长沙有好几条东西向的大道，这个酒店所在的五一大道，东端是长沙火车站，西端是湘江中的橘子洲。五一大道是一条快速路，也是长沙有代表性的一条马路，路面很宽，有10个车道，车辆非常密集，车速很快，因此行人都是通过地下人行道穿越马路的。五一大道的下面是地铁，正在试营业，这是长沙中心区的交通要道,也是连接长沙火车站和高铁长沙南站的重要通道。

前几年,一次到长沙,有点空闲时间,我就去橘子洲游览一番。橘子洲是在湘江中沉积出露的一个狭长的岛屿,是湘江下游众多冲积沙洲之一,据说是世界上最大的内陆洲,形成于晋惠帝永兴二年(公元305年),距今已有1700多年的历史。橘子洲又名水陆洲,西望岳麓山,东临长沙城,四面环水,绵延十里,窄处约40m,宽处约140m,是长沙的名胜之一。站在岳麓山上远眺,橘子洲宛如一根长带,飘浮在湘江上。

散步时,在酒店附近看到一个试运营的地铁进出口,就下去看了一下。车站的埋深比较大,因为之前已经有不少横穿马路的地下人行道,浅层已经被人行道占据了,地铁只能建在比较深的地方了。

酒店附近有一家新华书店,我进去看了一下,感觉以前来过。书店的空间很大,但书的布置没有规律,不是很科学,也不紧凑。书店似乎与长沙的文化气息不相称。比较起来,上海的书店的布置是比较合理和科学的,标识清楚,读者寻找也非常方便。

来到长沙,我想起我的第一个研究生,她是长沙人。湖南的女孩子是比较大胆的,她写信给我,希望读我的研究生。那时,我还在学校的开发公司工作,那里有我的一个工作室。面试以后,我就录取她了。

前几年,长沙准备造一幢超高层建筑,已经做了勘探工作,但没有造起来。有人曾经在我负责答疑的"高大钊教授专栏"询问这个建筑物场地的一些工程地质问题。

## 武 汉

(2012年12月)

武汉是我国中部的大城市,交通方便,商业发达,也是较早开埠的城市之一。在武汉从事工程设计和勘察的单位比较多,技术力量雄厚。

我第一次来武汉是1966年,参加第二届全国土力学及基础工程学术会议。1983年,第四届全国土力学及基础工程学术会议也在武汉召开,我也参加了。

20世纪80年代,我担任中国力学学会岩土力学专业委员会主任期间,与中科院武汉岩土力学研究所的联系比较多,多次来到武汉。

20世纪90年代,我与长江勘测技术研究所合作,参与三峡库区移民工程的一些研究工作,到武汉的次数就更多了。当时刘特洪受崔政权大师的委托,打电话找我,希望我能参与秭归县新址地基处理的工程研究。那几年,我多次来武汉,也在武汉住了很长时间。

最近几年,来武汉主要是讲课,大约一年一次。一般是住在汉口,有时也住在武昌。

尽管来武汉的次数非常多，但对武汉这个城市还缺乏整体的印象和概念，甚至没有去过武汉最热闹的商业街。

以前来武汉，都是乘火车，要从郑州或株洲绕上一大圈，多走几百千米的路。后来是乘飞机，就快多了。20 世纪 90 年代飞机是在王家墩机场降落，那是个军用机场，兼做民用，设施比较简单，但机场不大，停机坪离候机楼不太远，登机也不复杂。后来建造了天河机场，离城市比较远了。住在汉口还可以，如果住在武昌，离机场就非常远了。最近几年，上海与武汉之间开通了动车，乘坐动车经南京、合肥到达武汉，只要 6 个小时，就更方便了。

## 石 家 庄
（2011 年）

我来石家庄的次数不算多。在我的记忆中，2010 年 7 月是第三次来到石家庄。上一次是 2002 年冬天，注册岩土工程师考试第一次评分会议在石家庄召开，由河北省建设厅和人事厅承办，还动用了武警担任警卫工作。会后，我们参观了赵州桥、西柏坡村等地。第一次到石家庄应该是 20 世纪 90 年代末，到河北省建设勘察院梁金国那里讨论河北省的规范问题。他请我在他们单位讲了些课。但是，那两次住在什么地方都已经记不清了。

2011 年我来过石家庄两次，都是来讲课的，而且都住在中山宾馆，那是河北省政协下属的宾馆。

## 西 宁 怀 旧
（2017 年 6 月 26 日整理）

几十年来，由于会议、讲学以及旅游等机会，我去过许多地方，省会城市除了拉萨没有去过外，其他都去过了。其中，西宁只去过一次，呼和浩特和乌鲁木齐去过三四次，其他的省会城市，大部分都去过 10 次以上。

这次是第二次到西宁，抵达已经是第四天了。今天上完了课，明天即将回去。距上一次到西宁的时间已经过去了将近 30 年，物是人非，感慨万分。

第一次到西宁，是受青海省副省长的邀请。学校派了代表团访问青海，商谈省校合作。那位副省长是我们学校的校友，也是读公路专业的，比我晚一届。他读书时的成绩是不错的，毕业后被分配到青海省，在公路设计院工作。后来，他回母校读了研究生，但在 20 世纪 60 年代初，他并没有得到充分的重视，毕业后还是被分配到青海工作了。他的工作也是不错的，因此在改革开放后得到了提拔,担任设计院总工程师。20世纪80年代,在知识分子中提拔干部时,他又被提拔到了副省长的岗位上。这次是应他的邀请,我们到青海访问了一个星期。若干年后,听说他离开了青海,担任武警部队的政委,那应该是正部级的干部了。在我们同济大学的毕业生中,能达到这个级别的人也不多。

那次访问的代表团是副校长金正基带队的,成员中有几位系主任和相关部门的几位处长。代表团住在省政府招待所的一栋楼里,我们住在二楼,房间很大。我们发现厕所非常特殊,白瓷的坑位特别长,似乎是特制的,再看房间里的床,也特别长。后来,从招待所的工作人员那里问到了原因。原来,当年这栋楼是为毛主席来青海视察准备的,都按毛主席居住的标准布置。但后来,毛主席并没有到西宁视察。这里准备的设施也从来没有用过。改革开放后,这栋楼就改为省政府招待所的用房了。

访问西宁后,省政府安排我们参观了青海几个重要的名胜古迹。首先是青海湖,那是我国面积最大的内陆湖泊,代表团的汽车沿湖边走了一圈,我们在几个景点下车观赏。那里有我国最大的候鸟栖息地,远远望去黑压压地一大片;候鸟起飞的时候,场面非常壮观。其后,我们参观了塔尔寺。塔尔寺是著名的藏传佛教寺院,距西宁市25km,寺址是宗喀巴大师的诞生地。我们还到了文成公主告别家乡进入西藏的关口,那是唐朝时中原和西藏的交通关隘,在崇山峻岭之中。青海是汉族与藏族杂居、友好相处的地方。

那次到西宁,我特地去陈国本家探望了她,那是几十年中唯一的一次机会。她是我少年时期在平湖的邻居,一位很开朗的姑娘。20世纪50年代初她去了老家海盐,在那里工作。1955年,我读大学的时候,暑假曾经去海盐看望过她。有那么一段时期,每年的春节,我们都有见面的机会。当我向她提出希望发展为朋友关系时,她告诉我,她已经有男朋友了。所以,我们之间也就只能保持少年时代的非常单纯的普通朋友关系了。大概是1958年,她来信告诉我,他们全家都去了遥远的西宁。直到我去西宁的那一年,登门拜访时才见到了她,距上次见面已经过去30多年了。那时,她丈夫已经去世,两个女儿也已长大成人。20世纪90年代,她曾经来过上海,在我们家住了一晚,那时她已经离开了西宁,但两个女儿都扎根在了青海的土地上。她丈夫去世后,她再婚过,但因那个人的生活不检点而离婚了。她那次来上海的时候,告诉我,她又结婚了。可能因为丈夫是苏南人,所以她可能是去了她丈夫的老家。上海那次见面后,我们就再也没有见过面,也没有联系过,不知她现居何处,身体可好。现在,我在西宁的宾馆里,在她度过了几十年时光的这片西北的土地上,提笔写下这篇回忆文章,深深地怀念这位少年时代的朋友。

# 公 园
(2017 年)

今天早上在我家附近的松鹤公园锻炼时,想起了关于公园的一些往事。

现在,很多城市的公园都对公众免费开放。在我出差到过的一些城市里,只要住的宾馆附近有公园,我就会进去散散步。

在我到过的一些城市里,大多数公园都是免费的,但也有例外,例如北京西站附近的莲花池公园,就不完全免费。当然,对我这样的老人,他们是不查看票的,但公园大门口还是坐了工作人员,查看游客的年票或月票。虽然价钱很便宜,但总是要用票的。由此看来,北京的公园不是全部免费的。

更早之前,进公园都是要买门票的,各地都是这样。尽管票价并不贵,但总是要掏腰包的。那时,上海的一些公园还是著名的景点,可以带来访的亲友去玩。1950 年,我第一次来上海报考学校时,光坼大阿哥家住在万航渡路,他曾陪我去过他家附近的兆丰公园;浦东的锡田姐夫则陪我去过复兴公园。我就是从那些风景优美的公园开始认识和了解上海的。后来,我也曾经陪从平湖来上海的亲戚去公园游玩;孩子小的时候,我也陪他们去公园玩。时间过去了几十年,情况发生了巨大的变化,有比公园更好的旅游去处,公园渐渐失去了原来的旅游价值,而成为市民休闲和锻炼的场所。这是社会进步、人民生活条件改善的一种表现。

前些年,我几乎每天都步行去和平公园锻炼,从家走到和平公园大约 15 分钟。在公园里走一圈,做一套体操,再步行回来,大约花一个小时。后来,凤英建议我到附近的松鹤公园锻炼,因为去和平公园的路上可能要吸进不少汽车尾气。松鹤公园是一个很小的公园,比街心花园稍大一点。在公园里走一圈是 300m 多一点,只需要四五分钟,我每天在里面走 12 圈,大约 4km。慢慢走大约需要一个小时,快步走只需要 50 分钟。走路对我们老年人来说是一项很好的运动,也是衡量一个人身体健康状况的最基本的指标。俗语说,人老腿先老,腿脚灵活才能保证基本的生活质量。走路又不需要特别的客观条件,在任何地方都可以锻炼,容易坚持,即使出差,也总是有路可以走的。我希望能够长期坚持走路锻炼,现在可以走快一点;将来年纪大了,可以把速度减下来;年纪更大了,就慢慢地走。走路的适应性很好,我相信可以走到 90 岁以后。

公园里通常有很多人,以老人居多。不少人在走路,像我一样,一圈一圈地走着。有的老人坐在椅子上休息,还有一些老人是坐着手推车,让人推着到公园来晒太阳的。

将来,我年纪更大了,走不完 12 圈了,我也可以到公园来坐坐,呼吸一下新鲜空气。

## 四、师生情、同学情

### 平湖中学毕业 60 年同学重聚有感
（2009 年 10 月 7 日）

昨日参加平湖中学校庆,与老同学重聚。今日收到沈世明发来的照片（图 10-2）及附言。

大钊:这次是继 1989 年、1999 年后第三次参加母校的校庆,不足的是老同学来得太少了。大家争取参加十年后的第四次校庆吧!

图 10-2　与平湖中学同学合影

1950 年春季,我们毕业于平湖中学,同学沈世明、冯志坚、方明麒均就读于嘉兴师范学院,后毕业于浙江师范学院。沈世明退休于上海师范大学,冯志坚退休于华东师范大学,方明麒退休于平湖中学。

逢校庆,同学重聚,感慨万千,赋诗一首。

### 离校 60 年逢母校校庆四同学合影

白发苍苍回母校,难得三度四人照;
争取八秩校庆时,我辈尚能再合照。

## 在平湖中学上海校友会成立大会上的发言

(2000年1月7日)

母校领导,各位校友:

今天,我们平湖中学的校友欢聚一堂,大家都很高兴,很激动,也感慨万分。在座的校友离开母校的时间从20世纪40年代到90年代都有,跨越了半个多世纪。我们从故乡来到上海,从平湖中学走向各行各业,每位校友都有不同的岗位,不同的经历,但我们都来自平湖中学,正是这个共同点使我们又走到了一起。成立平湖中学上海校友会是许多校友长期的心愿。记得10年前,母校50周年校庆之前,应潘宝根校友的邀请,十多位校友曾经在复旦大学聚会过,有20多位校友回平湖参加了大庆活动。但后来没有经常联系,过了10年再见面,相隔的时间实在太长了。

去年是母校60周年大庆,上海9位校友回去参加了校庆。故乡的面貌发生了很大的变化,母校的面貌也发生了很大的变化,崭新的校舍,齐全的设备,已看不到我们读书时的一排排平房。更重要的是经过老师们几十年辛勤的耕耘,平湖中学已经是浙江省的重点中学,在校同学的精神面貌非常好,我给一年级的同学作报告时,我感受到他们求知的渴望,对祖国美好未来和个人远大前程的向往。参加校庆使我们感到兴奋,但还有一丝遗憾,那就是回来参加校庆的上海校友太少了。几位校友聊天时都有同感,由此而想到应当把校友会成立起来,于是晚上在平湖宾馆商量如何筹备。大家认为首先应当将校友通信录整理出来,才能联络更多的校友开展活动。大家推举沈思明、钟经华和我进行筹备,约定在月底将每人掌握的校友情况先汇总到我这里,将通信录编出来,再研究扩大联络。商定后,我马上回母校向宋书记汇报,得到了母校领导的大力支持。

回上海后,在各位校友和母校提供的资料基础上整理出通信录初稿,同时扩大了筹备组,请更多热心的校友参加筹备组的工作,开了第一次筹备会,确定了召开这次会议的时间,发出征集校友信息的第一次通知,讨论了下一步工作的设想。去年12月初,筹备组回母校汇报校友会活动的准备工作情况,同时请母校与平湖市驻上海联络处联系,得到联络处的积极支持。今年1月5日,筹备组召开第二次会议落实今天活动的具体事宜。经过一段时间的筹备,今天终于开会了。到会的校友这么多,说明我们平湖中学在上海的校友对母校深厚的感情和同学之间难忘的友谊;母校校长和书记的到会,表达了母校对上海校友的关爱之情;平湖市驻上海联络处的孙世全同志带来了故乡政府对游子的深切关怀。我谨代表筹备组感谢联络处的支持,感谢母校领导的关心;代表筹备组感谢全体校友的踊跃参与,感谢今天到会的校友,也感谢因各种原因没有到会的校友。校友会是全体校友的组织,只有依靠大家,才能搞好。在筹备过程中,马法明校友和黄薇校友承担了全部的组织准备工作,他们还动员单位的同事和校友打印通信录,发通知,落实今天的会务工作,没有他们的辛勤工作,今天的会是开不起来的;张锦龙校友安排了筹备组回母校汇报的活动,沈思明校友广泛地与各位校友联络并安排筹备组的活动;今天会议的经费是由马法明、沈国权、张锦龙三位校友资助的,联络处也提供了帮助,姚积善、屠访仁等校友积极地出谋划策。让我们热烈鼓掌,感谢他们为校友会活动所付出的辛劳和慷慨的资助。

我们中国人是非常重情义的,在远方的游子常怀念故乡,思念母校。每当回忆起青少年时代的友情,就激动不已,这大概就是校友会能够长盛不衰的原因吧!我们今天的热烈场面也再一次证明了这一点。校友会是桥梁,是校友与母校之间的桥梁,是校友之间的桥梁。以后更多的来往将发生在每一位校友与母校之间,或校友之间,像这样大规模的活动仅是提供一个机会和场合。校友会怎么搞,需要大家来讨论,如何才能使校友之间已经恢复的联系与友谊长久保持下去。这次筹备组的校友年龄偏大,我和法明、思明都是1950年毕业的,已经快65岁了,其他几位虽然比我们年轻,但也已经不小了。筹备组人员年龄偏大,不利于校友会的发展。我认为校友会的工作班子应当是实干的、滚动的,一代一代地传下去。由于原来对校友的信息了解不多,当时考虑的面比较窄,我想通过今天的活动可以使更多的年轻人参加进来。今天请大家考虑推荐热心校友会活动的、年纪比较轻一些的校友作为第二届校友会工作班子的候选人,参加第一届校友会工作班子的工作。第一届班子负责将第二届班子组织好,由他们负责准备第二次活动,同时进行换届,因此建议下午抽一些时间进行推荐。

校友会的活动需要一定的经费,这一次因为是第一次活动,就由三位校友资助了。以后怎么办,也请大家出主意,可否采用校友自愿赞助的方法,多少不论,能多出一点的就多出一点,经济条件不宽裕的不出也没有关系。校友会本身是一个互助的组织,不宜作硬性的规定,可否?请大家讨论。

考虑以后校友会经常性的事务,是否可以将校友的联系地点放到联络处,校友有什么事可以找联络处,那里有场地,也有通信设备。联络处可以为校友会的工作创造一定的条件。我想,联络处的同志也一定欢迎平湖人多去联络处,欢迎平湖中学的校友多与联络处联系,这样也便于发挥在上海的平湖籍人士的作用,为家乡多做贡献。

各位老师,各位校友,平湖中学已经走过了60个春秋。在新的世纪里,母校将为国家培养更多更好的人才,在上海的平湖中学校友也将一代更比一代强。相信上海校友会也一定会越来越兴旺。

再过四个星期就是春节了,在这里向大家拜个早年,祝各位在新世纪的第一个龙年里身体健康,万事如意。

注:图 10-3 是我在校友会成立大会上发言的情景。

图 10-3　平湖中学上海校友会成立大会

## 对 60 年前平湖中学的点滴回忆

(2009 年)

迎来母校平湖中学七十华诞的时候,我们这些母校初创时期的学子,都已是耄耋老人了。几十年前的人和事都已渐渐远去,记忆也已经泛黄,写下来的点点滴滴,算是为母校的历史留下一点痕迹吧。

我在 1947 年春季进入平湖中学读初中,1950 年初毕业离校。在平湖中学的三年,是母校初创十年的最后三年,也是我们国家发生重大变化的三年。

1947 年,我们进入平湖中学时,有两个班,100 多人,可是当我们毕业时已经减少到一个班,其中还包括从光启中学合并过来的部分同学。三年时间,同学减少了一大半,许多同学因家境困难而退学,也有随其父母迁居上海等地而离开的。在那个动荡的年代里,学生的减员是非常厉害的,我们班级仅是一个例子。

平湖中学的校舍在北门仓弄底,也就是迁校以前的那个地方。这里只能讲地方,是因为迁校前的平湖中学已经不是我们读书时平湖中学的模样,迁校前的平湖中学也已经彻底改造过了。60 周年校庆时,我们返回母校,几乎找不到任何当年的建筑物了,留在我们记忆里的那所平湖中学已经没有了。前几天,在平湖中学上海校友会的通信录上,看到一张老校门的照片,勾起了我们很多的回忆,但那也仅是新中国初期拍的一张照片。校门模样依旧,但当年的墙上还没有五角星,也不是那个校名,当时的校名是"平湖县立初级中学"。

从那座老校门开始,往里走,母校校舍的形象从记忆中浮现。校门里面是两进旧式三开间,第一进的大厅是作为礼堂用的,后一进是楼房,好像是老师的办公室。那两进房屋的北侧是生活区,寄宿生的宿舍和食堂都设在那里;南侧则是教学区,是丰字形布置的三排教室,每排有四个教室,中间有一条通廊,东西各两个教室。教室是外廊式的,走廊位于教室的北侧。学校的实验设备是简陋的,我已经记不得实验室在什么地方。音乐教室在校门的南面,靠近仓弄的围墙边。一架风琴,是我们上音乐课的唯一乐器。教学区以西是操场,操场的范围很大,但没有围墙,设备也很简陋。操场的北侧有一所监狱,我们上体育课时,经常看到狱警押着人犯通过我们的操场进出。那就是60年前的母校,校舍虽然简陋,却是平湖唯一的一所县立中学,是我们接受启蒙教育的地方。我们从那里走向全国各地。

## 记同窗好友

(2009年)

上中学时,我和其他四位同学(潘润身、刘振中、胡运梁和陈家声)的年纪比较小,其他同学都比我们年纪大,把我们看作小弟弟。因为年纪比较接近,我们五个人的关系也比较好。为了纪念我们的友谊,曾经拍了一张合影,照片上还写了"我们五个人"。

1949年,我们五个人都是虚年15岁,还是比较幼稚的孩子,但都面临着毕业以后是升学还是就业的问题。六十年来,我们五个人走过了不同的人生道路,但还没有一起聚会过。非常想念他们,希望以后还能见到他们,延续少年时代的友情。

毕业60年后,回到母校参观,在新校区与昔日同学合影留念(图10-4)。

图10-4　毕业60年后在母校新校区合影

# 在同济大学的五十年

（动笔于 2003 年 10 月 22 日）

**1) 进入同济大学**

1954 年,我在上海市第二十四职工业余中学完成了高中的学业。对知识的渴望促使我决定辞职报考大学。厂里同意我报考,给了我两个星期的假期复习功课。

高考的考场设在复旦大学。考试结束以后,感觉不怎么好,因为有些课程在业余中学里没有学,例如化学,是安排在前两年学的,我是从三年级插班进去的,就学不到了。拿初中的化学知识来应试,当然有点晕了。

高考结束后,我继续上班,等待发榜。高考发榜的那天,《解放日报》送来时,大家都紧张地帮我查名单,那时录取名单都公布在报纸上。由于紧张,一时之间竟找不到自己的名字,我的师兄弟们都分头在几个版面上帮我找,但还是找不到。幸亏业余中学的同学周镜秋打电话来告诉我,在同济大学名单里找到了我的名字了,这才放下心来,于是大家都兴奋地欢呼起来。一个弄堂小厂出了个大学生,大家都感到光荣和激动。我的师兄弟们和老师傅们就张罗着欢送我,大家拍了一张合影,还让我挂了红花。那时候,有三种事是要挂红花欢送的:参军、支内和上大学。

报到那天,我乘 55 路汽车到学校。那时的校门是用毛竹搭建的,漆成红色。进入大门,两侧都是草棚教室,现在南楼的位置是个操场。那时铁路、桥梁和公路专业都在一个系里,接我的老师是铁路专业的韩志明老师,还有铁路专业四年级的几位同学。我们新生住在健身房里,记得我们小组有贾岗、孙美玉等,他们后来都留校了,所以还记得,其他同学就记不太清楚了。

当时报考大学只填大类的志愿,所以新生教育的一个内容是填报志愿和分配专业。对于像我这样的新生来说,上大学本来就是一种奢望,一旦得到了,就非常满足,觉得什么专业都好。当时,负责专业分配的老师一定喜欢像我这样的新生,因为不挑剔,工作好做。但是,实事求是地说,当时我是处于一种满足和感恩的状态,有一定的盲从性。听老师的口气,似乎填报公路与城市道路专业的同学比较少,所以我填的志愿中就有这个专业,理所当然地被分配到公路与城市道路专业了。

新生大会是在大草棚开的,会议结束后,各系的系主任就把新生带走。陈本端先生走在队伍的前面,稍有些跛的腿迈着缓慢的步子,领着我们离开了大草棚。

那一年陈先生还不到50岁,可是在我们心目中他已经是非常年迈的老教授了。

四年的大学生活就这样开始了,在同济大学学习与工作的五十年也就这样悄悄地开始了。人生的道路上有一些能改变命运的转折点和分岔口,进入同济大学对我来说,就是一个转折点,将我的人生之旅拨到了这个方向上,当了一辈子教师,搞了一辈子学术。我想起初中时张新德老师给我的毕业留言"学海茫无际,毕生研究岂能穷"。我将这句话作为自己的座右铭,一辈子受用。这句话也可以概括我的一生,五十年来是这样,以后的晚年生活也一定是这样在学海里不断地遨游。

大学的四年,奠定了我之后工作、学习和生活的基础。大学老师教我怎么学习,怎么工作,他们中的许多人对我的一生产生了重要的影响。

大学同学是一起成长的伙伴,我们分享欢乐,也倾诉苦恼,我们从各地走到大学,又从大学奔向四面八方。与五十年相比,我们之间相聚的时间极其短暂,但我们的友谊和感情,却流淌了四十多年。

### 2)大学时代的老师

一年级时,陈本端先生给我们上道路概论这门课。他讲了当年参加建设滇缅公路的情况,他的那条腿也是在修建滇缅公路时摔坏的,先生表示负伤以后他更加热爱公路事业了。有一次,陈先生和我们一起乘车过外白渡桥,他告诉我们,他与外白渡桥同龄,那年都是50岁。陈先生与我还是很有缘分的,四年后,我做毕业论文时,指导教师就是陈先生,做的题目是飞机场钢筋混凝土路面。那段时间,我多次去陈先生家请教问题。陈先生是我大学生涯开始和大学学业结束的见证者。我毕业以后,有时在同济新村碰到他,他就会和我聊一聊。记得20世纪80年代中期,有一次在同济新村大门口,陈先生见到了我,招手示意我过去。我走过去向他问好。他说:"高大钊,你最近在干什么啊?"我说:"陈先生,我在科研处搞科技开发工作。"陈先生摇摇头,习惯性地翘起嘴唇,郑重其事地表达他的不同意见:"学校里搞科技开发不好,不应该搞,不应该搞。"那情景,我一直没有忘记。尽管那几年,我全力投入学校科技开发的领导工作,但陈先生的摇头以及否定的态度,给我深深的震撼,我一直在反思那几年的工作。大学搞科技开发的利弊得失,值得我们思考。

朱照宏老师教我们道路设计课程。那时他还非常年轻,严谨的语言,清秀的板书,极其有条理的内容,使我们上课的笔记非常好记。我至今还留着那门课的笔记本。我当了教师以后,想向朱先生学习上课的艺术,但学不会。

1975年，地基基础教研室解散，我回到路桥系，在朱先生身边工作。一次，朱先生征求我对发展方向的意见。我正心情不好，就不客气地说：你去问王开才吧。事后我深感不安，朱先生是关心我才问我的，我却直接顶撞了他。

后来我到科研处工作，有一次碰到他，向他赔不是，我说："那一次真对不起，说话顶了你。"朱先生笑着说："什么事啊？我已记不得了。"朱先生平时比较严肃，很少见他说笑话，也很少笑，但那一次笑得非常舒心，给我很大的安慰。

1982年，我调到学校科研处工作，那时朱先生担任处长。两年后，朱先生便将科研处处长的担子交给了我，这也许是一种缘分，学生接了老师的班。有一年，教育部在复旦大学召开科研处处长会议，我和朱先生都参加了。会议休息时，朱先生带我去他在复旦大学的家里坐坐，他从冰箱里拿出西瓜招待我。西瓜已经切成块，放在大玻璃碗里，一拿出来就可以招待客人，不像当着客人面开西瓜那样狼狈。可见，朱先生在生活上也是十分有条理的。朱先生的夫人是孙钧先生的妹妹孙铢，曾经担任过复旦大学外文系的系主任、上海市人民政府外事办公室的主任，是一位女强人。

朱先生曾经在科研处当着很多人的面说："高大钊读书时的成绩非常好，全是5分。"后来，他还在一些不同的场合夸过我，使我深感难为情。在《百龄问清》纪念文集座谈会之后，张问清先生邀请一部分老师吃了一顿饭，在唐朝酒店，有两桌。朱照宏先生的弟弟朱照宣先生是张问清先生的女婿，他们是亲戚，那天朱照宏先生就坐在张先生的旁边。我和魏道垛、杜坚向张先生敬酒时，朱先生又突然冒出那么一句话，夸奖我成绩好。

我进入大学是非常不容易的，因为我没有受过正规的高中教育。我先在家乡平湖读完了初中，由于家里供不起我继续读书，我就发狠不读书了。但到上海当学徒以后，又有了强烈的求知欲。于是，我就利用业余时间读书。那时候，上海办了许多职工业余中学，我读书的那所学校称为第二十四职工业余中学，可见当时职工业余教育事业的兴旺发达。像我这样的经历和基础，读大学还是相当困难的。也许是我特别勤奋，特别用心，第一学期的考试成绩全部是5分。那时学习苏联的记分方法，将优、中、可与不及格分别记为5、4、3、2分。也许是第一次考试的成绩比较好，我树立了信心，连续两年考试成绩全是5分。朱先生的夸奖指的就是这件事。三年级上学期，由于医生诊断我为肾结核，要我休学。虽然我没有休学，但经历了3个月的半休和治疗，证实了被误诊，学业也不可能恢复到全优的状态了。最后一学期，由于胃出血而住院，耽误了不少时间，勉强跟上了毕业设计。

后来，有一次在公园里锻炼，见到了道路系的景天然。他告诉我朱照宏先生病倒了。那年朱先生90岁，他的学生准备为他祝寿，本来是一个值得庆贺的日子。那天，朱先生早上起来后，在准备发言稿的时候，突然倒下了，是脑梗，全身失去了知觉，就像我的同学张启成和崔健球的夫人汤老师那样。

张问清先生在102岁那一年去世，朱照宏先生也已病倒，我的好几位老师，都已经不在了，但他们留给我们的，无论是为人，还是为业的道理，我永远不会忘记。

朱照宣先生是朱照宏先生的弟弟，他们兄弟俩是有名的才子，讲课都非常清楚，学术上都有很深的造诣。朱照宣先生给我们讲课早于朱照宏先生。那是大学一年级，讲理论力学课程的余文铎先生患肺结核，改由朱照宣先生授课。他讲课时的情景，用模型来讲解达朗贝尔原理的姿态，我至今还历历在目。不久之后，朱先生调到北京大学工作了，后来才知道他是张问清先生的小女婿，也是为了解决夫妻两地分居问题才去北京的。到20世纪80年代，我担任中国力学学会的理事，去北京参加理事会的时候，多次遇到朱照宣先生。他是中国力学学会的常务理事，还是副秘书长。前几年，为了编辑出版《百龄问清》一书，我与张问清先生的小女儿张瑞云，也就是我的师母也有过几次来往。

教我们材料力学课程的老师是朱颐龄先生。当年给我们上课的时候，朱先生还是一位讲师，是一位老讲师，讲课非常生动，内容也非常深刻，说明朱先生具有很高的学术造诣。20世纪60年代，学校成立了新材料研究所，是研究复合材料玻璃钢的，朱先生是复合材料领域的学科带头人，后来他又被调到耀华玻璃钢研究所担任总工程师。朱先生在生活上要求很低，不拘仪表。曾经有人这样描述朱先生：如果上班时间校门口出现一位先生，头戴棉帽，两个帽耳朵一闪一闪的；骑了一辆自行车，这辆车除了铃不响，其他零件都会响，这位先生就是朱颐龄先生。朱先生真是一位奇人。

教我们高等数学课程的老师是王福保先生。给我们讲课时，他还很年轻，但对高等数学，那绝对是倒背如流。他上课绝对不会拿讲稿，只拿几支粉笔，放在讲台上，那是两节课的粉笔。他不停地在黑板上写，直到下课铃响才停止，内容也恰到好处，将粉笔头往讲台一扔就下课了，没有半句废话。对于王先生的这种功夫，我是非常钦佩的。后来，我们教研室有一位从结构力学专业调来的孙国楹老师，他曾经在数学教研室待过，教过数学课，也具有这种功夫。我与王先生的缘分不仅在高等数学方面。到高年级时，王先生给我们讲过复变函数。"文革"结束后，学校办了很多提高班，王福保先生就开概率论和数理统计这门课。我之所以能在概率论的应用方面做一些研究工作，也是得益于王先生的教导与关心。

严家侃先生是教我们道路建筑材料课程的老师。其他专业的建筑材料课程都是建筑材料系开的,只有道路专业的建筑材料课程是由道路系的教研室开的,而且道路系有完备的道路建筑材料试验室。严家佽先生是专门讲这门课的,他上课时的音调很高,中气非常足,带有福建口音。他非常重视动手做试验,还组织我们课外兴趣小组的活动,培养我们的动手能力。那年,我们做的课题是"磨细生石灰处理加固土"。那次兴趣小组的活动对我而言,是科学研究和动手做试验的启蒙,是我这辈子科学研究活动的开端。我永远不会忘记严老师对我的指点。

## 铜陵聚会小记

(1995年5月手写,2007年录入)

1995年的5月,已经是初夏,这里依旧春意盎然。在我国铜的古都——铜陵,一群年届花甲的老孩子在寻觅青春的踪迹。

参加聚会的同学有周友声、赵静媞、张培基、裘婉琴、金孝修、陈声洪、张启成、崔健球、徐道钫、董瑞榕、高大钊、林其光、徐贤涛、李孝圭和苏义美。

41年前,我们初识在黄浦江畔,四载同窗岁月,留下难忘的记忆。37年前,怀着对未来的憧憬,互相告别,各奔前程,期待他年再相聚。

几十年的风风雨雨,银丝已经布满我们的双鬓,但一颗颗童心顽皮依旧。

是啊!老班长依然是我们的头儿,培基讲话还是那么滔滔不绝,妙妻(裘婉琴的雅号)和静媞形影不离似当年,榕榕还是那么奔前奔后地忙碌,健球依旧稳健,道钫保持着艺术家的风度……一切的一切,都是那么熟悉。在这里,忘记了我们已经是老人,忘记了走过的路多么艰辛。是啊!这里是人生的加油站,给生活带来活力,带来激情,鼓励我们跋涉在洒满夕阳的沙滩上。

摄像机的镜头转向东道主,为这次聚会花费了大量心血的友声、静媞和孝修。1989年5月在上海聚会时,约定下次在铜陵相聚。周友声是铜陵聚会的导演兼主持人,他筹措经费,安排活动,指挥交通,又忙又累,却总是乐呵呵的,微秃的前额不停地沁出汗珠。他的副手胖大嫂在胖司令的指挥下东奔西跑,亦忙得不亦乐乎。这一家子,配合得真默契。

孝修是铜陵市政建设的有功之臣,在铜陵工作了整整37个春秋,修了铜陵第一条大马路,修建的泵站抗洪立了功。他如今已退休,还干些顾问之类的事,但主要是颐养天年,享天伦之乐。六年前他热情地邀请大家到铜陵相聚,今天,他以东道主的身份,请大家到他的府上做客。

这次聚会与上次在母校相聚有很大的差别。无论你的地位多高,成就多大,回到母校后,你的感觉就是回到老师身边,自己只是个学生。老师对学生的成就由衷地感到自豪和喜悦,对学生的返校热烈欢迎。校友回到母校,就像孩子回到母亲身边。这次却不一样,二十来个"老专家"来到铜陵,里面还有启成、贤涛等几位省里、部里的领导,再加上友声是规划院的副院长,这就惊动了规划院的领导和市建委的领导。于是,会议理所当然地安排了启成、声洪、道钫、培基、健球和我做学术报告。

## 晋 中 记 事

(2003 年 5 月)

新世纪的初夏,大学同班同学的第五次聚会在山西举行,一行 30 人,包括同学、夫人和其他客人。山西的三位同学韩守中、陆庆年和郭玉玲负责操办,安排得十分周到。在晋一周,生活丰富,休息得当,参观多处景点,过了一个十分有意义的假期,身体和精神都得到了很好的滋养与调理。很感谢山西三位老同学的盛情招待。

40 多年来,我们班同学之间的友谊与日俱增,又保持着年轻时代的纯真与炽热,相互联络和传递信息不断,即使在特殊历史时期,同学间仍不畏牵累,时有看望,那份情义经受了时间的检验,更显得宝贵。从 1989 年校庆开始第一次聚会,至今已历五届。每次聚会,都有新的感受。这次从太原向五台山行进的途中,阿董带着大家唱歌,车内歌声嘹亮,让我不由得想起读书年代外出实习的情景。

我们在五台山住了 3 天。五台山是我国四大佛教名山之一,由五座高峰组成,峰顶海拔最高在 3000m 以上,呈平台形,故名五台山。五台山景区寺庙成群,有黄庙(藏传佛教寺庙)和青庙(汉传佛教寺庙)两类。有一黛螺顶,共 1080 级台阶,和 60 层楼差不多。我和凤英原来准备乘缆车上下山,后在同学的鼓舞下,爬上了山,而且感觉并不太累。到山顶后,凤英准备乘缆车下山,我鼓动她一起步行下山,结果很顺利地下来了。我们都非常高兴,感到克服了心理障碍,超越了自我,似乎年轻了许多。这也许是老同学在一起才会有的感觉,使自己似乎又回到了学生时代。在上山途中,看到一位 89 岁的老太太,在后辈的保护下也走完了这 1080 个台阶,很鼓舞人。我感到,人有很大的潜在能力,科学地发挥,可以做很多事情。五台山景区早晚的天气非常凉,不到 10℃,要穿毛衫,而中午的温度可达 30℃ 左右。我们离开景区的那天早上,气温特别低,山上下了雪,山顶出现白茫茫的积雪,汽车开到半山腰,就看到车外飘着雪花,真是五台山一绝。

离开五台山后,到阎锡山故居参观。过去只知道阎锡山是山西省的土皇帝,在山西经营几十年,1949 年去了台湾,1960 年病逝。参观以后才知道,他早年留学日本时参加了孙中山领导的中国同盟会,回国后在清军中任职。武昌起义爆发后,他领导了太原起义,被公推为山西都督。后又担任过山西省省长、国民革命军北方总司令。抗日战争时期,和八路军朱德总司令合作指挥了太原会战。他和冯玉祥一起反对过蒋介石,发动了中原大战。后来又和蒋介石合作,发动内战。中国的历史很复杂,也很有意思,了解中国,就要了解她的历史。对于历史人物,要从历史的角度去看。当年的风云人物都已烟消云散,留下一段段故事,任人评说。阎锡山的家乡,出产澄砚,用澄泥做的,是我国四大名砚之一。我们买了好多,可以送亲友留念。

## 侧记延安、华山之行

(2004年10月6日)

2004年的金秋,在西安校友的精心安排下,我们19位同学和准同学在西安及邻近的延安和华山度过了难忘的一个星期。

9月11日,我们相聚于西安城南,下午游大雁塔。次日7点半,从西安出发,出北门,沿公路北上,从西安至黄帝陵约3个小时的路程,途经三原、耀县(现为铜川市耀州区)、铜川和宜君。黄陵县原名中部县,后因黄帝陵在该县而改为现在的县名。黄帝陵景区包含轩辕庙和黄帝陵两部分,我们按先庙后陵的顺序瞻仰了这两处古迹。在黄帝陵购买了高姓与范姓来源的介绍和历代帝王、政府要人的祭文。

中午,在黄陵县用餐,午后继续北上,途经富县和甘泉县,约4个小时的路程,抵达延安。从关中平原到陕北的黄土高原,沿途看到各种典型的黄土地形地貌,有些地段的地形极其险要,是当时延安根据地与西安国民党统治区之所以能对峙数年的天然屏障。

一路上,贾文华和夫人郎女士悉心照料大家的起居饮食,使同学们感到无比温暖。这次因为俞维荣身体不佳,胡珊回安徽老家,故全部活动的组织和实施都由贾文华夫妇全力操办,尤以郎女士为主心骨。她发挥了自己的组织才干,在与会人数临时减少的情况下,从容应对,精密调度,使整个活动得以顺利运转。同学们都对郎女士深表感谢。

据导游介绍,通过植树造林等绿化措施,从前的黄土高原山头一片黄色的景象现已改变。山头上绿树成荫、郁郁葱葱,没有了黄土高原的那种苍茫和荒凉。延安的城市人口现在已有20余万,在延河两岸,成片的多层住宅拔地而起,也出现了不少高层建筑,老区风貌渐渐消失。同时,建设与环境的矛盾在延安也同样突出,昔日悠悠的延河水只剩下一湾细流,河床已近干涸。

延安因延河而得名。西川河自西向东汇入延河,延河向东流去,成 Y 形的河口地貌。延安的北边是清凉山,东边是嘉岭山,西边是凤凰山,形成三山鼎立、两河汇流的局面。

嘉岭山上有一座宋代的宝塔,故此山又名宝塔山。宝塔山是延安的象征,故曰不到宝塔山不算到延安。宝塔山不甚高,从一条坡道上山,无台阶,上山也不太费力。有书记载,当年延安的干部傍晚上宝塔山是一种休闲活动。我们沿坡道上山,山顶有一个不太大的平台,四周有栏杆,可凭栏远眺延安城。

杨家岭是中共中央进入延安后最主要的驻地。那里有个大礼堂,主结构体系为拱形结构。据说同济大学毕业生徐驰是大礼堂的主要设计人之一,他后来当过冶金部的副部长。

我们在杨家岭还参观了毛泽东、周恩来、刘少奇等领导人所住的窑洞。那个平面形状像飞机的办公楼被称为飞机楼,著名的延安文艺座谈会就是在这座办公楼的会议室召开的。在那影响中国历史走向的地方,我驻足良久,思绪万千。文艺是团结人民的重要方式,应当保持百花齐放的局面。

当晚,我们住在石窑洞宾馆。那是由七排石窑洞构成的,每排有近 40 个窑洞,每个窑洞的门上挂一个红灯笼,颇为壮观。从底层的地坪上向后看,一长溜红灯和窑洞,真是奇景。洞内是一个比较简单的客房,有卫生设备,条件还可以,就是门窗的隔音不太好,但和当年领导人住的土窑洞相比要强多了。

第二天上午,小雨,参观枣园,这是延安时期中共中央书记处所在地。枣园位于延河的南侧,与杨家岭隔河相望。那里曾是一个庄园,种了许多枣树,中央书记处入驻以后改名为枣园。现在枣园的绿化非常好,但枣树已经不多了。

参观完枣园即返回西安,沿途大家议论此行的感受。启成说延安现在的情况与心中所想的差别很大,此言极是。

14 日和 15 日,在西安游东西两线。西线为法门寺和乾陵,东线为华清池和兵马俑,都是值得一去的景点。

14 日下午,从西线回来时,造访贾文华的新居。房屋宽敞,装修时尚,在我们同学的住房中算是顶尖水平。

15 日,游东线秦始皇陵后,从临潼直抵华山脚下,夜宿华山北麓。是夜,召开座谈会,讨论下一次聚会的地点,初步定在贵阳,由贾文华和钟伦盛验证此议的可行性,陈声洪表示可动员他在贵阳的亲戚协助办理会务事项。

自古华山一条路,西岳华山之险,使人望而却步。同学们大多未上过华山,只是从电影《智取华山》中领略过其风光。这次能上华山,是得益于文华夫妇的精心安排以及修建了登山索道。

16日清晨,驱车进山,由索道上北峰,缆车在陡峻的山岭中依山上升,其下即为当年智取华山的险径。两侧白色的花岗岩出露,植被稀少,更显华山之险要。华山有东、南、西、北、中五个峰,上北峰后沿崎岖山道,可登其余诸峰。

16日下午回西安,部分同学晚上返回;17日,同学全部返程。

由于操劳过度,贾文华有些上火,咽喉肿痛,郎女士也夫唱妇随,扁桃体发炎,体温上升,病卧车中。他俩带病指挥整个活动,直到同学们离去,才得以治病休息。

相聚离开,总有时候,延安与华山之行虽已结束,但同学之间的友谊与感情却永远地留在每个人的心头。我们期待下次在贵阳再见。

### 丹阳、扬州探望许祥生、苏义美
(2005年10月2日)

国庆节假期,上海的校友和在上海过节的裘婉琴、曹慧芳等十人,赴丹阳、扬州探望许祥生、苏义美。

10月2日早晨出发,午后抵达丹阳许祥生家。许祥生几年前因车祸负伤致残后在老家休养,现身体已基本稳定,思维、说话均未受影响,生活基本能够自理,但走路不甚方便。他见同学前来看望,且不少同学在毕业后还是第一次见面,既兴奋又感慨。

车抵达扬州苏义美家时,天色已晚。苏义美住在石油城的家属区内,小区的环境非常好。苏义美家住6楼,住房比较宽敞。数月前,苏义美突发脑出血,幸抢救及时,未留后遗症,目前已康复,无大碍。我们畅谈武夷山别后的情况,交流养病保健的经验,希望大家健康,以后能够常聚。

第二天,上午游瘦西湖,午后回上海。

# 五、境 外 小 憩

## 旅 澳 漫 记

**1) 在新加坡转机**

20世纪80年代末和90年代初,我曾数度出访,去过几个国家。之后几年,就没有再出国了。

此次去澳大利亚的目的与以前不同,完全是休假和旅游。夫人凤英没有出过国,也应该出去走走看看。女儿高崧在澳大利亚的学习即将结束,趁这个机会到澳大利亚看看她读书的学校和城市,也是非常有意思的事。我之前去过澳大利亚两次,一次是参加概率方法的国际会议,另一次是随浦东新区高级建筑代表团去访问,到过几个主要城市。但这次去澳大利亚的意义不一样,是我们一家三口一起旅游,机会十分难得。

2002年7月6日清晨,在上海虹桥机场搭新加坡航空公司的飞机由新加坡转机去阿德莱德(Adelaide)。抵达新加坡时为中午12时许。崧儿在电子邮件(E-mail)里嘱我,在机场找免费游(Free Tour)的柜台办理手续。下机后,我在候机大厅里看到了免费游的牌子,不少人在排队办手续,花了一些时间才办好。我们被安排在4:00~6:00的时段。拿到手续后就找行李寄存处,3件行李的寄存费是6.18新加坡元。我问寄存处的服务人员怎么有个零头,他说零头是交的税。新加坡的税收之严格可见一斑。在等候的过程中,我们在候机楼中随处走走。二楼的中部是商场以及休息、用餐的地方,有80多家商店,商品丰富,琳琅满目。室内绿化很好,鲜花随处可见,还有小桥流水,池中的鱼在欢快地游着,使整个候机楼生机盎然。候机楼中的道路宽敞,有多处休息区,还有晚上供人躺着休息的地方,有供客人看电视、上网、喝咖啡、吸烟的地方,也有娱乐场所,能为客人提供很多方便,这样的候机楼在我到过的国家中似不多见。

我们这一班免费游有两个大客车,来回两个小时。我在1994年来过新加坡,住了一晚,只看了市场和几个旅游点。这次则是跑马看花,留下一个整体的印象。

新加坡是一个城市国家,因此乘飞机就是出国。从候机大厅出去游览和返回都得办边防手续,由导游领着我们按规定的路线出去进来。护照都在导游手里,不怕有人溜了,直到返回候机楼才还给我们。

**2) 抵达阿德莱德**

后续的航程是在后半夜,天亮时抵达阿德莱德。这次航程的经度变化不大,但纬度是从赤道的低纬度到南半球的较高纬度,一路上气温在逐渐下降。下机后,发现机场的设施比较简单,没有廊道,要走一段路才能进入候机楼。外面的气温比较低,尽管在飞机上已经加了衣服,但还是感到有丝丝的寒意。

入关检查的房间不大,挤满了人,沿着用活动栅栏围成的路,曲曲弯弯地前进。负责边防检查的是位胖胖的女警官,她问我为什么到澳大利亚来。我告诉她:我们来看望女儿,她在阿德莱德大学读书(We come here to meet our daughter, she is studying in the University of Adelaide)。她听了,很客气地陪我们从另外一扇门进去,告诉另一位警官,送我们出关。此时,许多旅客都还在接受开箱检查。

出了门,就看到高崧。她已经等得很焦急了,因为我们下机时是走在后面的。安迪(Andy)开车送我们到高崧的住所。车开得比较快,两旁的景物来不及仔细看。高崧在一旁给我们说这是什么地方,那是什么路。

高崧的住所是在东北路(Northeast Road)东侧,就在路边的第二排,是山墙平行于道路的二层楼的房子。高崧住在底层,两室一厅,与一个越南女孩合住。越南女孩的名字叫冰(Bing),是学兽医的。

我们用过早饭就准备出去。这里的公交车非常准时,准备乘 9:30 的车,提前 5 分钟出去就可以了。澳大利亚是英联邦国家,实行道路靠左行驶的规则,往城里去的车就停在东侧,步行片刻就到了。公交车开得非常快,虽然车站不少,但一会儿就到城里了。按高崧的安排,下车后先到蓝道购物中心(Rundle Mall)。因为没有到 10 点,许多商店还没有开门,街上行人稀少,稍有寒意。阿德莱德人似乎喜欢猪,步行街上有几个猪的雕塑,形象憨厚可爱。穿过步行街,折向南往中国城(China Town)走去。这条路是城市的一条中轴线,路的南端是维多利亚(Victoria)广场。广场不太大,有喷泉和雕塑,衬托着后面几幢不同年代的建筑物。广场的南面隔着一条宽广的道路与一个带有 19 世纪特色的小铁路站遥相呼应,构成了这座城市的特有风景。小火车实际上是有轨电车,通往海边的一个小镇,也是一条比较经济的旅游路线。

广场南段的这条路是城市环路的一部分,在环路上有免费的公共汽车,供旅游者游览这个美丽的城市。当然,居民也是可以坐的,这是一种福利。凤英将新加坡航空公司的"Free Tour"称为"福利拖",即拖出去免费游览是一种"福利",这个音译非常传神。因此也可以将阿德莱德的"Free Bus"称为"福利公交"。澳大利亚除阿德莱德外,墨尔本也有环城的"福利公交"。在澳大利亚,能为居民和旅游者提供免费的公交,说明他们的福利水平是比较高的。听凤丽讲,桂林的一位市长准备设立几条免费的公交线路。但我以为,在我们国家,实行免费公交,需要政府补贴,那政府的负担就很重。回国后听凤丽讲,桂林那位市长是将免费公交的费用摊派给各个企业。这样的免费公交,能坚持多久呢?

阿德莱德的中国城,在城市的西南角,因为华人少,面积并不太大。但在遥远的南澳大利亚州首府看到有中国城,也感到格外亲切。每当我在海外看到中国城时,总会被我们同胞不畏艰辛、勇于开拓的精神所感动。我的脑海中会出现日本神户中国城的那位胖胖的华侨老者,他已非常富有,为中国城捐献了一个汉白玉的牌楼,但仍在门口卖生煎包子;想起日本大阪那位老华侨战后创业的艰辛经历,他还送给我一本他自己的传记;想起在德国埃森一家中国饭馆里听一位华侨诉说他几十年的风风雨雨,他在20世纪50年代初到欧洲,过了好几年没有护照的日子,后来在英国拿到护照,并在德国开了中国餐馆,艰苦创业,成为华侨的代表性人物,还受到去德国访问的我国领导人的接见。老一代华人在海外的奋斗历史,也是中华民族历史的一部分。我也想起20世纪80年代在欧洲国家和日本见到的中国留学生,他们中的大多数,已经在所在国站住了脚跟,成家立业。这次在澳大利亚也见到几位在1990年前后来澳的同胞,他们已经在这块土地上扎根繁衍。新的留学生,也正在努力奋斗,迎接美丽的明天。

在几千年的发展过程中,中华民族创造的文明包括饮食文化,不断在世界各地传播。

中午,我们在中国城用餐,凤英听在机场认识的同乡讲,阿德莱德的海鲜很多,就在中国城附近找饭店,进了一家,坐下点海鲜,被告知海鲜已经被晚上的客人预订完了。于是到 Food(类似美食广场)找了两个地方,点了上海的小吃和上海的饭菜。在澳大利亚的3个星期中,吃中餐是首选,这大概也是中国人出国时的共同的心态。我以前几次出国也大多是这样,在有中餐馆的地方,总是毫不犹豫地进去,实在没有办法了,只能吃西式快餐果腹。

下午,乘小火车去海滨小镇游览,小火车走了20站,大约40分钟。速度不快,旅游者正好趁此机会欣赏沿途风光。坐在古典式的车厢里,略有一点摇晃,悠闲地指点着远山近水,议论着街旁的建筑,领略异国风情,别有一番情趣。

高崧的学校阿德莱德大学在城市环路的北侧。环路两侧的景观完全不同,南侧是商业街和建筑,比较整齐,北侧则是博物馆、图书馆和大学的建筑,隐在绿树丛中。两种完全不同风格的景观出现在一条道路的两侧,也是城市规划人员的匠心独运。和西方国家其他大学一样,阿德莱德大学没有校门,没有门卫。学校是传播知识和文化的地方,是学术研究的圣地,应当有自由讨论交流的氛围。

阿德莱德大学是一所著名学府,出过诺贝尔奖获得者,有安静的道路和古老的建筑群。正如整个阿德莱德城一样,校园地势起伏,建筑高低错落。校园里没有气势宏伟的大楼,没有宽敞的绿地,在宁静中显示出典雅。高崧的工作室在二楼,学校为每个研究生提供一台计算机,这些计算机是联网的,还配备了打印机,为学生提供打印复印的服务。其实,培养学生不需要富丽堂皇的花架子,只要有一个计算机就可以了。从外面进入大楼,上楼梯,进工作室,没有人查问。他们的社会很安全,维持社会安全的成本也很低,不需要大批的保安人员。

7月7日的活动很丰富,因此夜里睡得很香,将旅途的疲劳完全扫除干净。7月8日早晨,起床后到室外锻炼身体,仔细看了住处周围的院子。院子里有两栋二层楼,T字形布置,马路边的一栋与马路平行,里面的一栋与马路垂直。高崧住的是里面的那栋。屋前草地上有几棵很大的、不知其名称的树,草地前面是车道,沿墙有个简易的车棚。屋后也有车道和草地,草地上装有晒衣服的圆形架子,还有几棵柑橘树,上面长满了橘子。这里的鸟很多,鸟栖息在屋檐下,地面满是鸟粪。房屋的窗户都是大玻璃窗,而且窗台非常低,也没有安装防盗窗。我在草地旁活动,有个澳大利亚人从屋里出来,我们两人点头致意,打了招呼。他笑着模仿我的动作,伸伸手,弯弯腰。

早饭是泡饭,下粥的菜是高崧的友人温迪(Wendy)的妈妈做的咸菜炒毛豆,典型的上海口味。在异国他乡能吃到上海式的早餐,也是非常不容易的。

高崧的一个同学叫咪咪(Mimi),是马来西亚人,在马来西亚理工大学做教师,到阿德莱德大学读硕士。她的丈夫也一起来读书,而且还带了两个孩子。高崧就和他们夫妇两人在一个小组,一起学习了一年半,一起做设计,还获得澳大利亚全国设计竞赛的三等奖。他们邀请我们去他家做客,吃中饭。按这里的习惯,午饭是在12点以后,所以上午我们就在城里办点事,如办理返程的手续,拿旅游的机票等。到咪咪家时已经下午1点钟了。咪咪的父亲是马来人,母亲是华人,她有一半的华人血统,长得也像华人,但不会说汉语;她的丈夫有一半印尼血统,因此两个孩子(一男一女),有三个民族的血统,长得都很漂亮。他们是典型的马来族的家庭,过着马来族式的生活。他们信奉伊斯兰教,在饮食方面遵守严格的教义,因此买牛羊肉必须在规定的店里,进的餐馆也必须符合要求。这顿午饭也是伊斯兰式的,饭菜的味道很好,很别致。

饭后,咪咪驾车陪我们去阿德莱德东南郊的洛夫缔山顶(Mount Lofty Summit)和汉多夫小镇(Hahndorf)两个景点参观。洛夫缔山顶是阿德莱德东部山区的制高点,登上山顶可以远眺南边的海,往西北可以看见阿德莱德城。那天不太晴朗,烟雾朦胧中有那么一点感觉。

汉多夫小镇是德国移民的聚居地,在一条路的两侧,散落着一栋栋古老的欧式民居,大多是平房,也比较陈旧。咪咪问我,这和德国的建筑比较,怎么样?我说,战后德国的建筑物比这里的好,大多是二层楼,还有地下室,屋面和外墙的用料也比较考究。这里保持了一个世纪以前的状态,能让人追溯历史。房子的主人大多开了小店铺,主要是卖礼品,也有卖衣服和日用品的,还有几家咖啡馆和饭店。这里的店主,大多是德裔,虽然他们远离德国已有百年,都是第二代或第三代了,但他们身上似乎还保持着日耳曼人的特点,对顾客不卑不亢,没有生意人的那种精明和灵活。

因为是冬天,太阳下山比较早,到下午5点左右,已经暮色苍茫了,风也比较大。本来准备在这里吃晚饭,但看了几家,都已经打烊了。在夕阳西下的时候,我们离开这座富有德国情调的小镇,进入阿德莱德城,天已经完全黑了。

在城里我们请咪咪吃饭,需要找一家符合清真饮食要求的饭店,因此请咪咪来决定。她将我们带到阿德莱德城西北角的一家马来西亚饭店。这一餐大约花了80多澳元,菜品比较丰富,味道也不错。饭店的生意很好,服务员有点照顾不过来。上了个暖锅,但炭火一点也不旺,汤水根本开不了,叫服务员加炭,没有得到回应。我就用一张纸做了个烟囱来拔火,这是我小时候冬天吃暖锅,当炭火不旺时,父亲抢救暖锅的绝活,我至今仍然印象深刻。晚饭后,咪咪将我们送回家。

### 3) 去黄金海岸

我们的澳大利亚之旅是从阿德莱德到黄金海岸(Gold Coast)开始的。黄金海岸,这个名字取得非常好,既表示那里有黄金般的美丽海岸,也可理解为那里有黄金般的旅游价值与经济价值。黄金海岸是世界一流的旅游胜地,吸引着众多旅客来度假。每年圣诞节前后,这里是夏天,是旅游的黄金季节,海滩上满是游泳、冲浪的人。可我们这次去的时候恰是冬天,相当于北半球的1月份,正是寒冬腊月。一说到冬天,总会想到寒风萧瑟,雪花纷飞,但黄金海岸的冬天却是另有一番景象。

那天早上,我们预定了出租车,担心驾驶员迟到,预约提早到了8:15。早饭过后,我在外面活动时,见一位非常胖的中年人在院子里转,我还以为是这里的邻居。但他转了一圈,走到我家门口打招呼,原来驾驶员准时来了。一路上,他和高崧聊天,听说她是学建筑的,就热情地向她介绍路边一些建筑物的历史,看来他对这个城市是非常熟悉的。到了机场,时间还很早,拿了登机牌,绕过咖啡厅,通过安检,进了候机厅。从新加坡抵达阿德莱德的那天,天才蒙蒙亮,而且也没有心情观察机场的设施情况,可是今天有足够的时间来研究候机大楼的情况了。这是一层的平房,采用轻钢结构的骨架,用轻质材料作分隔,房间跨度和开间都比较大,但设施比较简单,没有国内机场的那种现代化的气派,就和以前武汉由军用机场改建的王家墩机场的情况差不多。

高崧告诉我们,澳大利亚现在有两家大的航空公司,一家是澳大利亚航空公司(Qantas Airways),票价贵一些,服务好一些,飞机是白的机身,红的机尾;另一家是维珍蓝航空公司(Virgin Blue),票价便宜,服务差些,飞机上没有免费供应的饮料,飞机是红的机身,白的机尾。不仅飞机不同,而且连候机楼也不同。不同的经济条件对应不同的消费等级,倒也各得其所。

从阿德莱德到黄金海岸大约飞行两个小时。由于澳大利亚的东西海岸跨的时区太多,没有像我国采用北京时间这种统一的时间。由阿德莱德到黄金海岸需要将时钟调快半个小时。在飞机上,服务员很热情地将饮料车推到每位旅客面前,服务还是周到的,只是没有免费的饮料供应。飞机上的饮料当然不便宜,但凤英是个汤婆子,没有水喝是万万不行的,于是就买了瓶矿泉水。

飞机到黄金海岸已是中午了,高崧从网上订的旅馆在市中心,离机场有十多千米的路程。乘中巴可以订往返的票,比单程便宜。中巴的驾驶员很热情,一路上按旅客的要求将每个旅客送到旅馆的门口或附近。我们预定的旅馆在海滨路(Beach Road)上,中巴将我们送到旅馆左边的马路上,我们下车后绕过个路口就到了。这是一栋小高层,面向东,隔一条街就是大海。服务台说房间还没有整理好,要我们等半个小时,我们就在大厅的沙发上休息,已将近下午1点钟了,但不能马上安顿下来,高崧只好出去买点点心来充饥。房间安排在二楼,比较大,有一张大床,一张小床,中间有一张玻璃小圆桌,两张沙发椅,有电视和电话,盥洗室的设备也是比较好的。这里的旅馆都供应咖啡和茶,回到旅馆喝咖啡就成为我们的一大乐事。房间的前面有落地窗和很大的阳台,可以俯视外面川流不息的主要干道,站在阳台上向东可以看到蓝蓝的海水,向西可以看到若隐若现的湖水。

在阿德莱德的时候,已经估计到黄金海岸的温度比较高,早上也已经减少了衣服,但一下飞机,就感到这里热气逼人,到了旅馆就赶快减衣服。这里的冬天,早晚比较凉,但中午非常热,甚至让人汗流浃背,因此不能穿棉毛衫。

住宿安排妥当之后,已经下午3点钟了。我们从旅馆出来步行几分钟就到了海边。金黄色的海滩一望无际,向南北两端无限地延伸,东边是深蓝色的大海,海风夹带着浪花,一阵一阵地向海岸冲来,远处有冲浪的人,近岸有戏水的人。沿海岸的路是一条干道,靠海一侧的人行道上有树和绿地,有供旅客休息的椅子,每隔几百米,有下海滩的入口台阶。干道的内侧是整齐的建筑物,有商场和快餐店,街道整齐又干净,一边是汽车疾驰而过,一边是游人悠悠漫步,一快一慢却又如此和谐。

我们脱了鞋,步入沙滩。沙非常松而使人步履艰难,好在横向穿过沙滩并不太远。走到受潮汐影响的湿滩地,沙就非常硬,脚踩上去也没有脚印,与干沙的感觉完全不同。我们迎着大海走去,脚下踩着凉凉的海水和平整的沙滩,呼吸着湿润而又新鲜的空气。突然,海浪逐渐从远方奔腾而来,我们赶紧回身快步走向后方,但海浪奔得比我们快,海水打湿了高高卷起的裤管。

我们沿着沙滩,向南走了很远,太阳已经躲到高层建筑的后面去了,在沙滩上投下建筑物长长的影子。走在阳光下,身体暖烘烘的,可是一走进阴影中,就感到丝丝的凉意。

天色暗下来了,路边的商店已经亮起了各色灯盏。这是黄金海岸最繁华的地段,在沿海岸的马路和里面的一条快速通道之间是商业区,有一条垂直于海岸的步行街,步行街的两旁都是商店,有几家比较大的购物中心(Plaza),都有上下三层加地下室的铺面。

肚子有点饿了,还是想找中餐馆,在阿德莱德没有尝到的海鲜,想在黄金海岸得到补偿,于是就找好一点的餐馆。在南边快到闹市尽头的地方,有一家看上去比较高档的餐馆。我们点了两个菜和两份炒面,尽管名称不同,但都是用虾做的。虾是很大的,味道也可以,就是单调了些,且比较淡,吃到后来就有点倒胃口了。这一餐花了80多澳元,没有吃出海鲜的美味来,于是决定不再尝海鲜了。

这里的商店,很多是日本人开的,他们看上去与华人差不多,但一开口就能听出来。据说,最初提出开发黄金海岸的是日本人。这话我相信,因为日本人素有"经济动物"的名声。在黄金海岸做生意的还有我们的同胞,但是不如日本人多。

在黄金海岸计划停留4天,除了去海洋世界(Sea World)和电影世界(Movie World)之外,还打算去布利斯班(Brisbane)。有两种方案,一种是乘公交车,另一种是参加旅行团。经过调查,两者价格差不多,那当然参加旅行团比较好。

## 我国台湾自由行纪实

大陆居民可以赴台旅游的政策施行之后,我们就萌生了去台湾走走看看的想法。考虑到夏天太热,秋天有台风,因此选择了初冬时节去。一行四人,大舅福康、夫人凤英、女儿高崧和我,于2012年12月9日出发,12月16日返回。

由高崧制定计划,选择台北进台北出的方案,重点游览台北、南投、台南和高雄的若干主要景点。考虑到凤英的腿不能多走路,决定包一汽车来解决长途旅行的交通问题。

由于办入台证必须通过指定的旅行社,所以就选了上航旗下的旅行社去办,包括订机票和宾馆,以及包四天的汽车,由旅行社做预算。因为我常出差,就由大舅与旅行社对接。

12月9日中午12点,东航的飞机腾空而起,离开浦东机场向台湾的方向飞去。一个半小时后抵达台湾桃园国际机场,下机办进关手续。出了机场后,我们选择了飞狗大巴去市区。我们实际是由接驳车分送的,进入市区后的第一站停下来时,就可以上停在边上的接驳车,倒也方便。接驳车在离宾馆还有两个路口的地方就把我们放下,理由是那边都是单行道,过不去。虽然有一点小雨,但问题不大,很快就看到了我们预订的宾馆的招牌了。

宾馆离火车站不远,位于汉口街一段与馆前路的转角处。那里的街道比较窄,但很整齐。几乎每条街都有骑楼,这是热带和亚热带地区常见的建筑形式。进入宾馆,上到三楼就是接待的大堂,其实是一间不大的房间。接待我们的是一位50多岁的老板,人很和气,办完住宿手续后向我们详细地介绍了第二天吃早餐的地方,是前面开封街上的一个咖啡馆,就是说早餐采用了外包的方式。宾馆设在一个并不太大的九层建筑里,每一层大概有8间住房。房间比较小,倒也很干净,盥洗间和浴室都是靠窗的,用磨砂玻璃分割。这种室内布置是比较少见的。

住下之后,稍事休息,天也快黑了,我们便出去逛街。沿着汉口街一段一路向西走,再从重庆路折向武昌街,继续向西,目标是西门町夜市。进入西门町后,已是华灯初上,虽然街道不太宽,却特别热闹,两侧都是店铺,里面的货物琳琅满目,夜市的秩序也非常好。我们找了一家1948年开的日式饭店吃了晚饭,又逛了逛夜市,但没有购物。

12月10日早上,按照宾馆的说明,沿开封街找到了用早餐的咖啡店。门面不大,但整齐干净。店主很热情地接待我们,收到我们的早餐券后,递来套餐的菜单供我们选择。套餐包括果汁、咖啡和面包等。咖啡店场地不大,非常安静,工作人员不多,服务很规范,值得我们内地的咖啡店学习。

8点半,包车的驾驶员如约来到宾馆门口。驾驶员姓郭,我们称他为郭先生,是一位四十多岁的中年人,比较稳重,精力也充沛,是比较理想的驾驶员人选。他将陪伴我们四天,从北部新北市的海边到中部的南投县,从古城台南再到南部的大城市高雄,游历大半个台湾。这是一辆9座的中巴车,最多可以坐8个客人,比较宽敞,视野也比较好。原计划这一天是在台北市内游览,但我们觉得市内的景点可以从高雄回来以后再看,利用包车的条件,应该去远一点的地方,所以就选择去野柳、九份和阳明山这些远郊的景点。驾驶员说要贴一点汽油费,我们同意。野柳、九份两个景点都在新北市的郊区,路程确实比较远,开了很长时间才到达。

野柳地质公园位于台湾的东北角,是突出于海岸的海岬。那里的岩石经过海水的冲刷,风化以后形成了不同形状的岩体,散布在海滩的岩盘上,让人产生无限遐想。辽阔的太平洋,海水是那样的湛蓝。海浪涌来,浪花飞溅,似乎在向人类展示她改天换地的巨大力量。

从野柳地质公园到停车场的路上,有一条食品街,有卖姜汤的。我们吹了半天海风,有点寒意,正好喝杯姜汤,驱散寒意。姜汤这个生意做得恰到好处。街上也有很多做海鲜小吃生意的,海鲜是当地所产,非常新鲜。我们在一家小吃店的门口,驻足观看。老板抓了一把牡蛎,放在很大的平底锅上煎了一会,打一个鸡蛋,再洒一些淀粉起的浆,一盘牡蛎煎鸡蛋就完成了。价格不贵,我们买了两盘品尝,确实非常鲜美。

中午我们到达九份老街,一个位于山顶的市镇。为什么叫九份呢?据说这里原来住着九户人家,远离城市,每次从外面购买东西都需要九份,因此得名。在100年前,这里曾经有过一个金矿,因此形成了非常热闹的集市,还有一个剧院。在金矿败落以后,这个集市就成为一个非常著名的旅游景点,即九份老街。停车场在下面的平台上,郭先生看凤英行走不方便,就将车开到上面的平台,我们下车后他再开回下面的停车场。街上的商店很多,游人如织。我们到达的时间已经不早了,就赶快找了一家小吃店,点了鱼圆、粉丝等小吃,价钱并不贵。按照包车的规定,我们不需要负责驾驶员的用餐,但我们一路都请郭先生和我们一起用餐。老街的路比西门町的路窄得多,两边的屋檐几乎要连起来了,那天下着小雨,但在街上行走也淋不到雨。在街的尽头有一个比较开阔的观景平台,可以眺望东海岸之外的大海。街上的货物琳琅满目,虽然我们没有采购的打算,但看到一家店里卖的杏仁粉时动了心。他们在粉碎装置上放着待粉碎的杏仁以示货真价实,问了价钱,1罐要300元(新台币),于是一下子买了3罐。

离开九份,来到阳明山,阳明山是位于台北市北郊的一个风景区。翻过一个垭口,来到它的腹地。这里过去是国民党政界、学界的许多名人居住的地方,沿路两侧有很多别墅,可以想象当年肯定是门禁森严的地方,现在已经开放为阳明山公园了。公园的地盘非常大,靠步行只能看到局部。汽车在停车场停下,我们沿着台阶向上走,上面有一栋带大屋顶的殿堂式的建筑物,是蒋介石曾经住过的地方。不愿意走台阶的话,从停车场也有公路可以直接通到这栋建筑的旁边。这栋建筑现在已经改为一家购物店了。我们在店里看到一种用茶叶烤熟的鸡蛋,就买来品尝,很香,很有特色。楼前有一座蒋介石的坐像,孤单单地守望着远山。台阶的两边,放置着一个个装着绍兴酒的坛子,可能是老蒋喜欢喝绍兴酒的缘故吧。公园里还有一座王阳明的塑像,但由于路比较远,我们没有去观看。据记载,蒋介石非常崇拜王阳明,因此到台湾以后就将这座山改名为阳明山。

从阳明山回来,天色已晚,汽车穿过隧道进入市区。郭先生把我们送到了101大楼,这是今天游览计划中的最后一个景点。101大楼的外观造型很有特色,但由于平面上一层一层往外稍有扩张,结构设计就有一定的难度,内部结构比较复杂。高崧对着室内的结构拍了许多照片。由底层先登电梯到第5层,再从第5层换乘高速电梯,很快登上了第89层的观光平台。可能为了维持乘坐电梯的秩序,也可能是为了给一个拍照的生意点提供客源,特地设置了弯弯曲曲的临时隔离带,虽然晚上游客很少,仍然要走很长的路,我们无所谓,但凤英的腿脚不方便,走得就很累。

可能是为了让游客更好地观赏外面的夜景,观光层的内部灯光比较昏暗。游客可以从几个不同的方向远眺台北的景色。万家灯火,一览无余,但建筑物和街道看得并不十分清楚。当然,朦胧的夜景自有朦胧的美。台北的夜不像上海的那么张扬,那么华丽,多了几分深沉。

到了晚饭的时间,我们在101大楼的地下商场,找了一家名为"鼎泰丰"的小笼包名店,需要登记、排队等待。我们登记以后,就坐下来等候。一位服务员热情地接待了我们,拿着菜单让我们点。我们点了几种小笼包和四碗面条,服务员建议我们少点一些小笼包,可能吃不完。后来证明她的建议是正确的,由此可以看出这家店的服务意识和服务质量。我们所点的小笼包中,有一种松露小笼包,价格非常贵,要人民币20多元一个。松露是一种进口菌类,顾客点了之后他们才进行加工制作。服务员还特别关照我们,吃松露小笼包时不能用醋,才能吃出它的原味。这里的面条也有特色,面汤清澈,味道鲜美,牛肉的量也很足。

从101大楼出来,叫了出租车回宾馆。从台北市的东部到西部,基本穿越了比较热闹的区域,花了180元新台币,相当于40多元人民币,看来台北的市内交通也不算贵。

12月11日,早上有点雨。早餐以后,整理了行李,结了账,我们来到楼下等候汽车。按计划,这天去日月潭,夜宿清境农场国民宾馆。出了台北市,一路向南,经过桃园、新竹、苗栗和台中的地界,在一个服务区稍事休息以后,折向东进入南投境内。南投是台湾中部的一个县,大多是山区,完全不靠海。日月潭就是高山上的湖泊。其实有两个湖,大的叫日潭,小的叫月潭,环湖路有几十千米,走一圈,需要很长时间。中午时刻,抵达湖边,驾驶员找了家饭店,我们先美美地饱餐一顿。日月潭的范围很大,有3个游船码头,还有缆车可以从高空观看湖景。我们不想坐游艇,还是按照原来的计划,游文武庙和孔雀园。

文武庙在半山腰,立有石碑,碑文记载着建庙的经过。从碑文可知,日月潭并非天然形成的湖泊,是因为建设水电站而形成的库区人工湖。这个庙是建水库时,从水库底部"动迁"上来的,那是日本侵占时代的事。这个庙称为文武庙,是因为庙中供奉着孔子和关羽。前后有两个殿,前殿供奉孔子,后殿供奉着关羽和岳飞。在台湾那次大地震中,文武庙被毁,现在的庙是近年重新修的,大殿后山的平台还在修建之中。沿着台阶一层一层地登上了平台,可以远眺群山之中日月潭的全貌。湖区的天气很好,一边登山,一边出汗,只好将厚厚的冬衣一件一件脱下。走累了,就在花园的椅子上休息一会儿,欣赏近处和远山的美景。庙里有许多用汉白玉制作的椅子,不知有何典故。

孔雀园在文武庙后面不远的地方,是一个小型的、专业的动物园,养了几百只不同种类的孔雀,有白孔雀,也有蓝孔雀。由于冬季不是孔雀开屏找对象的季节,因此无法看到孔雀开屏的美丽景象。

从孔雀园出来,天色已晚,决定不去坐缆车了,就向夜宿的地方驶去。原以为住宿的宾馆会在日月潭附近,但汽车开了很久,还没有到达目的地。汽车在盘旋曲折的山路上快速地行驶着,感觉时间过得很慢。郭先生告诉我们,这是一条沟通台湾东西海岸的公路,翻过高山直通台湾东部的花莲。一个多小时后,来到山顶上的一处开阔地,终于看到一片灯光,到达目的地了。

这是一个很大的宾馆,名字是清境农场国民宾馆。我们下车后就到大堂办了手续。郭先生关心地问我们,手续没有问题吧。后来他告诉我们,旅行社给的宾馆地址和他知道的这个宾馆的地址有些不同,他也没有把握,等我们手续办妥以后,他再去找他住宿的地方。我们请他一起吃晚饭,晚饭间谈及路上开车的情况。我们说坐车久了很累,问他开车也很累吧。他说自己对这里的路况比较熟悉,并不觉得太累。宾馆同时设有西餐厅和中餐厅,我选了中餐厅。这个宾馆的食品都是由农场供应的,很新鲜,羊肉也没有膻味,菜的质量比中午的好,价格也不贵,每人100元人民币的水平。

根据资料介绍,这个农场是由蒋经国为安置从缅甸回来的退伍军人而买的私人林场改造而成的,农场的名字也是蒋经国起的。我们原以为这个宾馆仅是住宿,但实际上它也是一个旅游点。住下以后,接待处就给了每位旅客两张票,一张是"小瑞士花园",可以进去两次,晚上有喷泉,白天可以观赏花卉;另一张是"青青草"牧场的马术表演。晚饭以后,我们就出去找"小瑞士花园"了。

"小瑞士花园"就在停车场的对面,与宾馆只隔一条山路,但在黑夜里看不见全貌,只听见远处在放音乐,同时有灯光喷泉,树木上的彩色小灯也配置得非常好。在一个门口检票,里面是非常开阔的花园,中部有一座小风车模型,旁边商店的建筑造型也确实有欧洲的特色。住在宾馆里,晚上可以到这里来消夜。如果在夏天,更是一个好去处。

宾馆的大堂里,放着一台血压计,旅客可以自己量测。我们有每天量血压的习惯,见了大喜。高崧给我们三人量了血压,但发现数值比较高,右手还可以,左手特别高。可能是血压计的使用频率过高,而且保养不太到家,精确度受到了影响。

山区的早晨,气温比台北要凉得多,太阳出来后就比较暖和了。早饭后,沐浴在初冬暖和的阳光中,我们在宾馆周围的庭院里沿着小路散步。庭院依地势布设,坐在庭院里可以远眺对面青翠的山峰,可以近观宾馆的建筑风光。庭院里共有 3 幢楼,我们住在 A 楼,后面还有 B 楼和 C 楼。9 点钟,我们再次来到"小瑞士花园",白天看得就比较清楚了。花园设置在山坡上,有一条河从山坡前流过,河岸的一边放着一些椅子,供游客坐着观赏喷泉,河中游弋的鸭子和鹅,以及飞来飞去的鸽子。园里设有自助购买鸟饲料的装置,我们买了一些进行投喂,欣赏着这些小动物在音乐伴奏下的表演。

  10 点钟,我们回到停车场,郭先生已经把车开来了。我们按照宾馆服务人员的指点,准备去"青青草"牧场,大概有几千米的路。牧场在路的西侧,入口在牧场的北端。郭先生告诉我们,他在南面出口处的停车场等我们。

  这个牧场建造在半山腰,一大片绿油油的牧草,许多绵羊散放在山坡上吃草。木栈道从上面通过。我们走在木栈道上,一路向南。有几只大胆的羊,钻到栈道上向游客讨食吃,牧场也出售供游客投喂的饲料。这些羊的胆子非常大,敢到游客的手中夺食,还会到自来水龙头处饮水,和游客一起合影。

  11 点左右,我们离开了牧场。汽车沿着昨天夜里上山的路,一路下山,与昨夜不同的是我们可以尽情地欣赏两旁的美景。在阳光的照耀下,大山里有一种特殊的美,具有蓬勃生气的美。远远地看到日月潭,再见了!走完山路,就上了高速公路。出了南投,进入嘉义。在嘉义的一个服务区,我们停下吃午饭,吃的是快餐,这里称为便当。

  稍事休息,便重新上路,当天要赶到台南。台南市里有几个景点,一个是赤崁楼,一个是延平王祠,还有就是台南孔庙。进入台南以后,汽车在市内稍显冷落的路上开了很久,才到赤崁楼。这是延平王降服荷兰人的一个遗迹。

  延平王是郑成功的封号。郑成功生于日本,他的母亲是日本人。清兵入关后,南明还在抵抗,郑成功与他的父亲一起辅佐南明的皇帝。后来,南明的抵抗失败,他的父亲想投降清朝,他的母亲自杀,郑成功与他的父亲决裂,来到福建,招募军队准备反清复明。那时台湾被荷兰人占领,郑成功欲以台湾为抗清的基地,遂起兵攻打台湾。郑成功攻入台南,打败荷兰人,在赤崁楼谈判,驱逐荷兰人,收复了台湾。台湾最古老的城市就在台南,中国对台湾最早的管理也是从台南这个城市开始的。

  台南的孔庙比较大,前后左右都有非常开阔的院落和草地,绿树成荫。路边放了许多有年头的盆景,四面的围墙都开有门,而且门都是敞开的,似乎不怕丢失。大殿上挂有蒋介石、严家淦、蒋经国等人题写的匾额。孔庙的气氛是肃穆的,显示着中国文化深沉而巨大的力量,中华文明在台湾这个岛屿上薪火相传。

  台南是台湾的第四大城市,是一座有价值的历史名城。我们参观的景点也都是名胜古迹,它们无声地诉说着了台湾的历史。

我们住在台南大旅店,一家比较现代化的三星级宾馆。晚饭是在宾馆附近的小吃店里吃的,第二天的早餐也非常丰富。台南大旅店是我们此次台湾之行住的最好的一家宾馆。

之后,我们离开台南去高雄,这一天的行程非常饱满。第一站是佛光山,那里有星云大师做主持的寺庙。寺庙的建筑风格有些特殊,山门不在建筑的主轴线上。进山门是一条路,右边沿山路上去,山顶有一尊大佛俯视着芸芸众生;左边是寺庙的主建筑,寺庙依山而建,层层叠叠,气势磅礴。寺院备有交通车,对老人是免费的,不问来处,可能也是普度众生的表现吧。

交通车把我们送到大殿旁边的停车点,我们登上大殿的平台,都脱了鞋,肃静地进入大殿。在宗教圣地,人不由地感受到自身的渺小和脱离世俗的宁静。

由于在佛光山多待了一些时间,到高雄已临近中午,寻找餐馆有一点困难。饭后,让郭先生休息,我们去位于高雄北部的邓丽君纪念馆参观。那里是她生前的住处,留下了许多遗物和生活的点滴。一代歌星,曾经驰名天下,可惜红颜薄命,终身未嫁,而且过早地离开了这个世界,让人叹息。

这次台湾自由行,游览了20多个大大小小的景点,接触了几十位人士,停留和经过了10多个城市,时间不长,但留下了极为深刻的印象:

台湾的夜市是非常热闹的;

台湾的小吃是非常丰富的;

台湾的马路是非常干净的;

台湾的出租车驾驶员是非常敬业的;

台湾的寺庙是不收门票的;

台湾的景点门票是非常便宜的。

## 日本大阪、京都之行

2015年5月24日至31日,我们游览了日本的大阪和京都两个城市。在大阪住了两个晚上,在京都住了5个晚上。大阪是工业化城市,在日本的地位大概相当于上海在我国的地位。京都是日本的故都,大概相当于我国的西安。

我在20世纪80年代末到90年代初,曾经去过两次大阪。一次是参加东京的一个国际科技成果展销会,从上海到大阪,再乘新干线去东京,在大阪逗留了两天。还有一次是去大阪大学进行学术交流,并在大阪和神户两个城市参观访问。那时,我国刚改革开放不久,与国外的接触不多,通过出访可以了解国外的一些情况。

这次在大阪停留的时间不长，但也走了几个有代表性的地方。

我们住在大阪市区西南部的大阪瑞士南海酒店。这个酒店的地下空间是一个很重要的城市交通的集散地，有好几条地铁通过。我们在乘坐地铁时发现，在同一个地点的不同线路的地铁站之间有比较长的距离，需要在地下通道中走很长时间，形成长长的队伍。这个现象说明日本地铁的发展经过了比较长的时间，不同时代、不同地铁公司修建的线路存在着比较明显的差别，相互之间的连接也都受到既有建筑的地下室或基础的影响。通过我们房间的窗口，可以看见一个地下交通出入口。上下班的时候，人流非常集中。通过自动扶梯上上下下的行人排了长队，来去匆匆，场面非常壮观。由此可以看到日本上班族那种紧张而又有序的节奏。

在酒店附近，有一个"绿化"颇有特色的建筑，不但每一层都有许多的"室外"园林，而且走在这些室外的绿地上，可以看到每层建筑物的平面位置都有变化，好像每层都是一个独立的平面。实际上这是一个错觉，每层的建筑平面都包括建筑物和绿化两部分，只是作为建筑物用的平面位置每层错开而已。当然，这样做的代价是很大的，是将许多建筑面积拿来做室外的绿化了。在这个"园林"建筑的边上还有一座商业建筑，有几层和那座绿化的建筑用天桥连通，人们可以在购买商品之后，到外面高架的园林中稍事休息；在园林中游览的人也可以进入商场消费。这是一个多层的花园与商场互动的建筑群，构思非常巧妙。

那天，我们特地赶到大阪的北部，去参观一座名为"大阪城"的古代城堡。因为地势开阔，从地铁的"大阪城"站下来还需要走相当长的距离才能到它的入口。历史上，这是大阪这个地方的首领的宅第，大概相当于我国古代的某个诸侯的王府。城堡是由内城、外城和很深的护城河组成的一个有一定纵深的军事防守体系。来这里参观的人很多，停车场上停了许多大客车，从停车场下车后也需要绕着护城河走一个大圈才能进入大阪城的第一个入口。到里面还要走很长的路，才能穿过第二条护城河上的桥，再进入第二道大门。过了第二道大门，才进入核心地区，那是一座日本古典建筑，是当年大阪政治核心所在，需要买票才能进入。

大阪有一条比较有名的商业街，名为"道顿堀"，是一条步行街，有各种各样的餐饮店和商店。步行街上，各种招牌也非常吸引眼球，例如有一家酒店的招牌上就画了个很大的虾。街道中部设有供行人休息的座椅，还有一些太阳伞为旅客遮阳。这条街的北面是一条河，比上海的苏州河要窄一些，河的对面也有街道和商店。这个商业区似乎比上海的南京路商业街的规模要小一些。

在步行街附近，还有一个小商品市场，黑压压的一大片，贯穿了几个街区。

这种小商品市场的专业性非常强,例如卖锅的店里有各种各样的锅,品种和规格非常齐全。我们在这里买了一个铁制的炒锅。这个小商品市场的规模似乎比京都的小一些,京都的小商品市场占了好几条很长的道路。

京都的城市布局非常方正,东西向的路自北到南依次称为"一条""二条""三条",直至"九条"。南北向的街道则有各种名称,如"西大路""清水道""河源町"等。在京都四周的群山中有很多寺庙,说明宗教在这个国家有过非常发达的历史时期,也说明这个国家对历史文化和建筑的保护非常用心。

现在的京都,有的寺庙非常热闹,游人很多;有的寺庙却比较冷落,甚至看不到游客,不知道何故。各个景点,无论人多人少,似乎都是以旅游者的身份来游览而已,即使日本的游客也并不是虔诚的善男信女,因此没有我国寺庙中那种香烟缭绕的宏大景观。

我还看到一个现象,就是大批的中学生在老师的带领下,到京都各个庙宇参观游览。我们住的宾馆就在火车站附近,每天都能看到许多中学生出站,也能看到许多中学生在广场上席地而坐等待进站。批数很多,人数也很多,但都很有秩序,没有喧哗和打闹。仔细看,他们的校服也有一些差别,说明是来自各地不同的学校。参观时,老师给学生讲解,让学生了解历史,了解自己的国家。日本人的学习习惯、遵守纪律的习惯,在孩子的身上就已经体现出来了。

由于纪律性比较强,日本的环境卫生情况相当好。几天下来,我们在路上看不到一点垃圾,即使在火车站那种每天都有大量旅客进出的场所也是非常干净的。让我们感到奇怪的是,路旁的垃圾箱很少。有几次我们喝完了饮料,竟然找不到扔杯子的地方,只得拿在手里到处找垃圾箱。对比我国的情况,即使是在北京和上海这样的现代化大都市中,路旁虽然设置了很多垃圾箱,但地面上到处可见垃圾,真让我们汗颜。

日本的城市公共交通非常顺畅。京都火车站前广场的一部分用作城市公共交通的集散地,而公共交通车站的设置也是非常紧凑合理的。上下车的广场并不很大,却可以停靠大约20条线路的公共汽车,采用的是四条带式的车站,围成3个汽车进出的通道,互相可以借道,端部还有一条带式的车站,用地非常经济。这种集中的公共交通车站布置,较之弥散型车站,不仅节省用地,也有利于旅客寻找车站。京都火车站的站前广场上是不停空车的,每次发车时间前几分钟,车就进场了,旅客上完车,马上就开走。对比之下,我国的某些车站就缺乏这种便民的考虑。例如,北京站,没有将站前广场用于公共交通,而将公交车站散布于广场外道路的外侧人行道边上,呈线状布置,旅客为了找到需要的公共汽车,要拖着行李穿过马路,再"前前后后"地找某条线路的车站。上海站的北广场,公共汽车车站之间的距离比较大，可能有作为停车场的功能考虑，但距离大了以后就增加了旅客来回寻找车站的行程和体力消耗。

日本的城市交通、城际交通是多样化的，有非常快的新干线，也有并不很快的城市郊区火车。例如，从大阪机场到市区的火车速度并不快，沿线停靠许多车站，是大阪郊区的一种日常的交通工具。如果在上海，这种被认为是比较落后的交通方式（如小火车或有轨电车）也许早就被取消了。在京都，从市区到旅游点的交通方式也是多样化的，有现代化的地铁和公交车，也有相对古老的、在山岭间穿越的小火车。这种多样性，也许是日本社会的私有制度决定的，只要这种交通工具的主人仍然愿意经营，只要老百姓还愿意乘坐，那政府也不能因为它不够现代化而取消它。

在日本的一个星期中，每餐都是在不同的餐饮店里吃的，也大体了解了日本餐饮业的特点。对大众化的日式食品（如生的海鲜、紫菜包饭团等），可以在超市里作为便当买。在饭店里吃一顿日式的正餐，是相当贵的。那种需要跪着吃的习俗，我们也实在吃不消。因此，我们大多吃一些非纯日式的饭菜，如包含一盒白饭、两只对虾、一小碗汤、一碟咸菜的快餐。有的饭店可以点菜，但选择的余地并不大。

## 旅 欧 日 记

(2017年8月14日至28日，与高崧赴德国和丹麦旅游两个星期，写日记数篇)

### 1）飞赴德国

2017年8月13日，从上海启程，我们在深夜抵达上海浦东机场。原计划是凌晨1:15起飞，但由于天气不好，起飞时间一再推迟，最终延误到5点多才起飞。

到莫斯科机场的时间比计划晚了五个多小时，我们很担心会影响转机前往汉堡。巧的是，去汉堡的飞机也晚了五十分钟，因此没有影响我们转机。

飞机到达汉堡机场后，办理出关手续的队伍很长，但手续并不复杂，稍费时间。出关后就赶到行李台领取托运的行李。此时大部分行李已经被取走，只剩下几件，但都不是我们的箱子。于是，我们就到报失处办理报失手续，填了单子，写了联系电话和地址。此时，在我们后面还有好几拨人在排队登记报失，可见这次航班有不少旅客没有领到行李。记得我第一次出国时，在法兰克福机场转机，到柏林机场时，一个箱子没有出来，许多重要的东西都在里面，后来一直都没有找到，给参加会议带来了很多不便。哪知道，30年后，再次来到德国，箱子又不出来了。仔细想想,可能是因为上海到莫斯科的航班晚了五个多小时,以致来不及把行李送到莫斯科至汉堡的飞机上。果然,第二天下午接到机场打来的电话,告知箱子将在晚上送到,虚惊一场。

8月14日下午1点半(当地时间),我们到达汉堡机场。出了机场,联系到了高崧小学同学小黄的丈夫,他开车来机场接我们。见面之后,先去找汉堡的开启桥拍照片,是李梦如要我们帮她拍一张汉堡的开启桥照片,她写书需要用。谁知开启桥很不好找,我们转了好多地方才找到。不知道将汽车停在哪里,只能在行驶的车里拍,拍到了开启桥的一些局部。将照片发给李梦如,不知道是否符合她写书的要求。

从汉堡到小黄家有几十千米的路程,中途堵车耽误了很长时间,大概是前面出了事故,到达目的地已经很晚了。在国外遇到堵车也是第一次,而且堵得严严实实。

高崧的同学小黄,住在波罗的海之滨,一个名为爱克福特的小镇,是汉堡的近郊。这里是一大片十分开阔的居民区,大多是两三层的联排别墅,也有一些多层的公寓。这里有大片的草地,高大的树木,居住建筑就散落其间。我们父女俩就住在小黄家中,生活了一个星期,欣赏了周围的山山水水和历史建筑,感受了德国的生活情景,还领略了波罗的海海岸的美丽风景以及丹麦童话作家安徒生家乡的梦幻般的风光。

小黄的丈夫是福建人,原来开过饭店,现在不开了,仍在餐馆做事。小黄在家照顾孩子,做家务。他们有两个十多岁的男孩,都能讲流利的德语,也会讲汉语。一家四口,住在二楼,有三个房间。三楼是屋顶下的阁楼,是客房,我们就住在那里。底层是客厅、餐厅和厨房,这可能是德国一般住宅的标准配置。他们来到德国已经近20年了,也完全适应了德国的生活,添置了这么一套住宅,也说明他们在德国已经扎下根了。在德国生的孩子具有德国的国籍,而小黄仍然保留着中国的国籍。他们准备做一些国内游客的旅游服务,赚些小钱补贴家用。他们还需要再买一套房子,毕竟有两个男孩,过几年就都需要成家了,按中国人的习惯,做父母的就要为孩子做准备了。之前已经来过两批游客,我们是第三批。但由于这里的住处比较小,只能接待一些小规模的自由行游客,规模就做不大。

小黄是高崧在小学时的同学,也是在同济新村长大的孩子。她的父亲是海员,早年在一次事故中过世,母亲是同济大学机械系的老师。现在她的母亲住在上海,她在上海还有一个哥哥。

到达德国的第一天,就来到了高崧同学的家里,感到十分亲切。尽管是在异国他乡,但没有丝毫陌生的感觉。小黄家旁边草坪青青,绿树成荫,庭院的草坪边上有几把椅子,可供人小憩。高崧在厨房里帮厨,我无事,就坐在椅子上休息(图 10-5),像回到了家里一样。

图 10-5　在小黄家庭院的草坪边上休息

**2)波罗的海之滨**

8 月 15 日,是到达德国的第二天。早饭以后,小黄陪我们沿着绿树丛中弯弯曲曲的柏油路,从错落有致的村落旁边经过,走向波罗的海之滨。

在海滨宽广的沙滩上,一些游客正晒着太阳。海湾近处停泊着许多帆船(图 10-6),远处则停着几艘德国军舰。在太阳的照耀下,桅杆闪着银色的光。我们脱了鞋子到沙滩上漫步,每一步都很困难,考验着我们的意志和力量。海滩上靠岸的地方设置了一些靠椅,供旅客休息之用。海滩上人不多,不像我国大连、青岛等城市的海滩那样人满为患。

有一座约 20m 长的木桥,伸向海中,为游客提供一个特殊的观景平台。木桥在海水、海风的侵蚀下,显得有些陈旧了。

海岸上建有面向大海的不同风格的建筑,供游客临时租用,估计费用不菲。沿海街道的尽头有各种商店,向西转弯就进入了位于波罗的海西南角的一个名为爱克福特的小镇。

爱克福特小镇整体呈矩形,面积不大,南北向的长度约 1km,东西向的宽度约 500m。小镇由几条南北向的街道组成,街道两侧大多是不同形式的两三层的民居建筑(图 10-7)。这些建筑物并不奢华,但装修比较讲究。上层一般是住宅,底层则为各种商店,商店门口通常摆放着盆花。这里是附近居民的中心集市,但并不喧闹。

图 10-6　爱克福特码头　　　　　图 10-7　爱克福特小镇的建筑物

小镇的中心有一个教堂，教堂的外立面正在进行装修，里面的陈设还是比较好的。教堂前面是一个广场，有一个方形的杆子，这个杆子的顶部可以喷出水来，不清楚它的用途。

街上有一家制作糖果的厂，敞开大门供顾客参观。彩色的糖果在很大的铁锅里滚动，然后被整齐地排列在操作台上，既能引起顾客的好奇心与购买欲望，又能传播制作糖果的技艺，真是非常好的营销方法。糖果的味道酸酸甜甜，很可口，我们买了一些带回来。

街上并不拥挤，有一些小汽车驶过，但要叫出租汽车则必须走到小镇南端的出租汽车站。有条高速公路从小镇的西侧穿过。

### 3）吕贝克——中世纪建筑的宝库

8 月 16 日，我们游览了吕贝克城。早上，小黄陪我们乘火车去吕贝克，火车票已经预先买好。

在德国乘坐火车，进站时不用剪票，出站时也不用验票。查票是在火车上进行的，一旦查到无票乘车，罚款是非常厉害的。在我国乘坐火车，要凭票进站，凭票出站，检查非常严格，与日本的模式比较接近，也许是从日本学来的。

德国的火车票有定座位和不定座位两种。定座位的票要贵一些，乘客有权坐某个固定的座位，但这个权利只保留到火车开动。火车开动前乘客如果没有坐上去，那火车开动后就不保留乘客的座位权了。对于已经订出的座位，会在车窗上方贴上标签，别人也就不会去坐了。这种方法有点麻烦，好在德国的旅客不是特别多，也不拥挤，可以执行下去。

吕贝克创建于 12 世纪，曾是汉萨同盟的发源地和首府。吕贝克保持着 15~16 世纪贵族住宅和街道的景观，具有历史价值的地区位于特拉维（Trave）河的北岸。建筑包括著名的砖门和盐楼，它们是汉萨同盟强大实力的见证。古老的城市中心仍然保留着1942年轰炸的痕迹。尽管在战争中部分建筑被摧毁了,吕贝克依然是一处中世纪建筑的宝库,并被列入世界文化遗产目录。两条在吕贝克城建立时就形成的轴线穿越城市,水路环绕着城市,护城河一带风光秀丽、景色宜人。

大型公共广场分布着市场和大教堂,也容纳了古老的市政厅。街道宽阔而曲折,形成网络环绕着广场,从一个街区穿越到另一个街区。由于是建在山上的城市,有些街道还是比较陡的,走起来有点累。

吕贝克旧城的建筑与自然融合,打动人心。许多古老而美丽的建筑,如哥特式圣玛利亚教堂(St. Marien-Kirche)、哥特式结合文艺复兴式的旧市政厅以及中世纪的城堡、城门等,显示着昔日的文明和辉煌。

从圣彼得利教堂(St. Petri-Kirche)的钟楼可以眺望老城和港口,鸟瞰城市的全貌。虽然这个钟楼对游客是收费的,但很多游客都愿意上钟楼观看市容,有时甚至还需要排队。

霍尔斯滕门(Holstentor)是吕贝克老城的城门,远看就像童话城市的入口。两个高耸的圆柱形顶端相互倾斜交叉,与两侧的支撑墙结合在一起,黑灰色的大烟囱具有中世纪建筑的特点。

**4)安徒生的故乡**

8月17日,我们到丹麦的欧登塞参观了童话作家安徒生的故居。早上,我们从爱克福特镇附近的住处出发,开车沿公路北上,行驶了约两个小时的路程,到达安徒生的家乡欧登塞,位于菲英岛上的一个小镇。

举世闻名的童话作家安徒生于1805年出生在欧登塞一个鞋匠的家里。他出生的那个小屋至今仍然保留着,是博物馆的一个组成部分。安徒生一生(1805—1875)写了156个童话故事、14部长篇小说和许多短篇小说,还写了50部戏剧、上千首诗歌,是一位高产的作家。

安徒生博物馆的内容非常丰富,包含大量的照片和实物,根据安徒生的一生分阶段布置,贯穿其中的是安徒生丰富的作品或书信的手稿,具有非常强的感染力。在一个书房的几个书橱中,陈列着用160种不同语言出版的安徒生的作品,向人们展示这位文学巨匠的丰富文化遗产。

在欧登塞这个城市里,到处都有安徒生的影子,除了安徒生出生和成长居住的小屋(图10-8),还有许多童话般的建筑和城市小品(图10-9)散布于城市各处,让人流连忘返。

图 10-8　安徒生出生和幼年的住处　　　图 10-9　欧登塞城中的童话世界

在欧登塞城中漫步,不禁会将这个小城与德国的爱克福特小镇进行一些比较。两者都是典型的欧洲小城(镇),建筑多是两三层的别墅或公寓,列于干净、整齐的街道两侧,上层住人,底层开店,店门口摆着花卉。有的建筑上刻着建造的年代,往往是 18 世纪或 19 世纪的某一年,显示它的悠远历史。两者的区别也较为明显:在建筑的立面处理上,爱克福特的建筑比较细腻和丰富,欧登塞的建筑则比较粗放和简约。

### 5)世界桥城——汉堡

8 月 18 日,我们游览了汉堡。汉堡是德国三大州级市(柏林、汉堡、不来梅)之一,德国第二大城市和第二金融中心,德国最大的港口和最大的外贸中心,德国北部的经济和文化中心。同时,汉堡还有"世界桥城"的美誉。

汉堡是德国北部重要的交通枢纽,是世界大港,被誉为"德国通往世界的大门"。世界各地的远洋轮船到德国时,都会停泊在汉堡港。汉堡是世界第二大飞机制造区(第一是美国西雅图),生产"空中客车"飞机。

在行政区划上,汉堡相当于一个州,类似我国的直辖市,与德国其他 15 个联邦州的地位相同,面积约 755km$^2$。汉堡拥有 1000 多年的历史,是德国比较古老的城市。汉堡曾归属丹麦,也曾被法国占领过,1815 年加入德意志联邦,1937 年成立大汉堡市。第二次世界大战中,汉堡城市遭到严重破坏,古老建筑几乎荡然无存,战后才得以重建。

汉堡市距离北海和波罗的海不远,海轮可从北海沿易北河航行而抵达汉堡。易北河的主道和两条支道贯穿汉堡市区,上百条河汊和小运河组成密密麻麻的河道网,因而汉堡港是河海两用港。

汉堡风光秀丽,文化深厚,名胜众多,是著名的旅游城市。圣米歇尔教堂是一座巴洛克式建筑,始建于 1647 年,1750 年和 1907 年两次重建,塔顶超过 130m 高,登临顶端可眺望全市风景。建成于 1897 年的市政大厅,是一座新文艺复兴式建筑，外部的雕刻富丽堂皇，内部的装饰华贵高雅，地下餐厅也声名远扬。建于1869年的汉堡美术馆，收藏有德国和荷兰著名画家的艺术珍品。

圣詹姆士教堂、圣凯瑟琳教堂、俾斯麦纪念塔、历史博物馆、话剧院、歌剧院等都是汉堡的著名建筑。创建于1907年的哈根贝克动物园，占地广阔，保持着原始自然风貌，各类动物自由栖息。市中心附近的植物公园，遍栽各种植物，并建有花坛、温室、图书馆和展览厅等。汉堡是欧洲著名的"水上城市"，拥有大小桥梁2400多座，比意大利威尼斯还多5倍。这些桥梁如一件件艺术品，装点着城市。现存最古老的石桥是建于1633年的"关税桥"，仅10多米长，造型简单，朴实无华。现代化的桥也很多，如跨越易北河的科尔布兰特公路桥，建于1974年，长约4000m，高约50m，桥面可并行4辆汽车，号称"百桥之首"。

应李梦如的请求，要拍一张开启桥的照片，任务还没有完成。因此，我们一到汉堡，就在火车站叫了一辆出租汽车，要求驾驶员开到这座桥边。出租车开了40多分钟才开到接近桥的地方，汽车停下后，高崧拿着手机，边走边拍。终于，在河边的滩地上拍到了这座桥的全景（图10-10）。从照片上看，这座开启桥的开启部分由两个高塔和主跨结构组成，当需要开启时，位于高塔上的起重装置将主跨结构整体往上吊起。这属于整体平行起吊式的开启桥，主跨的跨径估计是30m。

图10-10　汉堡开启桥全景

在汉堡的另一个地方，我们还看到一座比较小的供人行走的开启桥，它通过滑轮系统以转动的方式将中央跨打开。

小黄带着我们在汉堡市穿梭，最后来到素有"汉堡明珠"之称的阿尔斯特湖。该湖分为内外两个湖区。内湖沿岸的几条古老街道上，林木苍郁，花香袭人；外湖湖面白帆点点，天鹅成群，游人如潮。

**6）渔港风情**

8月19日早上，天空乌云翻滚，太阳时隐时现。小黄陪我们步行到爱克福特小镇的码头，那儿停靠着几艘小渔船。隔着栏杆，渔民就可以和码头上的顾客做买卖。小黄买了不少鱼，也就十几个欧元。渔民还送了两条鱼的头和尾。德国人不吃鱼头，但对中国人来说，鱼头汤可是美味佳肴。我们装了两大口袋的鱼，拎着到河口以北的一家咖啡店喝咖啡。

那天，气温比较低，我穿得也少了一点，感到比较冷。发现咖啡店的椅子上有几条薄毛毯，于是就紧紧地裹在身上。我想，这里的气温大概比较低，所以咖啡店才需要为顾客准备毛毯。当太阳出来的时候，阳光洒在身上，感到特别暖和。一会儿，太阳又躲到乌云的后面去了，海滨的风也比较大，又觉得非常冷。我们喝着咖啡，欣赏着异国他乡的风光。

在往回走的路上，看到跳蚤市场，有各种各样的旧货，也有各种各样的装饰品。高崧买了一条珊瑚项链，价格大概是13欧元。

突然，雨下大了，大家躲到摊贩的大伞下躲雨，摊贩则忙着收拾大伞外面的东西。不过总归只是一阵小雨，一边下着雨，另一边还出着太阳，就是所谓的"过云雨"了。

中午，小黄用清蒸的方法烹饪买回来的大鱼，我们每人一条，品尝了鲜美的鱼肉。

下午，小黄陪我们到附近的森林去漫步。走不多远，就进入一个很大的森林，一条羊肠小道蜿蜒其间，两旁大树参天，遮挡了阳光，景色朦朦胧胧，格外迷人。如果一个人漫步，真会有点孤单。那天有点小雨，林中散落着点点雨花，地上有一点点积水。快到森林尽头时，在路的右侧，我们突然发现天空中横卧一道彩虹，大家心情忽然开朗起来。

**7）莱茵河畔的科隆大教堂**

8月21日早上，离开小黄的家，去南方看望小燕和军军。小黄的丈夫送我们到基尔火车站，他们的两个孩子也一起去，小黄陪他们到科隆玩两天。车开得很快，也很顺利。

从波罗的海之滨到鲁尔区有几百千米的路程，从爱克福特小镇到科隆要换3次火车。先在基尔上车到汉堡，再从汉堡到多特蒙德转车到科隆。在多特蒙德转车时，两车的相隔时间只有5分钟，尽管两列车是停在同一个站台的两侧，但毕竟只有5分钟的换车时间，万一搞错了就来不及了。等我们匆匆上车后才知道，这列车由两部分组成,中间是不能通行的。我们上车后也才知道,小黄的两个孩子的车票座位是在前面那部分列车里,但他们已经无法过去了,而且车子开动以后,座位也就不再为他们保留。当然,他们都找到了座位,只是他们买座位票而多付的钱就没有发挥作用。科隆到了,我们下了火车,和他们母子三人告别。

从火车站出来就是著名的科隆大教堂,高崧与小燕约好在这里会面。小燕已等候在这里,会面后,把我们的行李放到汽车里,就一起到大教堂里面。福康和有铮也一起过来了,他们在大教堂里面等着我们。接下来的一个星期就在小燕和军军两个侄女这里度过了。

在科隆,我们参观了大教堂、市政府旧址附近的街景及莱茵河上的大桥。科隆市区跨莱茵河两岸,但它的核心,也就是内城,坐落在莱茵河西岸。名胜古迹和繁华商业区大多集中在这里。科隆大教堂是内城的中心,附近交通繁忙,小汽车和公共汽车川流不息。10多年前,科隆人建了个教堂平台,使这座建筑物与嘈杂的交通隔离开,由此形成的教堂广场已成为当地人和旅游者的聚会中心。在这里可以看到滑旱冰的青少年在宽广的场地上绕圈,马路画家在地上用彩色粉笔临摹名画,还可以看到一些水平不低的音乐爱好者自发地为人们演奏。

屹立在莱茵河边的科隆大教堂有两座哥特式尖塔,北塔高157.38m,南塔高157.31m。科隆大教堂是目前世界上最高的双塔教堂,已成为科隆市的象征和游客们向往的旅游胜地。站在高高的塔顶极目远望,莱茵河犹如一条白色的缎带从旁边飘过。科隆大教堂始建于1248年,直到1880年才竣工。科隆大教堂包括五个殿堂和一个绕圣坛而建的带有三个偏堂的回廊。圣坛还保持着初建时的模样,它是中世纪德国教堂中最大的圣坛,圣坛上的十字架也是欧洲大型雕塑中最古老、最著名的珍品。圣坛的两侧还排列着104个座椅。教堂内静谧、肃穆的气氛同教堂外五彩缤纷、人声鼎沸的环境形成了鲜明的对比。教堂前的广场还是人们举行各种庆祝活动的场所,每年的5~9月,每逢周末人们都要在此举行民俗庆典活动,十分热闹。

大教堂前面不远处,便是莱茵河和河上的霍亨索伦大铁桥。它是一座铁路桥,桥面上有3个车道。这座桥还有一个特别之处,在桥梁的某些桁架上挂了很多连心锁,密密麻麻,层层叠叠,非常壮观。大桥有人行道,游人可以走到对岸,也可以在桥的中部一览莱茵河的美景。

**8)鲁尔区的风情**

8月21日,我们游览了鲁尔区。鲁尔区曾经是德国的煤炭中心和钢铁中心。我们看到高耸的矿井、巨大的分选厂房和加工厂房。通过这些遗迹,可以看出当年鲁尔区的巨大的生产力以及对德意志帝国发展的推动作用。

在六七层的钢结构厂房里,保存着当年的管道、运输线,纵横密布,非常壮观。一些照片则展示了当年这里所用的童工和苦力,巨大的生产力建立在工人的血汗之上。

甲午海战中被日本击沉的定远舰,就是李鸿章从德国买来的。那个年代的煤炭等于钢铁,等于军舰大炮,等于国力。

中午,小燕把我们带到胡根普特(Hugenpoet)城堡饭店用餐。这是一个很大的古典建筑,周围有相当于护城河的一条小河环绕,前面是一个非常大的花园,有广阔的草地和参天的大树,很有气派。进入餐厅,发现里面的布置也气度不凡。我感觉似曾相识,也许是和洪毓康、王天龙一起访问鲁尔大学时来过。

下午返程,经过住处附近的凯特维西(Kettwig)镇。安静的街道,尖尖的屋顶,洁净的墙面和石板路,似乎几个世纪以来未有变化。据说,这里还保存着200多年前的建筑。因为是星期一,街道上空无一人,显得特别安静。附近有一些工厂厂房改造成的居住建筑,只是时间不够,来不及去参观了。

### 9)修格尔庄园与巴登纳湖

8月22日早上,去彼得(Peter)的墓地拜谒。在花店里买了一束玫瑰花,放在彼得的墓前,往事又浮现于眼前。

那年,彼得到我们学校访问,与小燕相遇,遂邀请小燕访德。那时国家正在收紧出国的指标,而我正好在德国波鸿大学做学术访问,彼得还特意到波鸿大学看望我。后来,经过多方努力,小燕出国的手续终于办妥了,促成了他们这对跨国恋人。一晃20多年过去了,回首往事,感慨万分。

公墓在城市里,在住宅区的对面,范围非常大,也非常有气魄。德国军工大企业克虏伯公司的几代掌门人的墓地也都在这里。

上午,我们参观了德国历史上赫赫有名的克虏伯公司的被称为"修格尔庄园"(Villa Hugel)的总部旧址。那里有一栋非常宏伟的办公大楼,每层的层高大约有7m,跨度也非常大,装修极其豪华。老板的办公室和办公桌都极其宽大。当年,李鸿章访问欧洲时,造访过克虏伯公司,并采购了两艘军舰和几门克虏伯大炮。我国厦门的古炮台,曾经安放着两门克虏伯大炮,面对浩瀚的大海。其中一门大炮在"文革"中被毁,现在只剩一座。

克虏伯公司是一个联合企业,涉及煤炭、钢铁和军工产品。德国能发动两次世界大战,也得力于这些军工企业的巨大生产能力。如今遗迹尚存,风光不再,追溯历史,引人深思。

下午，我们在巴登纳湖（Baldeneysee）乘游艇欣赏两岸的美景，然后去了临湖山上的餐厅喝咖啡、吃蛋糕，俯瞰湖景，并参观了由原来的工厂改建成的住宅区。之后，去了杜塞尔多夫的媒体港，欣赏那儿的新旧建筑。

鲁尔区的工业是德国发动两次世界大战的物质基础，战后又在联邦德国经济恢复和腾飞过程中发挥过重要作用，工业产值曾占全国的40%。即使现在，仍在德国经济中具有举足轻重的地位。鲁尔区突出的特点是，以采煤工业起家，随着煤炭的综合利用，炼焦、电力、煤化学等工业得到了长足的发展，进而促进了钢铁、化学工业的发展，并在大量钢铁、化学产品和充足电力供应的基础上，建立并发展了机械制造工业（特别是重型机械制造工业）、氮肥工业、建材工业等，形成部门结构复杂、内部联系密切、高度集中的地区工业综合体。同时，为大量产业工人服务的轻工业，如服装工业、纺织工业、啤酒工业等也得到快速发展。20世纪50年代以后，由于石油消费量逐渐增加，鲁尔区的炼油工业和石油化工工业也迅速发展起来。20世纪70年代以后，电气工业、电子工业有了很大的发展。在第二次世界大战后的重建过程中，鲁尔区生产了联邦德国80%的硬煤和90%的焦炭，还集中了联邦德国2/3的钢铁生产能力，电力工业、炼油工业、军事工业等均在联邦德国居重要地位。在世界一些以采煤工业起家的老工业区严重衰退时，鲁尔区仍具有较强的生命力，这与其随着科学技术的进步不断调整区内的经济结构与部门结构是分不开的。

**10) 威廉高地的瀑布与喷泉**

8月23日早上，小燕送我们去和军军约好会面的地方，那是高速公路旁边服务区的一个麦当劳。福康和有铮也陪我们一起去，汽车行驶了比较长的时间。正当我们在麦当劳吃午饭时，军军他们也到了。

和小燕他们分手后，我们在前往军军住处的途中游览了卡塞尔市的威廉高地。那是一个古城堡，与其他城堡不同之处在于利用了地形巨大的高差，把水的景观做足了。实际上，那个地方的水资源也并不丰富，因此并不能保持常年流水，而是在有限的几天内放一次水。我们到的那天正好是放水的日子，所以军军他们选择这里作为游览的第一站。在我们到达的时候，还没有到放水的时间，大家先参观了古城堡。城堡的年代非常久远，有些破败，正在进行修缮。在高大的城堡前有一条很宽的下山坡道，包括行人的坡道和放水下山的坡道（图10-11），坡道延伸至下面的广场和水池。我们顺着坡道下山，走到广场，等待水的到来。

不久，远远地看到古城堡的前面出现了一个高高的喷泉，接着坡道的高处尽头出现了白色的水花，渐渐就形成了一大片白色的水流，顺着坡道奔腾而下，气势磅礴。大概用了十来分钟的时间,水才流进人们面前的水池中。

看完这一幕后,观众向树林的深处涌去,我们也跟着大家往前走。到一个山坡下,人群停了下来,望着不远处的一片山坡,不知道在看什么。突然,山腰上的许多地方都冒出了泉水,同时许多山涧也有水喷出,场面非常壮观。涓涓细流通过山前的坡地流向我们面前的水沟。水继续向前流,通过水沟的一个个台阶,形成一串跌水瀑布(图10-12)。继续向前,又形成了高台大瀑布和非常高的喷泉,十分壮观。景观的设计者很好地利用了这里的地形特点,创造了非常美妙的水景。

图10-11　古城堡前面的下山坡道

图10-12　人造跌水瀑布

**11) 山顶上的城市——马尔堡**

8月24日,游览马尔堡,马尔堡是黑森州的一座城市。马尔堡大学是1527年成立的,城市也因这所大学而驰名。小燕的丈夫彼得·冯德利普教授是马尔堡大学的博士。

马尔堡市的一部分在山上,一部分在山下。我们主要游览了山上的一些街区,所以汽车是一路上山的。汽车停靠在停车场后,我们就沿着主要的街道游览。马尔堡市的大教堂建在山顶上,我们参观之后,就沿着教堂周围的崎岖山路下山,并在不同的地方拍了一些照片(图10-13和图10-14),可以看出建筑物和街道都是依山而建的。无论是在古建筑旁的崎岖山道上,还是在建筑物之间的台阶小巷中,移步易景,别有情趣。

图 10-13 马尔堡的台阶小巷

图 10-14 俯瞰马尔堡市区

**12）施利茨小镇**

8月25日上午，我们到军军家——黑森州施利茨（Schlitz）小镇附近的森林中采集野蘑菇，那是一次充满童趣的活动。

那一带属于福格尔斯山脉（Vogelsberg），有茂密的森林。我们在森林边缘采集，大约花了两个小时，采集了三口袋蘑菇。

采集蘑菇需要经验，军军和她的丈夫经验丰富。高崧学习得也比较快，很快就发现蘑菇了。我的反应比较慢，眼神也不好，就算蘑菇长在脚的旁边，也不一定能发现。

我们采集的蘑菇茎很粗，伞盖不算漂亮，呈灰黄色或灰白色，都很肥大。采集时需要检查蘑菇是否已被虫蛀过，如果有虫蛀的空洞，就不能食用了。还要识别蘑菇是否有毒，毒蘑菇的颜色一般都很漂亮。采集的蘑菇，经过简单的处理（图 10-15），加以烹饪，成为美味佳肴。

下午去军军所住的小镇施利茨看看。军军开的公司也在镇上。他们在市中心有两幢多层建筑，装修好的一部分已经出租

图 10-15 高崧在厨房中加工蘑菇

了,另外一些房间还在装修。租户中,有位退休的老太太住得很宽敞,她是一位教绘画的老师,她的一些作品显示了她有很高的艺术素养。

镇中心有一座塔形建筑物,高约36m,像是历史上的一个防御工事。塔顶有一个瞭望哨,塔的底部原设置为监狱,关押犯人。现在这个高塔已经成为一个旅游景点,装了电梯,还配了一个管理兼讲解的工作人员,游客可以乘电梯到顶部眺望全城。

小镇还有一个公园,绿化很好,许多树看上去都有百年的历史,树干有四人合围那么粗。

### 13) 瓦瑟山风情

8月26日,游览瓦瑟山(Wasserkuppe)。上午我们参观了军军开的门店和几间已经出租的房屋,了解了她的产业和经营情况。军军还有一个办公和接待客户的地方,我坐在她的办公桌后,拍了几张照片,祝愿她的事业蒸蒸日上。

下午驱车去了黑森州和图林根州交界处的瓦瑟山,山顶海拔800多米。这个地方原来是民主德国和联邦德国的边界,第二次世界大战以后曾有不少美军驻扎。这里的海拔高,但地势开阔,是开展滑翔运动的好地方。

这里还有许多供孩子玩耍的设备,所以军军也带小儿子一起来了,他玩得很开心。

## 六、日 记 残 稿

### 宁 夏 之 秋

编者按:宁夏山水,秋日风情。在这里,我记下了1981年的秋天,在宁夏的两个月中,看到的山山水水,听到的古往今来,见到的风土人情。

2017年,在整理资料时发现了当年的日记,时间已经过去了36年,我也从中年人变成了八旬老人。将当年的一些日记收录在本书中,算是对那段历史的回望和展示。

—8月22日—

今年暑假是在紧张的工作中度过的,同时给岩土工程进修班和近代土力学短训班上课,有三个星期是每天上午都有课,还要挤些时间把函授指导书改好,把吴天行的讲稿整理完,排好插图。但是,这还是比计划的工作要少得多,本来还准备写完一篇有关土分类的文章,整理好关于经验公式误差的文章,但都未实现。也许是原来的计划太庞大了,对困难估计不足。

这次去宁夏,要完成许多事,也许只能完成其中很少的一部分。无论如何,总要拼命多干些事,该做而尚未做的事真多,不得不抓紧时间干。

我喜欢紧张的生活,这比在人事纠纷中过日子要好得多。同样没有空闲,但前者会给人类留下点有益的东西,而后者只能给人类带来不安的因素。还是多做些有益于人类的事吧!而在人与人的关系方面,只要能按社会的道德规范行动,何必去多消耗宝贵的时间呢!

人总该有自己的理想,有具体的抱负。从整个社会来看,个人的想法,仅是沧海一粟。但对一个人来说,这又是不可缺少的生活目标,就像灯塔之于航船。但要实现理想抱负,总不可能是一帆风顺的,尤其要为人们所理解,所接受,更是不容易的。在这种情况下,是宁肯被人误解而坚持目标好呢,还是放弃主见随波逐流好呢?我的选择是前者。一个人的能力是有限的,能完成的事情也不可能是伟大的,但只要脚踏实地去做,一点一点地积累,总可有益于人类。

这次去宁夏,是在有困难不能去的情况下,我自己提出来的。那是十多个月以前的事了。可谁能想到岳母会突然去世呢。家庭的困难,自己要想办法克服,能为边远地区做点事是很有意义的。即将远行了,今天下午还有课,再过两天,我就要去西北。怎么来安排这两个月的工作与生活呢?

—8月25日—

下午上火车。

昨天在家休息。上午杜坚来送行,下午俞先生、魏道垛来送行。

昨读辛酉政变野史。

《中国大坝》内容摘录:

早在两千多年前,我国人民就修堤筑坝,除水害,兴水利,以发展农业生产。公元前600年,修芍陂大型灌溉蓄水工程(今安徽寿县安丰塘灌溉水库)。公元前250年,修都江堰引水灌溉工程(位于今四川灌县)。公元前219年,开凿沟通长江和珠江的灵渠,筑有砌石的分水堰。

新中国成立后,建成60m以上的大坝89座。其中,土石坝37座,占41.6%;混凝土坝32座,占35.9%;砌石坝20座,占22.5%。100m以上的大坝建成11座,在建的有12座,包括葛洲坝、乌江渡、白山、龙羊峡、潘家口、石头河等工程。

1971年,甘肃碧口,壤土心墙坝,高101m;山西水中填土坝,高60m;陕西吴旗(2005年改为吴起),无定河周湾水库,81.4m高均质土坝,23.5万$m^3$。

—8月27日—

昨天中午抵京,出站后见队伍如长龙蜿蜒,已悔中转之策。担心太晚住不到招待所,故未敢排队。先到三号楼,已满员。再来二号楼,也满员。只得加床,办完手续,放下行李,即奔车站。在炎炎烈日下晒了四个多小时,只签到一张站票。但见队伍比昨天还长,还是站 26 个小时吧。回首但见长龙无尾,苦笑一声。站着出塞,亦是一兴。

此次中转波折,乃决策之误。当时,对情况的估计太乐观,只想中转之利,为公家省行李费,节省时间,风险小,能及时赶到。但未想到不利因素。事后想来,这是按最大原则决策所吃的苦头。

第一,没有想到这个时候正是大学生回校和新生入学的时候,作为多年的教师而忘了这点真是该打;第二,对陕西水灾带来的影响估计不足,大批学生涌到北线;第三,未考虑万一签不到票该怎么办。

下次回沪,一定分段买票,宁可在京留一周,也决不冒这个险了。

今天中午,在国家建委门口巧遇张启成,大学毕业以后相隔了 22 年,真是感慨万分。午后聊了一个小时即分手。

明天要奋战一天一夜,今天该好好休息。

—8 月 30 日—

今天是抵达宁夏农学院的第二天。

前天,28 日晨,从招待所出发,7 时许到北京站。进站时拥挤不堪,上第六节车厢,找到了一块空地,放下行李,算有了个立足之地,坐在行李袋上虽然不舒服,然比之未找到立足之地、始终游荡之人,则已幸甚,可称为是二等座位了。对面一位旅客,宜兴人士,戴近视眼镜,形似顾宝和,又似我校数学系的老顾。我忽然疑心他们三位是同族,但未请教他的尊姓大名。他是 1964 年南京大学地理系毕业,分到银川,在宁夏的农业系统工作。人颇忠厚,话也多,故旅途倒也不太寂寞。无座位,心情不甚好,无心欣赏沿途风景,一夜十分难过。疲倦欲睡,但东倒西歪,均不是滋味,方知一席之可贵也。

次日早晨,进入宁夏地区,但见莽莽荒漠,一片塞外风光,烈日照耀,分外刺眼。车中有人曰,此乃地大而无用也!自沪至京乃空调车,十分舒适,而自京至宁乃二等席。旁边是厕所,上厕所之长龙,不但挡风,而且味甚难闻,两相比较,真天上地下之别。

车晚点了一个多小时,下车又未见人来接车。想打长途电话过去,被告知下午 3 点才上班;去取行李,也被告知下午 3 点才上班。总之是到处碰壁。上了公共汽车,经过了两个小时,才到达宁夏农学院。

永宁邮电所把我发的电报耽搁了两天,农学院今天中午才收到。他们派车到车站时,我已离开车站了。

农学院安排的住处很宽敞,这里的照顾也很周到,毕老师照顾我的起居,给我提热水来。祝院长、储处长、王主任来住处看我,并请吃饭。饭后到祝院长家吃西瓜,看电视。我的精神倒也不错,到晚上 9 点半才睡。

在火车上的那晚,头有些痛,但次晨即消除了,也许是服用天麻丸的原因。今天,精神尚好。

今天上午,毕老师、杨老师、王主任过来聊了半天。下午,协助我讲课的王老师过来聊了半天。下午,把进度表排了出来。

中午,到校门外发了家信;买了一斤葡萄,0.85 元。晚饭后在校园里走了一圈。回来听了一回英语录音,写了这点日记。

—9 月 1 日—

今天第三、四节有课。

昨天看了农学院的仪器,准备学生的试验课,得从校准仪器、印刷记录表、制备土样开始,颇费周折。

昨夜,师院袁老师来找我,在半路相遇。到他宿舍坐坐,一起去看露天电影《梅花》。

半夜醒来,头昏沉沉,急服天麻丸。

今晨感觉尚好,不过得千万小心才是。

借来了大坝设计、水工建筑物等方面的书籍。

下午及晚上准备土工试验。

晚上,两位王老师均送来大米。

下午听 30 号文件传达。

—9 月 2 日—

上午第一、二节有课。课后去换米票买大米。下午,拿来行李,把资料取出,开始整理上海软土塑性图特征的资料。晚上看电影《雨夜奇案》。

到这里已四天,生活已适应,要抓紧把该做的事情做好。

—9 月 3 日—

上午去永宁采购,这里的价格是猪肉每斤 1.15 元,猪肝每斤 0.55 元,土豆每斤 0.10 元,番茄每斤 0.04 元,刀豆每斤 0.08 元。买了 3 元多的东西回来,可以吃一个星期了。

下午感到头晕,已第 3 天了。今天比较严重,眼睛看东西发花,口中有腻感,是旧疾发作的预兆。

—9月6日—

来到宁夏已经一个星期了,这一个星期是安顿、适应的日子,现在已安顿就绪。试验室也有了点眉目,第 3 周可以做第 1 个试验了。

前两天,天天头晕,也干不成工作,没有写日记。昨天开始见好,也许是旅途劳累,集中发作吧。

关于上海软土塑性图特征的研究,正在写稿,同时进行回归分析,需花较多时间来写,在 20 日之前将稿寄出。

想翻译点东西,在这里的日子,空的时候,清静得出奇,是抓紧时间工作的好机会。仔细想想,事情也确实很多,而且怕也做不了多少。一头栽在什么问题里,例如分析个什么规律,一坐下来就做这件事,时间过得就很快。

宁夏的秋天,我说的是银川的近郊,确实有南方的风情,田野里的稻谷正在抽穗,一眼望去绿油油的;一大片高耸的白杨树,把大地点缀得郁郁葱葱。初秋的季节,早晚感到丝丝的凉意,有时飘几点小雨,但又不像南国秋天的阵雨。仔细观察,又与江南的景色不同。这里没有南方农村的景色,而具有北方的模样。一排排用泥土垒成的房屋,稍倾的屋顶连同墙面都是单调的泥土色,在日光下泛黄。这里没有南方黑瓦白墙的农舍,说明这里的气候还是干燥的。不然,泥瓦怎么不塌呢?

在自由市场上,有辣椒、茄子、西红柿、刀豆和卷心菜,在北方算是丰富的了,而且也便宜,不比我家乡贵,自然比上海要便宜多了。据说,入冬之后,蔬菜就很少了,那时大概是一片肃杀的景象。这里的孩子不那么干净,总带有北方农村生活的习惯。我住的楼从窗口可以看到校门口,每到开饭的时候,常见许多农家的小孩拿着脸盆进校,大大小小的都有,争先恐后,不知他们去做什么。有一次,我走在路上,和孩子们相遇,朝脸盆里一看,原来是泔水,是拿回去喂猪的。农家的孩子勤劳,每天如此已是他们的职责了。

—9月7日—

由于时差,这里 7 点钟太阳还未下山。我踏着横斜的夕阳,步出农学院,到公路上散步。今天整整一天没有出这幢楼,上午去农学系土壤试验室,在一楼;下午在水利系的土工试验室,也是在一楼,不过是一个在大楼中部,一个在北翼罢了。因此,晚饭后应该出去散散步,消化消化。

农学院门口的大路是煤渣路,汽车、拖拉机一过就尘土飞扬。从大门口出去,150m 左右就是去西宁的公路,是一条柏油路,两旁白杨参天,路上来往的汽车、自行车和行人都不少。这里是 9 路公共汽车的终点站,从这里到银川南门,汽车要走 40 分钟。据说也是 40 分钟一班车,但我试过两次,都不准时。在路上等车,一等就是个把小时。在这里,时间以小时计或以天计。电报会耽搁两天,那么工作以天计也是可以的了,效率之低,令人叹息。筹建土工试验室,领东西需要等两三天才能领来。如依此为准,那么在上海的效率已经算是不错的了。

水利系的老师有两种情况,一种是住在农学院,一种是住在银川,上课那一天才来学校,平时见不到人。水利楼空空的,三楼的办公室大多是大门紧闭。老实说,这里真清静,养老是挺好的。待在这里,从清静来说,至少可以多活 3 年。但是,从南方来这里的人都不安心。和一些教师、职员接触下来,知道他们都想走。

这里距银川 25km,距永宁县城 6 华里(3000m),买肉和酱油都得去永宁。昨天是永宁物资交流大会,我拿到一张工会发的票,可以看银川歌舞团的演出。午饭后我便兴冲冲地去赶集。在学校大门口路上等了 40 分钟,我是按班次时刻表去的,但失算了,班次并不准时。

永宁这条街很宽,彩旗招展,热闹非凡。两边人行道上都搭了棚子。有本县各个公社来的,也有邻县来的。百货很多,也有小吃。有戴白帽的老头老太的是回民小吃。那特地从兰州请来的拉面名厨,把一团面,拉了六个来回,就成了一碗面条,技艺真不错。

路上积满了灰,随风飞扬,连空气也变得发黄。但是,周围的人们似乎习惯了这一切。毫无顾忌地大口大口吃西瓜之类的水果、面条之类的点心,高兴地笑着、拥挤着。这是一年一度的物资交流大会,使这条本来冷清的街道沸腾了起来。

河南新乡马戏团来了,在县体育场上,两角钱一张票,一天演三场。一辆汽车扯着彩旗,响着喇叭缓缓驶来,三匹马上骑着三个涂着油彩的小伙子。这是马戏团的宣传车在招揽生意,为本来已经很热闹的街道增添了几分节日的气氛。我夹在人群中,东张西望,真像刘姥姥进了大观园。恰好碰见了师院的袁老师,两个久居上海的人便一起看了演出,从下午 3 点到 5 点。在这西北的小县城,能欣赏到这样的节目是不错的了。看完节目后,考虑到公共汽车通常人满为患,我们两人就步行回学校,用了 50 多分钟。回校途中,未见一辆公共汽车开过,反倒是步行更省时间。

—9 月 9 日—

来宁夏之前,就听说宁夏西瓜多,便宜而且好。我妻子要我回上海时,带几个西瓜来。对于西瓜,我是慕名而来的。来宁夏途中,在火车上也听到在宁夏工作的人夸此地的西瓜好。

到农学院的第一天晚上,祝院长请我和师院的袁老师两人去他家做客,吃了西瓜,是很甜,但觉得太凉了。那是 10 天以前,天气还比较热一点,已经感到太凉了,吃了两块就不敢吃了。主人热情劝进,不吃似乎对主人不恭敬,于是只好挑最小的一块吃了,吃得肚子冷冰冰的。祝院长问我味道如何,我说很甜,但很凉,吃多了肚子吃不消。他爽朗地笑了,说宁夏有"抱着火炉吃西瓜"的习俗。大家都哈哈大笑。

看到路上有不少西瓜摊,但西瓜的个儿都很大,一二十斤一个,因此不敢问津。可是,买一个尝尝的念头一直没有打消。上星期三下午,在院内买小菜的地方,看到有西瓜。挑了小小的一个,才四斤,两角钱。抱了回来,一直不敢开,一怕吃不了,二怕太冷了。想有人来时再开,放了一个星期,今天开了一尝,淡若白水,凉如冰水。吃了几口,肚子冷得难受,忙喝点开水暖胃。这叫西瓜加开水,真的活受罪。这两角钱算是白花了。也好,进一步领教了宁夏的西瓜。

看问题不能片面,宁夏的西瓜并不都是这么淡而无味。这个西瓜并不代表宁夏的西瓜。但冷若冰霜,恐怕是有代表性的,因为还有在祝院长家里吃西瓜的经历。吃西瓜一定要在挥汗如雨时才吃得有味道,如今已穿上棉毛衫和上装,室温在20℃左右,吃西瓜就不那么应景了。尽管街上西瓜还很多,但我不敢问津了。凡事都有个习惯,我看这里的人照样买西瓜吃,大概是从小吃习惯了的缘故。

—9月10日—

今天游览了西北重镇银川。在贺兰山下,有一片阡陌纵横的平原,它是海拔1000m以上的绿洲。这里有密布的灌渠,不是银色的川吗,称为银川是非常恰当的。再说这里盛产稻米,不是银色的米粮川吗?

玉皇阁有五百年的历史,现在是银川市图书馆的所在地,登上玉皇阁可以俯瞰全市风光。在人民公园里,有一座古代的铜钟,其上有明代镇西将军的题字。这是在兵患之后铸造的,可以推测那时在这里打过恶仗,才取得边关安宁的。

根据自治区勘察设计院王文镇工程师的介绍,银川市区的地层中有5m左右的文化层。

银川市的城墙已不复存在,但尚有一些城门,如南门犹耸立于街心,它饱经北国的风霜,当年扼守北关、南卫中原的雄姿尚在。但这座南门不像一般城市的南门,总在城市的南边、大致居中的地方,而是在城市的东南角,不知是何道理。城市东西长而南北较窄。据说,人口有30万,机关干部大多是从外地来的。虽然银川是宁夏回族自治区的首府,但这里的回民不算很多。甚至,回民小吃店没有北京那么多。标明汉民小吃店或者汉民饭店的比北京更多些。

主要街道是东西向的解放街及新华街。在城中鼓楼附近形成市中心区,电影院、百货公司往往是其象征。放映的电影是《英俊少年》和《苦果》。百货公司的货物较为丰富,有灵武县(现为灵武市)出的毛毯,34.8元一条,不算太贵。

步入菜市场,此乃自由市场也。货物充沛,比永宁县城贵 20% 左右,也属合理。看来,银川人民的生活并不比上海差,只是习惯不同而已。我想买一包咖喱粉,但遍寻无着。吃不成咖喱土豆,似乎对不起这里那么粉的洋山芋。鲜牛肉 1.40 元/斤,是议价供应。鲜猪肉 1.17 元/斤,鸡蛋 1.10 元/斤,都敞开供应。

在大光明理发店理了发,由一位师傅操刀。手脚很快,技术还好。这个理发店在二楼,有 30 个座位,好大的一大间,大概是银川头等理发店了。价格是 4 角,比同济理发店贵 1 角。唯那面镜子怕人,可以用作哈哈镜,我自己一看也不认识自己了,头的中部突然放大,嘴巴变成歪的。这种镜子能出厂,说明这里轻工业水平有待提高。这倒不是银川一个地方的问题,上海也是如此。照镜子是为了审视容貌,看何处尚不够整齐,不够清洁。而照这种镜子,怕要用快刀砍掉一些才行。难道我国的玻璃制造水平如此之低,做不出平一点的玻璃吗?我看不是,这并非不能做到,而是不认真去做。(2017 年整理时注:在 20 世纪 80 年代后期,上海跃华玻璃厂引进平板玻璃车间时,我才知道,制造做镜子的玻璃对平整度的要求非常高,那个年代,我国还没有能力做大尺寸的平面玻璃)

中午,去人民公园逛了两个多小时。此公园面积很大,设施尚好,有动物园、儿童活动场地、电动马、少年科技活动楼,还有花房、观鱼池,有玉带桥、文昌阁、烈士亭等。但管理不太好,野草遍地,而种种设施,除划船之外,都没有开放。空有设施在,吊游览者的胃口。文昌阁是全园最高点,但被银川市园林管理局占用,游人不得入内。

上午,去银川人民医院,看望崔兰苓,她是外科病房的护士长。

下午,去自治区勘察设计院,看望王文镇和张晓华。在文化街遇到火车上聊天的那位宜兴人,他叫杜小华,在农业办公室工作。

— 9 月 12 日 —

今天是中秋佳节,往年在家中与亲人一起过节,对于这个象征团圆的节日,并无特别的感觉。今年,只身在遥远的西北度过这个令人思家的节日,心情是十分复杂的。

下午,借了三份《人民日报》,一下子就看完了。晚上没有上月,看到窗外穿天杨在微风中摇摆。独坐窗前,沉思良久。年复一年,每年都有这个节日。我已是 47 岁的人了,年近半百,两鬓渐白。童年过中秋节的情况,还历历在目。

昔日,中秋的夜晚是要供月的。秋夜凉爽,天高云淡。明月似镜,月光倾泻一地。在小天井里摆下香案,供奉月中嫦娥。供奉的月饼是宝塔形的,即从小到大,一叠月饼。还有香斗,是用彩纸扎起来的,插了许多纸旗、门楼之类的东西。在里面点香,烟在月光下缓缓上升,真有点要到天宫里去的样子。在皎洁月光下,妈妈给我们讲嫦娥奔月的故事,讲月宫里有棵桂花树,有只玉兔。我仰首观月,在大如银盆的月亮上面,似乎真的看到有棵桂花树。那情景已经是 30 多年前的事了。

刚才,李老师来,要我去他家玩,看电视,吃月饼,过节。李老师是 1958 年从上海来宁夏的。在异乡过节的夜晚,我十分感谢他的关心。我与李老师之前并不相识,今晚在校门口才认识的。萍水相逢,天下毗邻,这个节日过得也有意思。

—9月14日—

今天上午,查出了计算中的错误,使工作顺利进行。几天来,总查不出问题,一下子找到了,有说不出的高兴。这次久久未找到问题的原因,在于认为第 1 页上的数据没有错,而只从其他页上找。当然,查来查去都没有错。而问题恰恰是出在认为没有问题的第 1 页上。由此可见,丝毫主观不得。

昨天上午,小崔接我去她家吃饭。有两位陪客,一位在博物馆工作,一位是记者,所以,话题很多。

谈了许多关于宁夏历史的话题,获得不少知识。

银川曾是西夏的都城。在唐代安史之乱时,肃宗到黄河西岸的灵武(即今宁夏吴忠市古城),登基做了皇帝。

西夏的主体族群党项人是羌人的一支。相传他们是从川青地区流亡到西北,其中一个部落发展为西夏。原都城在灵州,后来出于安全上的考虑,迁过黄河,在银川建都,当时名为兴庆府。银川之名始于 1944 年。

蒙古人先灭西夏,再灭金,建立元朝,又灭掉南宋。灭西夏后将部分西夏人充入军队,后遍布全国。

明朝将蒙古人赶过贺兰山,在银川一带,设重兵把守。后来,蒙古人经常越过贺兰山入侵,战事不断。

以上是论古。

下面是谈今,谈了黄河上游洪水严重,刘家峡要减洪,下游就紧张,宁夏动员十万人抢险。

自由市场开放,丰富了物资,这在上海是不易体会的。在这里,碰到的人都说,开放自由市场,搞责任制好。

说固原,极贫困,十多岁女娃不穿裤,而今经济上已翻身,改变了贫困的面貌。

—9月15日—

初来不久,一位胖胖的吕老师和一位黑黑的唐老师来看我。他们自我介绍之后就说明来意,要听我的课。当然欢迎,两位年近半百的老同志如此好学,令人感动。

今天,唐老师来问我一个问题。问后闲聊中,唐老师介绍了他那不平凡的经历,使我久久不能平静。他1954年毕业于武汉水利学院水工专修科,后由北京来西北青铜峡水库工作。他曾被错划为"右派分子",工资降级,后又被诬陷入狱8年。这些不幸,没有击垮他,反而使他更加坚定了生活的信念。面对这样的同志,我既钦佩,又难过。

在他还顶着"刑满释放人员"的帽子时,一个农村姑娘嫁给了他,他们生了四个孩子。她没有文化,却有常人所不及的境界。她给了唐老师多大的温暖啊!他们在每月只有21元收入的情况下结了婚,那爱情是多么的纯洁!

走过曲折的岁月,获得的经验才更加宝贵。

这次来西北,走出了上海这个大城市,接触到社会的各个方面,极大地丰富了我的见识和思想。

—9月16日—

今天上午讲课,下午上试验课。感到累,疲乏不堪。晚上煮面条吃,饭后散步。

塑性图一文已整理就绪,就差插图及誊写了。今晚想早些休息。

昨天晚饭后去看王伟,她生病了。又到毕老师家坐坐,他有四个孩子。

在宁夏,似乎并不提倡计划生育。与我同时代的人,往往儿女众多。问几个学生,也都是兄弟姐妹四五个。

听说因为宁夏是少数民族聚集区,不强调计划生育。汉族也跟着沾光了。

毕老师是1958年毕业的,大女儿已经22岁,在化学实验室工作。他有三个女儿,最小的是儿子,也已12岁了。

—9月20日—

本计划今天上午去永宁买菜,后来一想就不去了,蔬菜还有不少,吃完再说吧。

昨夜睡得晚,做了不少梦。今天早上起来已经是7点了。上午读书,翻译"螺旋压板"一节,然后写信。午睡后发信。本拟整理房间,烧水洗澡,未竟。因王伟来问问题,另一位王霞老师也来问。这两位辅导老师都很用功,但根基差些,被政治运动耽误了。王伟已考过数学和材料力学,比王霞好一些,可见基础之重要。试验室的王志荣,听我的课很费力,因为他是高中毕业。

校园门前一片高粱地已在收割,用小骡拉车,比南方肩挑省力多了。南方农村的劳动辛苦极了。

—9月22日—

这两天忙于塑性图文章的脱稿,明天可以寄出。一文发给纺织部设计院,一文发给老俞。晚上看电影《永恒的爱情》。

昨天傍晚散步时,遇见工程队的队长,是中秋节晚上在李老师家里认识的。他招呼我去坐坐。有一位师傅是1958年从上海来宁夏的。相见后,分外亲热。他一家都在上海,他只身一人在宁夏已经23年了。在这里见到许多省外来此工作的人,而且,大多是1958年以后才来的。这里的发展,外地人是做出巨大贡献的。

今天在试验室,听李老师讲宁夏修的水库的一些事故。有个水库,因地基漏水,一直无法蓄水。还有个水库,来一场大水就冲了个精光。这些都是当年蛮干造成的,用以教育后代,倒还有价值。清水河修了20多个水库,没有一个发挥作用。有的县修的小型水库、微型水库倒有些作用。

—9月23日—

应当养成一个习惯,每天必须做三件事:第一是打太极拳,第二是读英文,第三是写日记。我这个人的缺点是缺少恒心,故成事甚少。

从楼下(二楼)的教室里,传来阵阵朗读英文字母的声音,那是从干训班的教室里传来的。农学院办的农村干部培训班,学生是公社一级的干部,都是上了年纪的同志,调来学习半年农业科学知识。这是一种很好的做法,我想这种做法若能坚持下去,必有很大的好处。回想起20世纪60年代初,同济大学办的老干部班。侯书记他们读了几年书,与知识分子就有不少共同语言了,领导科学技术工作就更在点子上了。

今天上午讲课,下午做试验。从明天起,学生参加农忙劳动。

生活费今天才寄到,一寄半个月,真吃不消。两份稿子今天同时寄出。

—9月24日—

秋天的早晨,我沐浴着塞外的阳光,漫步在包兰公路上。已是收割庄稼的季节,田野里一捆捆高粱和稻子,堆着待运。驴马拖着小板车,在渠道边的小路上慢慢走着。一阵清脆的鞭声响过后,传来马蹄声。小车的轮子快速滚动着,渐渐远去了。

天空湛蓝,几片白云飘在贺兰山之上。巍巍贺兰山,经受着千万年塞外风沙的洗礼,依然是那么挺拔、清秀。山脉起伏绵延,挡住了西来的沙丘,拱卫着河套平原的一片片绿洲。在我的右侧,在太阳升起的地方,是奔腾咆哮的黄河。洪峰刚刚过去,大地恢复了平静。黄河啊,哺育了中华民族,也曾给人们带来不安。旧社会黄河决堤给人们带来深重的灾难,而今再大的洪水也没有冲毁千里长堤。

这里,凝聚着党中央的关怀,体现着西北人民同心协力抗洪的决心。

在这块古老而又美丽的土地上,我望着前方。笔直的公路啊,看不到头。人生的道路,哪能有这么笔直!那些蜿蜒曲折的路,我不知是怎样走过来的,但毕竟是过来了。与祝院长、唐老师他们相比,我走过的路要平坦多了,也多少开着美丽的花。

我默默地走在包兰公路上,想着人生的道路。我还没有这么安逸的日子可以追忆过去。当我打开那一页页旧日的画面时,我惊奇地发现在1956年、1966年、1976年这三个年头的5月,也就是我21岁、31岁、41岁的5月,都是我人生道路上不平凡的转折,是陡坡,是深涧。前方,1986年(我51岁),1996年(我61岁),2006年(我71岁),我会是什么状态呢?我将怎样走过前面的道路呢?

1956年5月,我21岁,加入了中国共产党,确立了我一生的方向,同志们严肃又认真地审查我的入党申请,肯定我的进步,指出我的缺点,一张张青春洋溢的脸,为接纳一个新党员而微笑。那时候,谁也没有想到在以后的人生道路上会有什么坎坷不平。那时的年轻人,感到生活在阳光明媚、充满幸福的时代。对于每一个有志青年,只要好好学习,都有美好的前程,都有贡献自己才智的地方。之后的十年,我大步流星向前走,虽然有过叹息,有过悲伤,有过愤慨,但更多的是努力学习,埋头工作,要干出一番事业。那十年,确实打下了扎实的基础,开了一个好头。开始懂得了科学与社会,开始思索问题、探索真理。即使发现了现实生活中的矛盾,也能正视它,解决它。这也是我三十而立的过程吧!

1966年5月,我31岁,逐渐冷静下来。那之后的十年,我学习了很多,懂得了不少事,能够理性地看待问题,算是四十不惑吧。我坚信自己的信念,不信种种邪说,为守护自己的信念而斗争,任何挫折都改变不了。

1976年5月,我41岁,写了一首充满自信的诗,并把新生的孩子取名为"崧"。我以山上的青松来勉励自己,为信念而活。

还有五年,我就是五十而知天命了。我想,这"天命"应该是科学的真谛。应当在科学上、事业上有所作为,有所建树。还有五年,要努力啊!

眼前的包兰公路是那么平坦,但我今后的道路不可能这么平坦。我并不怕科学道路上的崎岖,只是厌恶人为的陷坑。

—9月25日—

今天计划去银川建筑勘察设计院,但早上7点无车,头也有点晕,也就作罢。

下午,写了《概率方法在岩土工程中的应用》编写计划。(2017年5月整理时注:此即我的第一本专著《土力学可靠性原理》)

去图书馆摘录《陕西日报》9月12日的一篇报道,是关于扶风县法门寺塔的倒塌的报道,是因地基问题导致塔身倾斜而倒。该报道可提供古建筑地基的材料。

碰到李老师,讲起了宁夏的地震。在海原县内有一遗址,即古代的西安州。该城在著名的海原地震中被毁,现在仅是一个自然村,还留有西安州城墙的遗迹。据估计,当时有两万居民。在地震发生前的半年,当地出现怪声频起、磨石跳动等现象。据残存的痕迹看,当时都是砖木结构的房屋,因位于震中而全城俱毁。银川北塔(海宝塔)在那次地震中未倒,但四周均被泥土掩埋。

中午,孙、陈两位老师在我房中做午饭。他们两位均家住银川,今天下午学习,故来校,要自做午饭。

昨夜感觉很不好,早早上床。今天午睡以后,头晕始缓。此乃轻度发作。今天幸未去银川,不然,可能会加剧!

—9月27日—

这两天,在我的脑海中闪过一个奇怪的念头。想在写完概率方法的书稿以后,写一部文艺小说。这或许是受到近来纪念鲁迅一百周年诞辰活动的影响吧!

我的童年和少年时代,爱读鲁迅、巴金、茅盾、郁达夫、丁玲等人的书。那是在20世纪40年代后期,我读书的中学里,建立了图书室,里面有这些作家的书。过年时,我也用压岁钱来购买这类书来阅读。读了巴金的《家》《春》《秋》三大本小说,引起我的许多感慨。当时,有一种选集的版本,在书的封面上印有这些作家的头像。那时我还年幼,阅历很浅,不可能深刻理解这些大师的作品的真谛。但也因为我年幼天真,容易吸收这些作品里的进步思想。文学作品,扩大了我的视野,让我知道了许多在故乡小城里无法听到看到的事,也知道了很多更早以前的事。这或许就是我比同龄人早熟的一种催化剂。

那时,我爱读文艺作品,也爱写点东西,有两次正式发表了,我高兴得不得了。在失学的那一年里,我也想走写作的道路,但终因生活所困而参加了工作。我也曾写过一些小说的素材,但那些稿子在动荡的岁月中不得已毁掉了。

大学毕业时,我曾经和同学陈忠炎商量合写一部描写大学生生活的小说,未成。20多年过去了,我们这一代大学生经历了人生的沧桑巨变,把我们这一代所经历的变化写出来,是有教育意义的,但工程浩大,不敢轻易下此决心。

在宁夏接触了一些新鲜的人和事,我惊奇地发现,我们这一代人不论在哪里,都有着共同的欢乐与悲伤,有着相似的生活道路,有着息息相通的感情。与老同学相遇,侃侃而谈,谈不尽别后的桩桩件件。与新朋友相交,一谈到工作、理想、经历,对现实的看法,则觉得相见恨晚。

我闭上眼睛,大学时代的生活画面就浮现出来。毕业后,我们有着不同经历,那些经历汇集起来,也能从一个侧面反映出时代的变迁。我们一个班级不过是沧海一粟,但也是有代表性的一粟。我想回京之后和启成谈谈这个想法。全班 50 多个同学,我至少可以写出一半人来,每人一篇就是厚厚的一本了。

—9 月 28 日—

今天计划去银川建筑勘察设计院,奈何无交通车,又作罢。

上午在大门口买到新鲜蔬菜,甚喜。但老天似乎不想让我吃新鲜菜,上午停电,无法做饭。一直到晚上 7 点,仍旧不来电,只得上食堂了。晚饭只有油饼、稀饭,学生食堂里挤了一大堆人,但并没有饭菜供应,跑来拿泔水的孩子也只得空手而归。

这里停电是常事,而且水电连在一起,停电必停水,而且来电以后,还要等好长的时间才来水。

下午,头又晕了,好在没有电,就早点上床了。

今天,收到俞、魏两位来信,附有俞先生的手稿一篇。

—9 月 29 日—

昨夜头晕早睡。

夜间醒来,依旧头疼,今天躺了一个上午,未进食。

王伟老师来,带来在银川买的药,深感盛情。上午,张文良从苹果园买来 50 斤苹果带给我。

下午,院领导开了个座谈会,袁老师和我均参加。两个系的负责人及有关院部负责人参加,以示关怀。

—9 月 30 日—

今日上午写分布导论中的"β分布"一节及"矩"一节。对照着 M. E. Harr 的书,边译边写。这比单纯的翻译要痛快,因为不是译而是编。外文中的一些别别扭扭的长句,尽可能改为中文的短句。同时,也可以训练阅读能力,加快翻译的速度。我想用这样的方法来补充已写成的概率方法内容以外的章节。将其作为原始材料,以汇编成书。

如一下子写成书,难免瞻前顾后,下笔有千斤之重,进度很慢。先写一篇导论、概论、述评或提要之类的小文,自成系统。每篇符号也可不同,留待汇编时加以解决,而文字、叙述、解释和推论可着重推敲。共两稿,送印稿修改时,下笔也有痛快之感。

系里给我买了 50 斤苹果,并讲今天趁买木材之便帮我去寄。故昨夜小王来帮我一只一只用纸包好,钉好了箱子。但今天左等右等也不见人来取,及至见到杨书记才知,农场调车去了。杨书记又说了声"明天上银川逛逛。"我问苹果咋办？他说明天小车带去吧。我问能否托运走，他说不知道。

于是，我步行到操场一侧之院部，想看看明天去银川之车如何。见某部长谈起明天托运苹果之事。于是他带我去见梁院长，又找储处长。恰巧袁老师也在，才知火车站不接受慢件托运。如此一来，这 50 斤苹果咋办？储处长答应帮我处理掉，终算了此一案。水工系好意帮我买苹果，却不过问如何托运，农学系却代袁老师打听是否能办理托运，这一比就十分清楚了。原来，买苹果的建议出自储处长，并非杨书记的主动关心。他仅是完成教务处布置的任务而已。

下午，王兆策老师来看我。他是系副主任，六级工程师，为人正派，待人和蔼。但可能系里有人并不听他的，这在电炉问题上可以看出，从陈老师分房问题上也可以看出。

—10 月 1 日—

今天是国庆节，昨天约好派车送我们去银川。

8 点半开车，由储处长陪同，先到宁夏大学。

袁老师有一同学在宁夏大学工作，约好今天去玩。我们本来是送他到宁夏大学后再去市区转转。送到后，储处长说进去坐坐吧！我说也行，就和驾驶员王师傅一起上去了。主人是师大毕业生，1960 年毕业。她的爱人是北师大毕业的，现在是历史系主任。储处长同他们两人都很熟悉。主人热情地留我们吃饭。她听说我是同济大学的，就说她有个表哥在同济大学工作。一问姓名，原来是范家骥，又是熟人。她是老范舅舅的女儿，也是很亲近的关系了。

在宁夏大学校园参观，然后看新市区。银川分为三个部分，即旧城、新城和新市区。到今天才弄清楚，之前我还认为新城和新市区是同一个地方。

下午，去找袁老师的同事，但被告知还没有到银川。然后去参观西塔（承天寺塔）。西塔原建于 1050 年，是西夏建造的。后在清代毁于地震，又于 19 世纪初重建，距今约 200 年。

西夏持续了约两百年，共 10 个君主。第一个皇帝叫李元昊，李是唐王朝给其祖先的赐姓。

—10 月 3 日—

昨天下午因病，未写日记。

昨夜醒来，头痛甚剧，今晨始缓。

昨今两天，已将经验分布导论主体编完，约 15000 字。除最后一节外，其余文字部分均已写完。

根据这个思路，可将有关资料加以计算分析，写几篇文章，如《土工问题中的经验分布》《上海软土参数的概率分布特征》等。

今天继昨天发冷讯,且有细雨,颇感秋风萧瑟,凉气袭人。晚饭稍加些红辣椒,以解寒气。8时许,早睡,明晨有课。

对这几天的进展,感到满意。

—10月4日—

今天与昨天对调休息,上午讲课,下午到班级答疑。

想写《关于土力学课程教学问题的初步探讨》一文,总结和讨论许多教材中的共性问题,以期引起关注。回去后准备做些统计数字来说明问题。

晚饭后,在日暮苍茫中散步,见一弯明月伴着黄昏的微光,在西南方向的天幕上,眨着眼。这里秋意已浓,寒气袭人。

流限仪今天寄到了。

—10月5日—

今天去银川,本计划乘校交通车,谁知车在7点就已经开出了,只好乘公共汽车前往。

上午在自治区勘察设计院王文镇那里阅读与抄写资料。

中午理发,下午到小崔处转了一下。她说可以帮我买火车票。农学院可以买,但买到哪一天就难说了。不如托小崔买,稳当一些。

开始《抄误差分析》一文。

—10月6日—

早晨,得诗二首。

其一

塞上江南夜深沉,
月光似水被衿冷;
客地难成故乡梦,
马蹄声声到天明。

其二

儿时曾读贺兰山,
西垂重镇古战场;
中原壮士捐躯地,
阡陌纵横似江南。

晚饭后,漫步田野间,一片苍莽景色。50m以外一片朦胧,似雾非雾,并非漫天大雾,而是雾层平地而起,不着天,不着地,厚度不过数米。一层层的雾,游荡在村落的上空,穿过白杨树丛,现出整齐的条带。几个星期前,傍晚从银川回来,在汽车上就看到过这样的景色。在远山脚下,云雾缭绕,夕阳躲到贺兰山的背后,阳光斜射,雾带生色,煞是好看。今日又见类似景观,究其原因,可能是高原气候的特征。高原的温度比较低,一旦夕阳西下,空气未冷而大地的寒气上升,空气中的水汽结成雾而致。

今天写《误差分析》一文,已可脱稿,明日写结束语。

上午、下午均在试验室准备试验。

— 10 月 10 日 —

这几天课较多。星期四、星期六两天上午讲课,下午做试验。

昨天备课,抄《误差分析》一文。

晚上看电影《伤逝》,回来即停电,只得上床休息。

昨天接凤英来信,她可能去北京听专家讲座。

今天接到俞先生来信。

昨天上午还去永宁一次,采购些食品,回复老魏的电报。

— 10 月 11 日 —

今天将准备送《工程勘察》期刊发表的《误差分析》一文抄清,并画了插图,整整工作了一天。

距返沪还有十多天,可以再写点什么,搞太多的事也不可能了。把《100 例》开个头吧!说干就干,虽然已经晚上 9 点了,还可写几页。

天气已经很凉了,真是:重阳才过起西风,寒意袭人似隆冬。

— 10 月 13 日 —

昨天早上翻译了一点《100 例》,其余时间均备课。

上午,金老师来说,他们教研室(水力学、水文学、土力学等)的老师准备来听一次我讲的课,并座谈一次,请我谈谈同济大学教研室的活动情况。

下午,王伟来问一些问题,并将考题取走。

晚上,学生马志毅来问问题。他很好学。听李老师讲了他父亲在动荡岁月中的遭遇以后,我就对他有了很大的同情。他的父亲是搞水利的,很有才华,不幸遭难。如今,他的儿子又在学水利。我想,如果那位老工程师不死,可为国家做多少事。现在他的儿子接他的班了,真让人感慨。

今天下午,收到凤英的来信,告诉我关于岩土工程班由谁办的事,并劝我,只有发奋努力,作出一点成绩,才能站得住脚。其他事,办就办,少做就少做。她的话很对,过去我为了教研室的事,出头露面去搞,别人对我有意见。何必呢!

—10 月 14 日—

今天去青铜峡水电站参观。这是趁学生去参观水电站之便而去的。

去之前,还有一个小小的插曲。原计划是 8 点开车,学生也都来了,就是没有看到车。翁老师急得到处找人,被告知驾驶员今天要考核,不能开车了。他与系秘书一起去找事务长,还是不行。这真是不可思议,三个星期前打的报告,两个星期前调的课,腾出今天去参观,临出发时却不出车了。学校里还有比教学更重要的事吗?教学秩序是学校里最严肃的事了,安排好的事怎么可以无故中止呢?而且如果今天不去参观,也没有老师上课了,学生就"放假"了。下次去参观还得再调课,那怎么行呢。陈老师和系里的杨书记一起去找院长,我也进去了。那位书记兼院长一点也不着急,他说今天上午他们也准备去市里,早上听说不出车,就下午再去。言下之意是我书记都可以让路,你们也不要嚷嚷了。我们说,既然驾驶员要考核,为什么在昨天不通知改变教学安排呢!

据说,交通局也是地方的实权部门,是惹不得的,所以只好委屈学生和老师了。至于为什么不在昨天通知系里,管后勤的处长,直至院长,都无动于衷,似乎不值得大惊小怪,也丝毫不觉得应该承担什么责任似的。学校如此态度,怪不得电工只为漏电而来,不为断电而来。因断电而使试验中断的事也就无所谓了。这一切都说明,在这里,"以教学为主""围绕教学安排其他工作"的观念是非常淡薄的。

青铜峡水库位于银川以南 80km 处,从农学院开车前往大约一个小时的路程。公路两旁均为灌区。同去的金工告诉我们,从先秦时代开始,这里已有渠道,那是秦始皇为筑长城而屯田养工的,后来还有汉渠和唐渠等。在修建青铜峡水电站以前,这里就筑坝以引黄河水灌溉。不过,每年在大水时冲垮,在枯水时再建。

大坝下游河宽虽然不过 300m,但水流湍急,奔腾向北流去。大坝犹如一把利剑将黄龙一斩为二,而黄龙不甘受困,翻滚咆哮。午饭后,金工与陈老师陪我和袁老师去大坝电站参观。此处有 3 个泄洪孔,从闸门两侧倾泻而出的水流激起阵阵水花,水珠飞溅几米高。人站在滚滚洪流面前,看到巨大的水花,听到巨大的声响,顿觉渺小,似乎能感觉到大坝也在微微颤动。登上坝顶,向上游看去,则另有一番景象,与下游的热闹非凡正好相反。上游宁静的水面碧波荡漾,两岸是峡谷高山。青铜峡水库面积不大,库面狭长,在上游不远处,有一处更窄的峡谷。看来,那里不宜建坝,故把大坝建在较宽的口子上。

由于建造了青铜峡水电站,附近就形成了一个小镇,原来的青铜峡县(现为青铜峡市)人民政府就设在这里。后来政府迁到了"小坝"。这个"小坝"乃是地名,是一个镇,并非大坝之外还有一个小的坝。

黄河上游有龙羊峡、刘家峡和青铜峡三个大型水电站,分别在青海、甘肃和宁夏三个省区内。

  金工告诉我，这个大坝的设计人曾在苏联留学，大坝是参考其博士论文设计的，将电厂设计在大坝体内，这是很少见的。这位工程师后来受到不公正的对待而投黄河自尽。真是：昔日治水人，今日被水吞，留得大坝在，万古留英名。

  下午，学生去水文站参观。据魏站长介绍，此站建于1939年，已有42年历史。今年5月，测得建站以来的最低水位，9月又测得最高水位。最小流量仅20多立方米每秒，而最大流量有5000多立方米每秒，相差之大，确实惊人。

—10月15日—

上午讲课，水利系许多老师来听。

晚上是试验课，电灯时明时暗，真是没有办法。

下午去银川，托小崔买火车票。

农学院办事效率之低，真是少见。作风之不大方，也属少见。差旅暂借款竟开出95元的数目，我从未借过这样零头的款项。

即将离去，对这里的许多老师是很有感情的，但对这里的作风则无好印象。

我将离去，竟不提出为我购票，也是够意思的了。

只有星期六的两节课了。再见，农学院！

—10月16日—

今天上午与杨乃仓同志谈了一些情况。

后张文良来，将报销款及借款给我。我问他是如何报账的，他说给了讲课津贴就不给住勤费，这是教务处一位副处长说的。我当即表示不收，要求取回车票到上海报销。

—10月17日—

今天结束这里的讲课，学生报以掌声，亦一宽慰耳。留诗一首。

    登九重阳日才过，
    落叶西方催人衣；
    田野茫茫渠水干，
    萧杀一片是归期。
    来时无须笑脸迎，
    相送不必太伤神；
    躬身谨教分内事，
    念载心血传斯生。

上午与杨乃仓同志谈。他说已向院长汇报了,根据规定,应当给住勤费,这事出在马会计身上,希望我别生气。话虽如此说,但赵处长不能假装不知道啊。

—10月18日—

上午写成《教学方法拾零》。留诗一首。

$$\begin{aligned}&塞上秋日天色深,\\&朔风逆面泥沙行;\\&树梢黄叶知令早,\\&隆冬将至宜归程。\\&教罢掩卷闻掌声,\\&群雏为送乃师行;\\&毕生教书无所慰,\\&日后桃李满盈门。\end{aligned}$$

下午翻译《概率方法英中名词对照》。

今天效率似乎很高,上午将《教学方法拾零》脱稿,下午翻译了大部分《概率方法英中名词对照》,明日可望翻译好。

下午去祝院长家辞行,温老师说祝院长出门去青岛开会,已去车库。我赶到车库,遇祝院长,他为日前之事打招呼,说看在他的面子,别生气,各部门之间办事就这么难。我说,祝院长都这么说了,我还有什么话可说呢。

下午又停电,晚饭很晚才吃。

将行李整理了一下,准备后天去火车站时托运走。

—10月20日—

昨天和今天已经将《概率方法英中名词对照》翻译完了,并写了一部分关于宁夏的见闻。

昨天接魏道垛来电,他将于今天晚上到银川。

今天下午,开了欢送会,我讲了一些教学法的问题。昨天接凤英来信,叫我发电报给小妹。

关于报销的事,星期一上午张文良来,如数报销了。昨天杨书记来,今天王主任来,都讲了这件事情,表示道歉。

I came here, Agricultural College, two months ago.
There are five departments, about 1000 students and 500 teachers in the college.
I will go home this week.
This night we will go to station to meet Wei.

The car is waiting outside, it will leave at half past six.

The train will arrive at half past eight.

—10月24日—

现在已经在火车上了。

这个星期过得很快。

20日晚上,魏道垛来到这里。

昨天,托运行李,花了一整天,回来较晚。去向袁老师辞行,但未遇到他。

有好几个学生来送我,他们来得很早。

储处长(已升为副院长)、杨书记送我上火车。

小崔也来送我上火车,带来的东西很多。

得考虑回校后的工作了。

—10月25日—

火车过北京青龙桥车站时,感叹詹天佑当年设计修建京张铁路之艰难,得诗一首。

**过青龙桥有感**

匆匆西去暑未消,

悠悠南归秋已深。

青龙愧对詹公像,

年华虚度鬓添银。

## 在南昌航空工业学院工作时的部分日记

编者按:2004年,我在南昌航空工业学院做兼职教授,留下一些工作日记,摘录一部分列于书中。

—3月8日—

上午,抵达南昌。天气晴朗。

下午,与张主任、姜安龙一起去研究生处。周处长接待,汇报与讨论两个问题:

(1)关于岩土工程硕士点的申报材料报到学位中心,发给21位博士生导师审查,与博士生导师电话沟通交流的事。了解博士点的发展情况、博士生导师的情况,以便给他们发函,邀请他们来南昌指导。

（2）关于同济大学岩土工程专业工程硕士在南昌航空工业学院设点的问题；关于经费的比例，一般将27%~30%放在点上，包括提供教室、学生管理、教务工作等。基础课可以由南昌航空工业学院来承担，比例另议。

岩土工程硕士点的方向还需斟酌。

—3月9日—

上午：

（1）审计处来谈测桩长的方法，建议采用超声的方法，可以从超声波速度的突然变化来判断已经进入无混凝土的截面，精度取决于测量点的距离，可采用逼近的方法寻找。

（2）讨论了学科方向的问题，可结合江西的地质条件，研究桩基础的问题。

（3）给孙先生打了电话，先生不在家，告知孙师母这里的电话。邀请孙先生来这里的时间还是6月初比较好，上庐山比较合适。

（4）给史总发了信，告知这里的电话。

下午：

（1）给艾智勇发信，请他将赵老师的专著大纲发给曲乐。

（2）起草给岩土工程专业博士生导师的信，告知我在这里工作，让他们了解南昌航空工业学院的情况，为申报硕士点做准备。

（3）给黄茂松打电话，请他寄工程硕士的设点要求，进一步研究落实。

—3月10日—

上午：

（1）大华公司蒋科长来电，评审会专家需先电话联系，沈恭主任、孙院士、黄总和顾总由我和他们商定开会的时间。

（2）《软土地基与地下工程》书稿统稿。

下午：

（1）曲乐来电，已收到清样。

（2）大华公司来电子邮件，关于评审会的专家邀请信，已复。

（3）史总来电子邮件。

（4）艾智勇来电子邮件，寄来赵教授专著的说明。

（5）张主任来商量基建处要求去新校区测桩的事，如果是正式要我们承担任务，则参加，如果不要求我们出报告，则推托不去。和张主任谈了教研室老师逐步明确研究方向的事，提出是否在教研室内组织学术活动，形成学术讨论的气氛，鼓励开展科学研究。张主任同意提出这个问题，在方法上，先自愿，再发展为要求每一位老师都参加。

—3月11日—

上午：

继续统稿，写了一些统稿中需要注意的共性问题，开始写第二章和第三章的统稿意见。

下午：

(1)与沈主任、黄总和顾总都打了招呼，并告诉了蒋科长。

(2)姜安龙修改了信，打印出来，张主任看后再发。

(3)刘海已经将上海计算机里的通信录发了过来。

(4)和叶观宝通了电话，他可于月底完成修改。

(5)参加教研室的会议，会后教研室聚餐。

—3月12日—

上午：

继续统稿，完成了两部分的工作，写了3份材料，准备下午发出。

中午：

基建处副处长请吃饭.

下午：

(1)发信给刘陕南，发出3份材料。

(2)修改研究方向。

(3)和李镜培通电话，请他寄毕业设计的资料和专业评估的资料。

(4)晚上，孙先生来电话。

—3月13日—

完成了《水利学报》一篇文章的再审稿工作。

—3月14日—

寄出《水利学报》再审稿与《软土地基与地下工程》的稿件。

完成《工程勘察》三篇文章的审稿。

完成对天津市工程建设标准《沉降控制复合桩基础技术暂行规定》的意见。

—3月15日—

给综合勘察院徐前发信，征求对杭州会议报告题目的意见。

沈先生寄来关于桩承载力自平衡问题的一篇文章，需要提意见。

修改完成给岩土工程专业博士生导师的信。

—3月16日—

修改完成研究方向的建议稿。

打印给岩土工程专业博士生导师的信,寄出。

与张主任约定下周去省交通设计院。

与交通出版社曲乐通电话,讨论赵老师的书稿。

—3月17日—

收到李韬发来的多媒体资料。

收到李镜培寄来的毕业设计资料。

到图书馆借了2002年年鉴。

约定访问中煤公司。

完成《软土地基与地下工程》第8章的统稿。

—3月18日—

审阅孙院士要求提意见的论文。

与徐前通电话,他已经收到我的信,但回信我没有收到。

写4月25日杭州会议报告稿。

—3月19日—

将带来的书送给教研室老师。

摘录年鉴中的全国勘察设计单位名录。

写杭州会议的报告稿。

—3月20日和21日—

写杭州会议的报告稿。

完成《软土地基与地下工程》第1章统稿。

—3月22日—

完成杭州会议报告稿,与张主任商定参加会议事项。

与中煤公司周总通了电话,准备星期四去。

星期五去省交通设计院。

—3月23日—

与赵春风通电话,要他寄研究生的课程目录来。

收到谢康和教授的回信。

发出易初莲花加固工程的几份方案。

收到小岳发来的《软土地基与地下工程》第7章的修改稿。

摘录年鉴的部分资料。

—3月24日—

收到赵春风发来的岩土工程硕士点的课程安排。
《软土地基与地下工程》第7章统稿。
教研室开会,会上洪平老师做学术报告,介绍他做博士的题目,三维复合材料的计算问题。
与周总约定,明天去拜访。

—3月25日—

去华昌房屋质量检测中心。由周铁液等三位同志接待,他们同意合作,南昌航空工业学院接的任务可以挂在他们那里。关于审计处提出的问题,也和他们商量了,他们有测混凝土波速的仪器,也可以用钻孔测定的方法,不用下管子。
与孙先生通了电话,将意见寄到同济新村里。
《软土地基与地下工程》第7章统稿。
杭州会议的报告稿发给徐前。

—3月26日—

上午,《软土地基与地下工程》第7章统稿。
下午,去建筑书店购书。

—3月27日和28日—

原约定26日去省交通设计院,后改为28日下午去。由三位院长及几位处长接待,同意联合申报硕士点,以及开展科学研究方面的合作。
写《我与地下工程系》。

—3月29日—

这两天网络有问题,在宿舍中找不到服务器地址,到办公室用宽带还是不行,用小姜的电脑也打不开网络,无法将已经完成的稿件发给小岳。
继续写《我与地下工程系》。

—3月30日—

黄茂松发来关于工程硕士的招生简章。
将《软土地基与地下工程》第1、4、8、9章的稿件发给小岳。
黄总来电话,讨论桩基这一章的问题。

—3月31日—

上午,去八大山人纪念馆参观。

下午,讨论如何做工程硕士招生的准备工作,需要进行生源情况摸底,上海方面需要了解如何进行合作。

—4月1日—

对大华公司的工程又进行一次观测。

—4月2日—

回上海。

—5月24日—

早晨,陪同孙钧院士抵达南昌航空工业学院。

下午,孙先生做题为"创新与未来"的报告,晚上刘高航院长宴请孙先生。

—5月25日—

上午,孙先生指导硕士点申报工作,认为从材料看,属于可上可下,还需要进一步充实材料,修改申报表,并提出了几点建议:

(1)试验室建设是十分关键的条件,表明是否具备硕士生进行科学研究的条件。

(2)硕士点的研究方向要与已有的研究工作基础一致,这要在已有的科研成果和发表的论文中体现出来,说明已经具备了可以招生的研究工作条件;如果没有一定的工作基础,只能说明是准备进行研究的方向,而不是招生的方向。

(3)平均研究经费比较低,对于评审不利。

(4)申报表中学术梯队的人员名单要与已经发表论文的作者一致,不要填没有论文的人员。

(5)论文列表中会议论文不要太多,与申报专业没有关系的文章不要填。

下午,陪同孙先生去华东交通大学访问。

—5月26~29日—

陪同孙先生在庐山游览。

—5月30日—

写《土工试验的理论与实践》。

—5月31日—

写《孙钧院士对我系申报硕士点工作的指导意见及落实的建议》给学院领导。

工程硕士招生工作:打电话给黄茂松,希望将工程硕士招生简章在地下工程系的网站上张贴,黄同意后,将简章发往他的信箱。

华东勘测院想请我去讲注册岩土工程师考试方面的问题,拟同意去。

收到李韬的博士论文,开始审阅。

下午,和张主任、小姜讨论了几件事:

(1)关于硕士点的申报工作,根据孙先生的意见进行调整。最难办的是省交通设计院作为联合申报单位,必须单独立表,且省交通设计院的论文中要把不属于岩土工程领域的论文扣除,同时要求梯队人员与论文作者保持一致,这样一来,论文的数量就不够了。要拿出一个可行的方案来,如可否将省交通设计院的几位专家聘为教授,以避免出现联合申报的上述问题。

(2)关于三轴仪的添置,张主任的意见是马上买。对试验室的用房要求也告诉了张主任,立即启动试验室的建设工作。

(3)关于新校区的工作,尽管院长已经发话,但看来不能落实。因为院长说的80%,并不是将检测桩的80%给土建系做,而是按规范要求做20%以外的80%,那等于没有说,因为这80%是不需要做的,不会发生费用的。我提出,关心新校区建设,了解新校区地质资料,作为研究工作的需要,要求看新校区的勘察报告,不至于被拒绝吧。

(4)关于工程硕士的招生,在同济大学地下工程系的网站上刊登南昌航空工业学院设点招生的简章。

(5)关于全国会议,明年开始准备工作,后年开。

—6月1日—

完成《工程勘察》期刊3篇论文的审查。

审阅李韬的博士论文。

史总来信,要寄1号通知,要南昌航空工业学院的地址。

沈阳张总来电话,学习班7月4日报到,9日结束;约150人参加;最后进行考试,需出考题。

张主任拿来前年南昌航空工业学院材料系申报硕士点的资料,他们是采用联合申报的模式,洪都航空工业集团的材料很过硬,我们无法参考他们的经验。

—6月2日—

写《土工试验的理论与实践》。

审阅李韬的博士论文。

史总来电话,12月的杭州会议由土木工程学会主办,场面搞得非常大。

要准备一篇文章,应该写什么好呢?可写《房屋增层时对桩基承载力增长的估计》。

—6月3日—

昨天,张主任来传达前一天学院召开的硕士点申报工作会议的情况,同时决定了几点:报两个研究方向,将省交通设计院的3位院长放到学科梯队中来,将他们3位的有关论文和获奖资料合并成一份材料。

基本完成《土工试验的理论与实践》初稿。

继续审阅李韬的博士论文。

艾智勇发来陈正汉交的《非饱和土》的编写大纲,内容还是挺不错的。

—6月4日—

用电子邮箱发出《土工试验的理论与实践》稿件。

做沈阳讲座的多媒体课件。

修改硕士点的申报材料。

继续审阅李韬的博士论文。

在《工程勘察》期刊发表了《关于地基承载力的讨论》,此文对地基规范中地基承载力设计相关内容存在的问题进行了比较全面的分析与讨论,不知反响如何。

—6月5日和6日—

张总来电,教材没有收到。

修改《土工试验的理论与实践》,增加了习题和例题,修改完毕。

对李韬的博士论文提出修改意见。

赵春风来电话,关于上海规范是否修改,要各参编单位提出意见。将三份相关材料发给赵,要他复印给参加会议的人。下午开会前,与会议主持人周健通了电话,介绍我这几年的考虑,不倾向于马上修改,按正常程序进行,如果要执行"恒载的分项系数1.35"的规定,则对基础方面进行论证后作出不调整的方案。

—6月7日—

打印、寄出《土工试验的理论与实践》。

李韬发来修改内容。

准备《土工试验的理论与实践》配套的多媒体课件。

下午商量土方测量的事。

—6月8日—

上午,叶观宝来南昌,同去省交通设计院。

—6月15日—

上午与朱金生一起去机场油库看几幢开裂的库房。库房为高约5m的单层砌体承重结构，梁直接搁在砖砌体上，地基钻探未发现厚层软弱土层，裂缝从每根梁的下部墙面开始，以45°向两侧扩展，为以每根梁为中心的正八字缝。从墙的裂缝处开凿后发现砖缝内没有砂浆，是用泥土砌的砖，用手指一扒，土粒纷纷下落，完全没有强度。可见，开裂的原因完全是砖墙的质量问题，5m高的墙的灰缝总高度约80cm，在梁的荷载作用下，灰缝的压缩量足以使墙体开裂。

朱金生他们单位已经改制，名为江西省建科岩土工程有限公司。这个公司可以作为一个合作单位，将来有关试验就放在我们学校做，还可以联合组织一个危难工程治理公司。关键是学校要收购一个设计单位。

下午讨论了暑假里土工试验室的仪器安装问题。

对于12月的杭州会议，张主任准备对南昌的改造工程情况做一些调查，写一篇文章。朱金生也准备写一篇文章。商定两家联合举办第二届会议，会议地址定在井冈山，南昌作为集散地。

—6月16日—

写徐前托办的远程教育计划和云南张总要的动态资料。

整理周浦的监测数据。

打电话给湖南大学，了解8月在长沙办班的学员情况以及讲课的要求。

—6月17日—

完成了远程教育计划和动态资料，今天发出。

继续整理周浦监测数据。湖南大学来电，说下周将发一书面通知给讲课的老师。

系里老师正在评岗，这也是一件麻烦事。

—6月18日—

周浦监测报告已完成。

开始写《桩的安全度控制》一文。

发现李韬的论文中有两处笔误，通知其修改。

接到史总的信，是第二次会议通知。

—6月19日—

收到徐前来信，准备办土工试验班，与张主任商量，建议到南昌来办。

徐前给我开了一个容量为20M的电子邮箱。

与李韬通电话，指出其推导的分项系数与后来使用的不同，这是不好的，建议其修改。

将周浦监测报告发给赵春风。

在写《桩的安全度控制》一文时,对有些公式进行了重新推导,关于载荷试验资料分析和静力触探数据分析的问题,准备回上海后再补充。

—6月20日—

完成申报省基金的建议稿。

完成《工程勘察》期刊3篇论文的审查。

试了电子邮箱的收、发功能,均成功。

—6月21日—

修改硕士点申报材料中的学科方向等内容。

准备给省委孟建柱书记写一封信。

明天参加学生的毕业设计答辩。

给《工程勘察》编辑部发审稿意见。

—6月22日—

上午参加毕业设计答辩,总体来说是不错的,学生完成的设计和交的资料都有一定的内容,有的学生还能比较深入地研究一些问题。有的学生具有比较好的表达能力,介绍得很好,有的则比较紧张,也有个别学生马马虎虎,这也是普遍的规律。从毕业设计的几个环节来看,任务书还需要再具体和丰富一些;对学生的要求,应该各有重点,工作量不能太大;对于设计图纸和计算书,指导教师需要在答辩前仔细地检查,发现不足的地方,严格要求学生改正,以免在答辩时发现错误。

下午写给学院领导的汇报,汇报半年来的情况,以及下半年的一些打算。

—6月23日—

做《土工试验的理论与实践》配套的多媒体课件。

继续写给学院领导的汇报。

—6月24日—

做《土工试验的理论与实践》配套的多媒体课件。

写完给学院领导的汇报

下午,去天香园。

—6月25日—

修改并打印给学院领导的汇报。

收到杭州会议的论文格式要求。

为沈阳土工试验班出试题。

根据辽宁省办班的情况，准备下半年在江西省也办一次班。

今天晚上回上海。

—9月6日—

早上到达南昌航空工业学院，这次来主要是处理合作办土工试验室的事。

人事处周同志因家中房屋装修而居住在我之前的住处，我这几天就住在招待所，不能上网，稍有不便。

上午讨论与朱金生合作的事，下午去他那里，会商合作办土工试验室的事。合作采用股份制的方式，按双方投资比例分红；设备添置按每天开20筒土的试验规模考虑，需开列清单；人员按一两名固定工作人员来聘用，由试验室开列工资，另有需要时由双方人员参加工作并计酬。

试验室同时作为双方的机构供上报资质或者申请项目之用，在向社会开放时作为公司的一个二级单位，使用公司的资质，申请独立的账号，由土建系管理；试验室的场地还需增加，场地和水电均计入成本，作为学校的收入。上述内容需征得学校同意后才能起草协议，由张主任向院领导汇报。

晚上收到李家平的信，同意蒋总的处理意见。关于监测的事，准备分两部分，注浆施工期间一定由我们自己测量以控制施工质量和速度。以后的测量我们就不管了，按常规委托给检测部门，按我们的要求测量。

—9月7日—

上午给钟海中打电话，告知我的想法。

从张主任和几个职能部门谈的结果看，问题还比较多，关键是学院领导是否支持土建系采取和工程实践密切联系的方式。

下午，钟总回电，同意我们的建议，注浆时委托我们进行测量。

准备就建立合作试验室的思路给学院领导写一封信。

—9月8日—

完成给学院领导的信。

处理大华公司工程的事。

—9月9日—

给钟总打电话，关于注浆的计费单位，因为无法计算注浆体积，希望在维持已经签订合同的基础上签补充合同，按增加的长度计算增加的费用，不要另起炉灶了。钟总答应协调。

关于监控的方案和收费办法，传给李家平，由他打印出来，下午去谈合同的事。

学院通知由副院长约谈关于建立合作试验室的事项。

晚上回上海。

— 12 月 10 日 —

今天早上到达南昌。

准备报告的多媒体课件，题目为"地基基础特殊技术的发展"。

与北京方面联系，听课的约有 70 人。15 日前往厦门，小姜下午去买飞机票。

福建陈工来电话告知，张政治打电话给甲方，说收到了我的信，言辞比较激烈，他准备干预这个项目。陈工询问下周的时间安排，并询问荷载箱上的平衡荷载是否足够，如放在桩的底部，是否有充分的位移条件等问题。

— 12 月 11 日 —

继续准备报告"地基基础特殊技术的发展"的多媒体课件。

小姜买来了飞机票，15 日 14:05 起飞。

打电话给辉固公司赵健总经理，了解到美国的试验一般放在桩的底部，可以将嵌岩段的阻力做到极限状态；还了解到可以将应变杆分段埋设以测量桩身压缩变形的做法；对于滑移计，没有问到信息。张主任给我一个 U 盘，说因为我的年纪大，申报时将洪平的哥哥放在前面。我说不要紧的。将申报方向由桩基改为了岩土工程的可靠度，也非常勉强，因为很难将这个方向作为主要的研究方向。

将上述信息告诉了陈工。

— 12 月 12 日 —

下午到新校区给一、二年级的学生做报告。学生热烈欢迎，场面激动人心，秩序非常好，说明他们对老师非常尊重，求知的欲望非常强烈。

报告结束后到象湖公园游览。张主任在青山湖边上的饭店宴请大家。

彭浦十期需要做竣工报告。

— 12 月 13 日 —

打电话给东南大学龚维明，了解嵌岩桩做自平衡法试验时对嵌岩段的加载能否做到极限，得到了肯定的答复。当荷载足够大时，可以获得比较大的位移，不需要做两个荷载箱的试验。

对于滑移计，也得到了一些信息，与深层沉降相似，但精度高，需进口，无国产；测试原理不清楚，肯定不能测水平位移；得到桩身的压缩变形后尚需换算为轴力，需要桩身材料的模量。

张主任说报酬还在和学校谈，我说不要紧的。

—12月14日—

上午与朱金生一起去基坑工地了解场地的情况。场地四周开阔,可以考虑用放坡或半放坡的方法,即上部放坡、下部用土钉墙的方法,坡面加钢筋网水泥护坡。

据小姜说,对他的调离,学校可能有点懊悔。

明天即将去厦门,何时再来就不知道了。

## 住院的日记

编者按:2017年,患眼疾,在新华医院住院治疗,写下两篇日记。

—3月28日—

今天阳光明媚,颇为温暖,是典型的春天天气,也是今年气温首次达到20℃左右的日子。

回想起来,幼时清明时节扫墓的日子就是这种天气。早晚还有丝丝的凉意,可是,在阳光下一活动,便出汗了。春天的天气像孩子的脸,说变就变。

今天刚住进新华医院,是为眼睛开刀而来的。

这两年,我的眼睛一直不太好,直接的感觉是视力下降了,而且下降得比较快。前年体检,说我有黄斑,报告上写"黄斑反光欠清,玻璃体混浊",同时,说有白内障。去年体检,没说有黄斑,只说眼底模糊,有白内障。因此,当时主要是想医治白内障。

前些日子,慕名去第一人民医院挂眼科沈晓东医生的专家门诊号,是托萍萍在网上挂的号,挂的是第1号。我们信心满满地在上午9点到达医院,以为能顺利地看到医生,哪知在医院里一路都是排队,也不清楚到底要检查多少项目。每一项检查都要排几次队,一会儿楼上,一会儿楼下,不断增加检查内容,不断地排队,也记不清楚究竟排了多少次队,等到下午3点多才挨上沈晓东医生叫号。不巧的是,3点半沈晓东医生还有会议。就这样,以6个小时排队的代价,得到沈医生几分钟的检查和诊断。他认为主要是白内障,没说有黄斑。

后来,福康说他的一位中学同学有个女儿在五官科医院,也是一位眼科医生,出专家门诊。福康就陪我去看了一次。由于福康事先和沈医生约好,沈医生已经将几个排队比较长的检查都为我们事先拿好了号。当然,还是要排队,但比第一人民医院好多了。而且,福康对这个医院也比较熟悉,他也是一会儿上楼,一会儿下楼,到各个窗口去排队,花了半天的时间看完了病。我的定点医院是新华医院,所以,真要动手术,还得去新华医院。正好,沈医生说,新华医院眼科的赵主任是她的同学，她就给我写了张条子，让我带给赵主任，后来她还给赵主任打了电话。

这样，我就到新华医院去挂专家门诊号了。先找到了赵医生，他给了个号，大概是67号。挂了专家门诊号，我们就到诊室外面等候。一看时间还早，就回家吃了午饭，午休以后再去医院。一直等到晚上，看完病回到家时已经是8点左右了。又花费了整整一天时间，才能看到医生。这三次都是看名医的经历，而且都是花了比较大的价钱挂号。

一连去了三个医院，看了三位眼科医生，经历大同小异，就是一个"等"字，要耐心地等待。医院是一个培养耐心的好地方，急也没有用。为什么医院都那么拥挤，挂号要排队，检查要排队，付费要排队，拿药要排队，大多数的时间都耗在排队上了，这是医疗资源与需求之间存在巨大落差的缘故。

见到赵医生的时候已经是晚上7点多了，医生还没有用晚餐，也真是辛苦。赵医生诊断的结果是黄斑，并开了住院单。这是最近几个月努力的结果。今天，住进了医院，开始了解决这个问题的征途，不知预后如何，但愿一切顺利。

将人的眼睛比作照相机，白内障是镜头有毛病，黄斑则是底片有问题。对于白内障，手术已经很成熟了，甚至可以在门诊做手术。换晶体似乎风险也比较低。对黄斑了解不多，不知如何做手术，采取什么方法治疗。

―3月31日―

住进医院已经第四天了。前天是星期三，是赵医生做手术的日子。本来以为通知我星期二住院，是为了星期三做手术。星期二，做了一些补充检查，主要是有关白内障的检查。星期三上午，我的住院医生告诉我，如果赵医生晚上为前面的病人做完手术后还有时间，就给我做。所以，整个下午我都在等通知，但一直没有人通知我去手术室做准备。星期四中午，我的住院医生告诉我，昨天赵医生一直做手术到晚上11点，有些手术比较麻烦，要花费很长时间。这样，我就要等到下个星期三了。也就是说，需要在医院里再等一个星期。这也很无奈，只能如此了。我已经把电脑拿来了，可以在这里写点东西。

在医院里回忆我住医院的经历倒是很有意思的一件事。

我第一次住院是一场误会，但对我的影响还是很大的。那是1956年，当时我因为头痛而去第十人民医院看病。医生给我检查了小便，发现有结核菌，于是作为肾结核问题做了膀胱镜检查，并做了动物接种，要经过3个月才能看到结果。医生建议我休学治疗。当时，我读大学三年级，我们那届是四年制，但我们下届的班级是五年制，因此休学治疗就意味着我要推迟两年毕业。当时，商量的结果是在得到确切诊断之前先不休学。在那3个月中，我完全按照结核病的治疗方案,吃雷米封,打链霉素。但我并不休学,而是上午上课,下午和晚上休息,不复习,不做功课。这样,我至少可以跟上课程。如果动物接种的结果出来,证明有病,我再休学也不晚。实践证明这个办法是对的,因为3个月后,医生说,动物接种的结果是阴性,证明我没有患结核病。我问医生什么原因会使之前的化验呈阳性。医生无话可说,便不再理我。这个经历告诉我,对疾病要抱科学的态度,不要太害怕。这件事对我产生了很大的影响,从此以后,我就不可能再考全5分了。当年,我国的学校教育学习苏联的学制和记分办法,为5分制。成绩分为优(5分)、良(4分)、可(3分)和不及格(2分)四档。由于3个月没有复习和做作业,自然影响了学习成绩,不能再像一、二年级那样全部都拿5分了。显然,身体没有肾结核这个病,比什么都好,为了这个结论,都值了。

后来一次住院是在毕业的那一年,即1958年。那年春节以后,我们到孝丰山区进行道路定线勘察设计的毕业实习。我们这个小组6个人,参加浙江省交通厅勘测队的工作。就在勘察的途中,我的胃溃疡病复发了,痛了一个星期后突然吐血了,弄得大家都很紧张,把我送进孝丰县人民医院。由于那个医院没有输血设备,无法止住出血,在那里治了两天后决定连夜把我送到杭州。孝丰县交通局派了一辆卡车,把我睡的帆布床放在卡车上,还派了一位护士护送我到杭州庆春路上的浙江医学院附属第一医院住院。在第二天黎明的时候,汽车还没有进杭州就坏了,于是打电话,由杭州方面派救护车把我送进了医院。进了医院马上输血,输了1600mL的血以后,我的状态就有了很大的变化。当时我很年轻,所以恢复得很快。

父亲从家乡赶到杭州来看我,病中见到亲人,分外高兴。同时。还知道姐姐已经生了外甥女,取名为"跃进"。当时我还写了一首诗。

1958年,是号召"除四害"的岁月。那天早上,我躺在病床上休息,医院的外面,响起了锣鼓声和敲打脸盆的声音,以及人们的叫喊声。护士告诉我,那是在轰赶麻雀。窗外的天空中,许多麻雀吓得到处乱飞,但无处可以栖身,无处可以躲藏。只能飞啊,飞啊,飞累了就掉到了地上,成为人们的战利品。突然,一只麻雀从窗口冲了进来,停在柜子顶上,惊恐不安地看着人们,然后又迅速向窗外飞去。

20世纪80年代,还有一次短暂的住院经历。那时,我因半月板破裂,右腿膝关节疼得厉害,医生准备给我开刀,需要住院。凤英请教了一些老医生,包括刘铸,他是20世纪40年代同济大学医学院毕业的,与北京市勘察设计研究院的陈志德院长是同学。刘医生认为膝关节这个地方,结构复杂,神经密布,开刀成功的把握不大,还是不要开刀为好。于是,我就要求出院,医生说你自己要求出院,你签字。我就签字出院了。后来证明我出院是正确的,通过打太极拳,坚持锻炼,使膝关节的症状得到缓解,右腿也慢慢伸直了。

20世纪80年代初期,我在学校科研处工作的时候,患肺炎住进了学校的医院。当时的院长是王祖德医生,是他确诊并主持治疗的。

星期三中午,我的住院医生来告诉我,赵医生今天手术比较多,我可能要排在晚上,如果今天来不及做,就延到下个星期二。我说可以。就这样,在各种表格上签了字,办了应办的手续,就等着吧!最好今天能做手术,不然又要等一个星期。

星期四上午,医生说,手术是换晶体,把有黄斑的膜揭除。他还说我的视网膜是好的。我不懂眼睛的构造,不知这个长黄斑的膜有什么用,揭掉了对视力有什么影响。

# 七、人 生 感 悟

## 观看电影《人到中年》有感

(写于1991年,2017年2月录入)

看了《人到中年》这部电影,心情久久不能平静。

这部富有浓郁生活气息的好影片催人泪下又发人深思,像素描画笔一样深深浅浅而又非常准确地描绘出我们这一代——新中国培养的第一代知识分子的生活画面。电影中的人、事和场景,对我们这些20世纪50年代的大学生来说是那么熟悉。没有豪言壮语,没有宏大的场面,只有平凡又可贵的日常生活。不论是在手术室,还是在拥挤的斗室里,都充满了陆文婷、傅家杰对生活的热爱,对事业的追求,对学问的探索。这种精神,这种典型,是看得见、摸得着的,也是学得到的。影片对我们这些中年知识分子有深刻的教育意义。

感谢小说作者、影片导演和演员的辛勤劳动,他们公正地刻画了知识分子的形象,向不太熟悉知识分子的人们忠实地介绍了知识分子的工作、生活与情操。当然,有的同志可能还一时理解不了。也有人说,哪有那么好的医生,会丢下自己生病的孩子去为病人看病。说这种话的同志多半不了解知识分子在想些什么和做些什么。陆文婷并不是凭空塑造的典型,而是有着千千万万的生活原型。在我们学校里,不少同志就搁下家里的孩子甚至是生病的孩子,带学生下工地实习,或者做试验、搞设计。夜晚,在不少家庭里可以看到,孩子伏案做功课,父母只能挤在角落里学外语、编教材或写论文。他们图的又是什么？从这部电影中，人们可以摸到中年知识分子的脉搏，听到中年知识分子的心声，对于了解知识分子是有益的。

电影中的许多对白是针砭时弊的，有的同志认为这是借助电影人物发牢骚。这类话确实是中年知识分子经常谈论的，他们惋惜的是被耽误的大好年华，向往的是事业得到发展，感慨的是无法为祖国为人民做更多的工作。

## 求　实

(写于1991年12月29日晨，2017年2月19日录入)

几乎每次外出，走过一些工厂或单位的门口，总能看到显示这个单位主体精神的标志或文字，有永久式的(如雕塑和石刻)，有暂时性的(如墙上的油漆文字)。用这些醒目的东西激励本单位的职工，同心同德向前走，其用意相当好。

我们学校也有校训，刷在大礼堂的前面，其中有"求实"两个字，以显示同济的风格是讲究实际效果的，是严格的。很奇怪，我看到很多校训或厂训中几乎都有"求实"这两个大字，大概是"实事求是"的简化。我们讲实事求是，讲了几十年，应当成为民风了。

但在实际生活中，很多事都让我感慨。就拿崇尚德国严谨作风的同济大学来说，也有数起颇为典型的事。例如，近年来国家教委领导十分关心教育事业，说国家实在拿不出更多的教育经费来，好在学校有技术，可以办科技企业，以产业收入来补贴经费的不足。据说，南京大学的尿激酶、北京大学的激光照排、天津大学的什么什么每年的创收都有几千万元，也有说上亿元的，学校办企业经过实践证明是可行的。又说国外也是这样的，美国不是有硅谷吗？于是，科技产业一下子就热门起来了。南京大学、北京大学的创收都上去了，同济大学怎么办？这也是我们过去常用的鼓干劲类比法，堂堂同济大学岂能示弱？于是，今年上半年学校党代会的报告中提出了科技产品到1995年要实现利润900万元。我这个开发公司总经理赶快声明，我们没有提过这个指标。到了下半年，看到学校送国家教委的"八五"期间的规划文件，是正儿八经的铅印文件，关于产品类开发，到1995年要实现利润1500万元。呜呼，又放火箭了，我无言以对。按上等效益的企业来算，人均产值2万元，利润率20%，那就需要有3750人才能创造1500万元的利润。我想到几十年前，亩产万斤粮的卫星不就是这样放出来的吗！求实也好，实事求是也好，都不是喊口号，不是吹牛。

每当我看到这类标志或文字的时候，心中难免浮起一个大大的问号。

**2017 年补记：**

25 年前，写了这篇不合时宜的短文。不久，我就离开行政岗位，回到业务岗位了。从这篇短文，也可以看出我为什么不愿意继续待在学校开发公司领导岗位上。900 万元、1500 万元这样的科技开发的利润，在同济大学的历史上从来没有实现过。我想起在同济新村门口见到陈本端先生时，他对学校搞科技开发的看法。

世纪之交，学校要总结 20 世纪后期学校各个方面的工作成果，对于当年的科技开发工作的总结，希望我能执笔。也正是由于上面这篇短文所提到的问题，我婉言谢绝了。

## 过早起床有感
（1992 年 1 月 7 日拂晓）

今天起床一看钟，才 5 点，为什么这么早起床呢？自以为已经 6 点多了，误会也！屋中太黑，看不清手表。照理讲，从联邦德国带回来的电子闹钟可派上用场，即使不响也可以在黑夜中看到几点钟，殊不知插头与插座不匹配。各个插板均不同，互换已成空话。电热器是三脚插头，在卧室里插不进去，而在客厅里就可以轻易地插进去。电子闹钟是圆脚插头，插不进卧室墙上的插座，却很容易地插进拖线插板。更有甚者，厨房里的插板，任何插头插进去都摇摇晃晃，一会儿接触，一会儿又断开，让人哭笑不得。呜呼，去年是品种、质量、效益年，全国轰轰烈烈搞了一年，奈何劣质产品比比皆是。我家电器不多，电风扇刚买来就失灵，只得返修；三明治烤炉更绝了，一日故友自远方来，次日早餐拟用三明治招待，烤炉竟然坏了，弄得狼狈不堪。排油烟机被煤气灶的火一烤，叶片马上变形。如此种种，集中在我家，并非偶然，产品的整体质量可见一斑。

企业不讲质量，不重效益，何来活力呢？

## 岁 末 回 顾
（2002 年 12 月 31 日）

此时距 2003 年元旦还有一个小时，刚才与高崧通了电话，给杨育萍发了一封电子邮件。高翔刚回去，凤英在看电视。电视正播放着晚会的节目，外面静悄悄地，人们在期待新一年的到来。

2002 年即将过去，回顾这一年，出版了《地基基础设计与施工丛书》的第 2 版，编写了《注册土木工程师（岩土）专业考试辅导教程》。这一年，出差特别多，也去了一些以前不经常去的城市,主要是讲解新规范和注册工程师考试。这一年,工程咨询的项目也做了不少,纠倾工程有两项,基坑工程也有两项,还有地基处理的项目,以及大华公司的科研项目。这一年,我在讲台上讲完了"高等土力学"最后一堂课。明年,我就要退休了,不会再在学校的讲台上讲课了。今年玩的地方也不少,去了澳大利亚,游览了我国福建武夷山、厦门和福州,算是丰收的一年。

明天,是新一年的开始,手头的事似乎永远做不完。本来想放松一下,不准备再写了,但几个朋友的约稿,我都不好意思拒绝。明天,开始新的一年,又是忙忙碌碌的一年。

## 退休随想
(2003 年 5 月)

这个星期一,我拿到了学校的通知,我自今年 6 月起领养老金,自然还要填许多表格,办理退休手续。这是我人生道路上的一个节点,标志着我已经完成了为社会所必须做的贡献而可以安心地领取养老金了,可以安度晚年了。

其实,按照国家法律的规定,我应该在 8 年前办理退休手续的,只是因为历史的原因,在人才结构上青黄不接,才需要我们这些老人再多干 8 年。今年我已经 68 周岁了,在向 70 岁进军,在填退休表的时候,表上有一栏,内容是"本人在老有所为方面的希望和打算"。这引起了我的深思。这几年,我在培养学生的同时,笔耕不辍,写了一些书,现在手头还有几本未脱稿,今年大概要交稿 45 万字。明年,该完成筹划已久的《岩土工程设计》了,大约 60 万字。在完成这些技术著作之外,还有两方面的东西要写,其一是想写一本反映我们这一代知识分子命运的小说;其二是继续写回忆文章,其中很大一部分内容可能与同济大学有关。我想,大约在 75 岁以前是不会有空闲的,可能还要写 8 年。

在回忆文章中,有关同济大学的内容可不好写,这涉及很多方面,而我个人的回忆又不可能非常准确,好在我是从一个感受者的角度来写,写我的看法,写我的感知,不加任何评论和分析,为后人留下一点资料而已。

## 70 岁生日有感
(2004 年 5 月 18 日于合肥)

今天是我 70 岁生日,是在合肥的旅途中度过的。这非常有意义,表示我还年轻,能够适应旅途的颠簸,能够适应不断变化的生活,是值得庆幸的。

古人云"人生七十古来稀",那当然是老话了,现在人的平均寿命已经到 80

岁了,我还是个小弟弟。话虽如此说,我毕竟是 70 岁的人了,身体的器官都在老化,这也是自然规律,不以人的意志为转移。能够通晓这个规律,人就活得潇洒,不会因为有点病痛就大惊小怪,心理年龄不会随生理年龄同步增加。

去年此时,我办了退休手续,说是要安度晚年了,但似乎没有松懈的意思,日程还是排得满满的。我周围的一些朋友,大多也是如此。虽然大家都在说,要放松一些了,不能那么紧张了,但我看他们依然很忙。注册岩土工程师考试专家组的成员大多是相识几十年的老朋友,考试的准备工作开始以来,已经 5 年了,彼此的交往更多了。

昨天,和方鸿琪院长谈专家组的事,他说他准备卸任,不再担任组长。我说不行啊,你得将你们单位里能接你班的年轻人提上来,不然秘书处将来怎么运作呢。他还想组织编写教程,由执业资格注册中心推荐。关于这件事,去年讨论过,意见很不一致,确实存在一些问题。我提出,专家组先补充进来一些年轻的专家,再对这几年的考试情况进行总结,对大纲进行细化,才能由专家组编写教程。吸收专家组以外的人参与教程的编写,不先进行大纲的细化,都不好,会有副作用。方院长希望我能主编这本教程,我一直有顾虑,这个教程的分量太重,不好轻易出。

顾宝和总工也谈了他的打算,他曾经考虑导则不再继续弄了。可能是因为矛盾比较大,有点打退堂鼓的意思。但是,他最终还是决定弄下去,以推新技术为主,而不是以统一为主。这也是对的,统一很难。他对遥感技术、地球物理勘探技术的推广应用很有兴趣,还提出了等梯度固结试验、土样的三轴试验等问题,希望能找到一些比较便捷且可靠的方法,以解决工程周期短而现有方法试验周期长的矛盾。他说待导则的初稿出来后,希望我帮他看看,以免被人说导向错了。

龚晓南教授谈起《岩土工程界》杂志上登载的《错过八次正负号的正确解——一维渗流固结方程推导及其解》的事,他说此文原来是投《地基处理》杂志的,他请谢康和教授审了,没有录用。

## 我在退休以后的生活[1]

(2010 年)

退休的同志,都面临着衰老,如何看待?如何处理?各人都有各人的理念和办法,谈谈我的退休生活与一些体会。

我已经 75 岁了,从 60 岁算起,已经过了 15 年的老年生活,从办理退休手续

---

[1] 这是为退休教工党支部组织生活会准备的发言稿,后来会议没有开,发言稿也就留作纪念了。

算起也已经整整 7 年了。我 65 岁时,系里给我一张表,说如果在 68 岁退休以后还要带博士生的话,就填表申请。我说我不想在退休后再带学生了,我要给自己留一点时间。

  人的衰老是不可避免的,应该承认客观规律,但可以想办法延缓衰老。怎么延缓衰老呢?这就需要心态上不服老,要想办法多活动,多动脑子。如果退休以后,懒得动脑子,那脑子就会慢慢退化,过去的事情淡忘了,最近的事情又记不住。同样,如果因为年纪大了,腰酸背痛,就懒得活动,结果是手脚越来越不利索,人就越来越老态龙钟了。

  我在 58 岁时,开始了早上的锻炼,最初是慢跑,后来改为做健身操,是结合自己的身体特点和需要,自编的一套健身操,而且逐步充实和丰富内容。到现在,已经坚持了 17 年,每天一刻钟左右,运动量不太大,如果我在 80 岁以后还能坚持这样的运动量就很满足了。冬天和下雨天就在室内锻炼,出差在外面也总要找个地方锻炼,这样日积月累,获益颇多。如果在上海,我下午还要到对面的小区里,使用老年运动器械做一些锻炼。器械锻炼的运动量比健身操要大一些,对老年人的腿脚很有好处,可以延缓衰老。

  对自己的病,还是要重视,该吃药的要吃药,该采取措施的要采取措施。我有两个比较大的病,影响比较大。在我 60 岁时,由于胸口常常闷痛,医生给我做了同位素扫描,说我的心脏底部的血管都堵塞了,是冠心病,但没有什么办法医治,自己注意保养。大家对冠心病都很害怕,心脏底部血管堵塞,供血肯定不足。这使我想起以前,有次在武夷山爬山,到山顶时人就昏过去了,就是供血不足所致。知道了自己的这个病,以后就要注意活动量不能太大。为了主动地减轻心脏的负担,我将每顿两碗饭减少到一碗,控制体重不超过 65kg。十多年来,养成了少食的习惯,人就没有发胖,胸口闷痛的次数也减少了,反而是因病得福了。过去我有头晕的病,发病的频率相当高,有时每个星期都要发作,在外地出差时发作把会议主办单位吓坏了。医生也无法确诊是什么病,用药都不对路,持续几十年的时间,很痛苦。在十多年前,武汉袁建新先生告诉我服用意大利进口的脑通可能有效,我就请新华医院的医生开这种药,开始是公费,后来说要自费,我就自费买来服用,每天花 10 元钱左右。再后来,药店里也买不到这种药了,估计是不进口了。我就托人从国外带来,坚持服用了十多年,头晕的病果然好了。停药也已经有 5 年了,没有再复发过,算是根治了。这两个病本来对我身体的影响是比较大的,但由于侥幸处理得当而没有造成很大的不利影响,也算是大幸了。

  这十多年,我明显地感觉到自己一年比一年老了,经常不是手酸就是脚痛,也常忘事,身体和脑子都在老化。但是,我的身体和脑子都经常在活动,与退休前相比，活动量并未少很多。这得益于我退出了学校的教育工作以后，将讲台面向了社会，面向了工程界，逼自己多活动。这也许有偶然的因素，也可以说是一种缘分。

有这么两件事，使我的退休生活变得丰富和充实。

20世纪90年代末，我参加了建设部组织的注册岩土工程师考试的准备工作。该考试于2002年正式举办，到现在已经进行了9年。我参加了考试出题和评分的工作。这是全国性的考试，合格率不能大起大落，考题还不能出错，所以压力比较大。为了做好这项工作，需要扩大自己的知识面，需要学习新东西。参加命题工作，每年至少出差5次，一年中至少有一个月在外面过，既动脑子又活动身体，一举两得。随着年龄的增加，越发感到精力不济，今年我辞去了命题专家组副组长的职务，现在以顾问的身份留在专家组做些协助工作，以后会逐步退出命题专家组的工作。

2004年，中国建筑学会工程勘察分会在他们的网站——中国工程勘察信息网上为我开辟了一个专栏，希望我能为同行答疑，答复工程师在工程实践中遇到的问题。由于实行了施工图审查制度，对规范的不同理解，不同规范之间的矛盾，都会引发勘察人员与审图人员之间的争论，因此在网络上提出的疑问特别多。六年来，网站的讨论帖子已经达到3万个，几天没上网就可能积压一大堆问题。互联网的普及使我能够及时了解业内的工程技术问题，当然我并不能解决所有的疑问，但网络答疑确实使我的脑子必须不断地活动，要不断地查资料，不断地请教其他朋友，以尽可能地帮助网友解决问题。

由网络答疑又发展到直接讲解工程疑难问题。从2007年开始，面对面的交流活动就多起来了，形式也比较多样，有的是各地勘察设计院组织的单位内部技术人员的学习讲座，有的是地方协会组织的培训讲座，有的是一些学会下属的培训机构组织的讲座。这样，我就有更多的机会与同行交流技术问题甚至体制改革的问题了。这些讲座，给我的脑子和身体提供了更多活动的机会。

退休后，出差的次数比退休前更多了，几乎每个星期都要出差，有时回家住一晚又出去了。我不累吗？显然不是的。只是，我为自己能够坚持下来而感到高兴，那不正说明我的身体还可以吗！这可能是我多年来坚持锻炼的一个效果。同时，说明我还能为社会做点有用的事，也得到心理上的安慰。当然，这种状况能坚持多久还不好说，我也在考虑如何退出的问题。对网络答疑专栏，我一直在物色年轻一些的同志来接手，以创造条件实现完全退出，目前看来，是接手容易脱手难。我找过两位中年专家，但他们似乎没有接手这项工作的打算，稍一尝试就退回来了。我将专栏上的典型问题和答疑笔记整理以后写了两本书，第一本是《土力学与岩土工程师——岩土工程疑难问题答疑笔记整理之一》,第二本是《岩土工程勘察与设计——岩土工程疑难问题答疑笔记整理之二》。写完第二本后,如释重负,总算有个交代。

这些年,我的精力主要用在这两件事情上,而原计划在退休后做的一些事情不得不向后推。我们这一代人的经历是非常坎坷的,也是非常丰富的,但我认为现有的文艺作品并没有反映我们这一代知识分子的思想和生活,令人遗憾。很早之前,我就想写一部反映我们这一代知识分子经历的小说,退休后也写了一点,但后来实在太忙了,不得不停下来。写完了网络答疑的第二本书后,准备开始这项工作。等我彻底从注册考试和网络答疑的工作中解脱出来,就可以集中精力进行创作了。

这本小说的历史跨度比较大,从20世纪50年代到现在,60年的时间,展现几代知识分子忧国忧民、矢志报国但又被时代裹挟的经历。我们这一代知识分子是特殊历史时期的见证人,既感受到我们老师那一代知识分子所承受的苦难,更亲身经历了不同历史时期的坎坷,也看到如今知识界的千姿百态。我觉得自己有责任、有义务用文学的形式给后人留下点什么。欢迎大家提意见,也希望得到大家的帮助。

## 回顾与打算

**(2011年12月12日于长春)**

2011年很快就要过去了,今年应该是我出差最多的一年。

去年年底,孙钧先生在电话里告诉我,他一年出差去了近50个地方。我也统计了一下,一年去了40多个地方。当然,我比他小9岁,我到他的年龄,不一定还能去那么多地方。岁月不饶人,今年5月,在俞调梅先生100周年诞辰的纪念会上,见到孙先生,尽管他依旧硬朗,但我感觉他也明显地老了。

今年的大部分活动是讲授《岩土工程勘察与设计——岩土工程疑难问题答疑笔记整理之二》一书中的"评价"与"设计"两部分,去了全国大多数省会城市和一些比较发达的非省会城市,将近50个地方,有些地方去了两次甚至三次。没有去讲"设计"的省会城市已经不多了,春节后,再用三个月就可以全部讲完了。

## 八 十 感 言

**(2014年5月18日)**

感谢大家为我的生日举办这个活动!

八十年前,全面抗战爆发的前夜,我来到了这个世界。

在我童年的记忆里,是日本人占领下的沦陷区生活和抗战胜利后的艰难生活。

我的少年时代,又经历过失学和工厂学徒的岁月。

六十年前,我来到了同济大学,在这里开始了新的生活,一个甲子的学海冲浪。

同济大学里有我的老师、我的同学、我的同事和我的学生,在这里留下许多值得回忆的往事。

这六十年,送走了多少毕业生,我记不清了。

20世纪90年代,我接到一个电话,赶到武汉。在车站,我一眼就认出了来接我的是刘特洪。虽然他毕业已经30多年了,但在我的眼里,他还是没有变。今天在座的许多去三峡库区工作过的同学都认识他。

有一次在成都,一位满头银发的工程师对我说:"高老师,我是你的学生。"我仔细地打量,还依稀记得,他是20世纪60年代初期毕业的。

他们都是我年轻时代的学生,实际上,他们也小不了我几岁。

今天在座的都是我步入老年时一起做研究工作的学生,我们探讨学术问题,研究生活的真谛,有过欢乐,也有过争论,使我的老年生活充满欢乐和朝气。非常感谢你们。我正在写一本咨询研究文集,汇总20年来的咨询研究报告,里面有你们的很多贡献。

退休时,我已临近70岁。但这十来年,我过得很充实,主要做了两件事:为注册岩土工程师考试出了十年的试题;从2004年开始在中国工程勘察信息网为岩土工程师答疑,也已经十年了。做网络答疑期间,我出版了《土力学与岩土工程师——岩土工程疑难问题答疑笔记整理之一》和《岩土工程勘察与设计——岩土工程疑难问题答疑笔记整理之二》。这里还有几本,但余书不多,可能不够分了。需要书的同学,请留个地址,我让出版社给你们寄过去。最近,我正在写《实用土力学——岩土工程疑难问题答疑笔记整理之三》,年内可以出版,出版后也给你们寄过去。

我们一起做研究工作的日子已经远去。离开学校以后,你们都有自己事业上的追求与成就,这是我们做老师的最感欣慰的事,希望不断听到你们的好消息。

今天,还有我的亲属参加这个活动,感谢你们对我的关怀与照顾。

谢谢大家!

## 第二次退休

（2014 年 8 月）

人不可能退休两次，但从生活的节奏来说，如果退休以后仍然有比较多的社会活动，那么当社会活动明显减少的那个节点，就有点第二次退休的意味了。

实际上，我的退休年龄不是 60 岁，而是 68 岁，这是特殊的时代原因造成的。我们这些被耽搁了的知识分子，评博导时已临近法定退休年龄。为了让我们多发挥作用，就采取了延迟退休的办法，让我们多带 8 年的博士生。

从 68 岁（2003 年）退休到现在，又过了 11 年。这 11 年间，我主要忙两件事：第一件事是为注册岩土工程师考试出题和评分，每年从出题到最后的阅卷评分，要开五六次会议，外加出题，就要花费很多时间和精力；第二件事是网络答疑，从 2004 年 8 月开始，到现在也整整 10 个年头了，从中国工程勘察信息网统计的数据看，我已经回了 5000 多个帖子，平均每天 1.4 个帖子。因此，我的退休生活是相当充实和丰富的。如果再加上外出讲课，那我的生活就更丰富了。

关于讲课，最初是受几个学会的邀请，为他们办的一些培训班讲课，如讲土工试验技术，有时也讲一些刚颁布的规范。总的来说，频率不是很高。大约在 8 年前，培训机构办的班开始多起来，虽然也是用各种协会的名义，但实际上都是商业机构在操作，给这类培训班讲课的频率就比较高了。第一个找我讲课的人还是孙钧院士介绍过来的，是一个四川的女孩，在青岛办的班。当时有几个男孩协助她，后来这几个男孩也另起炉灶，独立办班了。那个时期应该是培训市场蓬勃发展的时期，能够办比较大的培训班。后来，好几个办班的年轻人，都不再出现了，而且商定的几个培训班，也没能办起来，可能是办班的黄金时代已经过去了，培训市场处于衰退期。

前几年，我退出了注册岩土工程师考试命题专家组。现在，我正逐步退出网络答疑，让岳建勇来继续主持这个答疑工作。因此，我现在面临着第二次退休。

## 再谈注册考试

（2014 年 9 月 9 日）

退出专家组已经 3 年了，每年考试后暴露出来的问题都比较多。

最近，王平处长发来短信："高教授您好，自您、李教授、张大师退出命题专家组后，专家组的水平和实力确不如从前。目前专家都是由各单位在职人员组成，他们除了业务工作外，还要利用业余时间从事命题工作，同时也承受着来自各方面的较大压力。为此，中心和命题专家组都希望您和李教授尽量不要针对考题进行评论,以减轻专家们的压力。还望您和李教授予以谅解和配合。谢谢您!"

针对我的回复,王平处长回信说:"回信收悉。我非常理解您的感受,同时也希望您对我们工作中存在的问题多提宝贵意见,使考生与命题专家之间能够相互理解,而不是对立。大家的目的是相同的,就是把注册岩土考试工作做好,同时更需要大家的相互理解。谢谢您对我们工作所给予的大力支持!"

接着,王平又说:"如果试卷中存在错误,我们也会采取相应的措施,加以纠正和补救。尽可能做到考试的公平与公正。"

**2019年6月4日补记:**

时间又过去了五年多,自上次王平处长来信以后,我与考试命题专家组就没有再联系了。这几年,李广信老师一直很关注每年的试题情况,他总能找出试题中的一些问题,并发表一些意见。当然,由于李老师知识广博,也比较幽默,对试题中一些问题的讨论,是作为杂文来写的。

这里需要补记一件事。去年下半年,建筑科学研究院邀请我到北京讲一点课。我在去北京的路上,想到一些事,需要找王平处长,就和他通了电话,约定下火车后先去他的办公室。已经很多年没有去他的办公室了,看到他们的办公条件真是一点都没有改善。老朋友见面,很是高兴,相谈甚欢。

## 八 旬 纪 事

(2014年11月20日)

今年5月18日是我80岁(虚岁)的生日,进入了八旬的年龄段。按照现在的说法,是可以算进入老年了。在这个时间节点上,回顾过去,展望未来,是颇有意义的一件事。

记得小时候写作文,喜欢用"光阴似箭,日月如梭"形容时间过得飞快,但小孩子实在体会不到这句话的真正含义。到了现在的年纪,才真正有点感悟。人老了,喜欢怀旧,很留恋过去的人和事。回首往事,不管"堪"与"不堪",都是过眼云烟了。

小时候喜欢憧憬未来,把将来设想得非常美妙,但这种憧憬能实现的实在不是太多,所以慢慢地就不再憧憬了,人也变得老成了。人老时,又有"返老还童"和"老天真"之说,可能又怀有美好的憧憬了,那就回顾一番、憧憬一番吧!

回顾一下,从68岁退休到现在的11年里,我做了哪些事,看看有没有虚度年华;再设想一下,以后的岁月里,我还能做点什么。

在以去的 11 年中,我主要做了三件事:其一是参加注册岩土工程师考试出题与评分工作;其二是在中国工程勘察信息网做网络答疑,并出版了三本书;其三是陆续在各个地方讲课,前后共六年多,在 20 多个省会城市留下了足迹。其实,还有一件事,就是到南昌航空工业学院做兼职教授,虽然只有短短的一年。

这么一梳理,看来并没有虚度这 11 年。

对于以后的岁月,如何规划呢?我想,应该与已经过去的 11 年有很大的不同,因为岁月终究不饶人。

首先,应该增加锻炼的时间。在过去的十多年里,我坚持每天锻炼,即使在出差的时候,早上也尽可能地找地方活动一下。在以后的日子里,应该增加锻炼的时间和活动的内容。从去年开始,我每天都步行一定的时间。最近我把活动的强度适当提高了,即每天用 50 分钟到 1 个小时的时间步行 4km。傍晚,到对面的小区里用健身器材锻炼半个小时。我还想把太极拳恢复起来,每天打半个小时,这样每天就有两个小时的锻炼时间了。对于一个老人来说,每天坚持这样的运动量需要毅力和体力。

每天除了两个小时的锻炼外,再用四五个小时进行写作和阅读材料,包括纸面的材料和网络上的材料,其他时间用于做家务和购物等生活方面的活动。不出差的话,这样的安排应该没有问题,出差的话就不一定能做到了。

业务写作方面,准备总结 20 世纪 90 年代后期以来的研究工作,大约有十多篇文章,可以编成一本研究论文集。至于更早的研究成果,由于当时没有电子版的材料,文案工作量太大,就不准备收进来了。这件事可以和李韬一起完成,因为其中很多课题他都参加了。这本书还是准备在人民交通出版社出版,不过最近曲乐和我聊起他们出版社的情况,似乎不如前几年那么景气,可能会对发行量有些计较了。因此,这本书的书名、内容、篇幅还得好好推敲。书名不能太书卷气,似乎应该取名为《岩土工程的原型监测和大型现场试验案例》。需要考虑取材与精简内容,篇幅不能太大。即使如此,工作量还是非常大的。

还有,就是写回忆文章和杂文。前几年陆陆续续写了一些,还得继续写下去,希望将点点滴滴的思考与感悟记录下来。

最后,就是写一本长篇小说的打算。在我年轻时,就有写一部长篇小说的打算。前些年有了一些考虑和探索,但因为专业方面的事情太多而耽搁下来。在以后的岁月中,应多花一些精力在这方面。前几年,有一次吃年夜饭,和系里的同事谈起写小说的事。有的同事支持,有的同事反对,特别是叶书麟,他语重心长地劝我不要写,担心会招惹是非。我深深地感谢这位老朋友对我的关心。当时我说,即使写完也并不马上发表,可能要等我死了以后再发表。我的这个计划也许实现不了,因为设想的时间段太长了,从20世纪50年代一直写到现在,是全景式的,写起来确实会有不少困难。曲乐告诉我,他们出版社也准备出版文艺类的书,我的这本小说可以在他们出版社出版。问题是我现在还没有正式下笔,不知道什么时候能写出来。

**2015年春补记:**

前些日子曲乐给我打电话,说在目前图书市场不太景气的情况下,我们这套《岩土工程疑难问题答疑笔记整理》的发行量还不错。因此,他希望我继续写第四本网络答疑的书。当时,我答应考虑这个问题。从已经出版的三本书的内容来看,还可以再写一本关于检测和试验的书。同时,我又联想到原来准备写的《岩土工程的原型监测和大型现场试验案例》,决定将书名定为《岩土工程试验、检测和监测》,将网络答疑和案例放在这本书中。从业务内容来看,这两部分都是关于试验、检测和监测方面的,放在一本书中也是合理的。

## 在退休教工党支部会上的发言
(2017年11月7日)

学习贯彻党的十九大精神,在实现新时代目标的征程中,过好退休教师的生活,发挥自己的余热,为社会做一点力所能及的事,少给组织添麻烦,过一个有意义的晚年。

说一点我们身边的事。向赵锡宏老师学习,他年近九旬,一直乐观地对待工作与生活,仍然在研究上海工程建设中的地基基础问题,笔耕不辍,时有大作问世,成为地基基础领域学术青春常驻的一位学者。回想20多年前申报工程院院士的那些事,尽管当年我们都为他鸣不平,但时间是最好的证人,对社会的贡献并不在于名气的大小,能够健康地多活几年,为社会多工作几年,比什么头衔都强。

回想1958年,我们系创办的初期,我是一个刚大学毕业的年轻人,而孙钧老师、赵锡宏老师和叶书麟老师都已经是很有经验的教师了。虽然他们三位没有直接教过我,不认我这个学生,但他们都是我成长路上的引路人,在我心中,他们都是我的老师。

转眼间,我自己也是83岁(虚岁)的老人了。最近整理资料时,看到1956年我入党那天写的日记,日记虽然有点孩子气,但还是很有意义的:"4月4日是一个难忘的日子,在党旗下,在毛主席的像前,我向同志们宣布了我的决心和理想。党支部大会通过了决议,接收我为中国共产党候补党员,这是我生命中一个很大的转折点。从这一天开始,我把自己的一切献给党,把自己的一生献给革命事业。我的心情无比激动。党支部大会上,同志们给我提了许多意见,帮助我认识自己的缺点。我的一生都将献给革命事业。"

由于历史的原因,我们这些人是在 68 岁退休的,那么退休至今也有 14 年了。这 14 年,从某种意义上说,我似乎与在职时一样,与各地的工程师保持着业务上的联系。记得在 2004 年,中国建筑学会工程勘察分会的秘书长跟我商量,说他们准备在网络上办一个答疑专栏,请我为岩土工程师解答工程中的各种疑难问题。当然,这些答疑工作都是无偿的。我当时也没有考虑工作量的大小,就一口答应了。这样,我就开始了网络答疑的工作。答疑过程中积累了许多问题和资料,形成了《岩土工程疑难问题答疑笔记整理》这套书的核心内容。目前,这套书已经出版了 3 本,最近我刚写完第四本《岩土工程试验、检测与监测》,将在明年下半年出版。这些书出版以后,很多地方希望我给他们讲一讲这些书的内容。这样,到各个地方讲课也就成了我的一项专业活动。通过这些方式,我与各地的岩土工程师保持着比较密切的学术联系。作为一个教师,能在退休以后,继续进行专业活动,发挥自己的一点余热,那我的退休生活就非常充实,也是我莫大的幸福。

作为一个退休的党员教师,传授知识仍然是我的职责。但我终究是老了,也在寻找网络答疑的接班人。这也不容易,找了几位都不能坚持下来,不知道我自己能坚持到什么时候。

## 一张老照片引起的回忆
(2019 年 5 月)

今天,在这个党日主题活动中,讲一点我在上海解放初期的经历,回顾过去,展望未来。我的故事是从一张老照片(图 10-16)开始的。

近日在整理资料时,发现了这张在 20 世纪 50 年代初期拍摄的照片,是我考上同济大学时工厂里的师兄弟欢送我的一张合影。上海里弄小厂的工人考上大学,在以前是不可想象的事。因此,大家都很兴奋,于是组织了这次欢送活动。

我初中毕业后,因为家境困难无法继续升学而进了工厂当学徒。工作以后,发现自己的文化程度太低,很难弄明白工作中遇到的许多问题,于是就去读夜校。那时为了提高工人的文化水平,社会上办了许多职工业余学校。我就读的夜校是上海市第二十四职工业余中学。从编号上也可以看出当年职工业余教育事业的繁荣。小学毕业的人,通过职工业余教育,也就是通过四年的晚上读书可以获得高中毕业的同等学力。因为我初中已经毕业,所以就插班读了两年夜校,在 1954 年以同等学力报考了同济大学。

图 10-16　1954 年考上同济大学时与工厂师兄弟的合影

那时,大学录取通知是登报的。发榜那天,工厂里的师兄弟都帮我在报纸上找,但越紧张越找不到。后来,还是在另外一个工厂工作的夜校同学打电话告诉我,在某一个版面上找到了我的名字。于是,嵩山区机械小厂的团总支组织了这次欢送会。

这张老照片使我想起了许多往事。那时候在工厂里,下班的铃声一响,老师傅们便洗手下班了,我们这些学徒工还得把车间和机床都打扫干净才能吃晚饭,晚饭后我还得马上赶到学校里去读书。读书的学校在淮海中路,就在淮海电影院的隔壁,白天是一所女中,晚上就成了工人的夜校。我当时干的是钳工,身材也小,一天干活下来,是非常累的。晚上听课时,常常打瞌睡,我不得不采用扭大腿的方法来驱赶睡意。那几年的生活和学习是非常紧张的,但对我来说,却是非常重要的,懂得人要靠自己的努力,才能立足于社会。通过读夜校,提高了文化水平,取得了进入高等学校读书的机会,走上了另外一条人生道路。

我们那个小厂是制造气象仪器的。新中国成立前,气象仪器都是进口的,新中国成立初期,我国遭受了经济封锁,这些仪器都不能进口了,但社会发展却迫切需要它们。所以,当时只能是从仿制开始,把过去进口的仪器拆开,弄懂它的基本原理,再将这些零部件做出来,装配起来。调试以后,通过自动记录仪,就将观测到的各种气象数据,包括风向、风力、雨量、日照量、温度、湿度等数据输送出来了。我们那个工厂,几个老板都是从旧社会过来的技术人员,他们有的懂机械,有的懂无线电,就合作仿制这类仪器。车工、钳工老师傅都是旧社会的学徒出身。他们告诉我们,他们的手艺是在当学徒时偷学来的,旧社会学徒的地位比较低,根本没有人教,有些厂里的学徒还要为老板做家务。从这个非常小的厂子来了解社会,对我这个刚懂事的少年来说是影响至深的。

过去对上海的认识仅是十里洋场的繁华,但当我在那个弄堂工厂里工作、生活了几年之后,对上海的认识就更加深刻了。我们那个厂所在的淡水路,就在繁华的淮海中路南面不远的地方,在复兴公园的东侧。那里是上海典型的旧式里弄居住区,在拥挤的居民住户中间,散布着各种小型的工厂和作坊。那些小厂生产出国内很著名的棉毛衫、羊毛毯和各种各样的机械与五金零件。当然,也有许多和我们类似的小厂,生产出各种科学仪器和医疗器械。那些产品销往全国各地,满足各种需要,有的还送往抗美援朝的前线。就是上海的那些弄堂工厂,就是那些平凡的工人,做出了许许多多受人欢迎的产品。我是他们中间的一员,也深感自豪。

我在1951年进入工厂。那时候,很多工厂已经广泛地建立了工会与青年团的组织。由于工厂都比较小,所以采取联合的组织形式,有联合的工会、联合的青年团总支等。我就是在那个时期入团的。那时,青年团和工会的活动都是利用晚上的时间,在工人中间组织学习。这张照片上的许多青年工人都是在新中国成立前进工厂的,有的人在进厂时还是童工。和他们在一起,我了解到很多知识和社会现象。当时欢送会还有一位主角,是支援西北重点建设的青年工人沈云弟。我记得他是去青海工作的。组织上海的青年工人支内、参军,是当时工厂中的青年团的一项重要工作。

1954年夏天,我读完职工业余中学以后,就想报考大学,厂里也很支持我继续读书,还给了我复习功课的假期。当时,我报的第一志愿是浙江大学的精密仪器制造专业,是想在科学仪器这个领域继续深造。无奈这个专业的录取分数很高,他们不要我,于是我就被第二志愿的学校录取了。从此,我中断了在仪器仪表领域的工作,开始走上另外一条道路。

那些小厂在1956年以后,通过公私合营都合并成比较有规模的工厂了,散布在全市的各个地方。这张照片上的小伙伴也都天各一方了。进入大学之后,我还是时常想起他们。

我从一个学徒工成长为大学教师,得益于我们国家教育事业的发展,特别是职工业余教育的普及。如果没有当时的职工业余教育,我就不可能进入大学读书。像我这样能够重新获得读书机会的人,当年还有很多。在同济大学,我们班级里有从工农速成中学来的部队干部,有从机关来的调干生,也有从农村来的年纪很大的同学,这是时代巨变的一个缩影。在我们公路系的最初几届学生中,我还记得张传德、陆福明、钱坤达这几位工农同学当时读书的情景。他们学习中遇到的困难是别人难以想象的,能够坚持到毕业也是非常不容易的。我们班有一位同学来自部队,读书很困难,但他还是坚持下来了,毕业后分配在虹桥机场从事机场建设工作。1989年8月,虹桥机场有一架飞机起飞后不久因右侧引擎失去动力而坠落,他当年就在那架飞机里,是带领一个机场设计小组去参加南昌机场的设计,不幸遇难。这些工农调干同学是当时学校里的一个特殊群体,反映了那个年代的特殊问题。大规模的战争结束以后,许多干部走向建设岗位,他们需要学习科学技术,但他们的青春年华是在战争中度过的,战争结束以后,才有机会上学。对他们,我始终怀着深深的敬意。

我们这一代人是随着祖国的强大而成长起来的。在建设上海的70年中,我们度过了青春年华,经历了时代的巨大变化,成长、成熟起来了。现在我们都老了,我们的学生已经成为国家建设的骨干力量。最近我去了一次广州,很高兴地看到我的两个博士生王大通和安关峰,他们在博士毕业20年后,都成长为各自领域的领军人物,承担着领导工程建设的重要责任。看到学生的成长,对于我们老师而言,是最大的幸福、最大的安慰。

我在68岁那年退休,至今已经16年了。在这16年中,我将讲台面向社会,通过中国工程勘察信息网这个平台进行网络答疑,回答工程实践中出现的各种问题,始终与岩土工程界同行保持着密切的联系,过得非常充实,非常有意义。通过网络答疑的资料积累,先后出版了4本《岩土工程疑难问题答疑笔记整理》,大约300万字。社会给我提供了读书的机会,给我创造了工作的环境,我才可能有这么一些文字的积累。这也是我退休以后对社会的一点回报。

# 八、故乡、童年与少年

## 故乡的景,故乡的人
(写于20世纪90年代)

离开故乡平湖已经40多年了,当年是青葱少年,如今已年届花甲。人到老年易怀旧,每次回故乡,都会触景生情,引起许多思念。多年来,故乡已发生了巨大的变化,故旧已经不多了。每每漫步于故乡的街头,总会想到贺知章那首意蕴悠长的诗:少小离家老大回,乡音无改鬓毛衰。儿童相见不相识,笑问客从何处来。

适逢《故乡——金平湖》续集征稿,便散记数段文字以寄托对故乡的思念之情,感谢故乡对游子的关怀。几年前,母校平湖中学建校50周年校庆时,在纪念册上刊印了我写的一小段文字,引起一些校友的共鸣,不少中断联系几十年的老同学写信给我,共叙旧谊。我希望通过该书能觅得更多的乡音。

### 1) 报本塔

小时候,在湖墩上隔着一片东湖水遥望倾斜的报本塔,看秋风中野草萋萋,似乎向人们控诉日寇侵华的暴行。那年月,不少走投无路的人从塔上跳下,了却残生,使古塔更添几分寂寞凄凉。记得我家堂屋里曾挂着一幅报本塔的木炭画,那是我父亲按照他在抗战前拍的报本寺的全景照片画的。照片上的报本塔飞檐翘角,挺拔清秀,古色古香。但遭日寇轰炸以后,原有的报本寺已荡然无存,唯有砖塔铮铮铁骨,仍屹立于东湖之滨。我爱故乡,爱这劫后余生的神秘古塔。20世纪50年代初,十余岁的我,在湖墩上隔着浩瀚的东湖,为报本塔写生,又用丝线绣了一幅画,这幅画随我度过了风风雨雨的大半生。

前几年,平湖市人民政府要修缮报本塔,我曾回故乡为古塔的地基加固做设计和试验,并查阅了历史资料,对报本塔有了更多的了解。县志和塔藏碑文都详细地记载着建塔的始末。报本塔始建于明嘉靖四十二年(1563年),后几经纪建,现存之塔重建于清康熙二十七年(1688年)。碑文中关于塔基建筑的记载十分珍贵,而且符合现代地基设计原理。报本塔建成至今三百余年,历经天灾人祸,虽然倾斜了$2°1'21''$,始终屹立不倒。我希望有一天能将古塔恢复原貌,为东湖增辉,为故乡增辉。

平湖的古迹本就不多,又未能保护好,如北寺前的双塔就毁于"文革"时期。双塔的建成年代可能比报本塔更早,而且双塔这种形式也更稀有,竟未能躲过劫难。报本塔在"文革"时期被当作某厂的水塔而得以保存下来,这是不幸中的万幸。平湖的文庙也已不复存在,一些石桥也早已面目全非(如吕公桥、望云桥等)。三环洞桥可能是平湖保存下来的唯一的一座石拱桥了。报本塔作为平湖建县的标志性建筑物,应当引起足够的重视。我愿为古塔的修复继续效力,不能让古塔在我们这一代人手里损毁。

### 2) 失传的灯会

小时候,常听大人讲起过去平湖四月十八灯会的盛况,但是在日军占领时期,日伪不准办灯会。抗日战争胜利第二年(1946年)的四月十八日,平湖举办过一次灯会,但也仅此一次。

灯会的中心是东门外庙街上的大王庙。传说四月十八日是大王老爷的生日,灯会则是给大王老爷祝寿的一项活动。那么,大王老爷是谁呢?为什么要举办灯会呢？传说他是镇守海防、抵御倭寇的一位英雄。他死后,老百姓通过各种活动来纪念他。传说有一次倭寇又来侵犯浙江北部沿海,战船开到东湖里,要靠岸进城,突然出现一尊巨神,他端坐在城墙上,两脚伸到东湖,将湖水搅得波涛翻腾,将倭寇的战船悉数打翻,倭寇全部落水毙命,平湖才免遭劫难。后来,平湖的老百姓建庙祭祀这位大王老爷,并在每年四月十八日举办灯会。这一传说反映了民间对抗倭名将戚继光的怀念,也表达了平湖人民对倭寇犯我中华的痛恨。正因如此,日伪也不会允许老百姓办灯会的。

抗日战争胜利后,平湖人民可以兴高采烈地办灯会了。那次的灯会既有民间习俗传承的意义,又有欢庆抗战胜利的意义,办得十分隆重,给我留下了极其深刻的印象。那一晚,我们全家一起逛灯会。我母亲一向体弱多病,平时很少上街,但那天也是兴致勃勃地和我们共享这欢乐。灯会从东大街一直布置到东门外的横街、后街和庙街。一路上,各家商店都悬挂着彩灯,有富丽堂皇的宫灯,有惹人喜爱的走马灯,还有能演水漫金山、铁扇公主之类传统剧目的带有机关装置的灯。各家商店门口都围着一大群人评头论足。出了东门,越靠近灯会的中心大王庙,就越发热闹。东门外有很多桥,平时是小石桥,并不显眼,但举办灯会时每座桥上都搭起了桥亭,雕梁画栋,张灯结彩。桥亭是装配式结构,两旁设置了条凳,游人走累了可以坐下休息,灯会结束后可以收起来保存。

**3) 韩家埭高家**

我们家在县城的西南角,门前有一条南北向的小河,临河的街名为韩家埭,河对岸的一条街名为西河滩。韩家埭的河边有高大的榆树,夏天的上午,烈日从东边照来时,它可以遮挡阳光;下午,太阳挂西了,便是满街的清凉,树荫下的街道,是人们纳凉避暑的好去处,也是鸟儿的天堂。河对面的那条街整个下午则是烈日暴晒,故有"风凉韩家埭,热煞西河滩"的说法。小河的南端有座石拱桥,名为杨家桥,连接韩家埭和西河滩,桥上的石板栏杆上刻有建桥的年代,栏杆上可以坐人,是夏天晚上人们纳凉聊天的地方。

这条街并不很长,只有四家的宅地,北端有一片空地,名为"小鸡白场",从北往南依次为徐家、张家、高家和顾家的围墙和临街的房屋。临街房屋住了一些散户人家,也都住了些年头,他们目睹了这些院落的兴衰荣辱。邻家的长辈称我家为高家二房,大房是我祖父的哥哥高山亭家。

韩家埭高家是从杭州迁来的,更早则是从东北铁岭南迁到杭州的。我小时候,对于从铁岭到杭州,又从杭州到平湖的几代祖先的名号,记得很清楚。每年春节祭祀祖先时,挂的谱系图上写得非常清楚,第一代是谁,第二代又是谁,一代一代往下传,每年复习一次,以示永记。祖父考取贡生时发的拜帖上也印了历代祖先的名号,那是一种黄色封面的帖子,我还带了一本到上海,可惜在"文革"中毁掉了。

我的祖父是清朝最后一批贡生,之后不久科举考试就被废除了。那时的读书人,除了做官之外大概也只能教书了。所以,我的祖父就教私塾,但祖父去世得早,只教了几年的书,留下的学生也不多。记得大街上有一个摆水果摊名叫袁三观的老人,留着短短的胡须,据说是我祖父的学生。祖父去世那年我父亲才3岁,父亲30岁时生我,就是说,在我出生前27年(1908年),祖父就去世了。

祖父去世后,家里留下祖母、父亲和三个姑妈相依为命,缺少了当家人,家道便败落了。虽然那时大房正衣锦荣归、春风得意,但终究不能指望兄嫂的施舍过日子。无奈之下,祖母只能将生下不久的最小的女儿送给了乡下人家;二女儿才五六岁,也只得送给人家当童养媳;只留下大女儿和儿子,三人艰难度日。我父亲的姐姐,终身未嫁,她和我们生活在一起。我过继给她,叫她寄伯。她以织袜为生,20世纪50年代初去世。这高家二房的情况。

那么大房呢?祖父的哥哥高山亭的一家就是大房,是我的伯祖父和伯祖母,我称呼他们为公公和婆婆。公公在我出生以前就去世了,除了在谱系图上看到的穿戴着花翎马褂的肖像外,我想象不出这位清朝进士出身的知州大人是何模样。留在我记忆里的人是婆婆,一位慈祥的长者,与传说中的冷酷伯祖母不同。也许是时过境迁,已没有了往日的威风;也许是到了晚年,眼看自家的败落,心中凄凉无奈,对我这样的同族晚辈格外慈爱;也许是我童心烂漫,不知人心的冷酷。在我记忆里,有几次由大人带我去后面大房家见婆婆。她卧室的后半间是佛堂,烧香念佛是祈祷菩萨保佑呢还是忏悔往日的冷酷呢,幼小的我就不得而知了。

邻居中的长者曾给我讲过一些高家大房的往事,我记忆犹新。据说当年伯祖父在广西梧州做知州的时候,逮住了一个强盗。强盗自知罪孽深重,就对伯祖父说,我有许多财宝埋在秘密的地方,大人如能免我死罪,我就将这个地点告知大人。后来伯祖父取得了财宝,但还是杀了那个强盗。伯祖父衣锦还乡后,就造了一座大宅院,威风了一阵。到我懂得人事时,见到的只是一座荒凉不堪的院落。

那个宅院的面积有3亩左右,其中约五分之一的宅基是祖宗传下来的。因此伯祖父在建造宅院时,用老房拆下的旧料建造了两间平房,给我祖母居住。由一道黑色的小门将一个50多平方米的小院和周围1000多平方米的大房庭院分隔开。我就出生并生活在西南角的小院内,直到1951年离开老家。

那座深院依宅基的形状而建,没有一般大院的中轴线;沿街是三开间的墙门间,朝向东,是门仪所在;进二门过天井是三开间的轿厅,转向朝南,是落轿处;轿厅东侧有一穿弄,由南向北直进后院;穿弄的西侧依次为大厅和花厅二进的主要建筑物,花厅有楼,这个区域是主人会客或操办庆典的地方;穿弄的东侧是花园,有一间名为"洋房间"的平房位于穿弄与花园之间,室内西式装潢非常考究,是供人小憩的场所,也可能是接待贵客的地方,整体风格以中式为主,融合一定的西式成分。穿弄尽头是另一个院子,即伯祖父全家的住所,是五开间的二层主楼;主楼的后院有一排平房,是厨房和用人居住的地方;主楼前面是水泥铺地的天井;东有外大门,寓意紫气东来;南有一门直通花园,故主楼面对花园,景色颇好,可以想象当年伯祖父的精心设计。外大门的北侧,有一排朝东的五开间的二层楼房,是租给别人住的,给我讲历史的长者就住在这排房屋里。他们看着我父亲长大,说我父亲在读书时,放学回来还要从河里提水将大房花园里的荷花缸灌满,用体力劳动换取读书的机会。但是,他只念到小学毕业就去当学徒了,而大房的儿女都有受高等教育和出国深造的机会。

  后来,大房的家业衰落了,原因自然出在后代的身上。大房的第二代,也是一子三女。大女儿和二女儿都嫁给了大户人家,基本平安无事,小女儿早年留学海外,没有回来,事情就出在儿子高铁华的身上。他比我父亲年纪大一些,我应当叫他伯父。他的名字叫高铁华,我父亲的名字叫高岭云,这两个名字都是为了铭记平湖的高家是来自东北铁岭。从我能记事开始,大房已经衰败了:婆婆年迈,无力理家;高铁华游手好闲,赌博成性;伯母被诬陷不守妇道,无奈地舍弃一群孩子,离开了高家。缺乏家教与母爱,孩子很难成才,有的孩子靠变卖家产度日,有的走入歧途。高铁华在日军占领时期担任过伪职,抗战胜利前夕出逃,那时婆婆早已去世。抗战胜利后的几年里,大宅院日益衰败,到1949年土改时,只剩一座空宅了。

  高家的兴衰,使我从小就懂得了很多道理,怀有一种朦胧的使命感,觉得做人要正直,要为高家二房争气,重振高家。

  **4) 我的父亲**

  我的父亲,出生在清朝末年,他自幼丧父,为生计很早就踏入社会,操劳一生,没有机会开发其他方面的天赋。父亲一生的职业是店员,早年在钱庄做学徒,青年时在南货店管账,中年时自己开了一个小店,老年时又成为商店的伙计。菲薄的工资难以维持一家的生计,他不得不另谋生路。他会画木炭画,那时的照相馆没有放大设备,人们要想在家中挂一幅肖像,只能请人画木炭画。父亲可以将照片上的人像,用透明方格加以放大,然后用各种各样的毛笔逐步加深,最后形成一幅非常逼真的肖像。父亲画木炭画,既是一种兴趣,又是一种谋生手段,早年主要是为了增加收入,晚年则是兴趣使然。我姐姐继承了父亲的这一技艺,也会画木炭画,但我没有耐性去学,一直没有入门。家里挂的祖父和祖母的肖像,都是父亲画的。有一张女婴的画像,父亲还写了几句话,那是我二姐的画像,二姐很小就夭折了,没有留下照片,父亲凭记忆画出了爱女的容貌,以寄托哀思。

父亲的兴趣爱好非常广泛。我小时候,从箱柜中发现了父亲早年练习速记的手稿,厚厚的一大摞,可见他所下的功夫之深。我又翻出父亲早年冲印照片的一些器材,有盛药水的搪瓷盘子,有夹照片的夹子,还看到父亲拍摄的一些照片,可见父亲在照相方面花了很多工夫,具有比较高的拍摄水平。那是20世纪二三十年代,对于大多数人来说,照相还是非常新鲜、时髦的东西。父亲还喜爱拉京胡,一手西皮慢板很有韵味。他年老时,对京胡仍然喜爱,不时拉上一曲。父亲学的是工尺谱,在一些本子上手记了许多牌曲,可见父亲学习之用心。

为了家庭的生活,父亲在家里制作纸盒,增加一点收入。父亲将整张马粪纸成叠地裁成纸坯,以妈妈和姐姐为主要劳动力,将纸坯糊成盒子,再在外面贴上彩色的纸,做成可以盛放糕点的纸盒,卖给各家南货店。父亲在制作纸盒的过程中起主导作用,因为裁马粪纸是非常费力的劳动。现在我还清楚地记得父亲裁纸时手臂上鼓起的青筋,那是为生活拼搏而留下的印记。父亲不仅付出了艰辛的劳动,还发挥了他的聪明才智,在纸盒外面糊上的彩色封皮纸也是父亲刻版印制的。封皮纸上印有各种颜色的花果,父亲用红、黄、蓝三种基本色,分别刻在三个印版上,分三次印刷,印成十分漂亮的彩色纸。我就是从父亲的这项工作中了解套印技术的。还有一种软纸盒,需要将两张纸裱糊在一起,晒干,然后父亲将其开模,母亲和姐姐用尺折成需要的纸盒。做纸盒的劳动力是母亲和姐姐,我则是临时工,在假期里,我也经常参加这种手工劳动。夜晚,在昏暗的煤油灯下,我们围着八仙桌,糊着纸盒;冬天,手指浸在冰冷的糨糊中,有彻骨之寒。这项工作对我产生了深远的影响,使我懂得了生活的艰辛,懂得了父亲对我们的关爱,懂得了怎样尽一个家庭成员的责任。

前面已经提到,我家住的屋子位于高家大院西南一隅,从墙门进去,要穿过好几道门,经过两个天井,在外面敲门,里面是听不见的。父亲就安装了一个门铃,在外面一拉门铃的环,铅丝牵动了深院里面的铃,发出清脆的声音,我们就知道有人来了。门铃是我家独有的,铃声悠悠,给我们的小小宅院增加了些许韵味,也体现了宅院主人的智慧。

从父亲的兴趣特长、灵巧的双手以及不向命运屈服的抗争精神等特质来看,如果他生在经济宽裕的家庭,有条件读书,一定会有很大的成就。

父亲在外奔波,母亲在家操劳,一家子虽然不宽裕,但和睦温馨。在日军占领时期,外面经常风声鹤唳,我们总是提心吊胆,为在外面奔波的父亲担忧。一听见熟悉的拉铃声,就知道是父亲回来了,便奔出去为父亲开门。有一次我奔跑太急,在大天井里跌了一跤,前额磕在石板上,出血不止,留下了一个伤疤。

母亲在世时,父亲是不做家务的,但母亲去世后,父亲不得不自己料理生活,他很快就做得一手好家务。我们回家时,父亲为我们做了许多菜,他做的菜非常可口。我们离家时,他会准备许多东西让我们带到上海,考虑得很周到,像母亲在世时一样。是的,他一个人起到了父母双亲的作用,让我感到母爱依然在。

1951年我离开平湖以后,与父亲一起生活的时间就很少了。我每次回平湖都来去匆匆,父亲又忙着上班,我们相聚的时间不多;我在上海的居住条件很局促,他每次来上海住不了多久就回平湖了。唯一的一次,是1972年,我在北京编规范,把父亲接到北京,我们一起生活了两个多月,一起登长城、爬香山、畅游北京城。那段时间,父亲的心情和身体都很好。

1976年,女儿高崧出生时,我将儿子高翔放在父亲那里好几个月,也真难为了老人。父亲带着自己的孙子,进进出出,虽然劳累,但祖孙之间的欢乐也常溢于言表。当父亲把高翔送回上海时,我去轮船码头接他们,码头上既没有搬运工,又不允许我进入,我只能眼睁睁看着祖孙两人拿着行李,步履艰难地从码头走出来。那一刻,我感到父亲明显地老了,深深的伤感涌上我的心头。那年,父亲才71岁。

**5) 我的母亲**

我的母亲是中国传统的贤妻良母。她不仅主持家务,还协助我父亲制作纸盒以维持生计,承担了裱纸、折纸和糊盒等环节的工作。

母亲体弱多病,经常头痛、头晕,有时呕吐,甚至卧床不起,她是带病操劳的。在那个年代,既无医疗条件,也无经济实力去检查和治疗,直到20世纪60年代初母亲去世,也不知道究竟是什么病。在我的记忆里,母亲基本上没有健康地生活过一天。母亲对付疼痛的办法是服用头痛粉,几乎是一天一包,我们把包药粉的白纸收集起来用作草稿纸,常用不完。我自小就有头痛、头晕的病,症状和母亲非常相似,严重时也会呕吐、卧床不起,想来是母亲的病遗传给了我。现在的医疗条件比较好,我自从服用了脑通以后,病情大为缓解,至今已经十几年没有发作了,算是治好了。

母亲的一个表兄是中医,名叫张敦侯,比母亲可能要大20多岁。他在方桥头的中药店坐堂问诊,母亲常带着我去那里抓药。母亲只有姐妹两人,没有兄弟,把他当成亲兄弟,我们就把他当成亲舅舅。他叫我母亲为璀娣,因为我母亲的名字是张璀瑛。平湖人有将女性男称的习俗,例如我们称姑妈为叔或伯。我姑妈的名字是高淡春,我父亲称她为淡娣,我们称她为淡阿叔。张敦侯舅舅大概是续弦,老来得子,虽然他的年龄比我母亲大很多,但他的儿子张太华比我还小一些。我的这位表弟子承父业,读了浙江医科大学,毕业后在平湖行医,是平湖比较有名的医生,前几年从平湖中医院院长的岗位上退休。

母亲对我非常疼爱,我也很理解母亲的心情,每天放了学,都赶紧回家,怕母亲牵挂。当我走过小鸡白场时,总是远远地看见母亲倚在门边等我回来,她看见我回来了就放心地笑了。我很难想象,我离开家后母亲是怎么度过最初的那些日子的。我16岁时离开家乡,再也没有伺候过她老人家。我到上海以后,每次回平湖总是来去匆匆。当我要返回上海时,母亲总是给我准备很多东西,吃的用的都有,生怕不够。母亲去世后,有一次我发现了一条白布带子,是母亲用来给我捆东西的,我就把这条带子当裤带用,用了很久,看到它就想起我小时候妈妈给我穿衣服的情景。

母亲是突然去世的。那年我春节回家时,看到她还比较正常,因为她常年身体不好,当时也没有发现什么异常。春节后我去北京出差,到北京的第二天接到教研室的通知,说我母亲去世了。在她生命的最后时刻,我不在她身边,甚至没能见她一面,留下了无尽的遗憾。

母亲勤俭持家,用旧了的东西也舍不得丢掉,而母亲身体又不好,没有精力整理,所以屋子里堆满了衣物,显得很杂乱。我年幼不懂事,没有帮助母亲收拾整理衣物,现在想来,也很不是滋味。

母亲主内,一直尽心尽力操持着一家人的生活。那年头,腌制咸菜和做酱是大事。每到冬天,母亲总要腌制两大缸咸菜,一缸是青菜,一缸是雪里蕻,可以吃上大半年。除了咸菜,再做几缸酱,外加臭卤甏里的臭货,一家人的基本副食就有了。新麦上市的时候,也是做酱的时候。蚕豆和面粉是做酱的基本原料,蚕豆烧烂后,与生面粉和在一起,做成直径20cm左右的饼(平湖人称为"房子"),放在铺有麦秆的竹匾里,在屋子里发酵。待"房子"长满黄绿色的毛以后,就拿到屋外去晒。烧一大缸咸开水,将晒干了的"房子"放进水里,继续晒,遇到下雨天就在缸的上面盖一个斗笠。很奇怪,这一缸酱在太阳下越晒越红,最后变成了深褐色。最后一道工序是将渣过滤掉,形成质地均匀、色香味俱佳的新酱。新酱可以用来做各种酱菜,做烧菜的调料,最好吃的莫过于新酱炖脊肉了。

母亲待人和善,虽然我家也不宽裕,但对待穷苦的人,总是乐善好施。我家临街的几间屋租给了两户人家,一户是做酒酿的陆伯伯家,一户是做木工的二(义)师傅家,他们付不起房租的时候,母亲从来不催,还宽慰他们。记得某个时期,不论冬日还是夏天,我们三家晚上总在二师傅家里喝茶,谈天说地,我因此听到许多民间传说、各地风土人情,了解到底层人民的艰难生活和他们自得其乐的豁达。母亲与两家邻居结下了很深的感情,多年后,陆伯伯的女儿和二师父的女儿都还深深地怀念当年邻里和睦相处的日子,表达对我母亲的思念之情。

住在杨梅园的王大婶,也是一户穷苦人家,她的儿子小名叫阿宠,因家境贫困,后来入赘车家,改名为车宝荣。王大婶常来我家,带来一些农村的土特产,母亲总要多回赠一些东西,以接济他们。王大婶也不时地向我家借些钱,我家也是尽力帮助。我12岁那年,阿宠生了个儿子,一定要过房给我,叫我"寄伯",算是我的过房儿子。过房儿子叫车在明,我曾经动员他的父亲让孩子多读些书,将来也好出来工作,但没有成功。我那时还不真正了解农民生活的艰难,他们在田里辛勤劳作以维持生计,但总无法改善贫困的生活。到20世纪80年代,我通过熟人把在明安排到平湖的一家建筑工程公司去务工,总算尽了一点寄伯的责任。

### 6) 童年生活点滴

我的童年是在这样一座小城中度过的,我是在这样一个家庭中长大的,我是在姐姐和亲戚家的许多表姐的爱护下成长的。

我7岁(虚岁)时进了小学读书,姐姐却失学了,因为我家的经济条件只能供一个孩子上学。家里为了让儿子上学,不得不中断女儿的学业。姐姐为弟弟的上学付出了很大的代价,她在家做家务,从事糊纸盒的劳动,只能靠自学来满足求知的欲望。她通过自学,掌握了文化,具备了工作的能力,成为一个机关干部,是非常不容易的。我之所以能有今天,也是姐姐给我创造了条件,这是我终生难以忘怀的。

我的家庭,即使供一个孩子上学,也是非常困难的。有一次,开学的日子,同学们都带了学费上学,可是前一天父亲没有钱给我,放学后我和同学一起到益源南货店找父亲要学费,父亲告诉我没有钱。年幼的我虽然知道父亲的无奈,还是伤心地哭了一场。那时学校规定要穿黑色的衣服,其他同学家都用卡其布做了符合要求的衣服,但我家只能将面粉袋染成黑色给我做成衣服。

有一年,我父亲失业了,就向住在大街边上的亲戚借了一个门面,摆了一个小铺,卖些食品、香烟之类的东西。店铺可能是和大姨一起凑钱开的,因此我的表姐甜姐姐也来一起看摊位。暑假时,我也帮父亲做生意。那是1945年的夏天,我才十岁,日本还未投降。有一次日本兵在大街上巡逻,一条高大的东洋狗跑到我们摊位前,冲着睡在凳子上的小猫闻了好大一会儿才离开,我在边上吓得不敢吭声。

我家的亲戚中,最亲近的是大姨和淡阿叔两家。祖父去世以后,父亲的两个妹妹都送给了别人。一位我们叫她淡阿叔,住在城里冯家弄,来往比较多;另一位我们叫她霞叔,在新埭农村,来往比较少。

我母亲也是自幼丧父,剩下母女三人。我对外婆毫无印象,大姨一家还有许多值得回忆的事。

我这两家亲戚生的多是女孩,是我的表姐。我是一个比较小的弟弟,得到许多姐姐的爱护,使我的童年充满乐趣和温情。

大姨比我母亲大很多,姨夫在上海经商,很早就去世了,他去世时我稍微有点记事了。那几年,姨夫、大房的婆婆和舅公(母亲的舅舅)相继去世。人过世后要"做七",就是在逢七的日子要请和尚或道士来家里做道场。这三家亲戚都有道场,"做七"的次数加起来就相当多了。对于我们这些孩子来说,穿梭于和尚、道士之间的乐趣已经超越了失去长辈的悲哀。在和尚、道士休息的时候,便是我们小孩子玩弄乐器的快乐时光,我们学着他们的模样,装腔作势地念念有词。有时回到家中,意犹未尽,就把一些玩具搬出来,装点在桌子上,将围裙披在身上学做大和尚,还要姐姐做小和尚,陪我玩做道场的游戏。现在想来仍忍俊不禁。

大姨家在黄家弄,住的是抗日战争前建造的新式住宅。主楼是四开间的二层楼房,三开间的厅朝北,后半间则朝南,这种布置是为了日常起居用的后半间能够朝阳。主楼的南面是主要活动空间;主楼的对面是一排单层的生活用房,包括厨房、杂作间等;中间的天井里还有一口水井,是夏天冰西瓜的好地方;天井的东端有边门通黄家弄。大厅的北边也有一个天井,东端有一门通往花园;花园临街,园中有正门,这种布置也很特别。园的北侧有一耶稣堂,每逢礼拜天,就会传来赞美诗的音乐和歌声。我们有时趴在栏杆上好奇地张望,对于教徒对牧师的崇拜感到迷惑不解。

大姨家男丁不旺,我的两个表哥在年轻时就已去世,在我的记忆里仅是挂在墙上的两幅肖像。大姨家的女孩则比较多,我有四个表姐。姨夫纳有一妾,我们称她为娘姨,她生育了一女一子,是我的表妹和表弟。表妹在年幼时去世了,表弟是姨夫留下的唯一男丁。他的脚有先天残疾,走路有点跛。1949年以后,娘姨和表弟守着院子,承担着不好的成分,其中的苦难可想而知。我的四个表姐在姨夫去世后陆续出嫁了,大姨跟着第三个女儿(也就是甜姐姐)过日子。甜姐姐长我四岁,大约在1948年就出嫁了,那时候我才13岁,在读初中,对甜姐姐的婚姻表达了自己的意见,在我们家里私下谈过。她的丈夫很老实,但有点倔,在杭州钢铁厂工作时,没有经过单位同意,自己回家不干了,就失去了工作;加上家庭出身不好,后来一直做搬运工,生活十分艰难;他又喜欢过量喝酒,和他的岳父一样,因脑出血去世了。甜姐姐生有一女二男,她很早就有了第三代,她的外孙比我的儿子才小一岁,娘舅和外甥差不多大。

与我们家来往密切的亲戚,除了大姨家,就是淡阿叔家了。淡阿叔早年的生活也是十分艰难的,她有三个女儿,都是我的表姐,最小的表姐胡月玲比我大一岁,我叫她巧姐。姑父很早就有外室,长年不回平湖,也不管家中妻小的生活。淡阿叔要抚养三个女儿,非常困难,她的工作是为袜厂缝袜头(就是将袜机制作的袜子半成品的头部手工缝上),或者为皮货行缝皮,这些工作的收入非常低,劳动强度大,特别耗费眼睛,因此淡阿叔的视力很差,高度近视,老年时视网膜脱落,几乎失明。淡阿叔生活困难,有时找我父亲想办法,虽然我家也困难,但总是尽力照应。大表姐很早就去上海谋生,不久二表姐也去了上海,她们两人都在上海成了家,对于我在上海谋生和发展帮了很大的忙。巧姐读书也十分不易,家庭无力提供学费,巧姐就读初等师范,还向上海的文汇报申请过奖学金。1950年初,大姐夫调去沈阳工作,大姐就将淡阿叔和巧姐都带到了东北。从此,淡阿叔离开了平湖,跟着女儿,不再为生活发愁了。巧姐随大姐夫去沈阳后参加了工作,是从描图员开始的。第二年,她又随大姐一家回到了上海。巧姐勤奋好学,她去东北时还在读初等师范,从东北回来后,晚上就读夜校,从中等技术学校一直读到夜大毕业。她读夜大的时候已经是两个孩子的妈妈了。她从一个描图员,不断努力,成为华通开关厂的工程师,非常不容易。我读大学时,巧姐给我不少经济上的支持。大姐把我从平湖带到了上海,二姐也像亲姐姐一样关心我,特别是在我刚踏入上海时,给过我许多帮助。

我小时候,不像其他小男孩一样调皮,比较听大人的话,放学以后就赶快回家,帮家里做些事,再看看书。每年的压岁钱绝大部分用来买书,我姐姐也是这样,都是喜欢读书的人。至于小男孩常有的闯祸,记得只有一次。那是一个冬天,放学后在回家的路上,有同学建议到河里去滑冰,哪知冰太薄了,人踩上去就破了,幸亏同学把我拉住才没有掉进冰窟之中,但棉裤已经湿透了。我不敢回家,想在太阳下把裤子晒干之后再回去。但是,冬天的湿衣服并不容易干,最后还是一位女同学把我送回了家。

邻居陆伯伯能做一手好酒酿。每天上午,他挑了一副担子出去卖酒酿,下午,我们放学时,他也挑了空担回来,然后是蒸米做酒酿。放学后,我常好奇地观看他做酒酿,久而久之,我也能学着做了。盛一碗饭,拌了药酒,用棉被包着,放几天就发酵了,然后用糖精水稀释成淡淡的米酒。由于发酵的作用,米酒有许多泡沫,像汽水一样，可以作为夏天的饮料。

我家的院子里有一个小天井，两扇黑门的外面是轿厅前面的大天井，在这两个天井里，我找到许多乐趣。小天井里有一棵天竹，一串串鲜红饱满的天竹籽，惹人喜爱。因为许多小鸟常来啄食，父亲便用纸袋将天竹籽套了起来。有一口井，不知什么原因，一直没有打过井水，可能是竹鞭把井圈破坏了。我家的墙外是顾家的竹园，竹竿非常高，每当台风来临时，吹得竹竿东歪西倒，将我家屋顶上的瓦片扫得天翻地覆。我们常常去顾家交涉，请他们砍掉一些靠近房子的竹竿。还有那些竹鞭，可不分顾家高家，经常"侵犯"我家的"领土"。每年春天，我家必须经常检查床底下、台子底下的地砖是否翘起。如果发现砖翘起来了，那肯定是有春笋快长出来了。每年我们都能从房子里挖出不少竹笋来。至于杂作间，因为很少进去，有时发现已经长出不少嫩竹了。

在天井里，种有一些薄荷，它们每年都会自己长出来，非常茂盛。薄荷叶可以泡水作为清凉饮料，也是夏天做凉粉的好佐料。蒸麦糕的时候，贴上几张薄荷叶，就能让麦糕清凉可口。

秋海棠是一种多年生的花卉，它是秋天开花的，在金黄的季节里，它以特有的粉红色为这个世界增添色彩。海棠花的形状也比较复杂，像是贵妇人颈上的挂件，精美繁复。

我在天井里寻觅，那一花一草，都是我观赏和摆弄的对象。我也在外面河滩上种植黄瓜、茄子和小白菜。看着黄瓜一天天地长粗，看着小白菜茂盛地生长，从大自然的勃勃生机中体会生活的愉悦，使我在战乱岁月里，在百无聊赖的失学日子里，增添了生活的信念和勇气。

大天井里有一棵桂花树，苍老的树干显示着顽强的生命力，它给大天井带来一片阴凉，也送来阵阵花香。每年秋天，丹桂飘香的时节，我们将床单、报纸铺在地上，摇动树干，朵朵小花，自天而降。腌制的糖桂花，芬芳与甜蜜，令人陶醉。

桂花树边，有一棵据说是自己长出来的枇杷树，结的枇杷果非常甜。枇杷花是在冬天开的，白色的小花朵，引来许多蜜蜂采蜜、授粉。第二年春天，枇杷的果实越长越大，也会引来鸟儿啄食，所以要用纸袋将未成熟的枇杷包起来。等枇杷成熟了，将一串串沉甸甸的枇杷摘下来，打开纸袋，露出橙黄色的大枇杷。枇杷树每年都能结出几十斤的枇杷果，给我家带来丰收的喜悦。我家将收获的枇杷果分送给亲戚，大家共享快乐。

桂花树的旁边有几株香椿，每年都会长出嫩枝。那绿中透红的嫩香椿，发出微微的清香，沁人心肺，令我不忍去采摘，可那美味又使我忍不住伸手摘下来佐餐。

大天井的墙脚有一个长条形花坛,种了一大片萱花,挺拔的花茎上共生着许多花蕾,一天开一朵,不争不吵。清晨,每个花茎上必开一朵,远远望去,一片金黄,煞是好看。傍晚,花瓣闭了,摘下来晒干,就是金针菜,是很好的食材。萱花既可观赏又可食用,默默地开了又闭,为大地增添色彩,为人们增加欢乐。

堂前的香椿和萱花,象征着椿萱并茂。父母健在的日子是我们子女最幸福的时候,虽然清贫,但和和美美的日子永远值得怀念。

母亲去世以后,院子日益衰败,昔日鸟语花香的日子一去不返了。父亲去世后,我们再回到这个院子,昔抚今,思绪万千。这个院子,有我多少的回忆,多少的欢乐与辛酸。

### 7) 我的小学

我7岁(虚岁)上小学,读的小学是平湖中心小学,即后来的当湖小学。这所小学也是我父亲读书的学校。学校在望云桥边的大街上,东西向狭长,从朱天庙的后面一直向东延伸到东岳庙。学校的西侧是初小,东侧是高小,学生每年往东移一次,移到最东边的那幢楼时就可以毕业了。小学的老师中,有两位给我留下了比较深的印象。一位是黄老师,教语文,大概是我上五六年级时的老师,也是我们的班主任。我之所以喜欢作文,和这位老师有着密切的关系。

我们班里有些同学很调皮,喜欢欺负弱小的同学。有一次在放学回家的路上,一个调皮的同学从后面将我的帽子摘了过去,他希望我向他乞求,但我的自尊心比较强,也不怕他不还给我,就一直往前走。他一看这招不灵,就索性把我的帽子扔到人家的门口去了。我要他捡起来还给我,他要我自己去捡,我觉得受到了侮辱,不愿低头,没有去捡帽子就回家了。后来我要他赔我帽子,他说是我自己不去捡,我们就闹到了班主任那里。这个同学叫戈之锋,自小没有了父母,依靠祖母生活,也很可怜。但在这一事件中,错误首先在他。现在想起来,我那时也是比较任性的,这个性格也一直陪伴我到老。有人说我是"有理不让人"的人,确实如此,在扔帽子事件中,这个性格就表现得淋漓尽致。

同学之间类似的纠纷和矛盾也比较多。调皮的同学往往忌妒我们几个功课比较好、也比较安分守己的同学。有一次,他们准备放学后在校门外面打我们,但这个消息不知怎么被我们知道了。我们几个商量后,放学后就去黄老师的办公室请教问题。黄老师解答后,时间已不早了,老师拿了包和我们一起出来。有几个同学走在前面,他们一到校门外,那些调皮的同学就一拥而上,要打他们,正好被黄老师逮个正着。黄老师非常生气,严厉地处理了他们。这件事之外,可能还有其他事,那几个调皮的同学都被留了一级。我们本来并不想向老师告状,只是想拖延一些时间,他们等不到我们,可能也就散了。想不到他们一直等着我们出来,行为完全暴露在老师面前,那可比我们告状还厉害。黄老师对我们这几个用功的学生一直爱护有加,对我的作文会仔细批改。我的书面表达能力和对写作的兴趣,都源于黄老师。

还有一位李老师,是教劳作课的,非常和善,也很幽默,和同学的关系非常好。学校里有一个小卖部,在下课时间开放,小卖部就是李老师管的。可能是因为李老师家境困难,学校给予他这种照顾。我们的劳作课内容很广泛,男同学做竹刻、石刻、泥塑,女同学做香袋、洋娃娃。这些劳作培养了我们动手的兴趣和能力。有时候,李老师的小卖部里也挂一些香袋售卖,我们也都理解李老师的难处,不会有什么闲话,李老师也很坦然。由此可知,当年老师的生活是多么艰难。

我在这个小学读了6年书。原来的校长是张轶才,1945年之后的校长是戚其祥。戚校长很严肃,常皱着眉头,以严峻的目光注视着每一个学生。我们都很怕这位戚校长。他的儿子戚文星是交通大学毕业的,毕业后在交大任教,后来调入上海铁道学院,2000年学校合并,他成为同济大学的教授。最近一次开会时,我们还谈起他的父亲戚校长。我们两人都是从这个小学走出来的,风风雨雨走过半个多世纪,又走到了一起。

**8) 我的中学**

1947年春天,我小学毕业,进入县立初级中学。学校位于仓弄北端,北门城内。进入这个学校时,我们春季班有两个班,每一个班级有60人左右,但到1950年初我们毕业时总共只有50多个人了。那时候辍学率是非常高的,经常有同学因家庭经济困难而退学。1949年,不少同学离开了学校,有的同学全家去了上海,在上海继续读书,有的同学则去了军事干校。在我们班里,与我同龄的一共五个人,是年龄最小的一批人。毕业时,我们拍了一张合影,上面写着"我们五个人"。和我同龄的四位同学是潘润身、刘振中、胡运梁和陈家声,就先从他们四位讲起。

关于潘润身,有很多话可说。他是家中唯一的男孩,还有一个妹妹,但不知为何,同学们说这个妹妹是他的童养媳。初中的学生是最淘气的,且处在青春躁动期,对这种消息特别敏感,甚至还跑到他家去看。对于这种说法,潘润身坚决否认。后来的事实也证明了传言是错误的。潘润身初中毕业后读了师范学校,后来进了师范学院,1954年大专毕业。毕业后在湖州师范学院工作,20世纪80年代担任过副院长。他和师范的一位女同学结了婚,生了个女儿。他家住在仓弄里,读书时,我们几个要好的同学经常去潘润身家里玩。他的爸爸年纪比较大,身体也不太好,他的妈妈是位很开朗和善的长者,对我们非常关心。20世纪60年代初,我回平湖时常去潘润身家看望老人家,那时潘润身的女儿还小,由他妈妈带着。小女孩特别喜欢吃糖,连吃饭都离不开糖,在那物资供应紧张的岁月里,这一爱好给家里带来很大的困难。很多年后,有一次我按照记忆,找到了潘润身的家,看到门庭依旧,但已显破落。见到了潘润身的妹夫,他告诉我,老妈妈已经去世了。我环视周围,回想少年时的情景,无限惆怅。

刘振中是从光启中学合并过来的,到毕业时已经完全融入了我们的班级。他家距我家不远,在十字弄,一幢二层楼房,一个院子。他的父亲是个不苟言笑的人,感觉有点冷酷;他的母亲是继母,家庭关系不是很和睦,我们去他家玩的时候,始终没有见过他的继母;一直关心他的,是他的祖母。初中毕业后,他的家境不允许他继续求学,他就报考了在上海招收学生的沈阳市干部学校,去了北方。从沈阳市干部学校毕业后在沈阳工作了几年,在20世纪50年代末回到故乡,他的祖母那时已经去世。他在平湖成了家,没有和他的父母同住。他后来担任过平湖农药厂的厂长。

胡运梁是一位比较腼腆的同学,我们都喜欢叫他"小姑娘"。他父亲在上海的银行工作,家住在汤家浜,他的姐姐胡运琪比我们高好几届,弟弟胡运权比我们低一届。1949年,他们全家搬到松江去住了,他毕业后也住在松江。1950年夏天,他约我一起到上海报考学校。我乘船到松江,找到他的家,在他家住了一夜。第二天,胡运梁和我跟着他姐姐乘火车去上海,在龙华站下车。胡运琪到交通大学报名,因此我们先到交大,她办好报名手续后,我们再去找他们的父亲。讲起来,胡老伯还认识我父亲,因为我父亲早年在钱庄工作过,和他是同事。午饭时,胡老伯把我们带到一家饭店,吃了盖浇饭。饭后,胡老伯问我要找的亲戚住在哪里,我的通信录上记了好几个地址,我就说了个梵皇渡路。胡老伯就陪我到20路无轨电车站乘车。与他们告别后,我跳上电车,开始了在上海的人生旅途。和胡运梁一起去上海,对我而言,是有历史意义的,那是我第一次踏上上海这块土地,也是我一个人在上海奋斗的开始。那一别,就是20多年,之后胡运梁又回到了平湖。他在上海读的高中,考上了北京大学物理系,是很好的学校和很好的专业。但是,人生从来不会一帆风顺。他毕业后,分配到青海省气象台,他不习惯那里的生活,也没有在那里成家。后来他在温州找到对象,结婚后就调回平湖,在乍浦气象站工作。

陈家声初中毕业后到杭州读交通中专,听说他毕业后去西藏修过公路,后来到西安的公路工程局工作,但50多年来我一直没有见过他。每当开会见到公路系统的同志时,都会打听他的下落,但一直没有得到确切的消息。最近听沈思明说,前几年陈家声回过一次平湖。

在平湖中学的三年中,许多老师给我留下了深刻的印象如贾景明、吕康成、过遂改、徐惠英、张新德、王辰等。

张新德老师是教美术的,他在我毕业纪念册上的题词是"学海茫无际,毕生研究岂能穷"。这句话成为我的座右铭,一直鼓励我在学术、工程等领域不断探索,不断进步。

张老师话语不多,但对我们的指点非常耐心。张老师培养了我对绘画的兴趣,帮我打下了绘画的基本功。张老师经常带我们去北门外的农村写生,一座石桥,一架水车,一片树林,都可入画。我们陶醉在江南水乡那如画的景色之中,得到的不仅是绘画的技巧,更得到了美的熏陶。在大自然中,师生之间更容易交流,因而产生了深厚的情谊。

20世纪90年代初期,有一次张老师来上海找我,当时他正为出版一本水彩画册而犯愁。张老师讲述了他年轻时的一段往事,他的初恋女友去了美国,他则留在中国教书,两人天各一方,几十年杳无音信。改革开放后,她回国探亲,两人重逢,她希望张老师出版一本水彩画册。但在那个年代,一位中学教师怎么能有财力出版一本画册呢!她也考虑到了这个情况,就留下了一笔出版画册的费用。张老师联系过几家出版社,但出版社开的价格都无法承受。张老师知道我在上海工作,就来找我。我非常乐意帮张老师解决这个问题。因为我在学校工作,与同济大学出版社的社长比较熟悉,就恳请社长帮我的老师解决这个困难。他答应了,列入同济大学出版社的出书计划,费用非常优惠,并且帮张老师联系了彩印厂。我代表张老师与出版社、工厂签了合同。那时的上海,能印刷彩色图书的工厂并不多,费用都比较贵。由于朋友的帮忙,印刷费用也很优惠。张老师的心愿终于实现了。当我把画册送给张老师时,能够感受到他的激动心情。

王辰老师是我上初二时的语文老师,对我的影响也很大。王辰老师说他在大学里学的是"文字学"。我们年幼,不懂文字学是什么,但觉得很好玩,就顽皮地在背后给他取绰号为"蚊子血"。他的特点就是讲课时从来不照本宣科,而是发给我们很多补充阅读材料,让我们诵读古典文学的名篇。当年的诵读,也为我之后的写作打下了基础。我读小学的时候,就非常喜欢看小说。我家有许多线装书,是我祖父那一代传下来的,很多都是绣像小说,其中以清代的公案小说为多。稍后一些时候,我从大姨家里找到许多铅印的小说,如《红楼梦》《三国演义》等。我又如饥似渴、一知半解地读起来。读初中时,学校办了一个图书室,里面有许多现代作家(如巴金、矛盾、鲁迅)的书,我就像掉进了书的海洋里,尽情遨游。虽然那时不能完全读懂书中的意思,但那些书对我的影响是极其深远的。由此,我对文学创作充满了向往,也开始了写作。1950年,我15岁那一年,向《中华少年》杂志投了几次稿,被录用过两次,用的笔名是高文毓。

王辰老师上课还有一个特点,就是经常给我们分析时局。那是1948年的下半年,辽沈、淮海和平津三大战役先后进行。王辰老师常在课堂上给我们分析战争的动态和趋势,他讲的内容和当时报纸上的内容不一样,给我们的印象是国民党在节节败退,战局难以逆转。我中学毕业后,再也没有见过他,也不知他去了何方。

离开故乡后,我时常回忆在平湖中学读书的时代。每当我回到故乡,我就去母校看看,在校园里凭吊一番,不去打扰其他人。20世纪80年代中期开始,母校与我的联系多了起来,那时平湖县人民政府比较重视联络在外地工作的平湖籍知识分子。我也被邀请回平湖,参与城市建设方面的一些咨询工作,母校也请我们回去为母校的建设建言献策。在母校50周年校庆和60周年校庆的纪念册中,都能找到我的踪迹。我还回去为毕业班做过一次报告,鼓励学弟学妹努力学习。他们中的一些人后来考上了同济大学,和我有过一些联系。

平湖中学在上海的校友会一直没有建立起来,在60周年校庆之前,又将建立上海校友会的事提上议事日程。受校长的委托和校友们的推荐,在马法明、沈思明等老同学的支持下,把平湖中学上海校友会建立起来了,也算是我对母校的一点回报。但是,我也感到力不从心,一个不能全身心投入的校友是很难维持校友会活动的。一开始我就意识到这一点,所以提出只做一届的要求,后来将会长的重担交给了政治学院的沈院长。

### 平湖的风土人情

1935年,我出生在浙江北部、毗邻上海的小城——平湖。从出生到1951年离家去上海当学徒,我在故乡住了16年。这里有我童年的记忆,有我对未来的憧憬。

平湖于明宣德五年(1430年)建县,县城所在地是当湖镇。县城东西长约3华里(1500m),南北长约2华里(1000m)。东门外有东湖、吕公桥和报本塔。那里水网交叉,有九条河交汇于东湖。湖中有一岛,称为"湖墩",犹如九龙戏珠,是平湖的一景。

城内一条市河贯穿东西,河的两岸是建筑,大多是两层的。有不少建筑采用了吊脚楼的形式,用石柱或木柱支撑着底层的后半间,建筑只占河面而不占地面,增加了建筑空间。后半间大多是厨房或吃饭的地方,从地板上开启一扇地门,有石台阶直达河面,成为一家独用的"踏渡"。"踏渡"是平湖人对临河石台阶的叫法,是渡口,也可以是取水、洗衣和淘米的地方。当市河水面上有一叶轻舟漂过时,可以在窗口看到满船的西瓜、菱角或河鲜,可以叫他靠过来,然后打开地门,沿着"踏渡"的台阶从容地下去,买些可口的时鲜货。那真是非常悠闲的小城生活。虽然我家不临河,但在亲戚家做客的时候,也能感受到这种乐趣。

平湖古时隶属于嘉兴府,是有名的富庶之地,素有"金平湖"之称。这里常年五谷丰登,很少有自然灾害,人们也满足于温饱生活,年复一年,代代相传,形成了平湖人那种淳朴、和善的性格,缺乏吃苦耐劳、与生活抗争的精神。"金平湖"是农业社会时期平湖的骄傲,也是工业社会时期平湖的包袱。改革开放二十多年来,她明显地落后了,经济的发展落后于"上八府",即温、台、宁、绍等位于钱塘江南的八个地区。20世纪80年代初,平湖城建局的张建中局长,曾经组织施工队伍进上海承包工程,还通过我邀请同济大学施工教研室的何秀杰教授担任顾问,希望能在上海谋求发展。但是由于工人不愿意长期离开家庭,不久就撤了回去,没能坚持下来。差不多同时来上海的上虞、绍兴等地的施工队伍都在上海得到了发展,不仅成为非常大的施工企业,有的还发展成为很大的房地产开发商。

记得嘉善县的一位书记在上海介绍嘉善情况时,从地方志中摘录了一段对嘉善人的描述,我看用在平湖人的身上也非常恰当。嘉善县志说嘉善人是"民风淳朴,淡于经商,离家百里,面有愁容"。这几个词,也为平湖的民风做了一个生动的注解。

平湖的街道是比较狭窄和封闭的,大小街道多是东西向的。我小时候,街道都是石板铺成,大街也不过五六米宽,只能并排走两辆小汽车。小街更为狭窄,最窄的地方两旁的屋檐几乎要连在一起了,竹竿可以搁到对面人家的窗口。抬头一望,真是一线天。小时候,感觉平湖还是挺大的,从家里走到东门要半个多小时。出来几年再回平湖,就能明显地感觉到街道的狭窄,特别是经过一线天时,觉得还没有上海的弄堂宽。

从1951年离开平湖至今,已经过去了半个多世纪。每次回来总有不同的感觉,但大多没有将感受写下来。

2000年9月,我回平湖讨论报本塔的修复,住在第二招待所,写下一些感受,颇有代表性,摘录如下。

早晨从新华路向北,然后沿西大街往西漫步,正在施工的街景与昔日的景象完全不同。从香弄口到西门,是我最熟悉的地方,这里是我上当湖小学和平湖中学时的必经之路,也是父亲工作过的益源南货店和开源南货店的旧址。1944年父亲失业时摆的小摊也在这一段街上,这里有我童年的足迹、欢乐和难以忘怀的记忆。可是,这条狭小的石板街已经消失,下岸河边的房屋都已全部拆除,这里将出现沥青路、花岗岩砌筑的整齐河岸、华丽的桥亭和街头小品。唯一留下的是三环洞桥,它是一座很有特色的古石桥,有三个石拱,可以跨越比较宽的河面。平时只有中间的大拱过水,发洪水时三个桥拱一起过水,设计非常巧妙。西门的水城门也保留并加以修葺,成为供人游览的地方。听张局长说,还保存一座很精致的民国时期的建筑物作为弘一法师的纪念馆。历史会记下这项工程主持人为保存平湖古迹所做的贡献。

万安桥现在已成为一座很小的平缓的桥。我站在桥上环顾四周,怎么也想象不出这就是当年下雪天时很艰难爬上去的那座高高的、没有台阶的石桥。安吉弄还像原来那么苍凉,但韩家埭街旁的流水、高高的榆树、一群群的白鹭,已荡然无存。杨家桥是当时纳凉的好地方,原是一座古老的石拱桥,如今变成了一座混凝土板式桥。从杭州来到平湖的高家现在何处?院落已经消失,再也看不到那经历百年风雨、斑驳苍凉的粉墙黛瓦。我也无法寻找出当年我放学回家的时候,母亲倚门等候的位置。我们高家从东北铁岭迁到杭州,又从杭州迁到平湖,在这块土地上生活了大约200年。我父亲去世时已经注定高家要结束在这里的繁衍生息,或者说,在我1951年离开这里的时候已经注定了这个结果。

我悄然地离开了这块已经不再认识我的地方,半个世纪以前的情景只能在梦中浮现。

回到宾馆,我写下了一首小诗。

## 报 本 塔

平湖是江南的一座小城,
一座经历了400余年风风雨雨的古城。
清兵入关时经受了屠城的劫难,
日军侵华时遭受了炮火的摧残。
当我从很远的地方向你走来时,
映入我眼帘的却是东湖之畔的报本塔。

报本塔的身上还留着战争的创伤,
她是平湖历史的见证,
与平湖城同荣共辱400余载,
注视着这座城市的变迁,
诉说着平湖城古往今来的历史。

五十年前，我家有一幅战前报本寺的照片，
　　我只能从照片上一睹报本塔的雄姿。
　　五十年前，少年的我在湖墩上为报本塔写生，
　　那粼粼的湖面上倒映着报本塔，
　　枯树荒草，蔓蔓丛生。
　　五十年后，我已是白发的老人，
　　可是报本塔依旧在风雨中飘摇。
　　古老而又苦难的报本塔啊，
　　却是我挥之不去的思乡情结。

### 我的学徒生涯

　　1951年秋天，我来到上海，在国光科学仪器厂当学徒，至1954年秋天我进入同济大学读书，在工厂里工作了三年。对我来说，这是非常重要的三年，我从此踏入社会，进入上海，完成了高中的学业，为后来的人生道路做了各个方面的准备。可以说，没有这三年，就没有我后来的人生道路，没有我现在的社会角色。

　　三年的学徒生涯，我完成了从学生到工人的转变；明白了什么是社会，什么是工作；知道了什么是学徒，什么是师傅，什么是老板。

　　在工厂的日子里，我首先要处理好与我的表姐夫的关系。我的大表姐是我姑妈（淡阿叔）的女儿，年纪大我很多，于20世纪40年代末在上海成了家。表姐夫王振武是一个技术人员，擅长无线电技术，北方人，表面上比较严肃，实际非常和善。新中国成立后，政府在上海动员了很多技术人员去沈阳参加建设。他就带了全家，包括我的姑妈和小表姐（巧姐）一起去了沈阳。当时政府也在南方招了许多知识青年去沈阳，我的初中同学刘振中，也在那时去了沈阳。

　　他们在沈阳待的时间并不长，不久表姐夫就带着全家回到了上海。表姐夫和几个朋友合伙开了这家"国光科学仪器厂"。表姐夫把我介绍到这个厂里当学徒，是我人生道路上的非常关键的转折，我的职业生涯就是从那里开始的。在当学徒的三年里，我只知道要多学一点手艺，多一点在社会上生存的本领。至于读夜校，那是求知欲使然，对于未来的路，我是茫然无知的。

　　1951年10月，父亲陪我来到上海，进国光科学仪器厂当学徒。

　　国光科学仪器厂是一个弄堂小厂，这种小厂在当时的上海如雨后春笋一般，很多，而且发展很快，这也反映了20世纪50年代初期我国的经济发展情况。仪器厂就设在弄堂里，有一台车床、一台钻床、两张工作台和一张写字台。白天，机

器一开,轰隆轰隆的,还真有点样子。晚上,将写字台稍微一整理,就是我们学徒睡觉的地方。仪器厂在淡水路 214 弄 35 号(丰裕里),复兴公园附近,当年属于嵩山区。那里有很多这样的小厂,一个工厂也就几个工人、几台机器。这些小厂都太小,无法单独成立工会和党(团)组织,于是多家工厂联合起来,组成联合工会和联合党(团)组织。

国光科学仪器厂的主要产品是气象仪器。那时,我国还没有工厂生产气象仪器,但国家的建设需要这类仪器。过去,这类仪器主要依靠进口,新中国成立后,进口的渠道关闭了。表姐夫他们看到了这个需求,就开了这家小小的工厂来仿制生产气象仪器。工厂的几位老板都是懂技术的,仿制并不太难。气象仪器包括雨量计、日照仪、风速计、风向仪、温度计等,这些仪器都是可以自动记录的,所以我们还得学会做自动记录的仪器。当时采取的方法是,由时钟带动装在一个圆筒上的记录纸,由记录笔把这些物理量的变化记录下来。控制记录笔的则是由气象因素控制的装置。例如,雨量计的记录笔是由接收雨水的大量筒里的浮筒控制的,雨下得大,量筒里的水面上升,浮筒就上升,带动记录笔在记录纸上画出上升的线条。湿度计的核心是脱脂的毛发,当空气的湿度减小时,毛发就收缩,反之则膨胀,通过杠杆作用,将这个变化量放大以后,就可以拖动指针,显示空气湿度的变化。风速计是由薄铝片制成的 3 个半圆形的杯子,在风的作用下转动,通过轴带动下面的齿轮组,进而带动指示表盘面上的指针,指出风速的变化。

当时,很多零件是外加工的,电镀和喷漆(或烘漆)也都是外加工的。因此,我们厂还是比较干净的。但是,有时为了省事,一些小零件就直接在工厂里喷漆了。那种被称为"香蕉水"的溶剂,真的有香蕉的味道,很好闻,但它对人体是有害的,还会刺激鼻黏膜。那时候闻多了"香蕉水"的味道,就造成了过敏性鼻炎,一受刺激就不停地打喷嚏。过敏性鼻炎困扰了我很多年,记得 20 世纪 60 年代初我在地下工程系党总支工作时,办公室里的三个书记,孙辛三、贺幽水和我,都有过敏性鼻炎,只要一个人打喷嚏,马上影响到其他两个人,三个人就会一起打喷嚏。

我进厂的时候,厂里已经有了一个学徒,叫张国璋,比我大几个月,是我的师兄。他之前在平湖的米行里当过几年学徒,后来由米行的老板(柯老板)介绍他到这个仪器厂重新当学徒。我进厂以后,王传国和王振明也陆续到来,他们是我的师弟。当时,我们这些学徒什么也不懂,不懂技术,不懂政治,就知道到这里是谋个饭碗,要好好学点手艺。我们早上起来,在开工前需要给机床加点润滑油,为师傅来了开车床做好准备。下班了,师傅洗手走了,我们还得把机器擦干净,把地扫干净,把产品和原料都整理好,还得给机器加点油,然后才能休息。把师傅伺候满意了,他或许可以让我们上机床练一回,再指点一二。上机床通常是师傅干的事,我们主要是跟着钳工师傅学点钳工技术,根据零件的图纸,下料,钻孔。把铜圆加工成需要的零件,或者将铜板加工成仪器的底板,然后在底板上安装各种零件,焊接各种电线。

学徒的生活既单调又有点复杂。说单调,因为每天都是加油、打扫和整理,没有太多的变化。说复杂,是想学习一点技术,就要处处留心,看零件是怎么做出来的,仪器是怎么装配、调试的,得偷着学。当师傅或老板让我们做某一件事的时候,我们必须要认真做,如果做得好,机会就多一些,进步就快一些。当然,我那三年的萝卜干饭也没有白吃,也学到了一些本领。后来读大学一年级的时候,有一门机械实习课,要做车工、钳工的活儿,我能很快地把零件做出来,甚至引起实习工厂师傅的赞叹。上实验课时,我也能很快学会仪器的安装和整理。我们工厂的伙食都包给一家饭店,由饭店配送过来,因此学徒不需要做饭。当时,很多工厂的学徒还要给老板做家务、烧饭、洗衣,甚至还要给老板带孩子。因为我们工厂的老板都不住在厂里,我们这些学徒就不需要做家务了。客观地说,我们工厂虽然很小,用现在的话说就是袖珍工厂,但在当年的环境下,还是比较文明的一个工厂。

最早进厂的是张师傅,他原来是热水瓶厂里做热水瓶壳冲压模子的车工。之后进厂的车工是刘师傅,宁波人。钳工是华师傅,无锡人。还有一位钳工范师傅,只是相处的时间不太长,我就离开工厂了。我离开的时候,工厂大概有十来个工人。

我进厂后的工资,是四十几元,月初和月中分两次发放。此外,厂里提供中、晚两餐。我每月寄20元给父母,自己留下20多元。那时物品便宜,大饼、油条和豆浆是一角钱,一碗大肉面也不过是二角五分钱。对我们来说,那些钱足够用。

由于工厂设在弄堂里,周围都是居民。我在那里生活了三年,体验了不少上海市民的生活。工厂对门那一家的主人是京剧名演员梁老板,新中国成立后,他领头的剧团被调到了哈尔滨。上海丰裕里的房子是他太太在居住,他儿子在上海公安局工作。他们家有一位住在三层阁楼里的老大爷,过去是替梁老板管理戏装的,那时可能年纪大了,就在上海养老,同时照管梁老板的房子。老大爷是天津人,一口北方话,他在上海没有亲人,对我们师兄弟却特别关心。我们几个都亲切地叫他"大爷"。除了梁老板一家外,房子楼梯下还住着阿毛一家。阿毛是一个比我们大几岁的女孩,她的爸爸、妈妈和弟弟,就住在楼梯底下那个很小的空间里;他们家的老祖母,住在厨房间里,要到晚上才能搭个铺睡觉。其实,那个门堂子里居住的人还不是最多的,我记得在56号门内,刚好住了56个人,拥挤的情况是可想而知的。不住在弄堂里,是体会不到"七十二家房客"是如何生活的。

下班后,学徒可以安排自己的时间。刚进厂的时候,对上海还不熟悉,对什么都好奇,就结伴出行游玩,见识了十里洋场的繁华。后来,我们都参加了工会和青年团。晚上,工会和青年团常常会组织一些活动,我们的业余生活也丰富起来了。

前面讲到,由于家境困难,考上了学校也读不起,就决定不再读书了。参加工作后,立刻感到自己知识的贫乏,又产生了读书的念头。那时,上海有很多职工业余学校,没有完成小学学业的可以读补习学校,小学毕业的可以读业余中学。当时的业余中学是四年制,初中、高中的课程混合安排。我是初中毕业,所以就插班读后面的两年。进厂的第二年,我就进入上海第二十四业余中学读夜校,从三年级插班,读了两年。1954年毕业,具有了高中毕业的同等学力,可以报考大学了。读夜高中的那两年,生活非常紧张,晚饭后得赶紧往学校赶。第二十四业余中学是依靠一所女中办起来的,在淮海中路,靠近思南路的地方。我从工厂走过去,大约要一刻钟的时间。上了一天班,原本就很疲惫,因此上课时,很容易打瞌睡,我经常用手拧大腿来驱赶睡意。因为是夜校,课后和老师没有沟通的机会,我也没有记住给我们上课的老师的名字。同学中,只有一位后来还有来往,他叫周镜秋,在针织厂工作。1954年他考上了华东政法学院,1958年毕业后也留校工作了。前几年,他还找过我。他后来去澳大利亚定居了。还有一位同学,叫沈锦昌,也在纺织系统工作,是无锡人,但忘了他考上哪所大学了。其他的同学,都没有留下印象,比较遗憾。

# 九、怀念故旧

## 悼念调梅师
（1999 年 7 月）

1999 年 6 月 25 日上午,我去市里评标。下午 5 时许,在行政楼遇到程鸿鑫,得知俞调梅先生已于当日凌晨仙逝。

我随即去俞先生家向他告别。俞先生安卧于床上,犹如熟睡一般,无痛苦之状。俞先生在 10 年前做过手术,其后病情一直比较稳定,以为已经根除,不会再发作。他乐观豁达,常在同济新村中散步。师母去世后,先生老态日益明显,我以为是丧偶之痛加速了自然衰老而已。我总是希望先生能够长寿,总是从好的方面去想。

半月前,胡中雄告诉我俞先生住进了华东医院,希望我抽时间去看望,说话的语气似有不祥之感。我于 14 日去医院探望,交通很不顺利,心情也很不好,到医院又扑了个空,先生已经出院,自己懊恼不已。次日下午,我去先生家探望。先生坐在方桌前写字,见我过来,十分高兴,天南海北谈了近三刻钟。我怕先生疲劳,遂起身告别,先生还送我到门口。想不到,那竟是我们最后一次见面。那天,先生看起来消瘦很多,耳背比较严重,但精神比较好,健谈依旧,不像将走之人。现在回忆起来,他的言语似乎有忧伤和沧桑之感,不像以前那么豪爽和乐观了。先生谈到他毕生积累的资料和书籍的处理问题,说有些资料是比较珍贵的,如 O. G. Ingles 的博士论文(他读博士时年龄已经很大了)。先生突然问我:你的外文怎样了? 我很惭愧,近来很少读原版书了,愧对先生。他又叨念起十几年前我评副教授考外文的事,说:我批了分数以后,孙钧先生又给你加了几分,你考得不错,看来我要你读泰勒的《土力学基础》是对的。是的,先生一直十分关心我的外语,20 世纪 80 年代有一次对我说,你们已经四会了。四会就是能够自由地听、说、读、写。其实很汗颜,我的外语一直没有自由过,没有从必然王国进入自由王国。俞先生的英语功底非常深厚,连外国教授都说他的英语好;我们参加第一届海洋岩土工程国际会议提交的论文是先生帮我们重写的,在出版前还给我们修改,文中的一些插图也是先生绘制的。我跟随俞先生四十余年,耳濡目染,应当长进,但弟子不才,没有将先生的英语功夫学到手。

我们还谈到他的弟弟俞子才先生。我告诉他,前几天见到一位画家,说是俞子才先生的学生。我看到他桌上放了一本字典,问他在写什么,他说在查证一个词。俞先生还问我搬到什么地方住,电话是多少。我一一告知,先生都记在本子上。他还说打电话已经听不清楚了,换了几个助听器,但效果都不好,好的要几万元一个。

### 孤帆远影碧空尽,唯见长江天际流
—— 调梅师逝世三周年祭
(2002 年 6 月)

俞调梅教授离开我们已经三年了,先生和蔼的笑容常在眼前浮现,寓哲理于诙谐之中的话语时时在耳边响起。俞先生是我国岩土工程事业的奠基人和开拓者,给我们留下了极其丰富和宝贵的精神财富。他对岩土工程精辟而又系统的见解,对人生真谛的彻悟,身体力行的实践,教育了几代人。

**1) 俞先生的学术风格**

俞先生在学术上一直坚持"实践第一"的观点,重视从工程实践中总结经验,坦言岩土工程发展过程中存在的问题,从不故弄玄虚。他说:"土力学领域内的所有理论,只能认为是一种假设,是从客观事物和现象中抽象出来的,便于分析问题和总结经验的简化假设,最后还是要回到生产实践中接受检验。非但理论或假设,室内试验和现场量测也是这样。这一切都要求在满足工程实践提出要求的前提下,力求简单,要有经济效果。"

我们跟随俞先生几十年,每当遇到工程上的疑难杂症时,俞先生总是遵循这一条技术路线去分析研究,指导和帮助我们解决工程技术问题。无论是宝钢的工程还是石化总厂的工程,无论是地面卫星接收站还是大型油罐的地基处理,在他的指导下,我们解决了一个又一个技术难题,在实践中形成了俞先生特有的学术风格。

俞先生希望通过工程实录,特别是总结工程事故的教训来教育人,但他常感到失望。俞先生说:"几十年前,在基础工程专业书上总有很多工程事例的报道,但是后来就少了,似乎有了土力学理论就可以解决一切问题了。现在,杂志及刊物上报道的多数是成功的事例。在我国,由于种种社会历史原因,教科书上讲的失败事例总是外国的。这一切,会使人盲目相信理论。"

俞先生根据自己多年的实践经验和裴克的观察法原则,很早就提出了岩土工程的工作方法。他说:"由于土力学具有科学和艺术的双重特性,并且地层非常复杂,这就能说明为什么多年来一直重视观察法,即'边干边学'的方法。在工程进展的过程中进行仪器监测,需要时采取补救措施。观察法能否成功,很重要的一点是主持工程师必须掌握完整的、准确的资料,并且能够及时决定如何修改设计。"

在俞先生坚持的"实践第一"的学术思想指导下,我们很早就注意研发工程监测的仪器设备与监测方法,收集整理工程实录资料,坚持从实际出发,坚持通过工程实践积累知识,形成了同济大学地基基础学科的特色,并通过一期又一期的进修班,一批又一批的学生将信息化施工的思路和方法推广到社会。

**2) 俞先生的教育思想**

作为岩土工程教育家,俞先生一直在思考如何培养岩土工程人才的问题。20世纪80年代初,他写了《关于岩土工程及其专业人才培养的几个问题》一文,系统地总结了岩土工程人才培养的经验和教训,提出了比较系统的岩土工程人才培养的方法。他回顾了同济大学地基基础专业设置和试办的经过,总结了新中国成立后三个时期在专业教学上的经验和教训,根据对地基基础专业四次专业调查的结果,认为岩土工程人才的培养应当"从实际出发,根据学生毕业后的去向、专业是否对口及工作适应能力等具体情况,研究确定我们的办学形式和方法"。在吸收国外岩土工程人才培养的经验和对我国当时高等教育情况进行深入思考之后,对于岩土工程师的培养途径,先生提出了3个方面的设想:①应以业余教学为主,形式多样,包括函授、短训、电化教育等。②可以在大学本科的一些专业,如土木工程、地质工程实现岩土工程专门化并以土木工程为主;不主张设岩土工程专业,因为多年的经验证明专业分工太细并不好。③可以培养一些研究生。

在俞先生的领导下,我们实践了上述设想,办了多期进修班,进修班的许多学员后来都成为岩土工程勘察设计单位的领导或技术骨干;岩土工程的研究生教育有了很大的发展,建立了岩土工程的硕士点和博士点,培养了大批岩土工程专门人才。

从俞先生写那篇文章到现在,又过去了20年,这20年的教学改革实践,实际上也是按他指出的岩土工程人才培养的路径走过来的。他的真知灼见,放在今天,还是那么合理、生动和亲切。

**3) 俞先生的处世之道**

20世纪90年代初,俞先生在《学习与写稿的回忆》一文中讲述了一些不为人知的事,提到了许多故人。通过那篇文章,我们可以更深刻地了解俞先生的学术见解和为人之道。俞先生说:"对土力学产生信心危机是由于对某些比较重要的理论的发展和延伸过程中难免会有繁琐的、强词夺理的、错误的东西;这些可能被列入教科书、手册和规范中,因而具有了'权威性'。总要经过时间的检验,才能删繁就简和去伪存真。为什么本文提到的都是浅的、陈旧的问题?这是限于作者的知识面,也是希望对从事这方面教学工作的青年教师有所帮助,相信在新的、尖端的研究工作中也会出现繁琐的、强词夺理的、错误的成果。为什么对于前辈学者如茅以升先生、太沙基先生等也有'微词'呢?这是因为作者相信应当奉行'吾爱吾师,吾更爱真理'的格言。"俞先生语重心长,指出了学术界存在的问题,对年轻一代提出了殷切希望。

俞先生总是乐呵呵的,他常给我们讲"自得其乐、知足常乐和助人为乐"的道理。确实,这是先生几十年的为人处世之道。

土工试验室的李连荣师傅是在院系调整时和俞先生一起从交通大学调到同济大学的同事,两位老人风雨同舟几十年。虽然李连荣师傅早已作古,但俞先生在那篇文章中还特别提到完成液限试验工作的李连荣师傅,并表示怀念。这显示了俞先生一贯宽以待人的风范。

在特殊历史时期,先生受到了批判与冲击,但很少看到他冲动和愤怒;即使有,也是顷刻之间,很快就处之泰然,一笑了之。对有些事和人,先生有自己的看法,也肯发表意见,但总在谈笑风生中点到为止。这并不是说先生没有原则。记得有次领导部门通知我,说有位与土力学没什么关系的领导要来土工试验室拍工作录像,请先生去陪同。我请示先生,他用非常坚定的语气说"我不去",体现了他不迎合世俗的处世原则。

20世纪80年代初,准备第一届海洋岩土工程国际会议时,俞先生要我们准备一篇总结上海软土性质的文章。我们几个写了初稿,由俞先生修改定稿。他不仅作了许多重大修改,连插图都亲自绘制,图上都是俞先生一手漂亮的英文字。但在署名时,他坚决不肯署自己的名字,说只要在文章最后的致谢中提一下就够了。此类事例还有很多,都体现了俞先生甘为人梯的精神。有人说俞先生的文章少,殊不知俞先生并不以文章多为荣,而以帮助他人为乐。

4) 俞先生的治学态度

俞先生在20世纪60年代初编写的教材前言中说过:"书末列有参考书目,这是因为教材内可能有错误及不清楚之处,可供采用本教材的教师查考核对,而不是要求学生一一阅读。"对此,俞先生自己身体力行,在审查论文时,有时为了核对出处,往往不厌其烦地几次到图书馆查资料,他的认真态度使我们感到汗颜。他晚年时,我们真不忍心再打扰他,怕他太累,不敢请他看任何东西。俞先生去世前10天,我到他家探望,见俞先生在写东西,旁边还放着一本字典。先生就是那么认真,遇事追根究底,他常告诫我们,不清楚的地方就要查字典,不要不懂装懂。

20世纪80年代初,中国建筑工业出版社选题计划中有一本《实用土力学》,约请俞先生主持撰写。针对我们当时比较乐于写新发展的理论著作的情况,先生提出此书应当写成能让工程师看懂、有利于自学的实用图书,并开出了上百种参考书让我们阅读。虽然由于种种原因未能完成那本书的撰写,但俞先生一贯坚持的重视实践、对读者负责的治学态度,让我们难以忘怀,永远鞭策和激励着我们。

俞先生认为,写书署名是对读者负责,也便于读者和作者交流。20世纪60年代初翻译苏联学者弗洛林的《土力学原理》时,在"译者的话"中写了各章翻译和校对的人员分工。时隔不久,在一次运动中领导说这是反映了资产阶级名利思想的事例,下令将书中的这一页撕去。20世纪70年代末,在先生的指导下编写教材《土质学及土力学》时,对于封面上的署名,先生以商量的口气对我说:"你的名字还是不要写在封面上,可以在分工中写"。我知道这是先生对我的爱护,《土力学原理》撕页事件深深地伤了他的心。

俞先生极其重视与国外的合作交流,早期组织翻译了许多国外的岩土工程著作;改革开放初期,他率团参加国际土力学与基础工程协会执行委员会的会议;邀请 T. H. Wu(吴天行)、I. K. Lee 和 O. G. Ingles 等教授来同济大学讲学,和方晓阳教授合作主持了两届海洋岩土工程国际学术会议,并成立了同济大学岩土工程情报资料站。这些对外合作交流活动当时在国内岩土工程界都产生了很大的影响,对于我国在土的本构关系、土动力学、概率方法和海洋岩土工程等领域的研究起到重要的推动作用。20多年前,俞先生已经从改革开放政策中看到了我国的未来,以极大的热情,充分利用他的国际影响力,推动国际学术交流,为后人铺平通往世界的道路。正如俞先生在第一届海洋岩土工程国际会议开幕词中所说:"这次讨论会的代表来自世界许多国家,在会议期间我们之间增进的相互了解不仅在岩土工程和近岸结构工程方面,也在社会和政治观念方面,这将有利于整个世界。"

注:近日整理资料时,发现了俞调梅先生的一张照片(图10-17),是接待外宾时拍摄的。俞先生的生活照留下的很少,此照片的发现,为本书增加了很有纪念意义的一页。

图10-17　和俞调梅先生(中)一起接待外国专家

## 怀念朱小林教授

(2002年7月于澳大利亚墨尔本)

2002年7月20日下午,我们从墨尔本市的斯宾塞(Spencer)车站,搭火车去东南郊20km处的贵族公园(Noble Park),专程看望朱小林教授的夫人朱凤英女士,并由朱教授的公子朱刚开车送我们去拜谒朱小林教授墓。

从住所到墓地大约有20分钟的路程,中途突然乌云密布,大雨倾盆而下,及至墓地,雨渐稀疏。当我将一束素淡的花放在朱教授的墓前,代表他的故旧向他致意时,西北方向的天际绽开了一片晴空,落日的余晖分外明亮,远处出现了彩虹,空气格外清新。

墨尔本的天气变化多端,但此情此景却引发我无限的遐想。这倾盆大雨不就代表了国内同仁对朱教授不幸逝世的哀悼吗,而雨过天晴不正表达了我们对朱教授长眠于这安静美丽的海滨而感到宽慰的心情吗。朱刚则说,这是他爸爸在天之灵对故人来访的亦悲亦喜的心情。

朱小林先生长我五岁，我读大学时他已执教于同济大学地质土壤地基教研室。我虽未直接受业于先生，但在长期的共事中，先生的为人与敬业精神，一直令我钦佩，先生是我心中的良师益友。

朱先生以土木工程专业的背景，毕生从事工程地质、土质学和岩土工程的教学与工程实践，在土的工程性质、原位测试等领域建树颇多，对静力触探、孔压静力触探和扁铲侧胀试验的推广应用做出过重要的贡献。20世纪90年代初，先生为《岩土工程手册》所撰写的"原位测试"一章，在理论和实用两个方面都有深刻的论述，至今尚未看到能够与其比肩的著作问世。

1958年，同济大学成立水工系，朱先生执教于工程地质教研室，我在地基基础教研室，共事于一系40余年。由于从事的研究领域相近，业务上时常向先生讨教。自20世纪80年代初开始，我们一起参加国家标准《岩土工程勘察规范》的编制与修订，工作上的联系更加密切。规范主编王锺琦总工邀我担任副主编的建议得到朱先生的大力支持，无论是规范条文的编写还是手册的撰写，先生总是不遗余力，精心完成。在长期的规范编制工作中，先生的许多主张和建议对规范的编制有重要的意义。例如，在10多年前，先生就极力主张全国性的规范中不应当列入经验性的公式、参数或表格，《岩土工程勘察规范》比较早地处理好了这个问题。现在，有更多的规范采用了这种观点。先生对我参编的上海市《地基基础设计规范》(征求意见稿)提出了许多深刻的意见，对有些计算公式，先生还进行了试算论证，这不仅对当时规范的修订，而且对上海地区地基承载力问题的继续研究都有指导意义。

朱师母告诉我们，出国时朱先生只带了武术方面的书籍和器械，未带一本专业资料。前年，规范主编顾宝和总工写信与朱先生讨论技术问题时，先生在回信中也说他这次出来是安度晚年，没有带任何技术资料。2000年初，朱先生举家移居澳大利亚，告别了他毕生从事的岩土工程事业，决心选择这块美丽又清静的土地安度晚年。朱先生的身体一直健康，他崇尚习武锻炼，每日打拳练剑。在澳大利亚，他仍每日锻炼，而且免费传授武术，收了不少徒弟。可见，朱先生移居澳大利亚以后的生活是十分愉快和充实的。朱先生是一位不愿纠缠于人事纷争的学者，为人谦和厚道，可是那几十年的风雨也给他留下了许多不愉快的回忆。

当我离开墓地的时候，想起那些往事，无限地惆怅。安息吧，朱先生，这里远离纷争，清静而又明快；气候宜人，没有酷暑严寒；北望北半球，可以看到您出生的土地。

注：图10-18是在福建考察时与朱小林先生的合影。

图 10-18 与朱小林先生(前排左二)在福建时的合影

## 与张问清先生告别

(2012 年 4 月 30 日)

2012 年 4 月 20 日清晨,打开邮箱,"张问清病危"的邮件标题使我心头一沉。那是张瑞云在 19 日午夜发来的。信中说,今年 2 月初医院发来她爸爸的病危通知,4 月初她爸爸病情反复过,4 月中旬病情稳定后,她回到北京,19 日又接到医院发来的病危通知,目前她爸爸正在抢救中。

今年春节那天上午,我去华东医院给张先生拜年。张先生躺在床上,虽然反应有些迟缓,但精神很好。他风趣地说:"最近听觉不太灵光,反应比较慢,有的人怕我听不见,就提高声音,哇啦哇啦,我反而听不清楚了。"我对他说:"张先生,您大我 25 岁,今年您 102 岁高寿,您的学生也已经 77 岁了,54 年前我到系里报到时就是您接待的,那情景还历历在目。"张先生听了很高兴,频频点头,讲到高兴处,他还兴致勃勃地要和我比比手劲。后来他索性起床,坐在椅子上和我谈东说西。他指着窗外远处说:"天气暖和后,还想下去散散步,前面华山医院的绿化比这里更好。"保姆告诉我,张先生的饮食、起居都能自理,不需要依赖别人。我听了非常高兴。我向先生告别时,先生还特地关照我房门口有洗手液,来过病房的人都需要洗手。先生还是这样无微不至地关心着别人。

最近几年,除了编撰《百龄问清》那段时间向先生请教较多,平常打扰不多,只是春节到他府上或到医院给他拜年。年复一年,先生总是那么淡定、儒雅、健朗,每年的变化并不大。今年春节给他拜年,看到先生身体依然正常。102岁高寿的张先生,依旧健康、幸福。衰老是自然发生的,是缓慢的,他应该还可以健康、幸福地生活下去。

突然收到张瑞云的邮件,我实在不敢相信,也不愿意相信。于是,我和老赵、老魏相约,下午去华东医院探望张先生。

病房里,眼前的张先生和两个多月前相比,判若两人。正在输液的张先生闭着双眼,微微斜卧着,两个儿媳在给他按摩手臂,并告诉张先生我们来看他。但是,张先生毫无反应,仪器显示血压和心跳数值都在剧烈地变动着,这位百岁老人正在和疾病做最后的抗争。张先生的儿媳告诉我们,张瑞云将在晚上6点回到上海;张先生海外的儿孙都已经回来探望过;张先生对后事也有交代,告别仪式只限家属,不惊动单位的同事……我们在病床前注视张先生良久,默默地与他告别。我祈祷,希望奇迹能够降临到张先生身上。

相处了50多年的张先生走了!

半个多世纪的岁月是漫长的,但又似乎是匆匆一瞬间。张先生给我们留下了很多宝贵的财富,他的事业、他的美德、他的品格、他的精神,深深地影响着我们这一代人,进而影响我们的下一代。

张先生出身于名门望族,自幼受我国传统文化的熏陶,后来又去西方学习科学技术。科技救国、教育救国,是张先生这一代知识分子的信念;传播科学技术,为国家培养人才是先生毕生的事业。张先生是同济大学地下工程系的创始人。从圣约翰大学到同济大学,从结构工程系到地下工程系,他都担任教育第一线的领导职务——系主任。他热爱学生,尊重教师,教书育人,诲人不倦。在特殊历史时期,当教育受到冲击的时候,他还苦苦地坚持教育的理想。1966年他被迫离开系主任的岗位后,又集中精力开拓属于自己的专业研究领域,虽然他那时已是60多岁的老人了。

张先生忠厚宽容,和蔼可亲,能够坦荡地面对别人对他的伤害,却始终不愿伤害别人,坚持唯真求实的原则,保持着知识分子的底线。改革开放后,张先生的晚年生活平静而愉快,保持着低调的态度,对生活又充满热情,手术后仍锻炼不辍。百岁时,他仍然思维清晰。由他口授而成的《同乡、同窗、同事——纪念俞调梅先生诞辰100周年》的纪念文章中,张先生讲述了家乡苏州给予他们两人的智慧和力量,怀念在共同发展同济大学地下工程系过程中结下的深厚友谊。在他身上,可以看到中国传统文化的力量。他退休已经30多年,依然是我们的老师,他用行动教育我们应该怎样对待晚年生活,怎样度过人生最后的岁月。

## 怀念吾鼎新同志

（2012年6月）

从2012年6月6日下午的《新民晚报》上看到一则讣告，得知老吾走了，是4日午夜走的，享年88岁。

今年春节初一上午，我和凤英一起到老吾家拜年，他的情况还是很正常的，尽管人有些显老，但精神不错，不像一位疾病缠身、体力不支的老人。他只有88岁，在当今的生活、医疗条件下还不算太老，原来估计他超过90岁应该是没有问题的，想不到这么快就走了。图10-19是我找到的一张多年前与老吾的合影，那时他的状态还不错。

吾鼎新同志在"文革"前是负责人事的科长，17级干部；"文革"后任人事处处长，直到退休。20世纪80年代，我当科研处处长时就和他共事了。他退休时，正好我们学校准备成立科技开发公司，黄鼎业副校长请他到公司当常务副董事长，我担任副董事长兼总经理。我们两人的办公桌面对面，实际上是一起主持科技开发公司的日常工作，一起工作了十来年，直到我返回系里。

图10-19　与吾鼎新合影

几十年来，我曾经协助过4位比我年长的同志，和他们共同工作。第一位是孙辛三，当时的地下工程系党总支书记，比我年长十来岁。那时我刚毕业，视孙辛三为师长，一起共事了6年，直到1966年分开。第二位是俞调梅先生，前前后后，断断续续，我协助俞先生工作了几十年，直到他去世。俞先生是我业务上的引路人，我今天的成就都和俞先生的帮助与指点分不开的。第三位就是吾鼎新同志，他长我十岁，我们合作了近十年。我回地下工程系后在工作上与他没有了联系，但我们的私人关系还是很好的，我时常去探望他。第四位是张苏民先生，我协助他主持注册岩土工程师考试专家组的工作也有近十年。他长我两岁，我还是像对待前面三位老同志一样，尊敬他，协助他，开开心心地一起工作，欢欢喜喜地相互道别。

老吾为人非常谨慎和仔细，也非常敬业，他的记忆力惊人，对我们学校的教职工情况都能如数家珍，是一位十分尽职、敬业的人事处处长。在科技开发公司工作期间，我能近距离地观察他的工作状态。每每研究一些重大问题，他都一一记在本子上，以备将来查阅。这种严谨的工作方式，我是做不到的。他考虑问题比较全面,处理问题也比较冷静,极少看到他冲动、发怒,他总是含而不露,坦然处之。

老吾是浙江海盐人,喜欢吃平湖糟蛋,因此每当我家乡来人,带来平湖糟蛋的时候,我总不忘给老吾送几个尝尝。他看到平湖糟蛋,总是笑眯眯又客客气气地道谢。

高翔小时候读书不用功,差点没被中学录取,还是老吾帮忙,让他进了一个学校。小燕出国的时候,正是国家收紧出国名额的当口,需要系、人事处和学校都同意,也是老吾帮的忙,得以顺利通过。这位长者对我们的关心与帮助,我永远记得。

## 关于史佩栋总工的一些回忆

(2016 年 3 月)

2015 年 6 月 19 日,我在杭州上课。几天前,我给史佩栋总工家里打电话,询问他的病情如何,准备抽时间去看望他。他的夫人裘医生接的电话,她告诉我,史总住在医院里,还处于昏迷状态。我提出想去医院看望史总,但她说现在不要去看他了。我知道,史总已经昏迷半年了,全靠插管输送营养以维持生命。我尊重家属的意见。对我们来说,这样可以永远记住史总那充满朝气、积极向上、敢于担当的形象。

他年近九旬,是一位非常坚强的老人。在他病倒前不久,也就是 2014 年的下半年,他刚完成了 280 万字的《桩基工程手册》(第二版)的主编工作,而且在该书中,他亲自执笔的内容就占了七分之一。他还耗费很大的精力收集了大量的资料,对我国桩基工程的发展进行了深入的、全面的研究,在该书第一章"桩在中国的起源、应用与发展"中补充了大量宝贵的历史资料,还增加了第二章"桩在我国成为世界第二大经济体中的担当",可谓匠心独运。这两章是史总对我国桩基发展历史的总结,为后人留下了极为珍贵的文献资料。然而,当出版社即将完成编辑工作,还没有来得及给他看样书的时候,他就已经倒下了。前些日子,出版社给我寄来了样书,我看着那本厚厚的书,回忆起与这位值得敬重的老人交往的历史,不胜感慨。

史总长我八岁,如果在一个学校里,他完全可以做我的老师。实际交往中,史总与我应该是亦师亦友的关系。几十年来,特别是我离开学校行政岗位后的 20 多年,我们两人的合作是比较多的。我们曾经一起举办过一些学术会议;他曾经主编过一本杂志,编得非常精致,在杂志里为我开辟了一个讨论规范问题的专栏;我们还一起组织了《岩土工程丛书》的组稿和出版工作,虽然困难重重,但已经出版了12本,卓有成效;在他的指导下,我参与了《桩基工程手册》前后两个版本的编写,并协助他做一些工作,但他总是怕我太忙,什么事都亲力亲为。他对我主持的网络答疑及《岩土工程疑难问题答疑笔记整理》前后三本书的出版都给予极大的支持和帮助,对书名和写法,都提过许多宝贵的意见。遗憾的是,我拿到第三本书《实用土力学》的样书,还来不及寄出,就得知先生病倒了。关于这本书的书名,我也征求过史总的意见,他非常赞成采用这个当年俞调梅先生希望组织编写的一本实用图书的书名。

史总在交通大学读书时,受业于先师俞调梅教授。从他的许多回忆文章可以看出,史总受俞先生的指点颇多,师生的情谊非常深厚。在他最后的这本书的"第二版前言"中,他专门写了一段深切怀念俞先生的内容,师生之情,令人动容。

2016年3月1日接赵锡宏教授电话,得知史总于2月28日去世。随即,我将这个不幸的消息转告孙钧院士。孙钧院士与史总是在交通大学读书时的同学,史总比孙钧院士小一岁。最近20多年来,他们两位常有走动。前些日子,我还和孙钧院士说起史总生病的事,孙先生说,开春后我们一起去杭州看看史总。想不到时间不等人,竟再也见不到他了。

我给治丧委员会发去了唁电:

惊悉史佩栋教授不幸逝世,无限悲痛;

先生以毕生的努力为我国岩土工程的发展,做出了独特的贡献;

先生的精神将永远鼓励我们努力前进。

史佩栋教授任职于浙江省建筑科学研究院,他活跃于我国岩土工程的技术舞台几十年,出版专著、组织学术会议、参与学术讨论、创办学术刊物、提携年轻学者,留下了极其丰富的学术著作和许多值得我们永远铭记的故事。他的学术思想永远是年轻的、朝气蓬勃的,在他生命后期的一些著作中,我们还可以触摸到他那永远好奇的心。可以说,他是"毕生笔耕不知休,直到病倒才收手"。

史总的许多工作,例如写书、办刊物、办协会、组织学术会议,都需要有助手,史总也真有办法,培养了许多人。我知道,当年在杭州有许多年轻人(现在可能是中年人了)在史总指导下工作过。史总对工作要求严格,甚至苛刻,有时会把年轻人训哭。但我相信,事后当他们回忆起与史总相处并得到史总指点的日子,一定会感到获益匪浅。史总在组织写书的过程中,对年轻作者关爱有加,对书稿存在的问题会非常仔细地写上意见,帮助年轻作者提高认识水平。

前几年,史总搬了新居,他邀我去看看。有次我出差到杭州,就去看望了他。小区的绿化很好,新居也比较宽敞。当时搬家不久,史总的书房里到处都是书,连沙发上也堆满了书。他们住在底层,进出也很方便。他的女儿就住在同一个小区的另外一幢楼里,相距不远,可以照顾他们,他们老两口的饭菜就由他的女儿做好后送过来。我为史总有一个很好的养老环境而高兴。那次,可能是我们最后一次见面。后来,虽然我们之间的书信来往不断,一起做了很多事,但并未再见过面。

## 挽劳瑞芬
(2010 年 1 月 17 日)

昨天,2010 年 1 月 16 日,下午,接董恒电话,得知劳瑞芬于是日凌晨 1 时去世。

近年来,不断传来朋友谢世的消息,2006 年是沈珠江,2009 年是宰金珉和张在明,今年刚开始劳瑞芬就与世长辞,我们这一代人逐渐凋零。

接电话后,一时不知如何应对。凤英建议寄些钱去,感觉不甚妥当,她家经济并不困难,而且以董恒的为人,可能会拒收。如果仅送挽联,又似乎太薄了些,毕竟是几十年的挚友。晚上,与高崧商量,她建议送花,倒是个好主意。网上订花,异地送花,并不困难,遂决定网购送花。

是夜,血压又升高,早早入睡。半夜醒来,已无睡意,遂成一联:

江南萍水非素昧;
天涯何处不成家。

此联颇具深意,对瑞芬的一生与一家,对我与她的关系,多有概括。

劳瑞芬是她妈妈抱养的,她也知情,但她并不想去寻找自己的亲生父母,而且对养母也是恪尽孝道,母女关系非常和谐;他对兄嫂和侄子侄女也十分关爱,根本看不出他们之间没有血缘关系。

无独有偶,她的先生董恒也是抱养的。一对夫妻都是抱养的,也是缘分。

由于瑞芬小产而不能再生育,因此她的妈妈为她抱养了一个女孩,取名董雯。董雯小时候由瑞芬的妈妈帮她带着,待董雯读书后就由瑞芬悉心照料。董雯长大后,工作不错,对父母也很孝顺。

他们一家三人都是抱养的,并无血缘关系,这是非常少有的家庭。

挽联的上句,既写了瑞芬生于江南,长于上海,又写了她一家都是萍水相逢的关系。他们一家虽然是萍水相逢,却是一个相知、相爱、温馨的家庭。

挽联的下句,说的是瑞芬成家于北京,终老于北京。有太多的知识分子,长于上海又浪迹天涯,终老于他乡,瑞芬不过是其中之一。"天涯何处不成家"是这一代人的家庭观,也是他们一辈子家庭生活的写照。

挽联的第二层意思,是说我与她既非同学,又非同事,萍水相逢却成为一生挚友的事。1957年春节,我从平湖返沪,由嘉兴乘火车回上海途中认识了她,是萍水相逢。1958年,我大学毕业,天涯何处,自己不能掌握;她高中毕业,报考大学,和我一样,不知将去天涯何处。结果是,我留校工作,她却远去北京读书,终于劳燕分飞,未能成家。之后十多年没有联系,信息中断。奇怪的是,20年后我们又重逢了。1978年3月,我到平湖探视父亲后返沪,准备去西安参加《土质学及土力学》教材的编写会议,在嘉兴火车站候车室中,遇到了瑞芬。她到嘉兴探望她的外婆后回上海,而且是她先看到了我。两次不期而遇,萍水相逢,说是有缘却无缘。再次相见,我们都已成了家,都是40多岁的中年人了。此后的30年中,我们成为挚友,但也只是挚友而已。1999年,我主编了一套《地基基础设计与施工丛书》,在机械工业出版社出版,由瑞芬担任责任编辑,那是我们两人唯一的工作上的合作。

她退休以后,身体一直不好,为应对不明原因导致的风湿性关节炎,使用了太多的激素,致使肺部严重纤维化。肺部受到伤害,活动量一大就气喘不已,行动也不方便,病情持续了近十年的时间。现在看来,肺源性的心力衰竭可能是致命的原因。

### 一束百合花
(2010年4月21日于重庆)

2010年4月20日,因重庆大雾,飞机备降贵阳机场,至深夜才抵达重庆,宿时已晚。夜里梦见劳瑞芬,早上起来,百感交集,写小诗一首,以兹纪念。

  一束百合花,献在你的灵前;
  哀悼与思念,那么的遥远;
  再也看不到,你那天真的笑容。
  五十四年前,相识在南湖;
  黄浦江畔,留下了我们的足迹;
  也许你不承认,那是朦胧的初恋。
  北上的列车,把你带到首都;
  永远留在北国。
  我知道这几十年,
  那高龄的妈妈,让你多么牵挂;
  你带着无奈,带着遗憾,走了。
  三十一年前,南湖旧地又重逢,巧合;
  岁月流逝,人已中年,往事无须回首;

人道有缘却无缘，相对无言胜有言。
　　一部书，唯一的合作，
　　　无限友情，永留人间。
　　打开书，又看到你，真诚与无瑕，
　　留下的记忆，是美好？是苦涩？
　　随着天边白云，滔滔江水，到远方！
　　　安息吧！

## 挽宰金珉
**（2009 年 5 月）**

　　宰金珉是我同事宰金璋的弟弟。因此，在他读大学以前就认识了。他得到博士学位后在南京工作，是业务与行政双肩挑的典范，无奈积劳成疾，英年早逝。
　　一代奇才，勤奋终身，才思敏捷多建树；
　　双肩重任，鞠躬尽瘁，积劳成疾太匆忙。

## 挽张在明院士
**（2009 年 12 月）**

　　张在明院士是我早年的朋友，他小我七岁，天资聪明，学习努力，是岩土界的一位奇才。
　　识君四十余载前，忆昔日论道指点江山；
　　惜才七秩英年逝，叹当今岩土痛失巨擘。

## 挽杭玉贤同志

　　杭玉贤同志是我早年从事行政工作时的一位助手，相处多年。他工作努力，很有才干，但终未得志，英年早逝。
　　忆往昔岁月，难展才智多曲折；
　　惜早逝英年，祈愿一路少挂牵。

# 附录  经历简表

| 时间(年) | 工作情况和学术著作出版情况 |
|---|---|
| 1951 | 10月,进入国光科学仪器厂当学徒 |
| 1952 | 9月,进入上海市第二十四职工业余中学,读夜校 |
| 1953 | 加入中国新民主主义青年团 |
| 1954 | 6月,从上海市第二十四职工业余中学毕业,参加高考;<br>9月,离开国光科学仪器厂,进入同济大学读书 |
| 1956 | 5月,加入中国共产党,成为预备党员 |
| 1957 | 5月,转正,成为中国共产党党员 |
| 1958 | 从同济大学毕业,留校,到水工系工作,任团总支书记 |
| 1960 | 任地下工程系党总支副书记、地基基础教研室党支部书记 |
| 1963 | 晋升为讲师 |
| 1964 | 在北京、天津和南京开展土力学研究工作的调查研究;<br>参加上海港张华浜码头事故分析会议 |
| 1965 | 参加甘肃巴家嘴土坝加高试验技术讨论会 |
| 1966 | 到武汉参加第二届全国土力学及基础工程学术会议 |
| 1970 | 上半年,护送上海知青去江西省永新县插队;<br>10月,到北京参加《工业与民用建筑地基基础设计规范》编制工作 |
| 1971 | 开展规范编制前的调查研究和资料收集工作 |
| 1972 | 编写《工业与民用建筑地基基础设计规范》 |
| 1973 | 编写《工业与民用建筑地基基础设计规范》 |
| 1974 | 《工业与民用建筑地基基础设计规范》编制完成,正式实施 |
| 1979 | 主编教材《土质学及土力学》(公路与桥隧专业用),人民交通出版社出版;<br>参加《建筑地基基础设计规范》的修订工作 |

续上表

| 时间(年) | 工作情况和学术著作出版情况 |
|---|---|
| 1981 | 到宁夏农学院水工系上课 |
| 1982 | 创办同济大学科技咨询服务部,任主任 |
| 1983 | 在《岩土工程学报》发表系列文章《岩土工程的可靠度分析》 |
| 1984 | 任同济大学科学研究处处长 |
| 1985 | 创办同济大学科学技术开发公司,任副董事长兼总经理 |
| 1987 | 参加《岩土工程勘察规范》编制工作:南宁会议确定规范编制大纲,西安会议确定按大纲编制的规范征求意见稿,在同济大学召开规范征求意见稿的定稿会;<br>参编《可靠性理论在地基基础方面的应用译文集》,同济大学出版社出版 |
| 1989 | 编著《土力学可靠性原理》,中国建筑工业出版社出版;<br>11月,在同济大学召开"岩土力学新分析方法讨论会";<br>参与完成《岩土工程勘察规范(送审稿)》 |
| 1990 | 参编《计算土力学》,上海科学技术出版社出版 |
| 1992 | 主编《软土地基理论与实践》(祝贺俞调梅教授八十寿辰纪念文集),中国建筑工业出版社出版 |
| 1994 | 《岩土工程勘察规范》颁布,结束编制工作;<br>主编(排名第二)《岩土工程手册》,中国建筑工业出版社出版 |
| 1995 | 卸任全部行政职务,回同济大学地基基础教研室工作 |
| 1996 | 主编(排名第二)《地基工程可靠度分析方法研究》,武汉测绘科技大学出版社出版 |
| 1997 | 主编《岩土工程标准规范实施手册》,中国建筑工业出版社出版 |
| 1998 | 主编教材《土力学与基础工程》,中国建筑工业出版社出版 |
| 1999 | 开展注册岩土工程师考试准备工作;<br>主编《地基基础设计与施工丛书》,机械工业出版社出版 |
| 2000 | 主编(排名第二)《高层建筑基础工程手册》,中国建筑工业出版社出版 |

续上表

| 时间(年) | 工作情况和学术著作出版情况 |
|---|---|
| 2001 | 主编教材《土质学与土力学》(第三版),人民交通出版社出版;<br>主编《岩土工程的回顾与前瞻》,人民交通出版社出版 |
| 2002 | 参加注册岩土工程师考试专家组工作,第一次考试成功举办;<br>主编《地基基础设计与施工丛书》(第二版),机械工业出版社出版 |
| 2003 | 5月,办理退休;<br>主编《注册土木工程师(岩土)专业考试辅导教程》,同济大学出版社出版 |
| 2004 | 开始在中国工程勘察信息网上进行网络答疑 |
| 2005 | 主编(排名第二)《软土地基与地下工程》(第二版),中国建筑工业出版社出版 |
| 2006 | 11月,在建设部执业资格注册中心成立十周年座谈会上发言 |
| 2008 | 编著《土力学与岩土工程师——岩土工程疑难问题答疑笔记整理之一》,人民交通出版社出版;<br>编写(副主编)《桩基工程手册》,中国建筑工业出版社出版 |
| 2010 | 离开注册岩土工程师考试专家组;<br>编著《岩土工程勘察与设计——岩土工程疑难问题答疑笔记整理之二》,人民交通出版社出版 |
| 2012 | 主编(排名第二)《全国注册岩土工程师专业考试2011年试题解答及分析》,中国建筑工业出版社出版 |
| 2014 | 编著《实用土力学——岩土工程疑难问题答疑笔记整理之三》,人民交通出版社出版;<br>与李广信合编《注册岩土工程师执业资格考试专业考试复习教程》,人民交通出版社出版 |
| 2015 | 编写(副主编)《桩基工程手册》(第二版),中国建筑工业出版社出版 |
| 2016 | 与李广信合编《注册岩土工程师执业资格考试专业考试复习教程》(第二版),人民交通出版社股份有限公司出版 |

续上表

| 时间(年) | 工作情况和学术著作出版情况 |
|---|---|
| 2017 | 与李广信合编《注册岩土工程师执业资格考试专业考试复习教程》(第三版),人民交通出版社股份有限公司出版 |
| 2018 | 与李广信合编《注册岩土工程师执业资格考试专业考试复习教程》(第四版),人民交通出版社股份有限公司出版；<br>编著《岩土工程试验、检测和监测——岩土工程实录及疑难问题答疑笔记整理之四》,人民交通出版社股份有限公司出版 |
| 2022 | 编著《岩土工程六十年琐忆》,人民交通出版社股份有限公司出版 |